格子 Boltzmann 方法与计算气动声学

李 军 邵卫东 著

科学出版社

北 京

内 容 简 介

本书结合作者所在团队的部分研究成果，论述当代最新的求解流体和声学系统的格子 Boltzmann 方法和计算气动声学的数学理论及数值算法，从格子 Boltzmann 方法的建模思路与计算气动声学的特征要求建立两者的紧密联系，系统地介绍高保真度气动声学模拟所需的关键技术。本书共 7 章，主要内容包括计算气动声学发展历程、格子 Boltzmann 方法理论基础、间断 Galerkin 格子 Boltzmann 方法、高精度有限差分格子 Boltzmann 方法、时间积分方法、无反射边界条件、直接数值模拟等。

本书可作为计算数学、应用数学、流体力学、能源与动力工程等专业高年级本科生和研究生的教材，也可供大学教师、从事流体力学和气动声学研究的科学工作者以及应用格子 Boltzmann 方法的工程技术人员参考。

图书在版编目（CIP）数据

格子 Boltzmann 方法与计算气动声学/李军，邵卫东著．—北京：科学出版社，2021.6

ISBN 978-7-03-068980-1

Ⅰ．①格…　Ⅱ．①李…　②邵…　Ⅲ．①流体动力学-计算方法　②空气动力学-声学-计算方法　Ⅳ．①O351.2　②V211

中国版本图书馆 CIP 数据核字（2021）第 105960 号

责任编辑：朱英彪　赵晓廷 / 责任校对：樊雅琼
责任印制：吴兆东 / 封面设计：蓝正设计

科学出版社 出版
北京东黄城根北街 16 号
邮政编码：100717
http://www.sciencep.com
北京凌奇印刷有限责任公司印刷
科学出版社发行　各地新华书店经销
*
2021 年 6 月第　一　版　开本：720 × 1000　B5
2022 年 8 月第二次印刷　印张：16 3/4
字数：338 000

定价：118.00 元
（如有印装质量问题，我社负责调换）

前　言

格子 Boltzmann 方法诞生至今近 30 年，最初用于流体力学建模，后来逐步拓展到其他领域，它具有形式简单、编程操作简单和并行计算系统可扩展性优越等特点，在多个学科领域得到了广泛的发展和应用。目前在众多计算流体力学相关的杂志上，格子 Boltzmann 方法与间断 Galerkin 有限元法成为最主流的研究方法，国内外学者不断地提出格子 Boltzmann 方法的新模型和新算法，为其理论发展注入了新鲜血液。

计算气动声学被正式提出至今也近 30 年，其在分析噪声产生的非定常机制、声场与流场的相互作用、声源的定位与识别及声传播等问题上具有重要的作用。随着人们对居住环境声学舒适性要求的日益增高以及企业为提升产品的市场竞争力而进行减振降噪的迫切需求，计算气动声学在众多气动声学相关领域的分析与优化设计中扮演着不可或缺的角色。

虽然格子 Boltzmann 方法和计算气动声学在理论和应用方面已经取得了很多成就，但两个领域的交叉融合仍然很少且当前的计算气动声学方法有待进一步发展以满足利用较少的模拟时间和计算资源获得足够精确并达到工业需求的结果。基于此实现了两个领域的交叉融合，因此本书在介绍两者的背景知识、基本原理和算法实施等内容的同时，还充分结合了自己的研究体会。撰写本书的愿景是为开发精确、稳定、高效、简明和资源节约型的气动声学求解器提供理论与技术支持。

本书共 7 章。第 1 章介绍计算气动声学与格子 Boltzmann 方法的发展历程。第 2 章介绍格子 Boltzmann 方法理论基础。第 3 章和第 4 章均给出了计算气动声学中传统类方法与格子 Boltzmann 方法的融合。第 5 章和第 6 章分别给出交叉类方法的离散和边界条件处理。第 7 章给出格子 Boltzmann 方法的具体应用。其中，第 1 章、第 2 章、第 5 章、第 7 章由李军撰写，第 3 章、第 4 章、第 6 章由邵卫东撰写。全书由李军教授统稿及校对。

本书内容主要来自作者本人和学科组多年的研究成果，部分研究工作得到了国家自然科学基金面上项目(51376144 和 51776151)和上海市青年科技英才扬帆计划项目(20YF1454200)的资助。

作者的研究与本书的撰写得到了同行的指点，在此向他们表示诚挚的感谢。由于作者水平和经验有限，本书难免存在不足之处，诚望读者批评指正。

作　者

目　录

第1章 绪　论

1.1 引　言

声学是集科学、技术与艺术三重属性于一体的一门学科，旨在研究声波的产生、传播与接收及其与物质相互作用的机制。声学源远流长，约公元前6000年的舞阳贾湖骨笛已有六声或七声音阶[1]，可见远古的声学研究主要体现在音乐方面。自然现象和社会生活中声学现象或试验的唯象理论促进了古代声学知识的发展。而近代声学的开端是伽利略发现摆的等时性规律，达朗贝尔(d'Alembert)推导了弦的波动方程并推广至声波[2]。19世纪数学理论的发展进一步升华了声学，瑞利(Rayleigh)继往开来，完成经典声学大成之作《声学理论》。从宏观的角度看，声波的物理本质是弹性介质中的扰动形式。

除了经典性质，声学也具有量子性质。声波的微观解释是声子(满足玻色-爱因斯坦统计的标准粒子)的振动，随着声子振动频率的增大，声波依次经历了次声波、声波、超声波和特超声波四个阶段，如图1-1所示。声学研究的频率范围横跨了大约14个数量级，在每一个尺度下都曾经并将继续发现新的科学现象和技术应用。声学海纳百川，交叉渗透，从而形成了众多的分支，如电声学、和声学、水声学、量子声学和心理声学等。

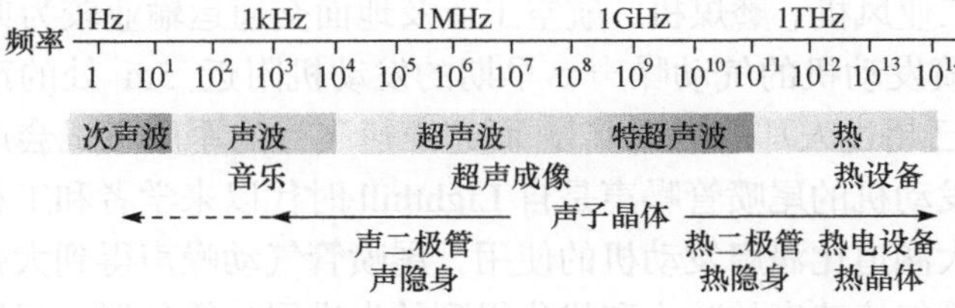

图1-1　声子谱[3]

1.2 气 动 声 学

1.2.1 气动声学的发展历程

气动声学也是声学的一个分支，是声学在气体动力学上的外延，侧重研究流体自身及流体与固体相互作用而发声和声传播的机理，并期望找到降低气动噪声的方法。气动声学诞生的标志是 Lighthill [4]于 1952 年推导了自由空间中喷流湍流声激发的波动方程，并采用量纲分析的方法证明了其辐射声功率正比于马赫数的八次方。因该方程的达朗贝尔波动算子与经典声学波动方程的算子一致，故将采用 Lighthill 方程及其拓展形式研究气动噪声问题的方法论统称为声比拟理论。在 Lighthill 方程中不但假设声场对流场没有影响，而且不能考虑固体边界对声波的散射。借助 Kirchhoff 积分方法，Curle [5]将静止固体边界对声场的作用囊括到 Lighthill 方程的声源项中，其结果证明了固体边界的影响等效于边界上分布着的单极子源和偶极子源。这两种声源模型分别反映了固体边界周围流体因膨胀与压缩而引起的质量变化率和动量变化率对流体声辐射的贡献。借助 Heaviside 广义函数，Ffowcs-Williams 和 Hawkings [6]推导了任意运动固体边界情形下的声波动方程，简称 FW-H 方程。该方程适用于非均质空间，在低马赫数流动情形下可忽略湍流应力所引起的四极子源项。Farassat [7]进一步给出了 FW-H 方程中单极子源和偶极子源的时域解，即厚度噪声和载荷噪声的积分表达式。

在声比拟理论发展的同时，Goldstein [8,9]、Howe [10]与 Powell [11]等另辟蹊径，从不同的视角探究流动致声的内部机制及声波与湍流的相互作用等问题。研究结果一致表明，声波与流场中的势流和旋涡与旋涡之间的相互作用紧密相关，涡场类似于声场的源和汇，涡能与声能之间的转换通过流体的非线性作用来实现。因此，从涡动力学的角度来解释气动声学现象的方法论统称为涡声理论。

1.2.2　气动声学理论的工业应用

声比拟与涡声理论均为工业中气动噪声问题的解决方案提供了指导，而后者也为气动声学的发展提供了源动力。气动噪声存在于日常生活和工业生产的诸多方面，其中以工业风机、磨煤机、航空工业及地面交通运输业较为典型 [12-14]。最典型的当属涡喷发动机的气动噪声，早期的发动机附近 5m 处的声压级范围为 130～150dB，已超过人耳的痛阈 [15]，而超声速飞行的军用飞机会产生剧烈的声爆。降低涡喷发动机的尾喷管噪声是自 Lighthill 时代以来学者和工程师孜孜不断的追求。随着大涵道比涡扇发动机的使用，尾喷管气动噪声得到大幅度的降低，其得益于尾喷管气流速度的减小和优化得到的先进尾喷管外形。但尾喷管和涵道出口的气流相互掺混进一步与机翼发生干涉，形成多尺度的涡声环境并向远场辐射噪声，如图 1-2 所示。涡扇发动机的风扇噪声也较为显著，其中离散噪声由动叶自身及动叶和导叶之间的势流与尾迹干涉所致，宽频噪声由动叶尾迹中的湍流撞击出口导叶所致 [16]。核心机的气动噪声由压气机、燃烧室和透平共同产生，其中旋转机械噪声主要包括定常和非定常气动力所产生的离散噪声 [17-19]、随机非定常流动产生的宽频噪声及机匣所引起的管道声模态；燃烧室噪声主要包括直接燃烧噪声和热气流在透平级中膨胀所产生的间接噪声 [20]。

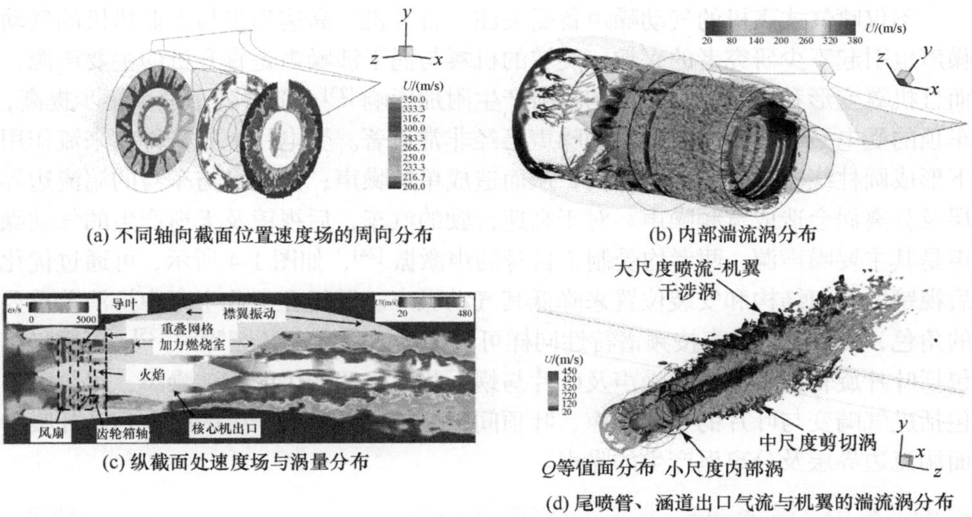

(a) 不同轴向截面位置速度场的周向分布 (b) 内部湍流涡分布

(c) 纵截面处速度场与涡量分布 (d) 尾喷管、涵道出口气流与机翼的湍流涡分布

图 1-2 涡扇发动机复杂流场与涡声环境 [21]

除发动机产生的气动噪声外，机体噪声还包括起落架、缝翼和襟翼引起的气动噪声，它们是飞机总体气动噪声中的重要组成部分，在飞机起飞和降落的过程中显得尤为突出。起落架引起的气动噪声由部分离散单音和宽频噪声组成，其中离散单音来自起落架上钝体绕流引起的持续脱落涡，宽频噪声来自起落架上的湍流分离涡及钝体绕流的尾迹与下游翼面的声干涉，如图 1-3 所示。由于机翼前缘与缝翼形成一个凹陷区域，流动在缝翼前缘发生分离，空腔产生自激振荡并对外辐射单频噪声(rossiter 模态)；同时，缝翼尾缘产生脱落涡及湍流引发的噪声。采用自适应调整缝翼技术可以有效地降低该结构的气动噪声 [22]。由于横向与流向压力梯度很大，襟翼不可避免地会发生流动分离，发展成非定常的一次涡和二次涡，最终在下游混合造成声扰动。这些涡的形状依赖于襟翼的几何结构与气动载荷，从而可以通过控制顶部涡的强度和位置较大程度地衰减该涡产生的气动噪声 [16]。

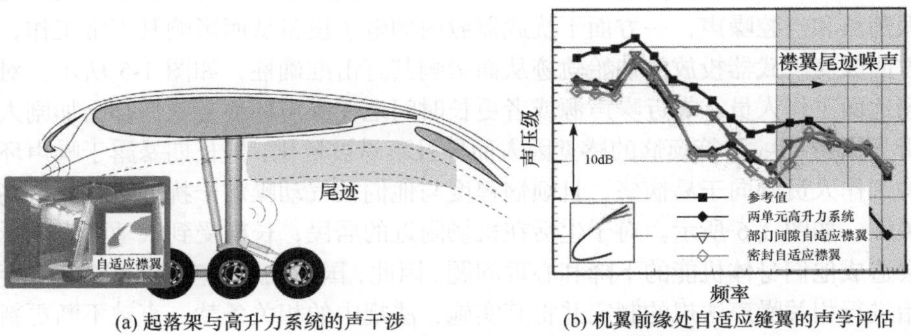

(a) 起落架与高升力系统的声干涉 (b) 机翼前缘处自适应缝翼的声学评估

图 1-3 机体噪声的组成与声学评估 [22]

不仅喷气式飞机的气动噪声备受关注，直升机、高速列车与工业风机的气动噪声也引起不少研究者的兴趣。旋转的机翼与涡干涉噪声是直升机的主要声源，而且机翼变形和机身会对噪声的辐射产生附加影响[23]。随着列车速度逐步提高，车顶的受电弓与车身产生的气动噪声已经非常显著。受电弓上的杆件在来流作用下形成圆柱绕流并产生卡门涡街，从而造成单频噪声；受电弓与车身的湍流边界层及分离涡会造成宽频噪声。对于高速行驶的汽车，后视镜及天窗产生的气动噪声是其主要噪声源，两者均受制于自身的声激振[24]，如图 1-4 所示，可通过优化后视镜的几何结构和安装位置来降低其气动噪声。风机在工业生产中扮演着重要的角色，其产生的噪声按频谱特性同样可分为离散噪声和宽频噪声[25]。离散噪声包括叶片旋转产生的自身噪声及叶片与蜗舌相互作用产生的干涉噪声；宽频噪声包括进气畸变与叶片的干涉噪声、叶顶间隙流随机性脉动产生的噪声与叶片吸力面湍流边界层及分离涡产生的噪声。

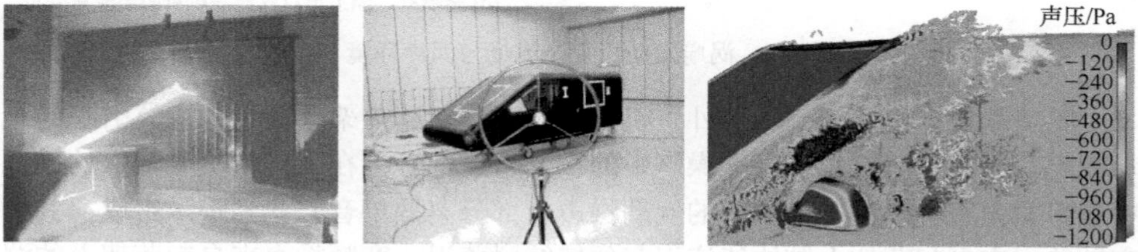

(a) 近场PIV试验 (b) 远场声阵列试验 (c) 数值模拟得到的瞬时压力分布

图 1-4 汽车天窗与后视镜产生的气动噪声试验与模拟[24]

1.2.3 气动噪声的危害

以上陈述的较为典型的气动噪声不仅会影响设备的性能、破坏系统的稳定性与安全性，还会影响人和动物的身体与心理健康。下面主要讨论严重的航空气动噪声的危害。在航空发动机内部，燃烧室的气动噪声易诱发燃烧不稳定性[26,27]，进而导致发动机振动。高速飞行战斗机上的闭式武器舱处于打开状态时会产生自激振荡流和空腔噪声，一方面干扰武器舱内的电子设备从而影响其正常工作，另一方面改变了武器投放的初始轨迹从而影响其打击准确性，如图 1-5 所示。对于机场地面工作人员，靠近噪声源或者更长时间地在噪声环境下工作都会加剧人耳的听力损伤[28]；尽管烦恼的感觉因人而异且不易被量化，但长期暴露于噪声环境下的工作人员倾向于易恼怒，且烦恼程度与他们被气动噪声干扰的时长具有高度相关性，如图 1-6 所示。对于生活在机场附近的居民，长期受到气动噪声的干扰也会造成他们身体机能的下降和心理问题。因此，国际民用航空组织从 1971 年就开始进行相关噪声法规的制定并将其实施，法规中的相关条款一直被不断更新和补充，并接受航空环境保护委员会的审查。

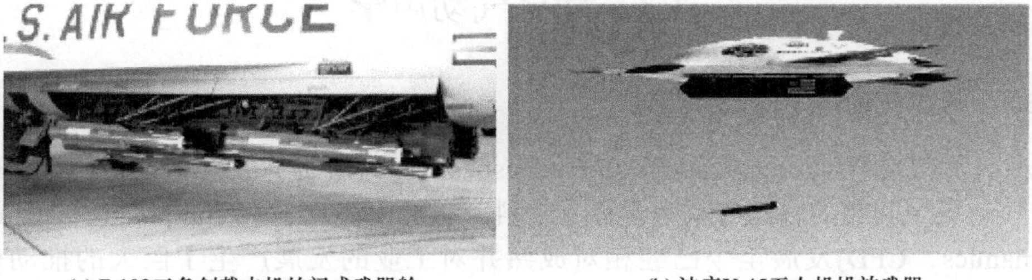

(a) F-102三角剑截击机的闭式武器舱　(b) 波音X-45无人机投放武器

图 1-5　空腔自激振荡噪声改变武器舱和投放轨迹[29]

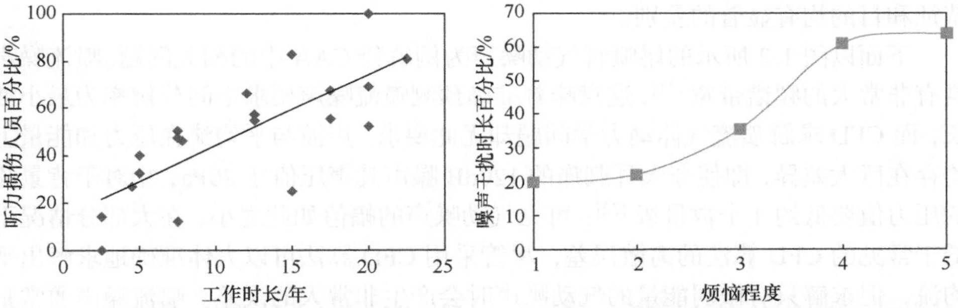

(a) 听力损伤人员百分比与工作时长的关系　(b) 噪声干扰时长百分比对烦恼程度的影响

图 1-6　我国机场地面工作人员长期受噪声干扰的危害[28]

鉴于气动噪声的危害性，近年来各大公司及研究部门均加大了对于气动噪声的研究力度。汽车公司如宝马、奔驰和奥迪等为提高车辆的舒适性，精细到从部件的设计上降低车内外的气动噪声，从而提升品牌在市场的竞争力；美国国家航空航天局(National Aeronautics and Space Administration，NASA)曾直接将航空噪声问题纳入 20 年的中长期规划中。他们研究气动噪声的方法包括理论分析、试验测量和数值模拟。理论分析通常需要引入部分假设从而对噪声问题进行定性研究及极少情况下的定量分析，该方法对快速预测噪声有优势但其准确性往往受到限制。试验测量是研究气动噪声问题必不可少的方法，该方法精确性高，是衡量其他方法的标杆；但试验测量对实验室要求较高，一般采用全消声室或半消声室，同时要耗费大量的人力、财力与物力，而且试验周期通常较长。数值模拟依靠计算机求解气动声学控制方程来获得问题的解，该方法具有快速性和较高的精确性并能得到气动噪声问题的许多细节，在科研人员中颇受青睐，但显而易见的是该方法极大地依赖数值算法。

1.3　计算气动声学

1.3.1　计算气动声学的研究范畴

计算气动声学(computational aeroacoustics，CAA)正是采用数值模拟的方法研究气动噪声问题的一门气动声学分支学科。计算流体动力学(computational fluid dynamics，CFD)发展至今已经相对成熟并对工业的发展产生了巨大的推动作用[30]，而大量气动噪声问题与气体动力学密切相关，为何不采用 CFD 方法直接求解气动噪声？众多研究者都曾产生过这样的疑问，其实 CFD 与 CAA 的本质、特征和目的均有显著的差别。

下面以图 1-2 所示的尾喷管气动噪声为例解释 CAA 中的相关问题。喷流噪声具有非常大的频谱带宽[31]，这意味着准确预测喷流噪声要求空间分辨率为最小波长，而 CFD 求解喷流气体动力学问题却无此要求。声波与平均流在压力和能量上均存在巨大差异，即使令人耳刺痛的 120dB 噪声其声压值才 20Pa，相对于背景流的压力值要低约 4 个数量级[32]；可见气动噪声的幅值如此之小，在大部分情况下低于常见的 CFD 算法的离散误差，尽管采用 CFD 算法可以大体准确地求解出平均流，但求解只有微弱能量的气动噪声时会产生非常大的误差。喷流噪声通常是多尺度问题[33]，在声源区域大尺度湍流结构和不稳定波的增长与衰减受混合层局部厚度控制；在喷流外区域，噪声波长与喷流核心区长度相当，整场中声波空间尺度的巨大差异要求网格分辨率与之匹配，而求解推进时间步长取决于最小网格尺度，故 CAA 的时间消耗远大于 CFD 的时间消耗。

在进行喷流噪声问题分析时，不仅关注声音的频谱特性还希望得到它的指向性，这就要求 CAA 在整个远场空间的准确性，而 CFD 只求解喷管射流近场的气体动力学性能，并不要求整个计算域的结果精确；CAA 可满足声波的长程传播特性，CFD 的离散格式具有较大的耗散误差和色散误差，在求解远距离传播时并不能保证计算结果的一致准确性。在尾喷管射流的数值模拟中，不可能将计算域取成无穷大，通常的做法是采用人工边界将计算域截断[34]；CAA 中的无反射边界条件(non-reflecting boundary condition，NRBC)能够允许物理波(涡波、熵波和声波)尽可能不受影响地通过边界，CFD 中的边界条件通常均会产生反射波，从而对声场产生严重的污染。

CFD 侧重于定常流和非定常流的动力学特征及模拟这些特征所需的计算方法；CAA 则更侧重于噪声产生的非定常机制、声场与流场的相互作用、声源的确定与声传播等问题及解决这些问题所需的计算方法。

1.3.2 计算气动声学方法的分类

不同于 CFD，CAA 有其独立的发展历程和思维方式，在数值计算方面包含几个重要元素[35,36]：优良的时间推进格式、设计合理的计算网格、选择性人工亏损策略和满足无反射特性的人工边界条件。

从广义上可将 CAA 分为直接计算和混合计算两大类[37]。直接计算是采用可压缩流动方程统一求解气动声源和声场，其要求分辨所有感兴趣的流动尺度。当采用直接数值模拟[38](direct numerical simulation，DNS)进行求解时，流动尺度最小到湍流耗散结构；当采用大涡模拟[39](large eddy simulation，LES)进行求解时，流动尺度最小到气体动力学上感兴趣的流动尺度级别；除非只对流场中很大空间尺度产生的噪声感兴趣，较少情况下采用非定常雷诺时均纳维-斯托克斯(unsteady Reynolds-averaged Navier-Stokes，URANS)方法[40]计算气动噪声。

混合计算是基于先获得近场声源再求解远场噪声的思想，其中声源信息可通过试验、DNS、LES 或者 URANS 等方法获得，声场的求解可通过声比拟理论[41-45]、格林函数法[46,47]、不可压缩流-声分解技术[48,49]、带源项的线化或者全欧拉方程[50,51](linearized Euler equations，LEE)与边界元方法[52,53]等完成。由于混合计算只能考虑流场对声场的单向作用，它一般只应用在低马赫数情形下。

1.3.3 空间与时间离散格式

无论采用直接计算还是混合计算方法研究气动噪声，均需考虑控制方程中导数项的离散所引起的误差。在 CFD 中误差通常指导数项的泰勒级数展开所忽略的高阶项，也就是离散格式的代数精度。而在 CAA 中通常从波传播的角度分析误差，主要包括由离散格式中偶次导数项引起的耗散误差和奇次导数项引起的色散误差[54,55]。耗散误差会影响小尺度波在传播过程中的幅值变化，色散误差会影响小尺度波传播的相速度和群速度，反映在数值解中即高频分量的各向异性效应。由于时间是单向坐标而所有的空间坐标均为双向坐标[56]，所以将离散格式分为空间和时间分别讨论比较合理。

影响空间离散格式优劣的因素有很多，主要包括空间精度/谱精度、计算时间、实施格式的难易程度、并行效率、内存消耗及直接将该格式拓展到不同几何结构与流动工况的潜力。评价空间离散格式的有效性指在保持其他影响因素相同的情况下，达到给定误差所需最少计算时间的格式。根据处理空间导数项的数学技巧和物理背景的差异可以将空间离散格式分为有限差分方法(finite difference method，FDM)、有限体积方法(finite volume method，FVM)、有限元方法(finite element method，FEM)、谱方法(spectral method，SM)等。上述方法在 CFD 的舞台上都曾经大放异彩[57-61]，这里不逐一介绍它们的发展历程。上述方法尤其是

FDM、FVM 与具有间断 Galerkin 性质的 FEM(discontinuous Galerkin FEM，DG-FEM)也在 CAA 的舞台上崭露头角，因此更注重这三种方法在 CAA 中发展出的新特色及其应用。

1. 计算气动声学中有限差分法的发展

下面以一维对流方程(波动方程)为例解释 FDM 的谱性质。尽管对流方程的形式非常简单，它却能反映很多复杂方程的基本性质。一维波动方程为

$$\frac{\partial f}{\partial t}+c\frac{\partial f}{\partial x}=0 \tag{1-1}$$

式中，c 为无量纲速度常数。

在恰当的初始条件和边界条件下，方程(1-1)具有形式为 $f=f(x-ct)$的精确解。因只考虑空间导数的差分格式，故假设时间导数连续。考虑 N 个点均匀分布在 $x\in[0, L)$上，则第 $i(1\leqslant i\leqslant N)$ 个点处的坐标为 $x_i=(i-1)h$ 且 f 及其导数在该点的值可表示为 f_i 和 f_i'，其中 $h=L/N$。f_i' 的中心差分通式可写成

$$f_i'+\sum_{j=1}^{N_\alpha}\alpha_j\left(f_{i+j}'+f_{i-j}'\right)=\frac{1}{h}\sum_{j=1}^{N_a}a_j\left(f_{i+j}-f_{i-j}\right)+O\left(h^n\right) \tag{1-2}$$

式中，α_j 和 a_j 为差分格式常系数；n 为截断项最小指数。

如果 $N_\alpha=0$，则该中心差分格式为显式；如果 $N_\alpha\neq 0$，则该中心差分格式为隐式。在给定模板长度的情况下，获得最大代数精度的做法是选择合理的差分格式常系数使得截断项最小指数最大，由泰勒级数展开可知理论上能获得的最大代数精度为 $n_{\max}=2(N_\alpha+N_a)$。在 f 的高阶导数均连续和较小 h 的条件下，f_i' 的中心差分格式误差一致收敛于截断项的首项。

尽管代数精度能够很好地衡量物理量的局部代数解与真实值接近的程度，但是它并不能获得整体网格引起的所有傅里叶分量的信息，只能获得截断项所能分辨的部分傅里叶分量的信息。对 f 进行离散傅里叶变换可得

$$\hat{f}_j=\frac{1}{N}\sum_{m=1}^{N}f_i\mathrm{e}^{-\mathrm{i}k_jx_m}\ ,\quad j=-N/2,\cdots,N/2 \tag{1-3}$$

式中，变量上方尖角表示像函数；$k_j=2\pi j/L$ 表示波数；i 是虚数单位。

结合式(1-3)对式(1-2)进行离散傅里叶变换并整理可得

$$\hat{f}_j'=\mathrm{i}K\left(k_jh\right)\hat{f}_j,\quad K\left(k_jh\right)=\frac{\sum\limits_{\beta=1}^{N_a}2a_\beta\sin\left(\beta k_jh\right)}{1+\sum\limits_{\beta=1}^{N_\alpha}2\alpha_\beta\cos\left(\beta k_jh\right)} \tag{1-4}$$

式中，$K(k_jh)$表示修正波数。

当 j 在$-N/2$ 与 $N/2$ 之间变化时，k_jh 从$-\pi$ 增加到 π，修正波数为奇函数，故只需考虑 k_jh 从 0 到 π 的情形。当 $k_jh=\pi$ 时，波长 $\lambda=2\pi/k_j=2h$，也就是说每个波长内的网格点数 $N_\lambda=\lambda/h=2$；此时修正波数为 0，显然稀疏网格对于高频波毫无分辨能力，该情形下高频波的能量被吸收到低频波中。为了评估修正波数与精确波数的差异，定义误差为

$$\varepsilon\left(k_jh\right)=K\left(k_jh\right)/\left(k_jh\right)-1 \tag{1-5}$$

除了考虑空间离散格式的波数分辨率，还应考虑其在传播过程中的弥散性质。对于无穷大或者周期性的计算域，满足传播过程精确解的波可分解为空间和时间上的傅里叶分量，从而可写出通式为

$$f=\hat{f}\mathrm{e}^{\mathrm{i}(kx-\omega t)}+\mathrm{const} \tag{1-6}$$

式中，ω 为圆频率；const 表示常数分量。

式(1-6)是方程(1-1)的平凡解，则圆频率满足色散关系：$\omega-ck=0$。由于所有傅里叶分量的相速度 $c_\mathrm{p}=\omega/k=c$ 相同，所以由所有模态叠加形成的波形在传播过程中保持不变，也就是连续情形下波传播不会发生色散。当采用式(1-2)对空间导数进行近似时，色散关系满足 $\omega-K(kh)c/h=0$，则所有傅里叶分量的相速度 c_p 和群速度 c_g 为

$$\frac{c_\mathrm{p}}{c}=\frac{\omega}{ck}=\frac{K\left(kh\right)}{kh},\quad \frac{c_\mathrm{g}}{c}=\frac{1}{c}\frac{\partial\omega}{\partial k}=K'\left(kh\right) \tag{1-7}$$

图 1-7 展示了不同空间离散格式下的修正波数、修正波数与精确波数的误差和波传播的群速度，其中 E2、E4 和 E6 分别代表传统显式四阶、八阶和十二阶代数精度的中心差分格式；DRP(dispersion-relation-preserving，色散关系保持)表示经 Tam 和 Webb [62]优化得到的色散保持格式；C4 和 C6 分别代表传统隐式八阶和十二阶代数精度的中心差分格式；LUI 表示经 Lui 和 Lele [63]优化得到的格式。即使在低波数区域，显式中心差分格式使得波数偏离也很大，唯一的解决办法是增加网格点分布的密集程度，但这显然会增大计算量。采用隐式中心差分格式或者优化差分格式系数 [62,63]可以大幅提高修正波数与真实值的吻合程度。采用中心差分格式必然会产生色散，且在高波数区域群速度为负，这种背离真实传播过程的波称为伪波。提高格式的谱精度有助于减少伪波的传播，但在高波数区域产生的伪波的群速度更大。

中心差分格式的修正波数全为实数，故完全无耗散，也就是波传播过程中各傅里叶分量的幅值保持不变。当全局网格采用迎风格式 [64,65]或者全局网格采用中心差分格式而边界处不可避免地会采用偏差分格式时，修正波数均为复数，虚数

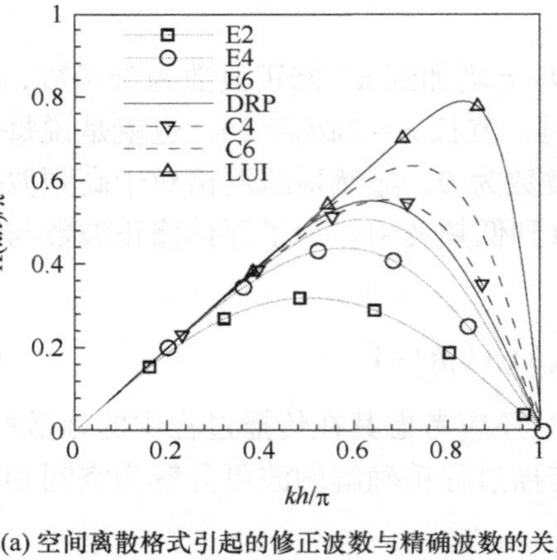

(a) 空间离散格式引起的修正波数与精确波数的关系

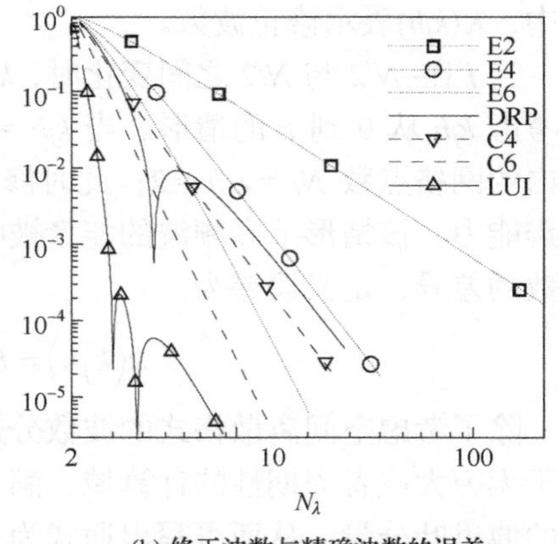

(b) 修正波数与精确波数的误差

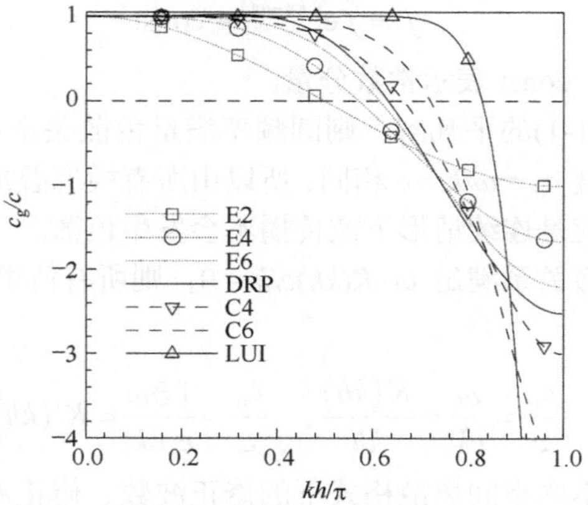

(c) 一阶波动方程情形下不同空间离散格式的群速度

图 1-7 不同空间离散格式下的修正波数、修正波数与精确波数的误差和波传播的群速度 [54]

部分会引起傅里叶分量的幅值以指数形式增大或者减小。幅值以指数形式增大会导致计算发散，更期望其以指数形式减小，从而使得波传播过程必然产生耗散。当采用非对称模板进行差分格式计算时，控制耗散误差和色散误差的有效途径是增大模板宽度。

不仅差分格式会产生伪波，CAA 中的每一个环节主要包括坐标变换、拉伸网格或者重叠网格 [66]、初始条件/边界条件 [67]、激波处理技术 [68-70]与大尺度向小尺度涡能量的非线性级串 [71]都可能导致伪波，而且这些伪波通常混合在一起传播。当采用高阶差分格式或者增大网格点数仍然不能消除这些伪波时，只有通过引入人工耗散、人工黏性和过滤器来衰减伪波。人工耗散主要通过差分格式自身的耗散引入，如高阶迎风格式。人工黏性的引入可通过选择差分格式系数来生成一个关于波数的函数 [72]，该函数对低波数几乎没有影响却能衰减高波数分量幅值；人工黏性的引入还可以通过增加超黏性项[73,74]来实现，其作用原理是选择超黏性项的阶数和系数产生与差分模板的色散误差相平衡的耗散误差。过滤器格式分为显式[75,76]和隐式[77-79]，均基于差分格式模板对变量进行整合来抑制伪波的不稳定性。由于真实且唯一的物理耗散是流体黏性，所以采用人工耗散、人工黏性和过滤器进行计算得到的结果需要谨慎的解释。

由于许多具有低色散和低耗散性质的优良格式，如 DRP 格式和优化前因子紧凑(optimized prefactored compact，OPC)格式[80]等，均是在差分环境下发展出来的，所以 FDM 在 CAA 中占有举足轻重的地位。但是 FDM 只适用于结构化网格、重叠网格和笛卡儿坐标系网格，在多块结构化网格形成的网格奇点处产生很大的色散，且对壁面边界、进出口边界或者 NRBC 形成的角点的处理比较困难。工业实际中的气动噪声问题通常涉及非常复杂的几何结构，例如，在透平级中跨声速叶片顶部，FDM 的适用性受到挑战，研究者不得不采用非结构化的空间离散方法。

2. 计算气动声学中有限体积法的发展

FVM 作为非结构化的空间离散方法的重要成员之一，在 CFD 中颇受青睐，例如，ANSYS 公司旗下的 CFX 和 Fluent 软件均是基于 FVM 的求解器。而传统的 FVM 并不具有低色散的性质，因此构造适用于气动声学问题的 FVM 的关键在于其良好的谱性质。下面再以求解一阶波动方程为例进行解释，采用如图 1-8 所示的网格划分一维计算域，对方程(1-1)关于图中阴影区进行体积分，可得

$$\frac{\partial \overline{f}}{\partial t}\Delta x + c\left[(Af)_{\mathrm{e}} - (Af)_{\mathrm{w}}\right] = 0 \tag{1-8}$$

式中，$\overline{f}$表示 f 的体积平均值；$(Af)_{\mathrm{e}}$、$(Af)_{\mathrm{w}}$分别表示穿过东侧 e 和西侧 w 界面的通量，一维情形下通量面积 A 取为单位 1。

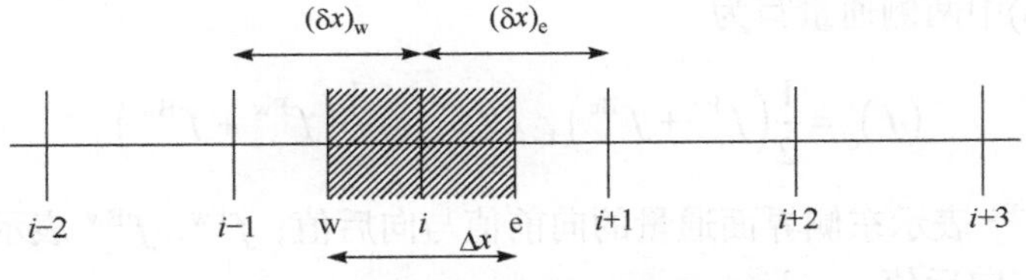

图 1-8 FVM 求解一阶波动方程的网格点分布

显然，空间离散的性质取决于界面通量的计算，首先类比于 DRP 四阶中心差分格式：

$$\left(\frac{\partial f}{\partial x}\right)_i \approx \frac{1}{\Delta x}\sum_{j=-3}^{3} a_j f_{i+j} \tag{1-9}$$

式中，a_j为差分格式常系数。

可将两侧通量表示为

$$(f)_{\mathrm{e}} = \sum_{j=-2}^{3} b_j f_{i+j}\,,\quad (f)_{\mathrm{w}} = \sum_{j=-2}^{3} b_j f_{i+j-1} \tag{1-10}$$

式中，b_j 为通量插值常系数。

欲使通量表示的空间导数等价于式(1-9)，需令式(1-11)成立：

$$\sum_{j=-3}^{3} a_j f_{i+j} = (f)_{\mathrm{e}} - (f)_{\mathrm{w}} \tag{1-11}$$

将式(1-10)代入式(1-11)，并对比左右两边常数可得

$$b_1 = b_6 = a_3\,,\quad b_2 = b_5 = a_2 + a_3\,,\quad b_3 = b_4 = a_1 + a_2 + a_3 \tag{1-12}$$

由此得到的 FVM 具有 DRP 性质。

同样地，类比于 OPC 差分格式，可以获得具有 OPC 性质的 FVM。OPC 六阶差分格式可写成向前导数差分算子和向后导数差分算子的平均值：

$$\left(\frac{\partial f}{\partial x}\right)_i = \frac{1}{2}\left(\mathrm{D}_i^{\mathrm{F}} + \mathrm{D}_i^{\mathrm{B}}\right) \tag{1-13}$$

式中，$\mathrm{D}_i^{\mathrm{F}}$ 表示向前导数差分算子；$\mathrm{D}_i^{\mathrm{B}}$ 表示向后导数差分算子。

这两个差分算子模板的一般形式可定义为

$$\gamma^{\mathrm{F}}\mathrm{D}_{i+1}^{\mathrm{F}} + \eta^{\mathrm{F}}\mathrm{D}_i^{\mathrm{F}} \cong \frac{1}{\Delta x}\sum_{j=-2}^{2} d_j^{\mathrm{F}} f_{i+j}\,,\quad \gamma^{\mathrm{B}}\mathrm{D}_{i-1}^{\mathrm{B}} + \eta^{\mathrm{B}}\mathrm{D}_i^{\mathrm{B}} \cong \frac{1}{\Delta x}\sum_{j=-2}^{2} d_j^{\mathrm{B}} f_{i+j} \tag{1-14}$$

式中，γ^{F}、η^{F}、d_j^{F} 表示向前导数差分格式常系数；γ^{B}、η^{B}、d_j^{B} 表示向后导数差分格式常系数。

将式(1-8)中两侧通量写为

$$(f)_{\mathrm{e}} = \frac{1}{2}\left(f^{\mathrm{Fe}} + f^{\mathrm{Be}}\right),\quad (f)_{\mathrm{w}} = \frac{1}{2}\left(f^{\mathrm{Fw}} + f^{\mathrm{Bw}}\right) \tag{1-15}$$

式中，f^{Fe}、f^{Be} 表示东侧界面通量的向前值与向后值；f^{Fw}、f^{Bw} 表示西侧界面通量的向前值与向后值。

两侧界面通量又可表示为

$$\gamma f_{i+1}^{\mathrm{Fe}} + \eta f_i^{\mathrm{Fe}} = bf_{i+1} - df_i\,,\quad \gamma f_{i-1}^{\mathrm{Be}} + \eta f_i^{\mathrm{Be}} = bf_i - df_{i+1} \tag{1-16}$$

$$\gamma f_{i+1}^{\mathrm{Fw}} + \eta f_i^{\mathrm{Fw}} = bf_i - df_{i-1}\,,\quad \gamma f_{i-1}^{\mathrm{Bw}} + \eta f_i^{\mathrm{Bw}} = bf_{i-1} - df_i \tag{1-17}$$

式中，γ、η、b、d 为通量插值常系数。

将式(1-16)和式(1-17)中的常系数与式(1-14)中的常系数进行对比，可得

$$\gamma=\gamma^{\mathrm{F}}=\gamma^{\mathrm{B}}, \quad \eta=\eta^{\mathrm{F}}=\eta^{\mathrm{B}}, \quad b=d_1^{\mathrm{F}}=-d_{-1}^{\mathrm{B}}, \quad d=d_{-1}^{\mathrm{F}}=-d_1^{\mathrm{B}} \tag{1-18}$$

仿照上述做法不仅可以获得具有 DRP 或者 OPC 性质的二维和三维 FVM，还可以类推出其他具有低色散和低耗散性质的 FVM 格式。

最初发展的低色散 FVM 格式主要利用高阶多项式对界面通量进行插值，并利用最小二乘法对插值系数进行优化 [81]，利用满足总变差减小(total variation diminishing, TVD)的高阶限制函数构造低通滤波器来移除激波附近的高频振荡 [82]。利用超埃尔米特积分、通量和插值可以获得任意的时空精度和保真度 [83]，极大地减少了单位波长内的网格点数并分辨出超高频波。相对于 FDM，FVM 的优势不仅在于复杂几何的适应性，还在于该方法能够保持流体的物理守恒性；FVM 可以保证同一界面两侧通量计算的一致性，在界面处不会产生虚假的源/汇，这些特点对非线性问题显得尤为重要。

相对于具有 DRP 或者 OPC 性质的 FDM，具备这些性质的 FVM 可以显著地提高数值性能 [84]。具有 OPC 性质的 FVM 结合切割体积笛卡儿网格法 [85]既能处理不规则形状边界又能保持格式精度；采用体积平均重构紧凑迎风格式的 FVM 并结合自适应八叉树网格分割技术 [86]，对解决离散且多重空间尺度的时间依赖问题非常有效，如图 1-9 所示；直接将紧凑格式应用到 FVM 不能考虑网格和交界面的几何变化及网格线曲率对精度的影响，发展一般曲线网格下基于物理空间的高精度紧凑插值 FVM [87]可以解决该问题。针对叶轮机械动静干涉气动噪声问题，通常采用非协调网格处理动静交界面，基于相同空间离散格式计算部分通量并求和得到的守恒通量易导致空间离散精度差、高频反射波与计算不稳定等问题；当交界面两侧块中的网格大小在同一数量级且同一个块内采用一致的空间离散格式时，如果波传播方向正交于交界面，那么交界面对色散和耗散没有影响，否则交界面不会引入耗散误差但会引入较大的色散误差；而基于高精度插值和黎曼求解器得到的部分通量 [88]可以有效地减少这种虚假模态。

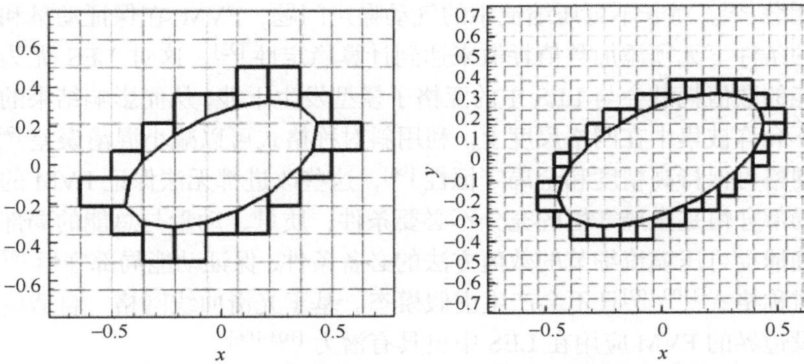

(a) 切割体积笛卡儿网格法生成的混合结构/非结构化的粗网格和细网格[85]

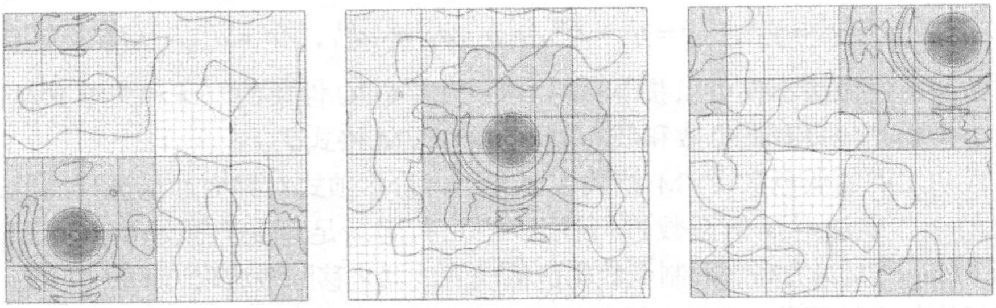

(b) 重构紧凑迎风格式的FVM计算得到的三个不同时刻的等熵涡密度分布云图[86]

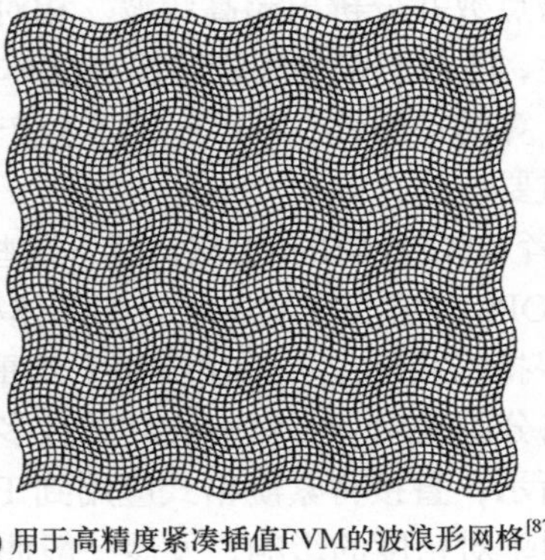

(c) 用于高精度紧凑插值FVM的波浪形网格[87]

图 1-9　基于不同网格技术的 FVM 格式

尽管具有 DRP、OPC 与波数扩展 [89]性质的 FVM 在光滑解区域能够很好地满足高精度和高分辨率的特点，但在高梯度或者间断区域存在严重的 Gibbs 现象。通常采用振荡控制策略如 TVD、总变差有界(total variation bounded，TVB) [90]与本质非振荡(essentially non-oscillatory，ENO) [91]等来获得稳定解，而这些传统策略在非间断区域存在空间精度损失和过大的耗散。为解决这种问题，需要引入一种能够识别光滑区域、大梯度变化区域和间断的机制并结合多维限制过程来消除多余的耗散 [92]。对于不可压缩流中的气动噪声问题，FVM 在保证动量和动能全局守恒的条件下无须添加数值耗散来达到计算稳定性 [93]，这对 LES 尤为重要，因为动能的数值耗散会与 LES 中的亚格子模型发生干涉，从而影响结果的准确性且能量不允许被集中在网格尺度上。利用斜对称格式可以减小混淆误差 [94,95]，利用交错网格可保持高精度和全局守恒性 [96]，这些改进都无法保证 FVM 的局部守恒性。局部守恒是全局守恒的充分不必要条件，质量、动量与总能的局部守恒是构造精确捕捉可压缩流细节的数值方法的必备条件；保证动能局部守恒 [97-99]可以代替斜对称格式 [100-102]且不会产生虚假模态。基于光滑曲线网格、自适应加密网格与浸没边界的 FVM 应用在 LES 中更具有潜力 [103-106]。

3. 计算气动声学中间断Galerkin有限元法的发展

在非结构化的空间离散方法中，FEM、SM及DG-FEM也成为CAA中的热点。提高FDM与FVM的空间离散格式精度的唯一途径是增大离散格式模板的宽度，而提高FEM、SM及它们发展出的附加离散格式的空间精度可以通过增大基函数的阶数来实现，这是前者与后者之间的显著区别。

SM一般能将不存在间断的解展开成光滑函数的有限级数，具有指数阶的超收敛性质，在简单区域问题如低雷诺数槽道湍流等中有成功的应用[107,108]，但SM通常要求空间上的周期性，不利于其在实际工程问题中的拓展；拟谱方法作为SM中的一类，同样具有良好的色散与耗散性质[109,110]，更易与快速傅里叶变换(fast Fourier transform，FFT)等快速计算方法结合在一起，但对于空间非周期性问题会产生Gibbs振荡现象从而影响解的准确性，对于变系数项及非线性项的处理会产生混淆误差。在复杂区域及激波等问题面前，SM的优势不复存在，但SM与FDM结合产生的谱差分法[111-113]、SM与FVM结合产生的谱体积法[114-116]或许将会有新的春天。

FEM基于变分原理将计算域离散成若干非重叠单元，在每个单元内采用插值多项式构造解的逼近函数[57]；在不同单元内采用不同阶数的多项式逼近，可以实现局部单元大小和多项式阶的自由变化，俗称*hp*自适应；*hp*自适应使得FEM在结构分析、热传导、电磁辐射及多物理场耦合等诸多领域得到了广泛应用。但是，FEM要求控制方程正交于空间整体定义的试验函数，对于时间依赖问题，FEM得到的半离散格式在时间上为隐式，其中涉及大型矩阵求逆问题，相对于FDM和FVM，这是一个显著的缺点；基函数具有空间对称性，对于波主导和对流/扩散问题会引起计算不稳定性[117,118]；整体定义的基函数和试验函数破坏了格式的局部性，不能满足物理定律要求的守恒性，因而FEM在CFD与CAA中并不如FVM受青睐。DG-FEM正是在这种背景下孕育而出的，该方法秉承了FVM与FEM两者的优势。

下面仍以求解一阶波动方程为例解释DG-FEM的基本思想，首先将计算域Ω离散成互不重叠且相互连接的单元$\Omega=\oplus\Omega_i$，在每个单元$\Omega_i=[x_i,x_{i+1}]$内将局部解$f_i(x,t)$用$N_\mathrm{p}-1$阶多项式表示为

$$f_i(x,t)=\sum_{n=1}^{N_\mathrm{p}}\hat{f}_i(t)\psi_n(x)=\sum_{j=1}^{N_\mathrm{p}}f_i(x_j,t)l_j(x) \tag{1-19}$$

式中，$\hat{f}_i(t)$为模展开系数；$f_i(x_j,t)$为节点展开系数；$\psi_n(x)$为模展开基函数；$l_j(x)$为一维拉格朗日插值基函数。

引进由试验函数φ定义的整体空间$V=\oplus V_i$，其中局部空间V_i为$V_i=[\psi_n(\Omega_i),n=1,2,\cdots,N_\mathrm{p}]$，则$V$是由定义在$\Omega$上分片光滑的函数形成的空间。

Galerkin 形式要求方程(1-1)正交于 V 中所有的试验函数：

$$\int_{\Omega_i}\left(\frac{\partial f}{\partial t}+c\frac{\partial f}{\partial x}\right)\psi_n \mathrm{d}x=0, \quad n=1,2,\cdots,N_{\mathrm{p}} \tag{1-20}$$

式(1-20)需对所有单元均成立。对式(1-20)关于空间变量分部积分可得

$$\int_{\Omega_i}\left(\frac{\partial f}{\partial t}\psi_n-cf\frac{\partial \psi_n}{\partial x}\right)\mathrm{d}x=-\int_{\partial\Omega_i}\boldsymbol{n}\cdot cf\psi_n\mathrm{d}x, \quad n=1,2,\cdots,N_{\mathrm{p}} \tag{1-21}$$

式中，$\partial\Omega_i$ 表示单元 Ω_i 的边界；$\boldsymbol{n}$ 为边界的局部单位外法向量，在一维情形下为标量。

单元界面处的解记为$(cf)^*$，又可称为数值通量，在重构各种格式中起到关键作用。将界面处的解代入式(1-21)并关于空间变量再次分部积分可得

$$\int_{\Omega_i}\left(\frac{\partial f}{\partial t}+c\frac{\partial f}{\partial x}\right)\psi_n\mathrm{d}x=\int_{\partial\Omega_i}\boldsymbol{n}\cdot\left[cf-(cf)^*\right]\psi_n\mathrm{d}x, \quad n=1,2,\cdots,N_{\mathrm{p}} \tag{1-22}$$

式(1-22)即 DG-FEM 的强形式，而式(1-21)为 DG-FEM 的弱形式。将局部解 $f_i(x,t)$ 取为节点展开式，试验函数取为 δ 函数(Dirac 函数)，代入强形式方程中并化简可得配置法的半离散形式为

$$\boldsymbol{M}_i\frac{\mathrm{d}\boldsymbol{f}_i}{\mathrm{d}t}+\boldsymbol{S}_i c\boldsymbol{f}_i=\left[c\boldsymbol{f}_i-(c\boldsymbol{f}_i)^*\right]_{x_{i+1}}\boldsymbol{l}_i(x_{i+1})-\left[c\boldsymbol{f}_i-(c\boldsymbol{f}_i)^*\right]_{x_i}\boldsymbol{l}_i(x_i) \tag{1-23}$$

式中，$\boldsymbol{f}_i$ 为节点解向量 $\boldsymbol{f}_i=[f_1,\cdots,f_{N_{\mathrm{p}}}]^{\mathrm{T}}$；$\boldsymbol{M}_i$ 表示局部质量矩阵 $(\boldsymbol{M}_i)_{m\times n}=l_n(y_m)$；$\boldsymbol{S}_i$ 表示局部刚度矩阵 $(\boldsymbol{S}_i)_{m\times n}=l'_n(y_m)$；$\boldsymbol{l}_i(x)$ 表示拉格朗日多项式向量 $\boldsymbol{l}_i(x)=[l_1(x),\cdots,l_{N_{\mathrm{p}}}(x)]^{\mathrm{T}}$。

从式(1-19)可以看出，DG-FEM 的空间精度与基函数的阶数紧密相关，最初发展出来的 DG-FEM 主要用于线性方程且空间离散精度仅限于二阶 [119,120]；然后被发展到非线性标量方程并形成具有任意空间精度和 TVB 性质的一类 [121]；恰当地选取基函数可以避免采用求积公式 [122]，这样可以较大程度地减少存储量和计算时间。DG-FEM 进一步被运用到纳维-斯托克斯方程(Navier-Stokes equation，NSE)中 [123]，采用高精度格式可用较少的单元数来获得相同的结果；DG-FEM 自身具有紧凑性和处理复杂几何的灵活性，由于通信只在单元共享交接面处进行，对其实施并行处理 [124]将更利于快速计算。

在 DG-FEM 拥有任意精度的同时，仍有必要对其色散与耗散性质进行研究，这样才能在处理气动噪声问题时弄清数值格式如何影响解的准确性。DG-FEM 的色散关系和耗散率与数值通量的选取密切相关 [125,126]，如果采用迎风型通量，则耗散误差是主要来源；如果采用中心型通量，则该格式无耗散误差，准确接近真实色散关系的波数范围却相对较窄；要获得低色散和低耗散的 DG-FEM 显然需对数值通量进行优化，增大基函数的阶数有利于提高格式的有效分辨率 [127]，当然

也可由问题所允许的耗散与色散误差界来决定不同单元间的非均匀基函数阶数[128,129]。对于存在间断解的气动噪声问题，不同数值通量对内存消耗、准确性、非振荡性和间断分辨率也具有很大的影响[130]，这些数值通量通常包括Lax-Friedrichs通量、Godunov通量[131]、Engquist-Osher通量[132]、Harten-Lax-van Leer通量[133]、带通量限制器的中心通量[131]与多级预测-校正通量[134]等，而后三种类型通量的数值性能相对较好；还可以采用带后验子单元限制器技术[135,136]的DG-FEM来分辨激波，首先用问题单元检测器找出需要加限制的计算域，再利用多维最优阶探测器(MOOD)限制器[137]对子单元进行投影和重构；基于各向异性斜率限制器[138,139]、局部Lax-Friedrichs通量保正性质[140]、熵有界性质[141,142]和熵残差检测技术[143]的DG-FEM也可以用来捕捉间断解。

不仅数值通量会影响DG-FEM的谱性质，基函数的内积法(主要包括Gauss型积分与Gauss-Lobatto型积分)也会造成色散和耗散误差；对于给定精度Gauss型积分所需的单位波长网格节点数少于Gauss-Lobatto型积分，这是因为在能够很好地被分辨的波数尺度下，Gauss型积分的色散和耗散均低于Gauss-Lobatto型积分，而且高波数尺度下Gauss型积分的鲁棒性更强[144]；但Gauss型积分离散的刚度高于Gauss-Lobatto型积分，使得前者的计算效率较低。借助傅里叶方法分析DG-FEM与局部DG-FEM的本征结构可获得与物理特征值相关的色散误差和耗散误差[145]，两者均具有超收敛性质[146,147]且后者优于前者。对于各向异性介质中波传播问题，为了减小相位误差和幅值误差需在局部DG-FEM中引入能量守恒的特征[148]。通过提高投影过滤算子的积分精度[149]、引入谱消失黏性[150]或者斜对称性质[151]及增添耗散过滤算子[152]等均可以抑制混淆误差且提高DG-FEM的稳定性。

在了解DG-FEM的谱性质及数值格式对谱性质的影响后，还需要从网格类型、边界处理及方法的拓展等方面考核DG-FEM的有效性、准确性和稳定性。采用DG-FEM求解LEE或者全欧拉方程可获得低幅值声扰动的传播特征[153,154]，而且DG-FEM也适用于非连续材料和多物理模型耦合的气动噪声问题[155]。DG-FEM结合高精度浸没边界方法可以运用非协调的笛卡儿网格来处理存在固体边界运动或者变形的气动噪声问题[156,157]，如图1-10所示；对于固体曲边界的声散射问题，采用直边网格会限制高阶DG-FEM的精确性，虽然采用曲边网格来适应边界形状会略微增加计算量，但能较好地解决边界精度问题[158,159]；DG-FEM结合重叠网格技术可以模拟结构间存在相对运动的复杂系统，相对于FVM与重叠网格技术的结合，该方法对人工边界的敏感度较低[160,161]；DG-FEM还可以与四叉树基[162]、目标基[163]和恢复基[164]的自适应网格加密技术相结合，将计算自由度合理地分配到感兴趣的计算区域，从而极大地降低计算量，在多尺度计算中优势将更加明显。嵌入式DG-FEM结合了混合式DG-FEM与连续Galerkin有限元方法的优点[165]，因此，嵌入式 DG-FEM 的稳定性和鲁棒性比连续 Galerkin 有限元方法好，在计算量方面嵌入式 DG-FEM 生成的代数系统比混合式 DG-FEM 的小，从而极大地减少了内存和计算时间。在任意 Lagrange-Euler 体系下实施 DG-FEM [166,167]可用于直接模拟可压缩湍流中结构大变形造成的气动噪声。

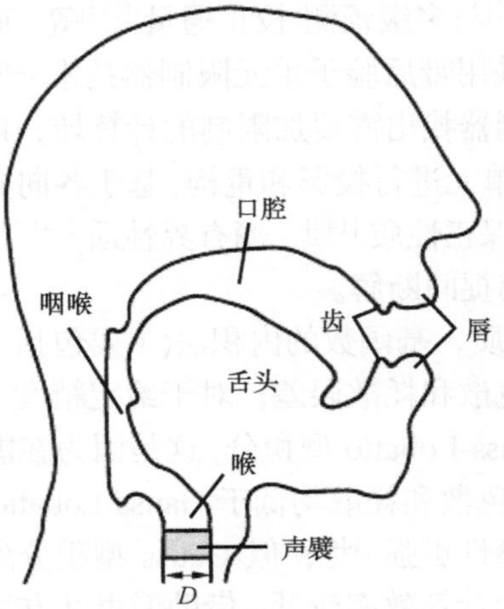

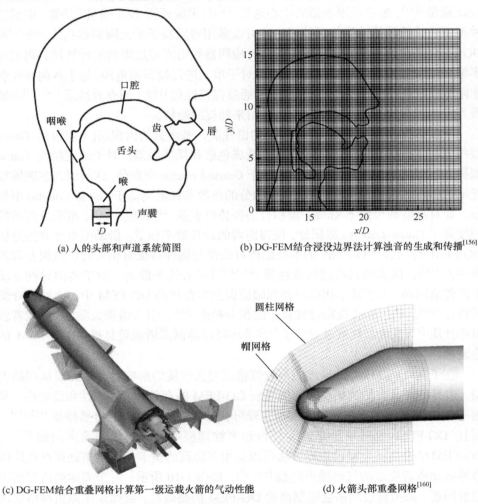

(a) 人的头部和声道系统简图

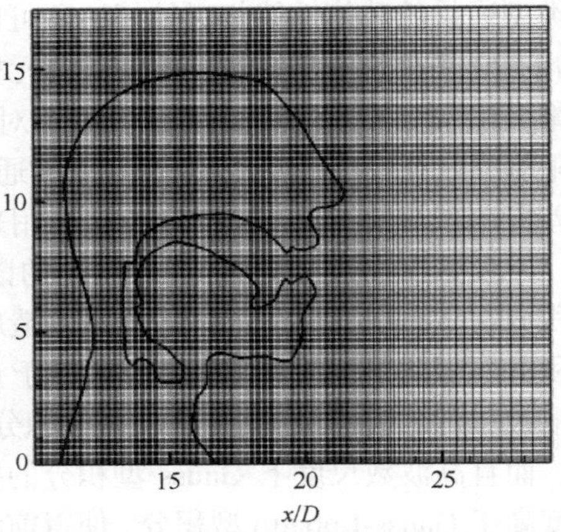

(b) DG-FEM结合浸没边界法计算浊音的生成和传播[156]

(c) DG-FEM结合重叠网格计算第一级运载火箭的气动性能

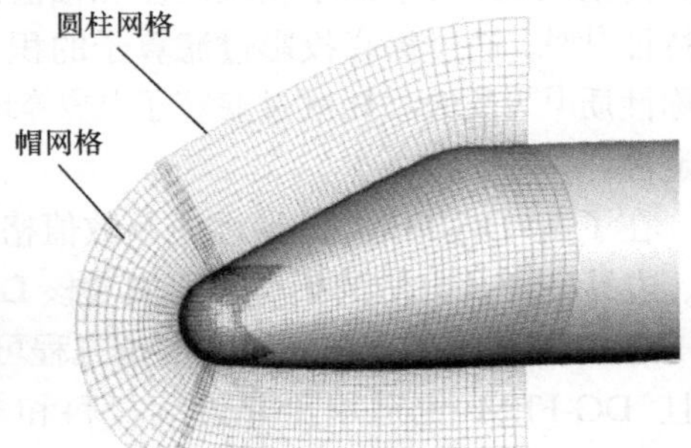

(d) 火箭头部重叠网格[160]

图 1-10　基于不同网格技术的 DG-FEM 格式

DG-FEM 的任意高精度、优良的谱性质与复杂几何的适应性使其在 DNS 和 LES 中颇受青睐，如采用 DNS 研究空间发展混合层的失稳和涡声干涉机制[168]、超声速圆管射流的剪切层不稳定性及其辐射噪声[169]与均质各向异性湍流的生成和衰减[170]等问题，如图 1-11 所示；还可以采用 LES 研究从层流转捩到湍流的翼

型流动 [171,172]、亚声速自由圆形射流 [173]、欧拉湍流的谱分辨率 [174]和槽道湍流 [175]等问题。DG-FEM 在机身和机翼对发动机噪声的散射 [176]、叶片/涡干涉噪声的伴随优化 [177]与涡扇出口气动噪声 [178]等工程问题中也发挥着重要作用。

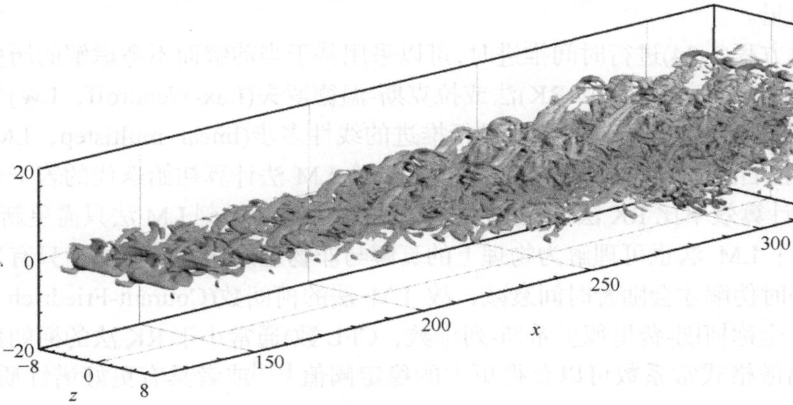

(a) 空间发展混合层的三维涡结构Λ_2等值面[168]

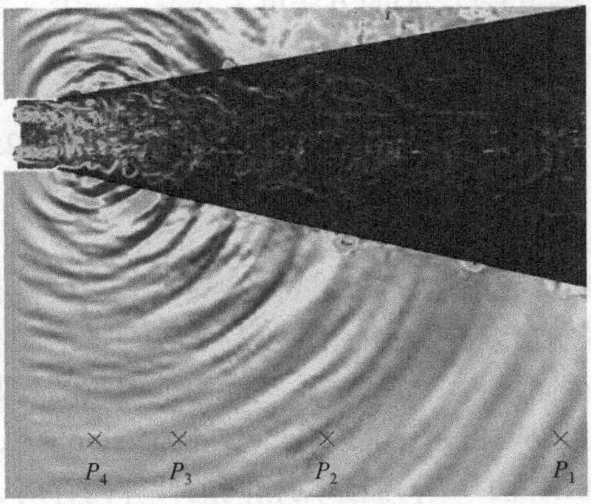

(b) 超声速射流的近场密度梯度和远场密度分布[169]

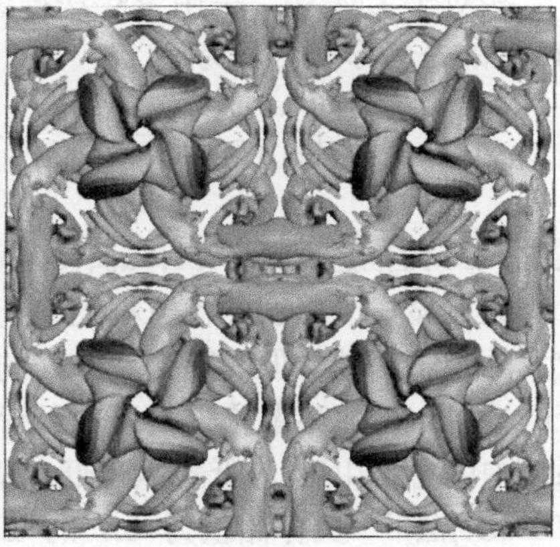

(c) Taylor-Green涡结构Q等值面[170]

图 1-11 采用 DG-FEM 空间离散进行的 DNS 与 LES 模拟

4. 计算气动声学中时间离散的发展

与空间离散格式相比，时间离散格式在保持声波的传播特征方面同样重要。在对含有空间和时间偏导数的微分方程进行离散时，通常有两类处理方法：先进行空间离散生成半离散形式的微分方程，然后进行时间离散，这类方法又分为显式、隐式-显式和隐式三类格式；直接进行空间和时间的统一离散。

对于第一类时间离散方法，仍以求解方程(1-1)为例进行解释。不管采用 1.3.3 节中何种空间离散方法处理空间导数项，均可得到如下的半离散方程：

$$\frac{\mathrm{d}\boldsymbol{f}}{\mathrm{d}t}=\boldsymbol{F}\left(\boldsymbol{f},t\right) \tag{1-24}$$

式中，$\boldsymbol{f}$ 表示所有网格/单元上独立变量组成的向量；$\boldsymbol{F}$ 表示空间离散得到的非线性函数向量。

在对方程(1-24)进行时间推进时，可以采用基于当前解而不考虑解的历史效应的龙格-库塔(Runge-Kutta，RK)法或拉克斯-温德罗夫(Lax-Wendroff，LW)法，还可以采用基于之前多个解的行为进行推进的线性多步(linear multistep，LM)法。LM 法不能自启动，通常借助 RK 法或者低阶 LM 法计算初始迭代的若干步，但 LM 法的计算效率比 RK 法高，因为推进过程中的每个时刻 LM 法只需更新 $\boldsymbol{F}(\boldsymbol{f},t)$ 一次即可；LM 法也可理解为物理上的真解与非物理的伪解的叠加，只有当时间步足够小时伪解才会随着时间衰减，故 LM 法的柯朗数(Courant-Friedrichs-Lewy number，全称柯朗-费里德里希斯-列维数，CFL 数)通常小于 RK 法的柯朗数。通过优化离散格式常系数可以获得更大的稳定阈值[179]或者具有更好谱性质[62,180]的 LM 法。

相对于 LM 法，采用 RK 法推进求解方程(1-24)的方法更为普遍。一个 s 级 RK 法的一般形式可写为

$$\boldsymbol{f}^{n+1}=\boldsymbol{f}^{n}+\Delta t\sum_{i=1}^{s}b_i\boldsymbol{g}_i,\quad \boldsymbol{g}_i=\boldsymbol{F}\left(\boldsymbol{f}^{n}+\Delta t\sum_{j=1}^{s}a_{ij}\boldsymbol{g}_j,t^{n}+c_i\Delta t\right) \tag{1-25}$$

式中，Δt 为推进时间步长；a_{ij}、b_i、c_i 为时间离散格式常系数。

经典显式 RK 法的代数精度等于其级数，虽然三阶和四阶经典 RK 法已具有较大的稳定区域，但其隐含着较大的色散误差和耗散误差，不利于气动噪声和湍流的计算。优化离散格式常系数可得到存储量为 $3N$(N 表示空间离散得到的代数系统中的总自由度)的低耗散和低色散 RK(low-dissipation and low-dispersion RK，LDDRK)法[181]及存储量为 $2N$ 的 LDDRK 法[182]；当采用相同的计算内存时，LDDRK 法可获得比经典 RK 法更准确的结果[75]。

对于激波等间断问题，类似于空间离散，可以将 TVD 性质引入 RK 法中[183]来保证时间积分过程不会引入额外振荡；具有 TVD 性质的 RK 法属于具有保强稳定性质[184]RK(strong-stability-preserving RK，SSPRK)法中的一类，并且可以发展出其他高阶形式的 SSPRK 法；优化离散格式常系数可进一步提高离散格式的代数精度并发展出存储量为 $2N$ 的 SSPRK 法[185]；采用具有指数性质[186]的 RK 法可以较好地解决特定类型刚度较大的问题。

柯朗数既受系统自身的刚性约束，也受最小尺度离散单元的刚性约束，从而可以对不同单元采用不同的推进时间步长来节约计算资源并可以优化出低耗散和低色散的非均匀时间步 RK 法[187]；通过改变数值通量的贡献可以放宽柯朗数的

限制从而增大时间步长[188]，将该技术用于 DG-FEM 会牺牲其超收敛性并降低空间精度；对基于守恒律的空间离散施加额外的守恒限制条件也可将柯朗数提升三倍以上[189]。将 RK 法与 LW 法进行对比[190]可得，二阶精度 RK 法比二阶精度 LW 法的色散误差小但耗散误差大，三阶精度 RK 法的色散误差和耗散误差均低于三阶精度 LW 法；当采用 DG-FEM 结合 LW 法进行空间和时间离散时，较大的柯朗数会削弱 DG-FEM 的超收敛性，重构局部 DG-FEM 可以解决此问题[191]。

相对于显式时间离散，隐式时间离散或者具有隐式性质的隐式-显式时间离散更适用于系统自身刚度很大的问题，从物理意义上讲隐式格式侧重于抑制具有最快传播特征值解的分量。一般情况下方程(1-24)的右端项呈非线性而采用 RK 法进行时间推进时，要获得式(1-25)的中间步 $\boldsymbol{g}_i$ 需要求解非线性方程组。对非线性方程组的求解通常采用 Newton-Krylov 算法，将非线性项进行线性处理后得到关于中间步的线性方程组。对于气动噪声问题，经过这样处理得到的线性方程组的总自由度巨大，很难采用高斯消去法等直接求解，通常采用迭代法如广义极小残余(generalized minimal residual，GMRES)算法等求解。

迭代法的收敛速度与线性方程组系数矩阵特征值的密集程度紧密相关，在不改变解的情况下可采用预处理子将系数矩阵的特征值集中在某个值附近从而改善矩阵的性质并加快收敛。块 Jacobi(雅可比)预处理子在 DG-FEM 空间离散和向后欧拉差分时间离散求解 NSE 中表现良好[175,192]；基于上下-对称高斯-赛德尔(LU-symmetric Gauss-Seidel，LU-SGS)预处理子的 GMRES 算法可减少存储量且计算效率更高[193]；将常用的预处理子进行对比发现用零填充的不完全 LU 分解预处理子的收敛速度远高于其他预处理子[194]。沿着单元方向松弛[195]可以提高隐式格式的并行特性，也可将无条件保正性质[196]引入隐式时间离散中来缩短 CPU 时间。向后欧拉差分一般只能 A 稳定到二阶精度，并不能满足气动噪声问题所需的精度要求，通过阶数/误差的自适应策略可将其提高到四阶精度[197]；为了控制声波传播的幅值和相位误差，类似于显式 LDDRK 法，优化对角隐式格式[198]的常系数也可获得低耗散和低色散的性质[199]；线性隐式 Rosenbrock 型 RK 法[200,201]作为隐式 RK 法家族的一类而备受关注，因为该方法的中间过程只需装备和分解 Jacobi 矩阵一次。除了全隐式格式外，还可以对方程(1-24)采用隐式-显式 RK 法[202,203]，该方法只对刚度项采用隐式处理，通常用于多尺度系统，这样可以避免全局 Jacobi 矩阵和不同尺度之间的耦合。

无论采用显式格式还是隐式格式，将时间和空间分开处理均会受到柯朗数的限制，而将时间和空间统一离散的第二类方法则无条件稳定；但这类方法通常会产生与时间多项式阶数成正相关的代数系统，在不考虑计算消耗的情况下，这类方法具有很大的优势。对 LEE 方程进行时空统一离散可同时获得时间和空间的任意高精度[204]；时空统一离散的误差仍然包括时空离散误差和机器误差，通过隐式处理引入无耗散特性[205]或者局部离散控制单元上的耗散和色散[206]，也可以采用残差预估并结合网格自适应加密策略来减小误差[207]；基于单元内显式时空预测步和单元间通量校正步[208]可实现局部时间推进。采用高精度时空离散结合交错网格求解不可压缩流只需稀疏网格且极大地降低了求解压力的线性系统的总自由度[209]；采用张量积预处理子[210]可以提升求解可压缩湍流 DNS 的收敛速度。

1.3.4 计算边界条件

在 1.3.3 节讨论的空间与时间离散格式对如何获得准确解至关重要，而物理问题的提法既包含控制方程也必须有适定性的初值条件和边界条件，如何施加准确且稳定的边界条件对于 CAA 是一项非常具有挑战性的工作。

在 CAA 中边界条件主要包括黏性、无黏和具有声阻抗的固体边界条件，以及具有无反射特性的自由空间、进口/出口边界条件。以航空发动机噪声为例解释这两大类边界条件的应用，考虑高压透平级叶片边界层湍流噪声时需将叶片作为黏性无滑移边界条件处理，考虑机身对发动机尾喷管射流噪声的散射时可将机身作为无黏反射边界条件来处理，考虑带声衬的涡扇进气段的噪声辐射时需将进气段的局部作为声阻抗边界条件来处理，考虑发动机噪声在自由空间的辐射时需要采用 Sommerfeld 边界条件，考虑压气机机匣内高压级对外辐射噪声时需要用无反射的进口/出口边界条件。下面着重讨论 CAA 中固体壁面边界条件和无反射边界条件的发展和应用。

1. 计算气动声学中固体壁面边界条件的发展和应用

无滑移固体壁面边界条件要求流体和固体之间没有相对运动，从能量守恒角度通常将固体壁面假设为恒温或者绝热。这些条件对于微分方程是很好的提法，但对于数值离散求解的方程并不足够，一般情况下有三种解决办法：对没有附加约束的密度或压力通过将计算域内点上的物理量外推得到，相当于该变量对边界的法向导数为零，这是一种近似做法且会引入较大误差；由于控制方程在边界处也成立，可以对控制方程进行特征值分析[211,212]并结合局部一维无黏(local one-dimensional inviscid，LODI)关系得到特征波的幅值变化[213]，从而对固体边界处经过修正的连续方程进行求解得到下一时刻的密度或者压力，该方法对于 NSE 具有很好的稳定性且可推广到贴体的广义坐标系[214]，但其在边界处的偏差分会产生数值型伪反射波；为了在边界处获得与内点相同的高精度离散格式，可以在壁面边界外设置虚假网格点[215]，虚假网格点的数量可以任意但不得低于边界处约束条件数，虚假网格点上的值需要与计算域内点上的值联合来严格满足边界条件。

无滑移固体壁面边界条件在 DNS 及 LES 中应用较为普遍，当不计及黏性和传热对声波的影响时可对固体壁面采用滑移边界条件。滑移固体壁面边界条件允许流体和固体之间存在相对运动，只要求法向上没有渗透，固体壁面将声波关于法向完全反射，故对滑移壁面的处理可类似于无滑移壁面的处理方法。当采用欧拉方程求解有固体边界散射的声传播问题时特征值分析法在边界处的导数需要采用偏差分模板，这可能导致计算不稳定性；当设置虚假网格点处理固体边界时还可以借助广义曲线坐标系将运动壁面及壁面曲率的影响囊括进来 [216]；当固体壁面与浸没边界条件 [85,156]耦合在一起时，固体边界的声波反射一方面会受到插值多项式精度的影响，另一方面由于来流波包含了壁面压力导数和法向速度导数的信息，不能精确地给定这两者的法向导数会产生误差 [217]。除了在固体壁面处施加物理上直观的边界条件外，还可以采用等效物理边界条件的阻抗不匹配方法(impedance mismatched method，IMM) [218]，该方法将固体视作连续流体并认为新介质的阻抗无限大从而入射波可以被完全反射，可方便程序的编写但不能处理黏性边界条件。

具有声阻抗的固体边界条件是 CAA 中特殊的一类边界条件，其主要用来描述固体表面对声波的吸收和反射作用，一般情况下这类固体表面是具有特殊形状的多孔介质材料，其对声波的作用与声波入射角无关且通常工作在较宽的频率范围 [219]；由于声阻抗边界条件来自频域计算而 CAA 普遍在时域下考虑气动噪声问题，所以将复数形式的阻抗边界条件转化为能够稳定求解的等效时域边界条件是研究具有声阻抗的固体边界条件的关键；用于时域数值模拟的声阻抗边界条件需要满足因果性，发展出的具有宽频特性的模型有三参数声阻抗模型 [220]、基于 z 变换的时域声阻抗边界条件 [221]、Helmholtz 共振腔阻抗模型 [222]和基于一阶及二阶响应系统的声阻抗模型 [223]等。具有声阻抗边界的固体边界条件的典型代表是声衬，而湍流边界层 [224]、剪切流 [225]和平均流 [226,227]均会影响其声阻抗特性。

2. *计算气动声学中无反射边界条件的发展和应用*

固体壁面边界条件的准确施加可以保证声波与固体边界的相互作用，而同样重要的是具有无反射特性的自由、进口/出口边界条件，因为 NRBC 的准确施加既能节约计算域的空间大小又能避免伪反射波对声场的污染。根据构造无反射边界物理机制的不同，通常将 NRBC 分为三类：辐射边界条件(radiation boundary condition，RBC)、特征边界条件(characteristic boundary condition，CBC)和吸收类边界条件(absorbing boundary condition，ABC)。基本上不可能构造出完全无反射的边界条件，从而上述三类 NRBC 都是基于人工意义上的无反射特性 [228]。这些人工意义或者目的一般为：构造的 NRBC 与计算域内方程必须适定且是原物理问题在无穷远处的良好近似；构造的 NRBC 必须与计算域内数值离散格式相容且自身也易被构造出稳定的数值格式；构造的 NRBC 在边界处引起的伪反射波必须足够小且不能产生太大的数值计算量；当采用时间推进格式求解稳态问题时，NRBC 也能快速达到稳态解。

RBC 是基于渐进展开的一类边界条件。控制外流问题中声传播的欧拉方程支持三类小幅值扰动：声波、涡波与熵波，声波沿着当地平均流速和当地声速的矢量和传播，涡波和熵波沿着平均流速矢量向下游迁移，欧拉方程在远场处可关于平均流线性化为较简单的形式。进一步假设平均流速为零，则其辐射声压 $p(t, r, \theta, \phi)$可展开如下 [229]：

$$p(t,r,\theta,\phi)=\sum_{j=1}^{\infty}a_j(t-r,\theta,\phi)\frac{1}{r^j} \tag{1-26}$$

式中，r、θ、ϕ 为常用球坐标系变量；$a_j(t-r,\theta,\phi)$ 为关于变量 r 的展开式系数。

引入算子 $L=\partial/\partial t+\partial/\partial r$，先对式(1-26)两端同时乘以 r^m 再添加算子 L^m 可得

$$L^m\left(r^m p\right)=O\left(r^{-m-1}\right) \tag{1-27}$$

显然，更希望式(1-27)左侧项只是单纯关于 p 的函数，通过定义如下算子：

$$B_m=\prod_{j=1}^{m}\left(L+\frac{2j-1}{r}\right) \tag{1-28}$$

则式(1-27)可转化为 $B_m p=O(r^{-2m-1})$，显然远场的 RBC 即 $B_m p=0$。当算子 B_m 的阶数越高时，RBC 的精度越高从而无反射性能越好；但高精度的算子引入了高阶导数项，不利于数值离散。根据边界处不同的夹角可将高阶算子转化为一系列一阶算子 [230]；也可以采用附加变量将高阶导数转化为低阶导数 [231]并扩展到对流波动方程 [232]。对线化欧拉方程进行傅里叶-拉普拉斯(Fourier-Laplace，FL)变换再决定远场解的形式 [62]，并可将其拓展到无反射的出口边界且允许涡波和熵波的通过，当声源没有位于计算域中心或者计算域没有取得足够大时，RBC 收敛缓慢且会引入较大误差。

RBC 是基于简化形式方程的渐进解构造的边界条件，其在复杂流动区域的应用会受到较大限制，而 CBC 是基于控制方程特征值构造的边界条件 [212,233]。在边界上假设 LODI 关系并认为声波沿着边界法向传播，根据特征值的正负判定其为入流波还是出流波，直接将入流波的幅值变化设置为零，而出流波的幅值变化通过偏差分模板计算得到；将该思想直接推广到 NSE 可以获得亚声速条件下自由、进口/出口对应的 CBC [213]。但与边界成一定角度的声波撞击到边界时，LODI 的假设不再成立，则入射波可能部分或者全部被边界反射回计算域中；当忽略的波横向传播项与黏性项在二维或者三维边界处具有显著影响时，传统的 CBC 会产生较大的误差。对横向传播项进行松弛处理并将其纳入经过修正的 LODI 中来移除伪波可以提高二维 CBC 的准确性和稳定性 [234]；继续将该修正的 CBC 拓展到

三维情形时，需要考虑 CBC 在边和角点的相容性及其正确实施[235,236]。为了进一步提高斜入射波的无反射性能，可将 CBC 与缓冲层结合在一起[237-239]，在局部缓冲层中将入射波的幅值逐渐衰减至零，从而出流涡在边界引起的反射不会传回计算域。基于人工可压缩方法对 CBC 进行预处理[240]可以显著提高不可压缩流解的收敛速率且大幅降低计算消耗。

RBC 与 CBC 一般只在边界上施加具有无反射特性的约束方程，而 ABC 通常在原计算域外添加吸收层(也称为缓冲层)来将流场物理量衰减到边界上预设的值，声波在到达边界之前已消失殆尽，从而在源头上阻止了伪波的产生。在吸收层中可以采用衰减函数[241]，从而吸收层内的控制方程可以写为

$$\frac{\partial \boldsymbol{f}}{\partial t}+\boldsymbol{N}(\boldsymbol{f})=-\sigma(\boldsymbol{x})(\boldsymbol{f}-\boldsymbol{f}_0) \tag{1-29}$$

式中，$\boldsymbol{f}$、$\boldsymbol{f}_0$ 表示独立变量向量及其预设值；$\boldsymbol{N}$ 表示原物理问题控制方程的非线性算子；$\sigma(\boldsymbol{x})$表示随空间变化的衰减函数。

在吸收层内衰减函数光滑变化，从靠近物理域的零逐渐增大到人工边界处的正值，扰动在吸收层内以指数形式衰减；吸收层的厚度和衰减函数均可以被优化来使 ABC 达到最佳的无反射性能。在吸收层内还可以采用拉伸网格[242]来耗散出流波，将无穷大的计算域映射到有限域并在其中划分缓慢拉伸的网格，由于辐射/对流波在稀疏网格上的分辨率较弱，到达人工边界的声波已经较少，添加过滤器会进一步加强声波的衰减从而减小吸收层的厚度。由于超声速流动中扰动不能向上游传播，所以在吸收层内将流体加速到超声速状态[243]也可抑制反射波的逆传。

上述的 ABC 考虑了吸收层抑制声波的产生或者衰减声波的作用，却忽略了吸收层自身造成的伪波。ABC 中有一类基于吸收层的特殊技术，它可以保证物理波在吸收层内具有一致的相速度和群速度且在吸收层与内计算域的交界面处相匹配，因而得名完全匹配层(perfectly matched layer，PML)技术。PML 最初用于计算电磁波辐射问题[244]，后来应用于求解 LEE、欧拉方程[245]以及 NSE[246]来计算气动噪声问题，声扰动在吸收层内会以指数形式衰减且衰减函数不会造成伪波，而衰减函数和吸收层厚度可被进一步优化。虽然 PML 的计算量相对于 RBC、CBC 与其他类型 ABC 的计算量显著增大，但 PML 具有良好的无反射性能，这使其在诸多方程[247-249]中得到较多的应用。

1.4　格子 Boltzmann 方法

在 1.3.3 节和 1.3.4 节讨论了 CAA 的研究进展及现状，可以发现离散格式和计算边界条件仍有不少问题亟待解决，还有不少已经提出的解决方案需要改进和

进一步发展。气动噪声是一个多尺度问题，对航空发动机而言其包含从最小的Kolmogorov 尺度湍流涡到最大的与机翼长度相当尺度的尾迹涡，如图 1-2 所示。高雷诺数湍流的 Kolmogorov 尺度可达到若干分子自由程，而高强度激波的厚度也就在几个分子自由程范围内，连续性假设作为 NSE 的根本性假设在此受到挑战。噪声不仅存在于宏观尺度下，还存在于介观和微观尺度下，如图 1-1 所示，因此不能局限于采用 NSE 来描述气动噪声问题。宏观的热力学物理量是分子不规则运动的统计结果，因而从分子运动论的角度必然既能描述较大尺度的流场结构如尾迹涡，又能描述较小尺度的流动状态如激波。格子 Boltzmann 方法(lattice Boltzmann method，LBM)则基于分子动理论采用系综平均的方法研究任意时刻和任意空间位置分子出现的概率及分子运动内在规律的控制方程，在微观上呈连续性而在宏观上呈离散性，故 LBM 是一类介观方法。经过约 30 年的发展，LBM 在 CFD 中占有了非常重要的地位且在粒子悬浮、多相流动、微尺度流、磁流体、晶体生长和湍流等中得到了广泛的应用 [250-252]。

鉴于 LBM 具有优越的并行特性、易施加的边界条件和简单的编程操作，它在研究者中间备受青睐；国内外学者不仅应用之还发展之，在 LBM 的基础理论、模型和数值格式等方面做了很多工作 [253-255]，目前LBM的应用仍主要集中在CFD方面。由于 LBM 向 CAA 的拓展较晚，故相应的研究和应用较少。本书的主要工作是将 LBM 应用到 CAA 中。由于本书与 LBM 模型、LBM 直接计算气动噪声和基于 LBM 的声学模型三者紧密相关，下面分别介绍它们的发展。

1.4.1 格子 Boltzmann 模型的发展

LBM 源自格子气自动机(lattice gas automata，LGA) [256]。LGA 试图通过离散的空间、时间与粒子速度来构建流体的运动，离散的粒子是驻留在一个规则格子上的假想粒子，每个粒子沿着特定的路线移动并与相邻格子上的粒子发生碰撞，根据散射定律，碰撞后的粒子改变了它们的速度方向，描述该行为的方程为

$$f_\alpha\left(\boldsymbol{x}+\boldsymbol{e}_\alpha\Delta t,t+\Delta t\right)=f_\alpha\left(\boldsymbol{x},t\right)+\Omega_\alpha\left(f_\alpha\left(\boldsymbol{x},t\right)\right),\quad \alpha=0,1,2,\cdots,N \tag{1-30}$$

式中，$f_\alpha(\boldsymbol{x},t)$ 表示在时刻 t 位于 $\boldsymbol{x}$ 处沿着 α 方向的速度分布函数，为简化书写且若无特殊提示，以后均将括号$(\boldsymbol{x}, t)$省略；$\boldsymbol{e}_\alpha$为沿着 α 方向的粒子速度，区别于流动中的宏观速度；$\Omega_\alpha(f_\alpha(\boldsymbol{x},t))$ 表示局部碰撞算子；N 为粒子相速度的种类数。

Ω_α 的局部性带来了天然的并行特性；由于 LGA 中 f_α 均采用布尔变量，虽然在计算上绝对稳定，但引入了统计噪声与指数复杂的碰撞算子，且 LGA 不满足伽利略不变性。

为克服 LGA 自身的缺陷，需要采用实变量代替布尔变量来表示速度分布函数，且将复杂的局部碰撞项简化为如下线性化的 Bhatnagar-Gross-Krook(BGK)碰

撞算子[257]：

$$\Omega_\alpha\left(f_\alpha\right)=\frac{f_\alpha^{\mathrm{eq}}-f_\alpha}{\tau_{\mathrm{f}}} \tag{1-31}$$

式中，f_α^{eq} 表示平衡态速度分布函数；τ_{f} 为粒子分布趋向于平衡态过程的弛豫时间。

式(1-31)的意义在于搭建了连续 Boltzmann 方程与离散速度 Boltzmann 方程之间的桥梁[258]，借助多尺度展开技术和对 f_α^{eq} 适当的限制条件[259]可以从方程(1-30)中恢复出 NSE。BGK 碰撞算子的简洁性也使计算比 LGA 更高效，这即最初发展且沿用至今的 LBM，该方法具有时间和空间的二阶精度。

单松弛 BGK 模型在恢复 NSE 时引入了可压缩性误差，其应用还受到低马赫数的限制；且传统单松弛 BGK 模型不能考虑能量的输运过程，在应用时受制于等温情形。为了减小或者消除恢复出的不可压缩 NSE 中的可压缩性误差，通常需要调整平衡态速度分布函数[260,261]；当考虑传热问题时，不可压缩流的能量方程也必须被准确地恢复出来，通常有多速度模型、双分布函数(double distribution function，DDF)模型与混合模型三种解决方案。

多速度模型是单松弛 BGK 模型的直接推广[262]，引入动量通量和热通量可以保证能量守恒且可消除能量方程中的非线性偏差项[263]；多速度模型的温度变化范围很窄，普朗特数为固定常数，而且它存在严重的数值不稳定性。为了克服多速度模型的缺陷，在速度分布函数的启发下 DDF 模型再添加一个与流体温度相关的内能分布函数[264-266]，这样做可计及黏性耗散和可压缩功且该方法具有明确的物理意义和良好的数值稳定性；但内能分布函数的引入也带来了能量方程中的偏差项以及过多的时间和空间导数项，产生了额外的数值误差，如果不需要考虑黏性耗散和可压缩功的影响，这些问题也可以避免[267-269]。在 DDF 模型中还可以采用总能分布函数代替内能分布函数[270]，这样做不仅在能量方程中囊括了黏性热耗散和可压缩功，还保持了方程形式的简洁性；但能量方程与动量方程是解耦的，也就是说温度场对流场没有产生影响。在混合模型中，忽略能量方程中的黏性耗散和可压缩功并采用非 LBM 的其他 CFD 数值格式如 FDM 等求解之[271]，混合模型也不能考虑流场与温度场之间的相互作用。

相对于不可压缩流动的 Boltzmann 模型，可压缩流动对应的格子 Boltzmann 模型更复杂，因为后者要同时正确地恢复出 NSE 和能量方程。增加平衡态速度分布函数的约束条件和格子的对称性[272]可以模拟可压缩流动，但是比热容比不可调节且动量方程和能量方程中的动力黏度不能协调；在该模型的基础上将平衡态速度分布函数中的分布式系数修正为全局系数[273]并采用高阶各向同性格子，可以提高松弛时间的裕度。引入能级的概念将能量分开处理[274]并结合多速度模型可以实现自由调节的比热容比，但自由参数过多且没有明确的物理意义；在多速度模型中通常只考虑粒子平动动能，将粒子转动能与势能等[275-277]纳入粒子内能中也可以实现比热容比的自由调节。基于总能分布函数将 DDF 与多速度模型结合起来可以保证动量方程与能量方程的耦合，并且实现普朗特数和比热容比的任意调节[278-280]；但该方法通常会丧失 LBM 优越的并行特性，在标准格子上实施时需要在动量方程和能量方程中添加修正项[281-283]。

无论是不可压缩流动还是可压缩流动，单松弛 BGK 模型均存在着离散格子空间引起的色散效应和高雷诺数流动下的计算不稳定性[284]，基于多松弛时间(multiple relaxation time，MRT)模型[285]可以采用不同的松弛时间来表示不同的物理空间矩,并对MRT模型中的自由参数进行优化可提高LBM的稳定性[271,279,286]；类似于 MRT 模型，基于中心矩模型[287]将动参考系下的动量矩松弛到静止坐标系下的局部平衡态矩，这样做可以实现格式的超稳定性[288-290]。构造满足 Boltzmann 的 H 定理的熵 LBM[291-293]也是提高计算稳定性非常有效的一类方法；保证 LBM 的伽利略不变性[294-296]可进一步增大可适用的雷诺数范围；采用重整化的预碰撞分布函数[297]或者能量保持模型[298]的 LBM 可以提高高波数下的稳定性；对矩、分布函数和碰撞算子进行空间过滤[299]或者自适应过滤[300]来适当地增大高波数下的耗散，从而提高 LBM 的计算稳定性。

1.4.2　格子 Boltzmann 方法直接计算气动噪声技术的发展

在 1.4.1 节中的多种格子 Boltzmann 模型均以准确恢复 NSE 和能量方程为目标并建立适用范围广且计算稳定性高的 LBM,而以具体声学方程为发展目标的基于 LBM 的声学模型却很少，故不少研究者在计算气动噪声时直接采用 LBM。由于这两者之间的区别比较明显，所以在本节介绍 LBM 直接计算气动噪声的研究进展而在 1.4.3 节介绍基于 LBM 的声学模型的研究进展。

采用 LGA 模拟一维和二维声波传播[301]是非传统 CAA 解法的尝试，但 LGA 自身缺陷产生的截断误差依赖于波传播方向与坐标轴之间的夹角；用单松弛 LBM 代替 LGA 不仅可以模拟平面波和管道中低幅值的线性声波传播[302]，还可以模拟非线性声波传播如激波的波前[303]；声波与壁面的相互作用产生的声流[304]、驻波衰减引起的声流及声流在多孔介质中的形态[305,306]、驻波的辐射力托举物体产生的声流[307]等也可采用单松弛 LBM 进行模拟。这些声学现象都只出现在静止流体或者低马赫数流动中且声波引起的密度变化相对于平均流密度必须比较小。

为了减小 LBM 的数值色散误差，分辨率要求单位波长内至少需要布置六个格子[308]；将用 LBM 计算湍流得到的结果与用 DNS 计算得到的结果进行对比，发现 LBM 的数值耗散和色散误差与 DNS 的谱性质的值相当[309]，从而证明了 LBM 具有模拟声波长程传播的能力；在 LBM 计算域的边界处添加缓冲层来构造

NRBC 可以进行低雷诺数噪声的直接模拟，说明了 LBM 代替传统 NSE 方法模拟气动噪声的能力 [310]。

由于高升力梯形翼流动的雷诺数较大，采用 LBM 直接计算其气动噪声对计算量的要求巨大，将 LES 中亚格子模型与 LBM 结合在一起可以解决该问题 [311]，计算得到的辐射噪声与声阵列测量值的一致吻合证明了 LBM 在近场声源和远场声辐射的预测能力，如图 1-12 所示；为了托举或操纵细小物件，通常利用纵波绕流形成辐射力施加于物体表面，这一过程包含的 Stokes 边界层内非线性声流可被 LBM 很好地捕捉 [312]，如图 1-12 所示；将 LBM 与遗传算法相结合可对轴流风扇的几何外形进行多参数和多目标优化来获得最佳的声谱、气动效率和压头 [313]。

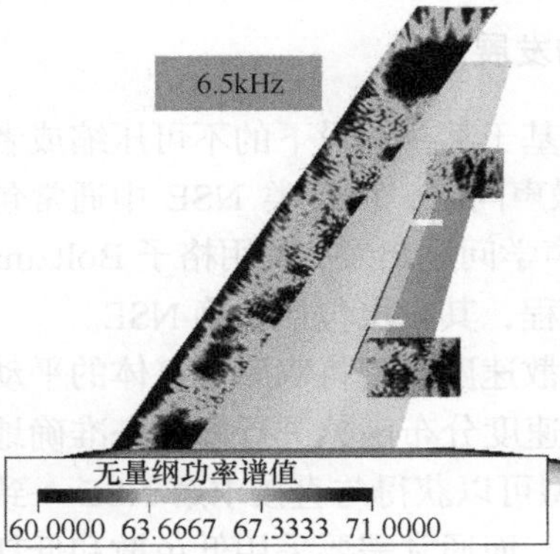

(a) 超声速梯形翼流动在10°攻角下的气动声源分布

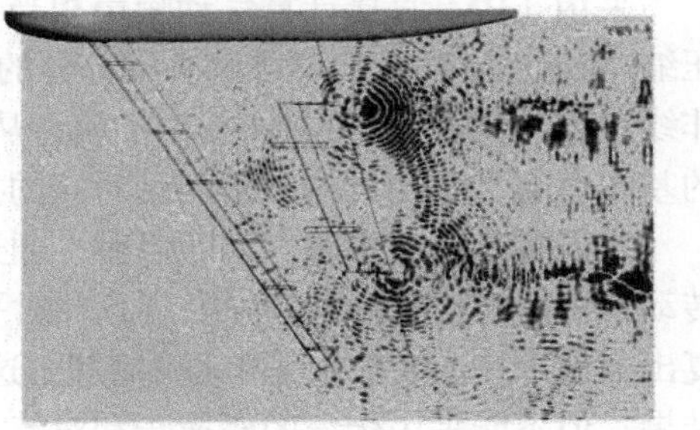

(b) 声压脉动的平面分布[311]

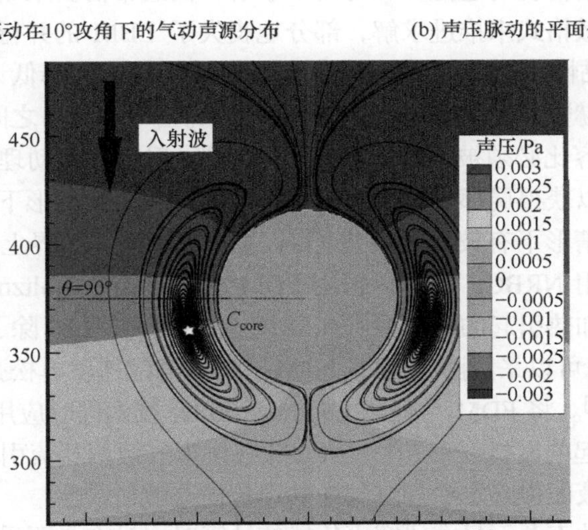

(c) 驻波绕圆柱形成的声流中Stokes边界层内流线和声压分布[312]

图 1-12　LBM 在近场气动噪声源与远场声辐射的能力

除了采用 LBM 直接计算外流问题的气动噪声外，还可以采用 LBM 计算内流产生的气动噪声和涡声相互作用。为了评估管道中毫米级圆孔板声激振流产生的声阻尼性能，将三维 LBM 与 LES 亚格子模型 [314]或者 k-ε 两方程湍流模型 [315]结合起来模拟类湍流圆孔射流，模拟与试验结果吻合良好且 LBM 的计算效率高于二阶和三阶精度的 NSE 解法，其结果表明，持续的黏性耗散将声脉动转化为无辐射能力的涡，且管道中圆孔板的声阻尼性能取决于入射声波频率、孔板厚度和平均流马赫数；单松弛 LBM 仅能模拟低马赫数流动下的气动噪声问题，而采用 DDF 模型模拟封闭谐振腔内具有可控频率的激波可以用来研究热声制冷机中的自激振荡和热声转换现象 [316]。

1.4.3　基于格子 Boltzmann 方法的声学模型的发展

采用 LBM 直接计算气动噪声相当于求解基于某些假设下的不可压缩或者可压缩 NSE，这样虽然可以解决大部分的气动噪声问题，但这类 NSE 中通常包含非线性偏差项。基于 LBM 的声学模型从具体声学问题出发，利用格子 Boltzmann 的基本思想来重构具体声学问题对应的控制方程，其中也包括精确 NSE。

当需要 DNS 求解气动噪声时，通过多离散速度模型将双原子气体的平动和转动自由度考虑到内能中 [317,318]，并对平衡态速度分布函数进行修正来准确地恢复出当地声速、状态方程和动力黏度；这类模型可以获得与直接求解 NSE 一致的结果，但不能采用传统的碰撞步和对流步求解，而通常需要采用低色散和低耗散的空间与时间离散格式来推进求解，部分地丧失了 LBM 的并行优势；对于高雷诺数流动，将负黏性系数项引入有限差分 LBM 中可以显著降低计算负荷 [319]，并且在非常低的马赫数流动下也能获得准确的结果。当考虑热声之间的相互作用时，普朗特数和比热容比必须被准确地恢复出来 [320]，采用气体动理格式求解离散速度 BGK 方程可以获得局部热扰动引起的声散射，在短波情形下模拟值与解析解吻合良好而长波情形下有较大的偏差 [321]，主要是因为在边界上使用了 Riemann 不变量而没有采用 NRBC；还可以采用 FDM 求解单松弛 Boltzmann 方程来研究脉动热源与缓慢加热引起的声传播 [322]；对于热声振荡现象，除了采用 DDF 模型直接计算 [316]外也可以采用隐式-显式 FDM 求解多离散速度单松弛 BGK 方程来研究激波与传热 [277]。将 FDM 与任意 Lagrange-Euler 技术同时应用于 LBM 中可以实现运动物体引起的网格变形 [323]，从而能够模拟气液两相流引起的气动噪声问题，如水滴撞击液面引起水中和空气中的声传播与散射 [324]。

当不考虑气动声源而只需研究声传播的计算时，没有必要采用多速度模型或者多松弛时间来恢复出 NSE。采用模化的 Boltzmann 方程并结合相应的平衡态速度分布函数可以恢复出欧拉方程来研究静止或者均匀流动中的脉动声源传播现象 [325]；利用多熵级 LBM 重构出二阶波动方程来研究声传播的多普勒效应及圆柱引起的声散射[326]，但该模型引入了较大的数值色散和耗散且恢复出的波动方程中无声源项；基于 LBM 的轴对称模型[327]结合 ABC 可用来研究管道中一端脉动声源的声辐射在另一开口端引起的反射及开口端不同曲率半径的喇叭口对反射系数的影响。

在方程(1-30)右端项中添加振荡型的粒子源项可以重构出声学多极子源[328]，其中包括单极子源、偶极子源、四极子源和更复杂的指向性源，重整化单松弛 BGK 碰撞算子有利于消除无黏假设引起计算的虚假振荡；将该模型拓展到三维情形并将其与 MRT 模型对比，可以发现重整化的碰撞算子模型在单极子源情形下相对于 MRT 模型具有超收敛性，进一步证明了该模型计算无黏条件下的声产生、传播和散射的能力[329]；通过线性分析单松弛 BGK 模型与 MRT 模型在不同格子下的色散关系[330]，可以获得适合于各向异性介质中线性声传播的 LBM，结果表明，该模型相当于二阶精度的差分格式但非常高效；对于线性声波传播，MRT 模型相对于高阶 NSE 格式具有低耗散的优势，而且其色散误差相当于二阶空间离散和优化的三步 RK 法[331]，对 MRT 模型中的自由参数进行优化[332]可获得低色散、低耗散和稳定性更好的 LBM。

1.5 本书主要内容

如何利用较少的计算资源和时间获得足够精确的结果是计算气动声学方法论的核心内容，由 1.3.3 节和 1.3.4 节可知当前的计算气动声学方法仍不能很好地满足这一要求，而格子 Boltzmann 方法具有形式简单、编程操作简易和并行计算系统可扩展性好等优点，故本书的主要目的是为需要将格子 Boltzmann 方法应用于计算气动声学来开发精确、稳定、高效、简明和资源节约型气动声学求解器的研究者提供基础理论和算法。然而，格子 Boltzmann 方法在求解不同类型气动噪声问题时存在诸多不足，如 1.4.2 节和 1.4.3 节所述，本书针对这些问题进行了深入的探讨和研究，主要从气动声学的数学模型、控制方程的空间离散与时间推进、数值格式的计算稳定性、并行计算系统的加速性能以及经典数值算例的验证等角度进行挖掘。格子 Boltzmann 方法在计算气动声学中的应用研究为分析噪声产生的非定常机制、声场与流场的相互作用、声源的定位与识别及声传播等问题提供了理论基础和技术支撑。本书的主要内容如下。

第 1 章阐述气动声学、计算气动声学与格子 Boltzmann 方法的发展。第 2 章介绍不可压缩流动与可压缩流动中的格子 Boltzmann 模型及其边界条件。第 3 章详细讨论离散速度 Boltzmann 方程、单松弛 BGK 模型与 MRT 模型等多种模型的谱性质，以及间断 Galerkin 格子 Boltzmann 方法的基本原理和实施过程。第 4 章详细讨论有限差分算子和过滤器算子的谱性质，以及二维高精度有限差分格子 Boltzmann 方法与三维高精度有限差分格子 Boltzmann 方法的基本原理和实施策略。第 5 章具体讨论离散速度 Boltzmann 方程的时间积分方法的分类原理、基本性质和应用。第 6 章具体讨论格子 Boltzmann 方法中的特征边界条件、吸收类边界条件及其比较。第 7 章给出采用格子 Boltzmann 方法模拟噪声的应用。

第 2 章　格子 Boltzmann 方法理论基础

2.1　引　言

经过近三十年的发展，LBM 逐渐形成了自己的理论体系[250]，并且在 CFD 中取得了广泛的应用[252]。LBM 在 CAA 的应用中较少但已经崭露头角，这一点显然可以从 1.4.2 节和 1.4.3 节看出。所谓“它山之石，可以攻玉”，LBM 必将在 CAA 的应用中取得蓬勃发展。本章主要介绍“它山之石”，重点从不可压缩流格子 Boltzmann 模型、可压缩流格子 Boltzmann 模型和 LBM 的边界条件三个方面进行陈述。这里将格子 Boltzmann 模型分为不可压缩流和可压缩流是为了顺应其历史发展进程，最初发展的 LBM 主要用来恢复不可压缩流 NSE，而后才将可压缩性的影响囊括进来。

相对于传统 NSE 离散格式，LBM 的天然并行特性、易施加的边界条件与简单的编程操作等优势均得益于其精髓：局部非线性与全局线性。信息由粒子局部行为产生且粒子间信息的传递具有一致的规则性，这种基本思想在一百四十多年前的 Boltzmann 方程(输运方程)中就有所体现，其方程为

$$\frac{\partial f}{\partial t}+\boldsymbol{\xi}\cdot\nabla f+\boldsymbol{a}\cdot\frac{\partial f}{\partial \boldsymbol{\xi}}=Q(f,f') \tag{2-1}$$

$$Q(f,f')=\iint\sigma(\theta)\|\boldsymbol{\xi}-\boldsymbol{\xi}_1\|\left[f(\boldsymbol{\eta})f(\boldsymbol{\eta}_1)-f(\boldsymbol{\xi})f(\boldsymbol{\xi}_1)\right]\mathrm{d}^3\boldsymbol{\xi}\mathrm{d}\theta \tag{2-2}$$

式中，$f=f(\boldsymbol{x},\xi,t)$表示在时刻 t 位于 $\boldsymbol{x}$ 处微观粒子速度为 ξ 的速度分布函数，括号在方程中已被省略；∇ 表示梯度算符；$\boldsymbol{a}$ 表示外部体积力如重力或者电磁力等引起的加速度；Q 表示两个分子 f 与 f'在固体角为 θ 的区域中发生碰撞，将微观粒子速度从“弹”空间$[\xi,\xi_1]$转化为“靶”空间$[\boldsymbol{\eta},\boldsymbol{\eta}_1]$的过程，故称为碰撞算子。

式(2-2)中假设两个分子均为钢球模型且碰撞过程只发生二体弹性碰撞，从而碰撞算子满足

$$\int Q(f,f')\psi_s(\boldsymbol{\xi})\mathrm{d}^3\boldsymbol{\xi}=0 \tag{2-3}$$

式中，$\psi_s(\boldsymbol{\xi})$ 表示碰撞不变量，且$\psi_0=1$，$[\psi_1,\psi_2,\psi_3]=\boldsymbol{\xi}$，$\psi_4=\boldsymbol{\xi}^2$。

这几个碰撞不变量分别代表质量、动量和能量的守恒律，且可观测的宏观物理量可用分布函数的零阶、一阶和二阶速度矩表示为

$$\rho = \int f \, \mathrm{d}\xi \tag{2-4}$$

$$\rho \boldsymbol{u} = \int f \xi \mathrm{d}\xi \tag{2-5}$$

$$\rho e = \frac{1}{2} \int f \left| \boldsymbol{\xi} - \boldsymbol{u} \right|^2 \mathrm{d}\xi \tag{2-6}$$

式中，ρ 为密度；$\boldsymbol{u}$ 为速度；e 为分子内能。

此外，Boltzmann 定义了一个描述孤立系统内所有分子混乱度的 H 函数，为

$$H(t) = \frac{1}{\rho} \int f \ln f \, \mathrm{d}\xi \tag{2-7}$$

并且 H 函数满足 $\partial H / \partial t \leqslant 0$ ，这反映了宏观过程的不可逆性。

尽管 Boltzmann 方程精确地描述了气体分子的空间与时间行为，但其为一个微分积分形式的非线性方程，求解难度巨大。在不考虑外部体积力的作用下，方程(2-1)的左端是一个对流形式的算子，该算子描述了单个分子在没有与其他分子发生相互作用的情况下自由漂移的过程；方程(2-1)右端的碰撞算子描述了分子间的碰撞行为，碰撞过程使得 H 函数递减且系统的熵增加，当 H 函数不随时间变化时系统达到一个平衡态，因此碰撞过程就简化为系统趋向于平衡态的弛豫过程，也就是 BGK 近似 [257]：

$$Q(f, f') = \frac{1}{\tau} \left(f^{\mathrm{eq}} - f \right) \tag{2-8}$$

式中， f^{eq} 表示麦克斯韦平衡态速度分布函数；τ 为弛豫过程所需的时间。

通常，麦克斯韦平衡态速度分布函数满足如下关系：

$$f^{\mathrm{eq}} = \rho \left(2\pi R_{\mathrm{g}} T \right)^{-D/2} \exp \left[-\frac{\left(\boldsymbol{\xi} - \boldsymbol{u} \right)^2}{2 R_{\mathrm{g}} T} \right] \tag{2-9}$$

式中，R_{g} 为气体常数；T 为气体温度；D 为空间维度。

当对微观粒子速度空间也进行离散时，方程(2-1)即可简化为离散速度 BGK-Boltzmann 方程，即

$$\frac{\partial f_\alpha}{\partial t} + \boldsymbol{e}_\alpha \cdot \nabla f_\alpha = \frac{1}{\tau_{\mathrm{f}}} \left(f_\alpha^{\mathrm{eq}} - f_\alpha \right) \tag{2-10}$$

式中，τ_{f} 表示离散速度(格子)空间 $\boldsymbol{e}_\alpha(\alpha = 0, 1, \cdots, N)$下的弛豫时间，与式(1-31)中的 τ_{f} 一致。

将方程(2-10)沿特征线进行一阶精度积分可得式(1-30)，可见方程(2-10)是以下不可压缩流和可压缩流格子 Boltzmann 模型的基石。

2.2　不可压缩流格子 Boltzmann 模型

2.2.1　二维单松弛 BGK 格子 Boltzmann 模型

为恢复出不可压缩流 NSE，需要确定方程(2-10)中的格子空间和平衡态速度分布函数。格子空间[$\boldsymbol{e}_\alpha$, $\alpha = 0, 1, \cdots, N$]确定的原则是合适的格子数量足以满足物理量的守恒律，且适度的对称性足以恢复出控制方程；平衡态速度分布函数 f_α^{eq} 一般为麦克斯韦平衡态速度分布函数在格子空间下的近似，构造平衡态速度分布函数的限制条件可以形成对非平衡过程的制约；格子空间要与平衡态速度分布函数相匹配。

本节以二维不可压缩流单松弛 BGK 模型为例解释如何构造格子 Boltzmann 模型，而构造模型所用的工具为 Chapman-Enskog 展开法，该方法主要针对多尺度的物理过程。在不可压缩流中粒子存在碰撞、对流和扩散三种过程，并且三种过程消耗的时间递增，每两者之间的时间尺度存在若干数量级的差距；在空间上粒子碰撞过程的距离约为分子平均自由程，而对流和扩散过程的距离约为流动特征尺度。因此，假设扩散过程消耗的时间为 t，对流和扩散过程的距离为 x，则对流过程的时间 t_1、对流碰撞的时间 t_2 与碰撞过程的距离 x_1 可以表示为

$$t_1 = \varepsilon t\,, \quad t_2 = \varepsilon^2 t\,, \quad x_1 = \varepsilon x \tag{2-11}$$

式中，ε 表示 Knudsen(克努森)数，该数为分子平均自由程与流体系统特征长度之比。

那么物理量对时间和空间的偏导数根据式(2-11)可得

$$\frac{\partial}{\partial t} = \varepsilon \frac{\partial}{\partial t_1} + \varepsilon^2 \frac{\partial}{\partial t_2}, \quad \frac{\partial}{\partial x} = \varepsilon \frac{\partial}{\partial x_1} \tag{2-12}$$

同样地，速度分布函数也可被多尺度展开为

$$f_\alpha = f_\alpha^{\mathrm{eq}} + f_\alpha^{\mathrm{neq}} = f_\alpha^{(0)} + \varepsilon f_\alpha^{(1)} + \varepsilon^2 f_\alpha^{(2)} + \cdots \tag{2-13}$$

多尺度展开中的参数 ε 对模拟物理问题的准确性有重大影响，当 $\varepsilon \geqslant O(1)$时，该粒子系统已不能作为流体来处理，仍用 LBM 进行计算会得到错误的结果；只有当 $\varepsilon \ll O(1)$ 时，LBM 恢复得到的控制方程误差最大为 $O(\varepsilon)$，这可以从后面的推导中看出。宏观物理量也可写为式(2-4)和式(2-5)在格子空间下的形式：

$$\rho = \sum_\alpha f_\alpha \tag{2-14}$$

$$\rho \boldsymbol{u} = \sum_\alpha \boldsymbol{e}_\alpha f_\alpha \tag{2-15}$$

将式(2-11)～式(2-13)代入方程(2-10)，化简可得

$$\varepsilon\left(\mathrm{D}_1 f_\alpha^{\mathrm{eq}}+\frac{1}{\tau_{\mathrm{f}}} f_\alpha^{(1)}\right)+\varepsilon^2\left(\mathrm{D}_1 f_\alpha^{(1)}+\frac{\partial f_\alpha^{\mathrm{eq}}}{\partial t_2}+\frac{1}{\tau_{\mathrm{f}}} f_\alpha^{(2)}\right)+O\left(\varepsilon^3\right)=0 \tag{2-16}$$

式中，D_1 表示对流全微分算子，其定义为 $\mathrm{D}_1=\partial/\partial t_1+\boldsymbol{e}_\alpha\cdot\nabla_1$，其中$\nabla_1$为对 x_1 的梯度算子。

对比式(2-16)两端 Knudsen 数的各阶系数，可得

$$\mathrm{D}_1 f_\alpha^{\mathrm{eq}}+\frac{1}{\tau_{\mathrm{f}}} f_\alpha^{(1)}=0 \tag{2-17}$$

$$\mathrm{D}_1 f_\alpha^{(1)}+\frac{\partial f_\alpha^{\mathrm{eq}}}{\partial t_2}+\frac{1}{\tau_{\mathrm{f}}} f_\alpha^{(2)}=0 \tag{2-18}$$

类似于分布函数的速度矩，平衡态分布函数需满足以下矩方程：

$$\rho=\sum_\alpha f_\alpha^{\mathrm{eq}} \tag{2-19}$$

$$\rho\boldsymbol{u}=\sum_\alpha \boldsymbol{e}_\alpha f_\alpha^{\mathrm{eq}} \tag{2-20}$$

$$\rho u_i u_j+p\delta_{ij}=\sum_\alpha e_{\alpha i} e_{\alpha j} f_\alpha^{\mathrm{eq}} \tag{2-21}$$

式中，下标 i、j 表示速度分量 x 或者 y；δ_{ij} 为 Kronecker(克罗内克)函数。

用式(2-14)减去式(2-19)，再用式(2-15)减去式(2-20)，并对比各阶 Knudsen 数可得

$$\sum_\alpha f_\alpha^{(n)}=0\,,\quad n=1,2,\cdots \tag{2-22}$$

$$\sum_\alpha \boldsymbol{e}_\alpha f_\alpha^{(n)}=0\,,\quad n=1,2,\cdots \tag{2-23}$$

对式(2-17)求零阶矩和一阶矩可得对流过程尺度上的宏观方程，为

$$\frac{\partial\rho}{\partial t_1}+\nabla_1\cdot(\rho\boldsymbol{u})=0 \tag{2-24}$$

$$\frac{\partial}{\partial t_1}(\rho u_i)+\frac{\partial}{\partial r_{1j}}(\rho u_i u_j)=-\frac{\partial p}{\partial r_{1i}} \tag{2-25}$$

对式(2-18)求零阶矩和一阶矩可得碰撞过程尺度上的宏观方程，为

$$\frac{\partial\rho}{\partial t_2}=0 \tag{2-26}$$

$$\frac{\partial}{\partial t_2}(\rho u_i)+\frac{\partial}{\partial r_{1j}}\left(\sum_\alpha e_{\alpha i} e_{\alpha j} f_\alpha^{(1)}\right)=0 \tag{2-27}$$

对式(2-17)求二阶矩并代入式(2-21)，可得

$$\sum_{\alpha} e_{\alpha i} e_{\alpha j} f_{\alpha}^{(1)} = -\tau_{\mathrm{f}} \frac{\partial}{\partial t_1}\left(\rho u_i u_j + p\delta_{ij}\right) - \tau_{\mathrm{f}} \frac{\partial}{\partial r_{1k}}\left(\sum_{\alpha} e_{\alpha i} e_{\alpha j} e_{\alpha k} f_{\alpha}^{\mathrm{eq}}\right) \tag{2-28}$$

式(2-28)右端项中出现了平衡态速度分布函数三阶矩，通常有两类处理方法：一类是增加平衡态速度分布函数三阶矩的限制条件来恢复出不可压缩流 NSE，但格子数量和平衡态速度分布函数的展开项数也要相应地增多；另一类是根据满足已有矩限制条件的平衡态速度分布函数计算出三阶矩来恢复出控制方程，但该 NSE 通常会有偏差项。这里采用第二类方法，该方法得到的 LBM 是最初发展并沿用至今的形式 [259]。

D2Q9 格子空间是 LBM 中的一个基本模型，其格子速度配置如下：

$$\boldsymbol{e}_{\alpha} = \begin{cases} (0,0), & \alpha = 0 \\ c(\cos\theta, \sin\theta), \quad \theta = (\alpha-1)\pi/2, & \alpha = 1,2,3,4 \\ \sqrt{2}c(\cos\theta, \sin\theta), \quad \theta = (2\alpha-1)\pi/4, & \alpha = 5,6,7,8 \end{cases} \tag{2-29}$$

式中，c 为格子单位速度，其与流体温度 T 紧密相关，在实际计算中将其无量纲化为单位 1。

图 2-1 给出了格子速度的几何释义，且 D2Q9 格子空间模型可满足三阶各向同性，因为从一阶到四阶张量为

$$\sum_{\alpha} e_{\alpha i} = 0 \tag{2-30}$$

$$\sum_{\alpha} e_{\alpha i} e_{\alpha j} = 6\delta_{ij} \tag{2-31}$$

$$\sum_{\alpha} e_{\alpha i} e_{\alpha j} e_{\alpha k} = 0 \tag{2-32}$$

$$\sum_{\alpha} e_{\alpha i} e_{\alpha j} e_{\alpha k} e_{\alpha l} = 4\left(\delta_{ij}\delta_{kl} + \delta_{ik}\delta_{jl} + \delta_{il}\delta_{jk}\right) - 6\delta_{ijkl} \tag{2-33}$$

前三阶张量各向同性而第四阶张量各向异性。

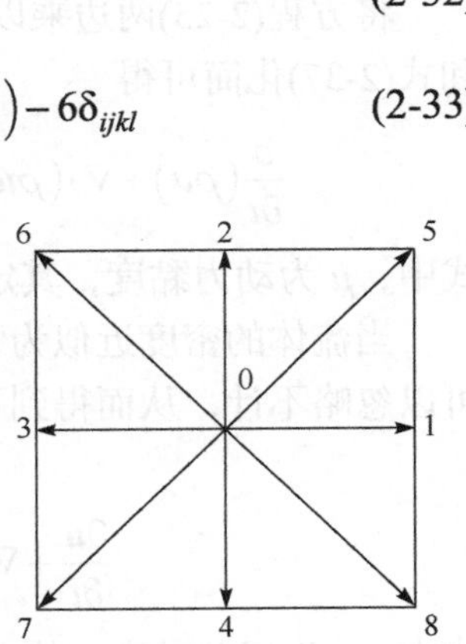

图 2-1　D2Q9 格子空间模型

在确定格子空间后，需要将麦克斯韦平衡态速度分布函数在格子空间下展开使其满足约束条件，而展开方法通常也有两种：一种是基于泰勒级数的展开技术，而另一类是基于埃尔米特级数的展开技术 [333]；这两种方法在单松弛 BGK 模型中得到的平衡态速度分布函数一致，而在 MRT 模型中得到的平衡态速度分布函数则不同。这里，采用泰勒级数将式(2-9)展开为

$$f_\alpha^{\mathrm{eq}} = \rho\omega_\alpha\left[1+\frac{\boldsymbol{e}_\alpha\cdot\boldsymbol{u}}{c_{\mathrm{s}}^2}+\frac{(\boldsymbol{e}_\alpha\cdot\boldsymbol{u})^2}{2c_{\mathrm{s}}^4}-\frac{\boldsymbol{u}^2}{2c_{\mathrm{s}}^2}\right]+O\left(Ma^3\right) \tag{2-34}$$

式中，ω_α表示格子权系数，其定义为$\omega_\alpha = (2\pi R_{\mathrm{g}}T)^{-D/2}\exp[-eJ_\alpha^2/(2R_{\mathrm{g}}T)]$；$c_{\mathrm{s}}$表示格子声速，其定义为$c_{\mathrm{s}} = (R_{\mathrm{g}}T)^{1/2}$。

忽略式(2-34)中高阶项的前提是马赫数$Ma = |\boldsymbol{u}/c_{\mathrm{s}}|\sim O(0)$，可见平衡态速度分布函数在低马赫数条件下具有一致收敛性；式(2-34)中权系数有九个独立变量而约束条件只有式(2-19)～式(2-21)三个，故假设$\omega_1 = \omega_2 = \omega_3 = \omega_4$，$\omega_5 = \omega_6 = \omega_7 = \omega_8$，将其代入约束条件结合待定系数法可得$\omega_0 = 4/9$，$\omega_1 = 1/9$，$\omega_5 = 1/36$，且格子单位速度和压力需满足以下关系：

$$c^2 = 3c_{\mathrm{s}}^2,\quad p = \rho c_{\mathrm{s}}^2 \tag{2-35}$$

根据解得的平衡态速度分布函数(2-34)，可以求得其三阶矩为

$$\sum_\alpha e_{\alpha i}e_{\alpha j}e_{\alpha k}f_\alpha^{\mathrm{eq}} = p\left(\delta_{ij}u_k+\delta_{ki}u_j+\delta_{jk}u_i\right) \tag{2-36}$$

将式(2-36)代入式(2-28)，结合方程(2-24)和方程(2-25)化简可得

$$\sum_\alpha e_{\alpha i}e_{\alpha j}f_\alpha^{(1)} = -\tau_{\mathrm{f}}\left[p\left(\frac{\partial u_i}{\partial r_{1j}}+\frac{\partial u_j}{\partial r_{1i}}\right)-\frac{\partial}{\partial r_{1k}}\left(\rho u_iu_ju_k\right)\right] \tag{2-37}$$

将方程(2-24)两边乘以ε，方程(2-26)两边乘以ε^2，再将两者相加并结合式(2-12)化简可得

$$\frac{\partial\rho}{\partial t}+\nabla\cdot(\rho\boldsymbol{u}) = 0 \tag{2-38}$$

将方程(2-25)两边乘以ε，方程(2-27)两边乘以ε^2，再将两者相加并结合式(2-12)和式(2-37)化简可得

$$\frac{\partial}{\partial t}(\rho\boldsymbol{u})+\nabla\cdot(\rho\boldsymbol{uu}) = -\nabla p+\nabla\cdot\left\{\mu\left[\nabla\boldsymbol{u}+(\nabla\boldsymbol{u})^{\mathrm{T}}\right]-\tau_{\mathrm{f}}\nabla\cdot(\rho\boldsymbol{uuu})\right\} \tag{2-39}$$

式中，μ为动力黏度，其定义为$\mu = p\tau_{\mathrm{f}}$。

当流体的密度近似为常数即$\rho\approx\rho_0$，且马赫数较小时，非线性偏差项$\nabla\cdot(\rho\boldsymbol{uuu})$可以忽略不计，从而得到不可压缩流 NSE 为

$$\nabla\cdot\boldsymbol{u} = 0 \tag{2-40}$$

$$\frac{\partial\boldsymbol{u}}{\partial t}+\nabla\cdot(\boldsymbol{uu}) = -\frac{1}{\rho_0}\nabla p+\nu\nabla\cdot\left[\nabla\boldsymbol{u}+(\nabla\boldsymbol{u})^{\mathrm{T}}\right] \tag{2-41}$$

式中，ν为运动黏度，其定义为$\nu = \mu/\rho_0$。至此，已经采用单松弛 BGK 模型构造出不可压缩流 NSE。

对方程(2-10)沿着特征线积分并对右端项采用一阶精度的矩形逼近，可得

$$f_\alpha\left(\boldsymbol{x}+\boldsymbol{e}_\alpha\Delta t, t+\Delta t\right)=f_\alpha\left(\boldsymbol{x},t\right)+\frac{1}{\lambda_{\mathrm{f}}}\left[f_\alpha^{\mathrm{eq}}\left(\boldsymbol{x},t\right)-f_\alpha\left(\boldsymbol{x},t\right)\right] \tag{2-42}$$

式中，λ_{f}为无量纲弛豫时间，其定义为$\lambda_{\mathrm{f}}=\tau_{\mathrm{f}}/\Delta t$。

可见式(2-42)与方程(1-30)的物理意义一致，在实际计算时也可分为碰撞步

$$f_\alpha^*\left(\boldsymbol{x},t\right)=f_\alpha\left(\boldsymbol{x},t\right)+\frac{1}{\lambda_{\mathrm{f}}}\left[f_\alpha^{\mathrm{eq}}\left(\boldsymbol{x},t\right)-f_\alpha\left(\boldsymbol{x},t\right)\right] \tag{2-43}$$

和对流步

$$f_\alpha\left(\boldsymbol{x}+\boldsymbol{e}_\alpha\Delta t, t+\Delta t\right)=f_\alpha^*\left(\boldsymbol{x},t\right) \tag{2-44}$$

碰撞步和对流步即组成标准的 LBM。

2.2.2　二维 MRT 格子 Boltzmann 模型

由于单松弛 BGK 格子 Boltzmann 模型具有明确的物理背景、严格的数学推导和极其简单的操作，所以其在使用者中备受欢迎；但单松弛 BGK 模型在高雷诺数流动工况下会产生计算不稳定性。从动理学的角度看，分子的碰撞过程在矩空间是一个弛豫过程；单松弛 BGK 模型认为所有矩只采用一个弛豫时间，而 MRT 模型认为不同矩的弛豫过程应受不同弛豫时间的支配[284]，可将式(2-42)修正为

$$f_\alpha\left(\boldsymbol{x}+\boldsymbol{e}_\alpha\Delta t, t+\Delta t\right)=f_\alpha\left(\boldsymbol{x},t\right)+\boldsymbol{S}_{\alpha\beta}\left(f_\beta^{\mathrm{eq}}\left(\boldsymbol{x},t\right)-f_\beta\left(\boldsymbol{x},t\right)\right) \tag{2-45}$$

式中，$\boldsymbol{S}_{\alpha\beta}$表示碰撞矩阵。

对格子空间[$\boldsymbol{e}_\alpha$, $\alpha=0, 1, \cdots, N$]进行 Gram-Schmidt 正交化可获得 $N+1$ 个线性无关的正交向量基函数[$\boldsymbol{\varphi}_n$, $n=0, 1, \cdots, N$]，进一步定义 $N+1$ 个矩：

$$m_\beta=\boldsymbol{\varphi}_\beta\cdot\boldsymbol{f} \tag{2-46}$$

式中，$\boldsymbol{f}$表示速度分布函数组成的列向量，即$\boldsymbol{f}=[f_0, f_1, \cdots, f_N]^{\mathrm{T}}$。

从而可以建立速度分布函数空间和矩空间[m_β, $\beta=0, 1, \cdots, N$]的关系，即

$$\boldsymbol{f}=\boldsymbol{M}^{-1}\cdot\boldsymbol{m},\quad \boldsymbol{m}=\boldsymbol{M}\cdot\boldsymbol{f} \tag{2-47}$$

式中，$\boldsymbol{M}$ 表示变换矩阵，即 $\boldsymbol{M}=[\boldsymbol{\varphi}_0, \boldsymbol{\varphi}_1, \cdots, \boldsymbol{\varphi}_N]^{\mathrm{T}}$。

假设碰撞矩阵 $\boldsymbol{S}$ 可对角化为

$$\boldsymbol{S}=\boldsymbol{M}^{-1}\hat{\boldsymbol{S}}\boldsymbol{M} \tag{2-48}$$

式中，$\hat{\boldsymbol{S}}$ 表示对角矩阵，$\hat{\boldsymbol{S}}=\mathrm{diag}(s_0, s_1, \cdots, s_N)$。

那么方程(2-45)可写为向量形式：

$$\boldsymbol{f}\left(\boldsymbol{x}+\boldsymbol{e}_\alpha\Delta t, t+\Delta t\right)=\boldsymbol{f}\left(\boldsymbol{x},t\right)+\boldsymbol{M}^{-1}\hat{\boldsymbol{S}}\left(\boldsymbol{m}^{\mathrm{eq}}\left(\boldsymbol{x},t\right)-\boldsymbol{m}\left(\boldsymbol{x},t\right)\right) \tag{2-49}$$

式中，$\boldsymbol{m}^{\mathrm{eq}}$表示平衡态速度矩分布函数向量，即$\boldsymbol{m}^{\mathrm{eq}}=\boldsymbol{M}\boldsymbol{f}^{\mathrm{eq}}$。

单松弛 BGK 模型中f_α^{eq}需要通过麦克斯韦平衡态分布函数展开并结合约束条件来获得，而 MRT 模型中$\boldsymbol{m}^{\mathrm{eq}}$可以根据目的控制方程来选取，比较容易实施。

类比于速度分布函数(2-13)，速度矩分布函数也可多尺度展开为

$$\boldsymbol{m}=\boldsymbol{m}^{\mathrm{eq}}+\boldsymbol{m}^{\mathrm{neq}}=\boldsymbol{m}^{(0)}+\varepsilon\boldsymbol{m}^{(1)}+\varepsilon^2\boldsymbol{m}^{(2)}+\cdots \tag{2-50}$$

在方程(2-49)的两边左乘矩阵$\boldsymbol{M}$，可得

$$\boldsymbol{m}\left(\boldsymbol{x}+\boldsymbol{e}_\alpha\Delta t,t+\Delta t\right)=\boldsymbol{m}\left(\boldsymbol{x},t\right)+\hat{\boldsymbol{S}}\left(\boldsymbol{m}^{\mathrm{eq}}\left(\boldsymbol{x},t\right)-\boldsymbol{m}\left(\boldsymbol{x},t\right)\right) \tag{2-51}$$

对式(2-51)左侧泰勒展开至二阶精度，可得

$$\hat{\mathbf{D}}\boldsymbol{m}+\frac{\Delta t}{2}\hat{\mathbf{D}}^2\boldsymbol{m}=\frac{1}{\Delta t}\hat{\boldsymbol{S}}\left(\boldsymbol{m}^{\mathrm{eq}}-\boldsymbol{m}\right) \tag{2-52}$$

式中，$\hat{\mathbf{D}}$表示全微分矩阵算子，该算子定义为$\hat{\mathbf{D}}=\boldsymbol{I}\cdot\partial/\partial t+\boldsymbol{M}\boldsymbol{E}_\beta\boldsymbol{M}^{-1}\cdot\partial/\partial r_\beta$，其中$\boldsymbol{I}$为单位矩阵而$\boldsymbol{E}_\beta=\mathrm{diag}(e_{0\beta}, e_{1\beta}, \cdots, e_{N\beta})$，其中第二个下标$\beta$表示格子速度$\boldsymbol{e}_\alpha$的$x$方向或者$y$方向分量。

将式(2-12)和式(2-50)代入式(2-52)，化简并忽略三阶小量，可得

$$\varepsilon\left(\hat{\mathbf{D}}_1\boldsymbol{m}^{\mathrm{eq}}+\frac{1}{\Delta t}\hat{\boldsymbol{S}}\boldsymbol{m}^{(1)}\right)+\varepsilon^2\left(\hat{\mathbf{D}}_1\boldsymbol{m}^{(1)}+\frac{\partial\boldsymbol{m}^{\mathrm{eq}}}{\partial t_2}+\frac{\Delta t}{2}\hat{\mathbf{D}}_1^2\boldsymbol{m}^{\mathrm{eq}}+\frac{1}{\Delta t}\hat{\boldsymbol{S}}\boldsymbol{m}^{(2)}\right)=0 \tag{2-53}$$

式中，$\hat{\mathbf{D}}_1$表示对流过程全微分矩阵算子，参考全微分矩阵算子$\hat{\mathbf{D}}$，$\hat{\mathbf{D}}_1$的形式可以写为$\hat{\mathbf{D}}_1=\boldsymbol{I}\cdot\partial/\partial t_1+\boldsymbol{M}\boldsymbol{E}_\beta\boldsymbol{M}^{-1}\cdot\partial/\partial r_{1\beta}$。

对比式(2-53)左右两端 Knudsen 数的各阶系数，可得

$$\hat{\mathbf{D}}_1\boldsymbol{m}^{\mathrm{eq}}+\frac{1}{\Delta t}\hat{\boldsymbol{S}}\boldsymbol{m}^{(1)}=0 \tag{2-54}$$

$$\hat{\mathbf{D}}_1\boldsymbol{m}^{(1)}+\frac{\partial\boldsymbol{m}^{\mathrm{eq}}}{\partial t_2}+\frac{\Delta t}{2}\hat{\mathbf{D}}_1^2\boldsymbol{m}^{\mathrm{eq}}+\frac{1}{\Delta t}\hat{\boldsymbol{S}}\boldsymbol{m}^{(2)}=0 \tag{2-55}$$

对式(2-54)两边左乘算子$\hat{\mathbf{D}}_1$并代入式(2-55)，化简可得

$$\hat{\mathbf{D}}_1\left(\boldsymbol{I}-\frac{1}{2}\hat{\boldsymbol{S}}\right)\boldsymbol{m}^{(1)}+\frac{\partial\boldsymbol{m}^{\mathrm{eq}}}{\partial t_2}+\frac{1}{\Delta t}\hat{\boldsymbol{S}}\boldsymbol{m}^{(2)}=0 \tag{2-56}$$

至此，得到了对流过程和碰撞过程的控制方程，即式(2-54)和式(2-56)。

类比于单松弛 BGK 格子 Boltzmann 模型，需要确定格子空间和平衡态速度矩分布函数。这里仍采用式(2-29)所定义的 D2Q9 格子模型，则变换矩阵$\boldsymbol{M}$可通过格子速度多项式向量确定(见附录)，且变换矩阵中的行向量相互正交；在给定速度分布函数的情况下矩空间可通过式(2-47)确定，其具有明确的物理意义，为

$$\boldsymbol{m}=\left[\rho,\xi,\zeta,\vartheta_x,q_x,\vartheta_y,q_y,p_{xx},p_{xy}\right]^{\mathrm{T}} \tag{2-57}$$

式中，ξ 为能量模式；ζ 为能量平方；ϑ_x、ϑ_y 为动量的 x 方向和 y 方向的分量；q_x、q_y 为能量通量的 x 方向和 y 方向的分量；p_{xx}、p_{xy} 为应力张量的对角分量和非对角分量。

根据麦克斯韦平衡态速度分布函数，守恒量的平衡态速度矩如质量和动量是其自身，而非守恒量的平衡态速度矩需要通过守恒量确定，则

$$\boldsymbol{m}^{\mathrm{eq}}=\rho\left[1,-2+3u^2,\eta_1+\eta_2u^2,u_x,-u_x,u_y,-u_y,u_x^2-u_y^2,u_xu_y\right]^{\mathrm{T}} \tag{2-58}$$

式中，η_1、η_2 为自由调节参数。

守恒量对应的松弛系数可取任意值，这里取其为 0，则

$$\hat{\boldsymbol{S}}=\mathrm{diag}\left(0,s_\xi,s_\zeta,0,s_q,0,s_q,s_v,s_v\right) \tag{2-59}$$

非守恒量对应的松弛系数与流体的物性参数有关。

基于给定的平衡态速度矩，下面推导不可压缩流 NSE。首先将式(2-54)写为标量形式，可得九个分量方程，即

$$\frac{\partial\rho}{\partial t_1}+\frac{\partial}{\partial r_{1x}}\left(\rho u_x\right)+\frac{\partial}{\partial r_{1y}}\left(\rho u_y\right)=0 \tag{2-60}$$

$$\frac{\partial}{\partial t_1}\left[\rho\left(-2+3u^2\right)\right]=-\frac{s_\xi}{\Delta t}\xi^{(1)} \tag{2-61}$$

$$\frac{\partial}{\partial t_1}\left[\rho\left(\eta_1+\eta_2u^2\right)\right]-\frac{\partial}{\partial r_{1x}}\left(\rho u_x\right)-\frac{\partial}{\partial r_{1y}}\left(\rho u_y\right)=-\frac{s_\zeta}{\Delta t}\zeta^{(1)} \tag{2-62}$$

$$\frac{\partial}{\partial t_1}\left(\rho u_x\right)+\frac{\partial}{\partial r_{1x}}\left(p+\rho u_x^2\right)+\frac{\partial}{\partial r_{1y}}\left(\rho u_xu_y\right)=0 \tag{2-63}$$

$$-\frac{\partial}{\partial t_1}\left(\rho u_x\right)+\frac{\partial}{\partial r_{1x}}\left[\frac{1}{3}\rho\left(-2+\eta_1+6u_y^2+\eta_2u^2\right)\right]+\frac{\partial}{\partial r_{1y}}\left(\rho u_xu_y\right)=-\frac{s_q}{\Delta t}q_x^{(1)} \tag{2-64}$$

$$\frac{\partial}{\partial t_1}\left(\rho u_y\right)+\frac{\partial}{\partial r_{1x}}\left(\rho u_xu_y\right)+\frac{\partial}{\partial r_{1y}}\left(p+\rho u_y^2\right)=0 \tag{2-65}$$

$$-\frac{\partial}{\partial t_1}\left(\rho u_y\right)+\frac{\partial}{\partial r_{1x}}\left(\rho u_xu_y\right)+\frac{\partial}{\partial r_{1y}}\left[\frac{1}{3}\rho\left(-2+\eta_1+6u_x^2+\eta_2u^2\right)\right]=-\frac{s_q}{\Delta t}q_y^{(1)} \tag{2-66}$$

$$\frac{\partial}{\partial t_1}\left[\rho\left(u_x^2-u_y^2\right)\right]+\frac{\partial}{\partial r_{1x}}\left(\frac{2}{3}\rho u_x\right)-\frac{\partial}{\partial r_{1y}}\left(\frac{2}{3}\rho u_y\right)=-\frac{s_v}{\Delta t}p_{xx}^{(1)} \tag{2-67}$$

$$\frac{\partial}{\partial t_1}\left(\rho u_xu_y\right)+\frac{\partial}{\partial r_{1x}}\left(\frac{1}{3}\rho u_y\right)+\frac{\partial}{\partial r_{1y}}\left(\frac{1}{3}\rho u_x\right)=-\frac{s_v}{\Delta t}p_{xy}^{(1)} \tag{2-68}$$

再考虑碰撞过程控制方程(2-56)中守恒量 ρ、ϑ_x 和 ϑ_y 的分量方程：

$$\frac{\partial \rho}{\partial t_2}=0 \tag{2-69}$$

$$\frac{\partial}{\partial t_2}(\rho u_x)+\left(\frac{1}{6}-\frac{s_\xi}{12}\right)\frac{\partial \xi^{(1)}}{\partial r_{1x}}+\left(1-\frac{s_v}{2}\right)\left(\frac{1}{2}\frac{\partial p_{xx}^{(1)}}{\partial r_{1x}}+\frac{\partial p_{xy}^{(1)}}{\partial r_{1y}}\right)=0 \tag{2-70}$$

$$\frac{\partial}{\partial t_2}(\rho u_y)+\left(1-\frac{s_v}{2}\right)\left(\frac{\partial p_{xy}^{(1)}}{\partial r_{1x}}-\frac{1}{2}\frac{\partial p_{xx}^{(1)}}{\partial r_{1y}}\right)+\left(\frac{1}{6}-\frac{s_\xi}{12}\right)\frac{\partial \xi^{(1)}}{\partial r_{1y}}=0 \tag{2-71}$$

联合式(2-60)、式(2-63)和式(2-65)可得

$$\frac{\partial}{\partial t_1}(\rho u_i u_j)=-u_i\frac{\partial p}{\partial r_{1j}}-u_j\frac{\partial p}{\partial r_{1i}}+\frac{\partial}{\partial r_{1k}}(\rho u_i u_j u_k) \tag{2-72}$$

忽略方程右端最后的速度高阶项，相当于引入了低马赫数假设。

将式(2-61)、式(2-67)与式(2-68)分别结合式(2-60)和式(2-72)可得

$$\xi^{(1)}=-6p\frac{\Delta t}{s_\xi}\left(\frac{\partial u_x}{\partial r_{1x}}+\frac{\partial u_y}{\partial r_{1y}}\right) \tag{2-73}$$

$$p_{xx}^{(1)}=-2p\frac{\Delta t}{s_v}\left(\frac{\partial u_x}{\partial r_{1x}}-\frac{\partial u_y}{\partial r_{1y}}\right) \tag{2-74}$$

$$p_{xy}^{(1)}=-p\frac{\Delta t}{s_v}\left(\frac{\partial u_y}{\partial r_{1x}}+\frac{\partial u_x}{\partial r_{1y}}\right) \tag{2-75}$$

将式(2-73)～式(2-75)代入式(2-70)和式(2-71)，可得

$$\frac{\partial}{\partial t_2}(\rho u_x)=\frac{\partial \sigma_{xx}^{(1)}}{\partial r_{1x}}+\frac{\partial \sigma_{xy}^{(1)}}{\partial r_{1y}} \tag{2-76}$$

$$\frac{\partial}{\partial t_2}(\rho u_y)=\frac{\partial \sigma_{yx}^{(1)}}{\partial r_{1x}}+\frac{\partial \sigma_{yy}^{(1)}}{\partial r_{1y}} \tag{2-77}$$

$$\sigma_{xx}^{(1)}=\mu\left(\frac{\partial u_x}{\partial r_{1x}}-\frac{\partial u_y}{\partial r_{1y}}\right)+\mu_{\mathrm{B}}\left(\frac{\partial u_x}{\partial r_{1x}}+\frac{\partial u_y}{\partial r_{1y}}\right) \tag{2-78}$$

$$\sigma_{xy}^{(1)}=\sigma_{yx}^{(1)}=\mu\left(\frac{\partial u_y}{\partial r_{1x}}+\frac{\partial u_x}{\partial r_{1y}}\right) \tag{2-79}$$

$$\sigma_{yy}^{(1)}=\mu\left(\frac{\partial u_y}{\partial r_{1y}}-\frac{\partial u_x}{\partial r_{1x}}\right)+\mu_{\mathrm{B}}\left(\frac{\partial u_x}{\partial r_{1x}}+\frac{\partial u_y}{\partial r_{1y}}\right) \tag{2-80}$$

式中，μ 为动力黏度，其定义为 $\mu=\rho(2-s_\nu)\Delta t/(6s_\nu)$；$\mu_B$ 为体积黏性系数，其定义为 $\mu_B=\rho(2-s_\xi)\Delta t/(6s_\xi)$。

将式(2-60)两边乘以 ε，式(2-69)两边乘以 ε^2，再将两者相加并结合式(2-12)化简，可得

$$\frac{\partial\rho}{\partial t}+\nabla\cdot(\rho\boldsymbol{u})=0 \tag{2-81}$$

将式(2-63)两边乘以 ε，式(2-76)两边乘以 ε^2，再将两者相加并结合式(2-12)化简得到 x 方向动量方程；将式(2-65)两边乘以 ε，式(2-77)两边乘以 ε^2，再将两者相加并结合式(2-12)化简得到 y 方向动量方程；将 x 和 y 方向的动量方程合并为矢量形式，可得

$$\frac{\partial}{\partial t}(\rho\boldsymbol{u})+\nabla\cdot(\rho\boldsymbol{uu})=-\nabla p+\nabla\cdot\left\{2\mu\left[\boldsymbol{\Lambda}-\frac{1}{D}\mathrm{Tr}(\boldsymbol{\Lambda})\right]+\mu_B(\nabla\cdot\boldsymbol{u})\boldsymbol{I}\right\} \tag{2-82}$$

式中，$\boldsymbol{\Lambda}$ 为应变率张量，其分量为 $\Lambda_{ij}=(\partial u_j/\partial x_i+\partial u_i/\partial x_j)/2$；Tr 表示对张量的对角线求和。

相对于单松弛 BGK 模型恢复出的动量方程(2-41)，MRT 模型恢复出的动量方程具有体积黏性项；且自由调节参数 η_1、η_2、s_ζ 和 s_q 对控制方程没有影响，但通过优化这些参数可以提高模型的稳定性 [284]。在实际计算中将方程(2-49)分解为碰撞步

$$\boldsymbol{f}^*(\boldsymbol{x},t)=\boldsymbol{f}(\boldsymbol{x},t)+\boldsymbol{M}^{-1}\hat{\boldsymbol{S}}\left(\boldsymbol{m}^{\mathrm{eq}}(\boldsymbol{x},t)-\boldsymbol{m}(\boldsymbol{x},t)\right) \tag{2-83}$$

和对流步

$$\boldsymbol{f}(\boldsymbol{x}+\boldsymbol{e}_\alpha\Delta t,t+\Delta t)=\boldsymbol{f}^*(\boldsymbol{x},t) \tag{2-84}$$

该碰撞步和对流步即组成标准的 MRT 格子 Boltzmann 模型。

2.2.3　三维不可压缩流格子 Boltzmann 模型

在 2.2.1 节和 2.2.2 节介绍了构造二维单松弛 BGK 格子 Boltzmann 模型和 MRT 格子 Boltzmann 模型的过程；以此类推，同样可以得到三维不可压缩流格子 Boltzmann 模型，为节省文本空间，本节不再重复推导过程而直接给出三维单松弛 BGK 格子 Boltzmann 模型和三维 MRT 格子 Boltzmann 模型的结果。

在三维单松弛 BGK 格子 Boltzmann 模型中，格子空间选取为 D3Q19，其格子速度 $\boldsymbol{e}_\alpha$ 配置(见附录)如图 2-2 所示。三维平衡态速度分布函数的形式与二维平衡态速度分布函数的形式(式(2-34))一致，只有权系数的值不同；三维情形下取 $\omega_0=1/3$、$\omega_1=1/18$(α 从 1 到 6 的权系数值 ω_α 相同)和 $\omega_7=1/36$(α 从 7 到 18 的权系数值 ω_α 相同)。

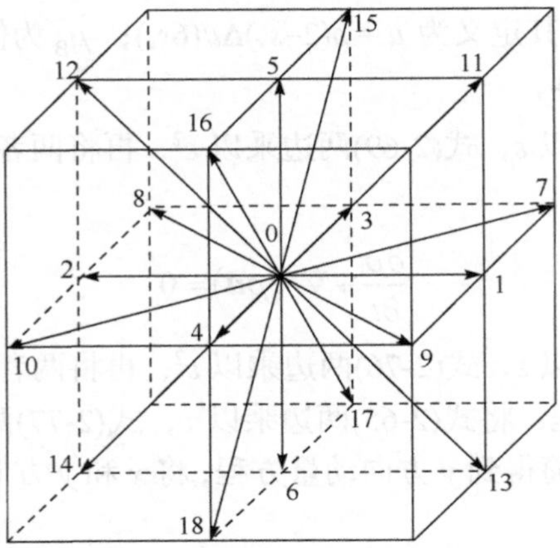

图 2-2　D3Q19 格子空间模型

在三维 MRT 格子 Boltzmann 模型中，格子空间依然选取为 D3Q19，则相应的变换矩阵(见附录)可通过 Gram-Schmidt 正交化过程获得；直接给出矩空间的定义：

$$\boldsymbol{m}=\left[\rho,\xi,\zeta,\vartheta_x,q_x,\vartheta_y,q_y,\vartheta_z,q_z,3p_{xx},3\pi_{xx},\right.$$
$$\left.p_{ww},\pi_{ww},p_{xy},p_{yz},p_{xz},\varsigma_x,\varsigma_y,\varsigma_z\right]^{\mathrm{T}} \tag{2-85}$$

则相应的平衡态速度分布矩为

$$\boldsymbol{m}^{\mathrm{eq}}=\rho\left[1,-11+19u^2,\eta_1+\eta_2u^2,u_x,-\frac{2}{3}u_x,u_y,-\frac{2}{3}u_y,u_z,-\frac{2}{3}u_z,\right.$$
$$\left.3u_x^2-u^2,\eta_3\left(3u_x^2-u^2\right),u_y^2-u_z^2,\eta_3\left(u_y^2-u_z^2\right),u_xu_y,u_yu_z,u_zu_x,0,0,0\right]^{\mathrm{T}} \tag{2-86}$$

通过多尺度展开技术恢复出不可压缩流 NSE，得到松弛系数与流体物性参数的关系为

$$\hat{\boldsymbol{S}}=\mathrm{diag}\left(0,s_\xi,s_\zeta,0,s_q,0,s_q,0,s_q,s_v,s_\pi,s_v,s_\pi,s_v,s_v,s_v,s_\varsigma,s_\varsigma,s_\varsigma\right) \tag{2-87}$$

式中，s_ξ、s_v 为自由调节参数，其值分别为 $s_\xi=2\rho\Delta t/(\rho\Delta t+9\mu_{\mathrm{B}})$，$s_v=2\rho\Delta t/(\rho\Delta t+6\mu)$。

可见三维情形下剪切黏性系数和体积黏性系数也均可调节，而且其他自由参数可被优化来实现计算稳定性[285]。

2.3　可压缩流格子 Boltzmann 模型

2.3.1　二维可压缩流格子 Boltzmann 模型

采用单分布函数恢复 NSE 时会产生高阶偏差项，在不可压缩流问题中可以直

接忽略该项，而在可压缩问题中忽略该项会产生非常大的误差；消除该偏差项可以在单分布函数模型中引入修正项或者采用 DDF 模型，两者均需恢复出能量方程。本节主要介绍二维 DDF 模型。

除了 BGK 近似离散速度 Boltzmann 方程(2-10)，还需要引入一个关于总能分布函数的控制方程，它与方程(2-10)具有相近的形式 [278]：

$$\frac{\partial h_\alpha}{\partial t}+\boldsymbol{e}_\alpha\cdot\nabla h_\alpha=\frac{h_\alpha^{\mathrm{eq}}-h_\alpha}{\tau_{\mathrm{h}}}-\frac{\boldsymbol{e}_\alpha\cdot\boldsymbol{u}}{\tau_{\mathrm{fh}}}\left(f_\alpha^{\mathrm{eq}}-f_\alpha\right) \tag{2-88}$$

式中，h_α 为总能分布函数；h_α^{eq} 为平衡态总能分布函数；τ_{h}、τ_{fh} 为格子空间 $[\boldsymbol{e}_\alpha,\alpha=0,1,\cdots,N]$ 下的弛豫时间，且满足 $\tau_{\mathrm{fh}}=\tau_{\mathrm{f}}\tau_{\mathrm{h}}/(\tau_{\mathrm{f}}-\tau_{\mathrm{h}})$。

为准确恢复出可压缩流 NSE，平衡态速度分布函数除满足式(2-19)～式(2-21)外，还需满足

$$\rho u_i u_j u_k+p\left(\delta_{ij}u_k+\delta_{ik}u_j+\delta_{jk}u_i\right)=\sum_\alpha e_{\alpha i}e_{\alpha j}e_{\alpha k}f_\alpha^{\mathrm{eq}} \tag{2-89}$$

另外，总能分布函数和平衡态总能分布函数需满足

$$\rho E=\sum_\alpha h_\alpha \tag{2-90}$$

$$\rho E=\sum_\alpha h_\alpha^{\mathrm{eq}} \tag{2-91}$$

$$\left(\rho E+p\right)u_i=\sum_\alpha e_{\alpha i}h_\alpha^{\mathrm{eq}} \tag{2-92}$$

$$\left(\rho E+2p\right)u_i u_j+p\left(E+R_{\mathrm{g}}T\right)\delta_{ij}=\sum_\alpha e_{\alpha i}e_{\alpha j}h_\alpha^{\mathrm{eq}} \tag{2-93}$$

式中，E 为总能，其定义为 $E=u^2/2+N_{\mathrm{tdf}}R_{\mathrm{g}}T/2$，其中 N_{tdf} 代表单个分子运动的总自由度，其与比热容比密切相关；理想气体满足状态方程 $p=\rho R_{\mathrm{g}}T$。

类似于速度分布函数的多尺度展开(式(2-13))，总能分布函数也可写为

$$h_\alpha=h_\alpha^{\mathrm{eq}}+h_\alpha^{\mathrm{neq}}=h_\alpha^{(0)}+\varepsilon h_\alpha^{(1)}+\varepsilon^2 h_\alpha^{(2)}+\cdots \tag{2-94}$$

将式(2-94)代入方程(2-88)，结合式(2-12)化简并忽略 $O(\varepsilon^3)$项可得

$$\varepsilon\left(\mathrm{D}_1 h_\alpha^{\mathrm{eq}}+\frac{h_\alpha^{(1)}}{\tau_{\mathrm{h}}}-\frac{\boldsymbol{e}_\alpha\cdot\boldsymbol{u}}{\tau_{\mathrm{fh}}}f_\alpha^{(1)}\right)+\varepsilon^2\left(\mathrm{D}_1 h_\alpha^{(1)}+\frac{\partial h_\alpha^{\mathrm{eq}}}{\partial t_2}+\frac{h_\alpha^{(2)}}{\tau_{\mathrm{h}}}-\frac{\boldsymbol{e}_\alpha\cdot\boldsymbol{u}}{\tau_{\mathrm{fh}}}f_\alpha^{(2)}\right)=0 \tag{2-95}$$

对比式(2-95)两端 Knudsen 数的各阶系数，可得

$$\mathrm{D}_1 h_\alpha^{\mathrm{eq}}+\frac{h_\alpha^{(1)}}{\tau_{\mathrm{h}}}-\frac{\boldsymbol{e}_\alpha\cdot\boldsymbol{u}}{\tau_{\mathrm{fh}}}f_\alpha^{(1)}=0 \tag{2-96}$$

$$D_1 h_\alpha^{(1)} + \frac{\partial h_\alpha^{\text{eq}}}{\partial t_2} + \frac{h_\alpha^{(2)}}{\tau_\text{h}} - \frac{\boldsymbol{e}_\alpha \cdot \boldsymbol{u}}{\tau_\text{fh}} f_\alpha^{(2)} = 0 \tag{2-97}$$

用式(2-90)减去式(2-91)，可得

$$\sum_\alpha h_\alpha^{(n)} = 0, \quad n = 1, 2, \cdots \tag{2-98}$$

对式(2-96)分别求零阶矩和一阶矩可得对流过程尺度上的宏观方程：

$$\frac{\partial}{\partial t_1}(\rho E) + \nabla_1 \cdot \left[(\rho E + p)\boldsymbol{u}\right] = 0 \tag{2-99}$$

$$\frac{\partial}{\partial t_1}\left(\sum_\alpha e_{\alpha i} h_\alpha^{\text{eq}}\right) + \frac{\partial}{\partial r_{1j}}\left(\sum_\alpha e_{\alpha i} e_{\alpha j} h_\alpha^{\text{eq}}\right) = -\frac{1}{\tau_\text{h}} \sum_\alpha e_{\alpha i} h_\alpha^{(1)} + \frac{1}{\tau_\text{fh}} u_i \sum_\alpha e_{\alpha i} e_{\alpha j} f_\alpha^{(1)} \tag{2-100}$$

对式(2-97)求零阶矩可得碰撞过程尺度上的宏观方程：

$$\frac{\partial}{\partial t_2}(\rho E) + \sum_\alpha \boldsymbol{e}_\alpha \cdot \nabla_1 h_\alpha^{(1)} = 0 \tag{2-101}$$

结合方程(2-24)、方程(2-25)和方程(2-99)可得

$$\frac{\partial}{\partial t_1}(\rho E u_i) = -\rho E u_j \frac{\partial u_i}{\partial r_{1j}} - E \frac{\partial p}{\partial r_{1i}} - u_i \frac{\partial}{\partial r_{1j}}\left[(\rho E + p) u_j\right] \tag{2-102}$$

将方程(2-99)的左端用 $E = u^2/2 + N_\text{tdf} R_\text{g} T/2$ 代入展开，并结合方程(2-102)可得

$$\frac{\partial p}{\partial t_1} = -\frac{\partial}{\partial r_{1j}}(p u_j) - \frac{2}{N_\text{tdf}} p \frac{\partial u_j}{\partial r_{1j}} \tag{2-103}$$

再结合方程(2-24)、方程(2-25)和式(2-103)可得

$$\frac{\partial}{\partial t_1}(p u_i) = -p u_j \frac{\partial u_i}{\partial r_{1j}} - R_\text{g} T \frac{\partial p}{\partial r_{1i}} - u_i \frac{\partial}{\partial r_{1j}}(p u_j) - (\gamma - 1) p u_i \frac{\partial u_j}{\partial r_{1j}} \tag{2-104}$$

式中，γ 为比热容比，其定义为 $\gamma = 1 + 2/N_\text{tdf}$。

用式(2-89)替代式(2-36)，代入式(2-28)并结合式(2-103)可得

$$\sum_\alpha e_{\alpha i} e_{\alpha j} f_\alpha^{(1)} = -\tau_\text{f} p \left[\frac{\partial u_i}{\partial r_{1j}} + \frac{\partial u_j}{\partial r_{1i}} - (\gamma - 1)\frac{\partial u_k}{\partial r_{1k}} \delta_{ij}\right] \tag{2-105}$$

将式(2-92)、式(2-93)和式(2-105)代入方程(2-100)，化简可得

$$\sum_\alpha e_{\alpha i} h_\alpha^{(1)} = -\tau_\text{f} p u_j \left[\frac{\partial u_i}{\partial r_{1j}} + \frac{\partial u_j}{\partial r_{1i}} - (\gamma - 1)\frac{\partial u_k}{\partial r_{1k}} \delta_{ij}\right] - \tau_\text{h} p c_\text{p} \frac{\partial T}{\partial r_{1i}} \tag{2-106}$$

式中，c_p 为定压比热容，其定义为 $c_\text{p} = (1 + N_\text{tdf}/2) R_\text{g}$。

将方程(2-25)两边乘以 ε,方程(2-27)两边乘以 ε^2,再将两者相加并结合式(2-12)和式(2-105)化简可得

$$\frac{\partial}{\partial t}(\rho \boldsymbol{u})+\nabla\cdot(\rho \boldsymbol{u}\boldsymbol{u})=-\nabla p+\nabla\cdot\boldsymbol{\Gamma} \tag{2-107}$$

式中,$\boldsymbol{\Gamma}$ 为黏性应力张量,其定义为 $\boldsymbol{\Gamma}=\mu[\nabla\boldsymbol{u}+(\nabla\boldsymbol{u})^{\mathrm{T}}-2/D(\nabla\cdot\boldsymbol{u})\boldsymbol{I}]+\mu_{\mathrm{B}}(\nabla\cdot\boldsymbol{u})\boldsymbol{I}$,其中 μ 为剪切黏度且满足 $\mu=p\tau_{\mathrm{f}}$,μ_{B} 为体积黏度且满足 $\mu_{\mathrm{B}}=2(1/D-1/N_{\mathrm{tdf}})\mu$,$\boldsymbol{I}$ 为单位矩阵。

在方程(2-99)两边乘以 ε,方程(2-101)两边乘以 ε^2,再将两者相加并结合式 (2-12)和式(2-106)化简可得

$$\frac{\partial}{\partial t}(\rho E)+\nabla\cdot\left[(\rho E+p)\boldsymbol{u}\right]=-\nabla\cdot(\kappa\nabla T)+\nabla\cdot(\boldsymbol{u}\cdot\boldsymbol{\Gamma}) \tag{2-108}$$

式中,κ 为流体导热系数,其定义为 $\kappa=pc_{\mathrm{p}}\tau_{\mathrm{h}}$。

根据剪切黏性系数和导热系数的定义可得流体的普朗特数 $Pr=\mu c_{\mathrm{p}}/\kappa=\tau_{\mathrm{f}}/\tau_{\mathrm{h}}$,可见普朗特数是可调节的。

方程(2-38)、方程(2-107)和方程(2-108)组成了二维可压缩流的 NSE,则格子空间、平衡态速度分布函数和平衡态总能分布函数需根据约束条件解得。传统的 D2Q9 模型已不能满足式(2-89),这里采用满足六阶格子张量各向同性的格子模型 D2Q13,其速度配置为

$$\boldsymbol{e}_\alpha=\begin{cases}(0,0), & \alpha=0\\ c(\cos\theta,\sin\theta),\theta=(\alpha-1)\pi/2, & \alpha=1,2,3,4\\ \sqrt{2}c(\cos\theta,\sin\theta),\theta=(2\alpha-1)\pi/2, & \alpha=5,6,7,8\\ 2c(\cos\theta,\sin\theta),\theta=(\alpha-9)\pi/2, & \alpha=9,10,11,12\end{cases} \tag{2-109}$$

式中,c 表示格子单位速度,其定义为 $c=(R_{\mathrm{g}}T_{\mathrm{c}})^{1/2}$,其中 T_{c} 为流体特征温度。图 2-3 给出了 D2Q13 的几何释义。

可压缩流 LBM 中的平衡态分布函数也可以通过泰勒级数展开麦克斯韦平衡态分布函数来获得,使用待定系数法很容易解得展开项前的系数,但该方法只适用于中低马赫数流动,因为其是基于局部速度的展开式。借助圆函数方法 [334],平衡态分布函数可适用于高马赫数流动;该方法先构造满足平衡态分布函数约束条件的圆函数,通过拉格朗日插值多项式将圆函数分配到每个格子速度上。采用圆函数的形式表示平衡态速度分布

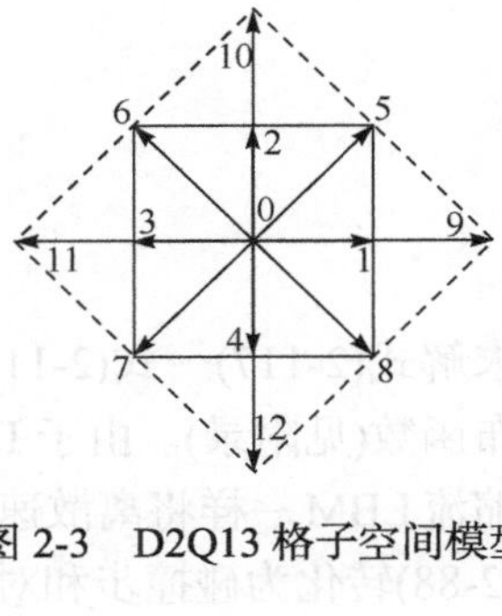

图 2-3 D2Q13 格子空间模型

函数：

$$f_\alpha^{\mathrm{eq}}=\oint_{|\xi_c-u|=\tilde{c}}\frac{\rho}{2\pi\tilde{c}}\varphi_\alpha\left(\xi_c\right)\mathrm{d}s \tag{2-110}$$

式中，$\tilde{c}$ 表示分子特异速度，其定义为 $\tilde{c}=(2R_{\mathrm{g}}T)^{1/2}$；$\varphi_\alpha(\xi_c)$为分配函数，其将连续的粒子速度 ξ_c 分配到离散的格子速度 e_α 上。

那么平衡态速度分布函数的约束条件就转化为对分配函数的约束条件，即

$$\sum_\alpha\varphi_\alpha\left(\xi_c\right)=1 \tag{2-111}$$

$$\sum_\alpha z_{\alpha i}\varphi_\alpha\left(\xi_c\right)=0 \tag{2-112}$$

$$\sum_\alpha z_{\alpha i}z_{\alpha j}\varphi_\alpha\left(\xi_c\right)=0 \tag{2-113}$$

$$\sum_\alpha z_{\alpha i}z_{\alpha j}z_{\alpha k}\varphi_\alpha\left(\xi_c\right)=0 \tag{2-114}$$

式中，$z_{\alpha i}(\xi_c)$为 $z_\alpha(\xi_c)$的第 i 个分量，z_α 表示相对值，$z_\alpha=e_\alpha-\xi_c$。

显然满足式(2-111)～式(2-114)的分配函数需要至少三阶的拉格朗日插值多项式：

$$\begin{aligned}\varphi_\alpha(x,y)=&a_{\alpha,0}+a_{\alpha,1}x+a_{\alpha,2}y+a_{\alpha,3}x^2+a_{\alpha,4}xy+a_{\alpha,5}y^2+a_{\alpha,6}x^3\\&+a_{\alpha,7}x^2y+a_{\alpha,8}xy^2+a_{\alpha,9}y^3+a_{\alpha,10}x^4+a_{\alpha,11}x^2y^2+a_{\alpha,12}y^4\end{aligned} \tag{2-115}$$

式中，$a_{\alpha,\beta}(\beta=0,1,2,\cdots,12)$为插值多项式系数，这些系数可通过 $\varphi_i(x_j,y_j)=\delta_{ij}$ 确定，化简得到的 13 阶线性方程组可用商业软件 Maple 求解。

将得到的分配函数代入式(2-110)即可得到平衡态速度分布函数(见附录)。由于平衡态速度分布函数和平衡态总能分布函数存在如下关系：

$$h_\alpha^{\mathrm{eq}}=\left[E+\left(e_\alpha-u\right)\cdot u\right]f_\alpha^{\mathrm{eq}}+\varpi_\alpha\frac{1}{c^2}pR_{\mathrm{g}}T \tag{2-116}$$

式中，ϖ_α 为常系数。所以，平衡态总能分布函数的约束条件即转化为

$$\sum_\alpha\varpi_\alpha=0 \tag{2-117}$$

$$\sum_\alpha e_{\alpha i}\varpi_\alpha=0 \tag{2-118}$$

$$\sum_\alpha e_{\alpha i}e_{\alpha j}\varpi_\alpha=c^2\delta_{ij} \tag{2-119}$$

求解式(2-117)～式(2-119)获得 ϖ_α，并将其代入式(2-116)即可得到平衡态总能分布函数(见附录)。由于 D2Q13 的格子空间采用非标准格子，并不能像处理不可压缩流 LBM 一样将离散速度 BGK-Boltzmann 方程(2-10)和总能分布函数的控制方程(2-88)转化为碰撞步和对流步，而需要借助 CAA 中传统的空间和时间离散格

式(见 1.3.3 节)进行求解。

2.3.2　三维可压缩流格子 Boltzmann 模型

类似于二维可压缩流格子 Boltzmann 模型，也可直接推导出三维可压缩流格子 Boltzmann 模型，两者的离散速度方程和平衡态分布函数的约束条件均相同，区别在于格子空间和平衡态分布函数的选取。由于 D3Q19 模型的格子对称性不够，这里选择高阶各向同性的 D3Q25 模型(速度配置见附录)，如图 2-4 所示。同样借助圆函数方法构造平衡态分布函数，则三维情形下的平衡态速度分布函数可写为

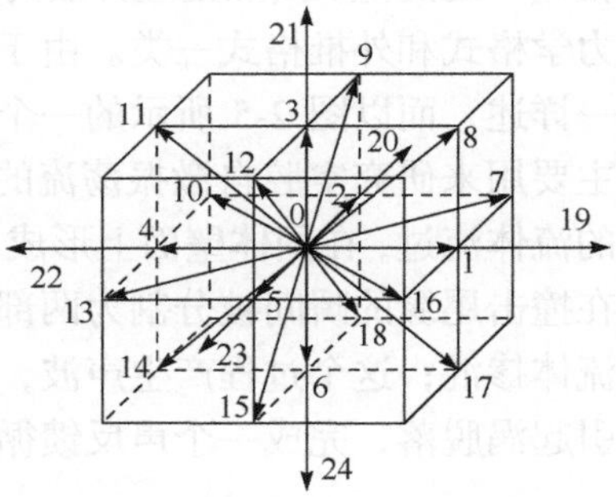

图 2-4　D3Q25 格子空间模型

$$f_\alpha^{\mathrm{eq}}=\oint_{|\xi_c-u|=\tilde{c}}\frac{\rho}{4\pi\tilde{c}^2}\varphi_\alpha\left(\xi_c\right)\mathrm{d}s \tag{2-120}$$

式中，$\tilde{c}$ 表示分子特异速度，其定义为 $\tilde{c}=(3R_gT)^{1/2}$。

为了满足约束式(2-111)～式(2-114)，应构造至少三阶的拉格朗日多项式：

$$\begin{aligned}\varphi_\alpha\left(x,y,z\right)=&a_{\alpha,0}+a_{\alpha,1}x+a_{\alpha,2}y+a_{\alpha,3}z+a_{\alpha,4}x^2+a_{\alpha,5}y^2+a_{\alpha,6}z^2\\&+a_{\alpha,7}xy+a_{\alpha,8}xz+a_{\alpha,9}yz+a_{\alpha,10}x^3+a_{\alpha,11}y^3+a_{\alpha,12}z^3\\&+a_{\alpha,13}x^2y+a_{\alpha,14}x^2z+a_{\alpha,15}y^2z+a_{\alpha,16}xy^2+a_{\alpha,17}xz^2+a_{\alpha,18}yz^2\\&+a_{\alpha,19}x^4+a_{\alpha,20}y^4+a_{\alpha,21}z^4+a_{\alpha,22}x^2y^2+a_{\alpha,23}x^2z^2+a_{\alpha,24}y^2z^2\end{aligned} \tag{2-121}$$

式中，$a_{\alpha,\beta}\,(\beta=0\sim24)$为插值多项式系数，这些系数可通过 $\varphi_i(x_j, y_j)=\delta_{ij}$ 确定，经化简得到的 25 阶线性方程组可用商业软件 Maple 求解。

进而得到分配函数，再将其代入式(2-120)即可得到平衡态速度分布函数(见附录)；仍然采用类似二维可压缩流 LBM 的方法构造平衡态总能分布函数，将求解约束条件(式(2-117)～式(2-119))得到的常系数代入式(2-116)即可(见附录)。

至此已经介绍了二维和三维可压缩流 LBM 的构造过程，而该方法能否用于气动噪声问题的计算既依赖于 LBM 自身的性质也依赖于空间和时间离散格式的谱性质。

2.4　格子 Boltzmann 方法的边界条件

根据物理问题的不同，可采用不可压缩流或者可压缩流 LBM，而特定问题的

解依赖于边界条件。传统的 NSE 中边界条件仅涉及宏观物理量，而 LBM 中的边界条件不仅与边界上的宏观物理量有关，还涉及速度分布函数或者总能分布函数在边界处的值。按照处理方法的不同，LBM 中的边界条件可分为启发式格式、动力学格式和外推格式三类。由于每种格式中均有若干类型边界条件，这里不能一一详述，而以图 2-5 所示的一个典型气动声学算例解释常用的边界条件。该算例主要用来研究空腔自激振荡流的发声机制 [335,336]，在空腔正上方一股夹杂着扰动的流体流过，在固体壁面上形成了边界层；从空腔前缘脱落的涡向空腔尾缘对流，在撞击尾缘的瞬间被分割为两部分，一部分沿着空腔后壁面流动，一部分与下游流体掺混；这个过程产生声波，一部分辐射到远场，而另一部分传播到前缘再次引起涡脱落，完成一个声反馈循环。

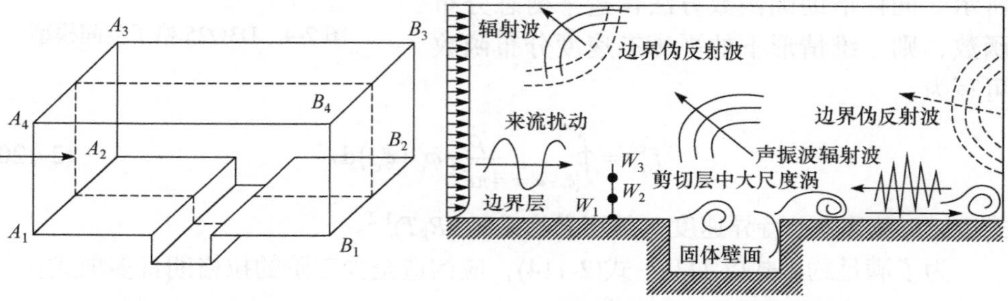

(a) 三维几何模型　　(b) 横截面(图(a)中虚线)上多种类型边界条件

图 2-5　空腔自激振荡流的声反馈机制

准确地计算出空腔中声反馈循环需要合理地设置多种类型的边界条件。由于图 2-5(a)中面 $A_1B_1B_4A_4$ 与面 $A_2B_2B_3A_3$ 形成了周期性的流动，可将其写为

$$f_\alpha(\boldsymbol{x},t+\Delta t)=f_\alpha^{\text{in}}(\boldsymbol{x}+\boldsymbol{d},t),\quad f_\alpha(\boldsymbol{x}+\boldsymbol{d},t+\Delta t)=f_\alpha^{\text{in}}(\boldsymbol{x},t) \tag{2-122}$$

式中，上标 in 表示从周期面一侧流入流体内部；$\boldsymbol{d}$ 表示周期性面之间的向量。

面 $A_1B_1B_2A_2$ 为固体壁面边界，为准确捕捉边界层内流动需要采用无滑移/绝热无滑移边界条件；在启发式格式中，用反弹格式处理无滑移边界：

$$f_{\bar{\alpha}}(\boldsymbol{x},t+\Delta t)=f_\alpha^{\text{in}}(\boldsymbol{x},t) \tag{2-123}$$

式中，$\bar{\alpha}$ 表示格子速度 $\boldsymbol{e}_\alpha$ 的相反速度方向。

反弹格式仅有一阶精度且存在数值误差，而动力学格式 [337]可以准确地满足宏观边界条件：

$$f_\alpha(\boldsymbol{x},t)=f_\alpha^{\text{eq}}(\rho_W+\delta\rho_W,\boldsymbol{u}_W+\delta\boldsymbol{u}_W) \tag{2-124}$$

式中，ρ_W、$\boldsymbol{u}_W$ 分别为壁面处密度和速度；$\delta\rho_W$、$\delta\boldsymbol{u}_W$ 分别为壁面处密度和速度的修正量。

其中，伪密度 $(\rho_W+\delta\rho_W)$ 和伪速度 $(\boldsymbol{u}_W+\delta\boldsymbol{u}_W)$ 满足速度矩式(2-14)和式(2-15)，另外补充条件 $(\rho_W+\delta\rho_W)(\boldsymbol{u}_W+\delta\boldsymbol{u}_W)=\rho_W\boldsymbol{u}_W$ 求出修正量，然后代入式(2-124)即可。但动力学格式对边界角点需要特殊处理，且其应用大多局限于平直边界。在外推格式中，非平衡态外推格式具有二阶精度和较好的计算稳定性 [338]，其基本思想是将分布函数分解为平衡态和非平衡态两部分，平衡态分布函数由具体的边界条件获得而非平衡态分布函数通过插值得到；以图 2-5(b)中 W_1 和 W_2 两点为例，由于边界上的速度已知而密度未知，故用临近流体点的密度代替，则

$$f_\alpha^{\text{in}}\left(\boldsymbol{x}_{W_1},t\right)=f_\alpha^{\text{eq}}\left(\rho_{W_2},\boldsymbol{u}_{W_1}\right)+\left[f_\alpha\left(\boldsymbol{x}_{W_2},t\right)-f_\alpha^{\text{eq}}\left(\rho_{W_2},\boldsymbol{u}_{W_2}\right)\right] \tag{2-125}$$

如果考虑能量过程，绝热壁面边界条件下依然采用 NSE 中的偏差分格式，可得到边界上的温度分布，等温壁面边界条件直接给定温度即可。

面 $A_1A_2A_3A_4$ 对应了空腔流的进口边界，如果密度和速度均已知，则直接将速度分布函数取为平衡态速度分布函数；如果速度已知而密度未知，则采用类似无滑移壁面的外推格式(式(2-125))来获得进口速度分布函数，或者采用半反弹格式 [339]：

$$f_{\bar{\alpha}}\left(\boldsymbol{x},t+\Delta t\right)=f_\alpha^{\text{in}}\left(\boldsymbol{x},t\right)-2\omega_\alpha\rho_0\frac{\boldsymbol{e}_\alpha\cdot\boldsymbol{u}_{\text{in}}}{c_{\text{s}}^2} \tag{2-126}$$

式中，$\boldsymbol{u}_{\text{in}}$ 表示进口边界处速度。

面 $B_1B_2B_3B_4$ 对应了空腔流的出口边界，通常出口边界速度未知，如果出口处密度已知，则出口速度用临近流体点的速度代替，速度分布函数通过非平衡态外推格式得到；如果出口处密度也未知，则采用充分发展流边界条件：

$$f_\alpha\left(\boldsymbol{x}_{\text{out}},t\right)=f_\alpha\left(\boldsymbol{x}_{\text{f}},t\right) \tag{2-127}$$

式中，$\boldsymbol{x}_{\text{out}}$、$\boldsymbol{x}_{\text{f}}$ 表示出口边界和出口临近流体位置。

面 $A_4B_4B_3A_3$ 对应了空腔流的自由边界，在 CFD 计算中可将其取为充分发展边界条件。

上述的进口边界、出口边界和自由边界条件的构造均未考虑边界的无反射特性，在处理气动噪声问题时会产生很大的误差(见 1.3.4 节)；而 LBM 中的 NRBC 极少，因此在第 6 章发展了不可压缩流和可压缩流 LBM 对应的 NRBC。

2.5 本章小结

格子 Boltzmann 方法建模思路是根据约束条件确定格子空间和平衡态速度分布函数，并采用碰撞与对流的步骤进行演化。单松弛 BGK 模型和 MRT 模型恢复出的动量方程中均存在正比于马赫数三次方的非线性误差项，而 MRT 模型比单松弛 BGK 模型具有更高的数值稳定性；采用 LBM 逼近不可压缩流动问题解的充

分条件是流场中密度变化较小且马赫数较低；采用 DDF 模型的可压缩流 LBM 求解气动声学问题还需考虑时空离散的谱性质；LBM 中的多种边界条件发展已经相对成熟，但针对气动噪声问题中常见的开口类边界，LBM 中的无反射边界条件还有待充分发展和实际检验。

第 3 章　间断 Galerkin 格子 Boltzmann 方法

3.1　引　言

由于声波的幅值和能量与平均流的压力和能量差异巨大，且声波需满足长程传播的特性，所以 CAA 对离散格式具有较高的要求，也就是要严格控制离散格式造成的色散误差和耗散误差，这已经在 1.3.3 节进行过阐述。当采用 LBM 求解气动噪声问题时，显然也需要考虑它的谱性质，主要从格子离散、空间和时间离散格式两个方面研究 LBM 的色散误差和耗散误差。

通常情况下，LBM 采用标准格子如 D2Q9、D3Q15 和 D3Q19 等将离散速度 Boltzmann 方程(2-10)转化为碰撞步和对流步进行计算，显然整个计算域被划分为有限个大小相同的网格，这样做有利于实施并行计算。但该做法也有两个明显的不足：如果考虑湍流噪声的 DNS 计算，那么最小格子在 Kolmogorov 尺度水平，计算网格总数将达到 $Re^{9/4}$ 量级，即使计算雷诺数 $Re = 10^4$ 的工况，需要的网格数也在 10^9 量级，相应的计算量巨大；对于气动噪声问题中存在不规则或者极其复杂几何边界的情形，规则的正方形或者正方体网格难以布置，当采用很细微的格子逼近边界时会形成折线边界，不能再现真实的物理边界。

由于 DGM 具有任意的高精度、优良的谱性质和复杂几何的适应性(见 1.3.3 节)，试图将 DGM 与 LBM 结合在一起取两者之精华，从而兼并其优势，所以将该做法称为间断 Galerkin 格子 Boltzmann 方法(discontinuous Galerkin lattice Boltzmann method，DGLBM)。尽管 DGM 在 NSE 的空间离散中体现了较好的谱性质，但是 DGM 在离散速度 Boltzmann 方程(2-10)中的谱性质仍需进一步讨论，其得到的结果可以指导精度的设定和网格的剖分。将一维 DGLBM 推广到二维和三维情形，它们的有效性和稳定性还需通过理论分析与数值算例做进一步的验证。

3.2　格子 Boltzmann 方法的谱性质

3.2.1　平面波在线化可压缩流 NSE 中的精确解

在讨论格子离散、空间和时间离散格式造成的色散误差和耗散误差前，选取经典的平面波算例作为参照标准，并给出平面波在理想气体中传播的色散和耗散性质的解析关系。这里考虑低马赫数(Ma<0.3)的平均流并假设流动为等温过程。

首先将所有变量展开为平均流分量和平面波脉动分量的和，即

$$\boldsymbol{U}=\boldsymbol{U}_0+\boldsymbol{U}' \tag{3-1}$$

式中，$\boldsymbol{U}_0$ 表示平均流变量，$\boldsymbol{U}_0=[\rho_0, \rho_0 u_{0x}, \rho_0 u_{0y}, \rho_0 u_{0z}, p_0]^{\mathrm{T}}$；$\boldsymbol{U}'$ 表示平面波脉动变量，$\boldsymbol{U}'=\left[\rho', \rho_0 u_x', \rho_0 u_y', \rho_0 u_z', p'\right]^{\mathrm{T}}$。

对守恒型的三维可压缩流 NSE 做线性化处理，可得

$$\frac{\partial \boldsymbol{U}'}{\partial t}+\frac{\partial}{\partial x}\left(\boldsymbol{E}_{\mathrm{e}}'-\boldsymbol{E}_{\mathrm{v}}'\right)+\frac{\partial}{\partial y}\left(\boldsymbol{F}_{\mathrm{e}}'-\boldsymbol{F}_{\mathrm{v}}'\right)+\frac{\partial}{\partial z}\left(\boldsymbol{G}_{\mathrm{e}}'-\boldsymbol{G}_{\mathrm{v}}'\right)=0 \tag{3-2}$$

式中，$\boldsymbol{E}_{\mathrm{e}}'$　$\boldsymbol{F}_{\mathrm{e}}'$　$\boldsymbol{G}_{\mathrm{e}}'$ 为欧拉通量；$\boldsymbol{E}_{\mathrm{v}}'$　$\boldsymbol{F}_{\mathrm{v}}'$　$\boldsymbol{G}_{\mathrm{v}}'$ 为黏性通量。

这六个通量的矢量形式可写为

$$\boldsymbol{E}_{\mathrm{e}}'=\begin{bmatrix} \rho' u_{0x}+\rho_0 u_x' \\ p'+\rho_0 u_{0x} u_x' \\ \rho_0 u_{0x} u_y' \\ \rho_0 u_{0x} u_z' \\ u_{0x} p'+\gamma p_0 u_x' \end{bmatrix} \quad \boldsymbol{F}_{\mathrm{e}}'=\begin{bmatrix} \rho' u_{0y}+\rho_0 u_y' \\ \rho_0 u_{0y} u_x' \\ p'+\rho_0 u_{0y} u_y' \\ \rho_0 u_{0y} u_z' \\ u_{0y} p'+\gamma p_0 u_y' \end{bmatrix}, \quad \boldsymbol{G}_{\mathrm{e}}'=\begin{bmatrix} \rho' u_{0z}+\rho_0 u_z' \\ \rho_0 u_{0z} u_x' \\ \rho_0 u_{0z} u_y' \\ p'+\rho_0 u_{0z} u_z' \\ u_{0z} p'+\gamma p_0 u_z' \end{bmatrix} \tag{3-3}$$

$$\begin{bmatrix} \boldsymbol{E}_{\mathrm{v}}' \\ \boldsymbol{F}_{\mathrm{v}}' \\ \boldsymbol{G}_{\mathrm{v}}' \end{bmatrix}=\begin{bmatrix} 0 & \Gamma_{11}' & \Gamma_{12}' & \Gamma_{13}' & 0 \\ 0 & \Gamma_{21}' & \Gamma_{22}' & \Gamma_{23}' & 0 \\ 0 & \Gamma_{31}' & \Gamma_{32}' & \Gamma_{33}' & 0 \end{bmatrix}^{\mathrm{T}} \tag{3-4}$$

式中，Γ_{11}'　Γ_{12}'　Γ_{13}'　Γ_{21}'　Γ_{22}'　Γ_{23}'　Γ_{31}'　Γ_{32}'　Γ_{33}' 为线性应力张量 $\boldsymbol{\Gamma}'$ 的分量。

类似于方程(2-107)中的应力张量，$\boldsymbol{\Gamma}'$ 的分量可定义为

$$\Gamma_{ij}'=\mu\left(\frac{\partial u_i'}{\partial x_j}+\frac{\partial u_j'}{\partial x_i}-\frac{2}{3}\frac{\partial u_k'}{\partial x_k}\delta_{ij}\right)+\mu_{\mathrm{B}}\frac{\partial u_k'}{\partial x_k}\delta_{ij} \tag{3-5}$$

然后将平面波用傅里叶分量(式(1-6))的矢量形式表示为

$$\boldsymbol{U}'=[\hat{\rho}', \rho_0\hat{u}_x', \rho_0\hat{u}_y', \rho_0\hat{u}_z', \hat{p}']^{\mathrm{T}}\exp\left[\mathrm{i}(\boldsymbol{k}\cdot\boldsymbol{r}-\omega t)\right] \tag{3-6}$$

式中，$\boldsymbol{k}$ 为波数矢量；对应空间矢量 $\boldsymbol{r}=[x, y, z]^{\mathrm{T}}$ 的三个分量分别为 k_x、k_y 和 k_z。

将式(3-6)代入方程(3-2)可得一般形式的特征值方程：

$$\omega\boldsymbol{U}'=\left(k_x\boldsymbol{M}_{\mathrm{E}}+k_y\boldsymbol{M}_{\mathrm{F}}+k_z\boldsymbol{M}_{\mathrm{G}}\right)\boldsymbol{U}' \tag{3-7}$$

式中，$\boldsymbol{M}_{\mathrm{E}}$、$\boldsymbol{M}_{\mathrm{F}}$、$\boldsymbol{M}_{\mathrm{G}}$ 表示欧拉通量与黏性通量的差对应的矩阵(见附录)。

显然易得方程(3-7)对应的特征值解为

$$\boldsymbol{\omega}=\begin{bmatrix}\omega_{\mathrm{a}+}\\ \omega_{\mathrm{a}-}\\ \omega_{\mathrm{v}}\\ \omega_{\mathrm{v}}\\ \omega_{\mathrm{e}}\end{bmatrix}=\begin{bmatrix}\boldsymbol{k}\cdot\boldsymbol{u}_0+|\boldsymbol{k}|\sqrt{c_0^2-\xi_{\mathrm{v}}^2\boldsymbol{k}^2}-\mathrm{i}\xi_{\mathrm{v}}\boldsymbol{k}^2\\ \boldsymbol{k}\cdot\boldsymbol{u}_0-|\boldsymbol{k}|\sqrt{c_0^2-\xi_{\mathrm{v}}^2\boldsymbol{k}^2}-\mathrm{i}\xi_{\mathrm{v}}\boldsymbol{k}^2\\ \boldsymbol{k}\cdot\boldsymbol{u}_0-\mathrm{i}\nu\boldsymbol{k}^2\\ \boldsymbol{k}\cdot\boldsymbol{u}_0-\mathrm{i}\nu\boldsymbol{k}^2\\ \boldsymbol{k}\cdot\boldsymbol{u}_0\end{bmatrix}\tag{3-8}$$

式中，c_0 为绝热声速，对于理想气体有 $c_0=(\gamma p_0/\rho_0)^{1/2}$；$\xi_{\mathrm{v}}$ 为声波耗散黏度，其定义为 $\xi_{\mathrm{v}}=(2\mu/3+\mu_{\mathrm{B}}/2)/\rho_0$。

式(3-8)中五个特征值对应了三种不同的物理模态：$\omega_{\mathrm{a}+}$和 $\omega_{\mathrm{a}-}$表示声模态，平面波以当地速度 $\mathrm{Re}(\omega_{\mathrm{a}\pm}/|\boldsymbol{k}|)$传播，在气体中的耗散率为$-\xi_{\mathrm{v}}\boldsymbol{k}^2$；$\omega_{\mathrm{v}}$ 表示涡模态，剪切波以速度 $\mathrm{Re}(\omega_{\mathrm{v}}/|\boldsymbol{k}|)$传播，在气体中的耗散率为$-\nu\boldsymbol{k}^2$；$\omega_{\mathrm{e}}$ 表示熵模态，熵波以速度 $\boldsymbol{k}\cdot\boldsymbol{u}_0/|\boldsymbol{k}|$ 传播且与涡波具有相同的速度，由于采用了等温假设，所以熵波在气体中没有耗散。

3.2.2 离散速度 Boltzmann 方程的谱性质

本节将讨论格子离散引起的色散误差和耗散误差，类似于守恒型物理量的分解，将方程(2-10)中的速度分布函数也表示为均匀流分量和脉动分量的和，即

$$f_\alpha=f_\alpha^0+f_\alpha'\tag{3-9}$$

式中，f_α^0 表示均匀流速度分布函数；f_α' 表示速度分布函数的脉动分量。

借助泰勒级数展开，非线性的平衡态速度分布函数可写为

$$f_\alpha^{\mathrm{eq}}=f_\alpha^{\mathrm{eq},0}+\left.\frac{\partial f_\alpha^{\mathrm{eq}}}{\partial f_\beta}\right|_{f_\beta=f_\beta^0}f_\beta'+O\left[\left(f_\alpha'\right)^2\right]\tag{3-10}$$

忽略式(3-10)中的二阶小量，平衡态速度分布函数即关于脉动分量的一阶函数，其系数可用链式法则表示为

$$\left.\frac{\partial f_\alpha^{\mathrm{eq}}}{\partial f_\beta}\right|_{f_\beta=f_\beta^0}=\left.\left(\frac{\partial f_\alpha^{\mathrm{eq}}}{\partial\rho}\frac{\partial\rho}{\partial f_\beta}+\frac{\partial f_\alpha^{\mathrm{eq}}}{\partial u_k}\frac{\partial u_k}{\partial f_\beta}\right)\right|_{f_\beta=f_\beta^0}\tag{3-11}$$

对式(2-34)关于密度和速度求导可得

$$\frac{\partial f_\alpha^{\mathrm{eq}}}{\partial\rho}=\frac{f_\alpha^{\mathrm{eq}}}{\rho},\quad\frac{\partial f_\alpha^{\mathrm{eq}}}{\partial u_k}=\rho\omega_\alpha\left(\frac{e_{\alpha k}-u_k}{c_{\mathrm{s}}^2}+\frac{\boldsymbol{e}_\alpha\cdot\boldsymbol{u}}{c_{\mathrm{s}}^4}e_{\alpha k}\right)\tag{3-12}$$

对式(2-14)和式(2-15)关于速度分布函数分别求导可得

$$\frac{\partial\rho}{\partial f_\beta}=1\tag{3-13}$$

$$\frac{\partial \rho}{\partial f_\beta}u_k+\rho\frac{\partial u_k}{\partial f_\beta}=e_{\beta k} \tag{3-14}$$

将式(3-13)代入式(3-14)，化简可得

$$\frac{\partial u_k}{\partial f_\beta}=\frac{1}{\rho}\left(e_{\beta k}-u_k\right) \tag{3-15}$$

那么，将式(3-12)、式(3-13)和式(3-15)代入式(3-11)即得线性化的平衡态速度分布函数。将脉动分量 f'_α 写成傅里叶分量的形式可得

$$f'_\alpha=\hat{f}'_\alpha\exp\left[\mathrm{i}\left(\boldsymbol{k}\cdot\boldsymbol{r}-\omega t\right)\right] \tag{3-16}$$

将式(3-16)代入方程(2-10)可得速度分布函数的特征值方程为

$$\omega\boldsymbol{f}'=\boldsymbol{M}_{\mathrm{LBE}}\boldsymbol{f}' \tag{3-17}$$

式中，$\boldsymbol{f}'$ 为脉动分量的矢量形式，$\boldsymbol{f}'=[f'_0,f'_1,\cdots,f'_N]^{\mathrm{T}}$；$\boldsymbol{M}_{\mathrm{LBE}}$ 表示离散速度 Boltzmann 方程对应的特征值矩阵。

$\boldsymbol{M}_{\mathrm{LBE}}$ 的分量可表示为

$$\begin{aligned}M_{\mathrm{LBE},\alpha\beta}=\boldsymbol{k}\cdot\boldsymbol{e}_\alpha\delta_{\alpha\beta}+\frac{\mathrm{i}}{\tau_{\mathrm{f}}}\Bigg\{-\delta_{\alpha\beta}+\omega_\alpha\Bigg[1+\frac{\boldsymbol{e}_\alpha\cdot\boldsymbol{e}_\beta}{c_{\mathrm{s}}^2}-\frac{\boldsymbol{e}_\beta\cdot\boldsymbol{u}_0}{c_{\mathrm{s}}^2}\\+\frac{\boldsymbol{e}_\alpha\cdot\boldsymbol{u}_0}{c_{\mathrm{s}}^4}\left(\boldsymbol{e}_\alpha\cdot\boldsymbol{e}_\beta\right)+\frac{\boldsymbol{u}_0^2}{2c_{\mathrm{s}}^2}-\frac{\left(\boldsymbol{e}_\alpha\cdot\boldsymbol{u}_0\right)^2}{2c_{\mathrm{s}}^4}\Bigg]\Bigg\}\end{aligned} \tag{3-18}$$

利用 Maple 中的线性软件包可求得 $\boldsymbol{M}_{\mathrm{LBE}}$ 的特征值，从式(3-18)可以看出这些特征频率与波数 $\boldsymbol{k}$、平均流速度 $\boldsymbol{u}_0$ 和弛豫时间 τ_{f} 相关。

为了对比离散速度 Boltzmann 方程的特征频率与平面波的精确解，这里取标准状态下的气体输运系数并选取参考长度 $L_{\mathrm{ref}}=3.8\mathrm{m}$、参考密度 $\rho_{\mathrm{ref}}=1.2\mathrm{kg/m^3}$和参考速度 $u_{\mathrm{ref}}=594\mathrm{m/s}$ 对动力黏度和绝热声速进行无量纲化，得到 $\mu=1/1500$，$c_0=c_{\mathrm{s}}=\sqrt{3}$，进一步可得无量纲弛豫时间 $\tau_{\mathrm{f}}=0.002$；由方程(2-39)可知体积黏性系数应取为 $\mu_{\mathrm{B}}=2\mu/3$，由于离散速度 Boltzmann 方程不考虑能量过程，所以忽略熵模态可将精确解(3-8)简化为

$$\begin{bmatrix}\omega_{\mathrm{a}+}\\ \omega_{\mathrm{a}-}\\ \omega_{\mathrm{v}}\end{bmatrix}=\begin{bmatrix}\boldsymbol{k}\cdot\boldsymbol{u}_0+\|\boldsymbol{k}\|\sqrt{c_0^2-\nu^2\boldsymbol{k}^2}-\mathrm{i}\nu\boldsymbol{k}^2\\ \boldsymbol{k}\cdot\boldsymbol{u}_0-\|\boldsymbol{k}\|\sqrt{c_0^2-\nu^2\boldsymbol{k}^2}-\mathrm{i}\nu\boldsymbol{k}^2\\ \boldsymbol{k}\cdot\boldsymbol{u}_0-\mathrm{i}\nu\boldsymbol{k}^2\end{bmatrix} \tag{3-19}$$

取波数 $\boldsymbol{k}=(k_x,0,0)$和平均流速度 $\boldsymbol{u}_0=(c_{\mathrm{s}}Ma,0,0)^{\mathrm{T}}$，并将其代入式(3-18)可得 D3Q19 格子离散对应的特征频率。假设均匀网格间距为 Δx，则单位波长内布置 N_{npw} 个网格点对应的波数为 $k_x=2\pi/(N_{\mathrm{npw}}\Delta x)$，故 $k_x\Delta x$ 的取值为$(0,\pi]$。

图 3-1 对比了五种马赫数下离散速度 Boltzmann 方程对应的平面波特征频率

与精确解的色散和耗散关系，图中符号意义：—代表精确解，□代表声模态 ω_{a+}，■代表声模态 ω_{a-}，○代表涡模态 ω_v(由于涡模态和声模态的耗散率非常接近，为避免符号重叠，在 Im(ω)中只给出涡模态)。离散速度 Boltzmann 方程对应的声模态和涡模态的传播速度与精确解完全匹配，即格子离散不会引起波传播的色散；随着马赫数的增大，离散速度 Boltzmann 方程对应的平面波耗散率与精确解的误差增大，也就是说格子离散会引起波传播的耗散，而且耗散误差在高波数范围内更显著；产生该耗散误差的原因是离散速度 Boltzmann 方程恢复的宏观方程 (2-39) 中存在正比于 $O(Ma^3)$的可压缩性误差项，该误差项会导致非物理波，对方程进行类似 3.2.1 节的线性化处理可得

$$
\begin{bmatrix}\omega_{a+}\\ \omega_{a-}\\ \omega_{v}\end{bmatrix}=\begin{bmatrix}\boldsymbol{k}\cdot\boldsymbol{u}_0+\|\boldsymbol{k}\|\sqrt{c_0^2+\tau_f\boldsymbol{u}_0^2\boldsymbol{k}^2\dfrac{\xi_v'+5\xi_v}{2}+\mathrm{i}\,\tau_f\boldsymbol{u}_0^2\left|\boldsymbol{k}\cdot\boldsymbol{u}_0\right|}-\mathrm{i}\,\xi_v'\boldsymbol{k}^2\\ \boldsymbol{k}\cdot\boldsymbol{u}_0-\|\boldsymbol{k}\|\sqrt{c_0^2+\tau_f\boldsymbol{u}_0^2\boldsymbol{k}^2\dfrac{\xi_v'+5\xi_v}{2}+\mathrm{i}\,\tau_f\boldsymbol{u}_0^2\left|\boldsymbol{k}\cdot\boldsymbol{u}_0\right|}-\mathrm{i}\,\xi_v'\boldsymbol{k}^2\\ \boldsymbol{k}\cdot\boldsymbol{u}_0-\mathrm{i}\left(\nu-\tau_f\boldsymbol{u}_0^2\right)\boldsymbol{k}^2\end{bmatrix} \tag{3-20}
$$

式中，ξ_v' 为离散速度 Boltzmann 方程对应的声波耗散黏性系数，ξ_v' 与 ξ_v 具有相同的物理意义，其定义为 $\xi_v'=\xi_v-3\tau_f(\boldsymbol{u}_0)^2/2$ 。

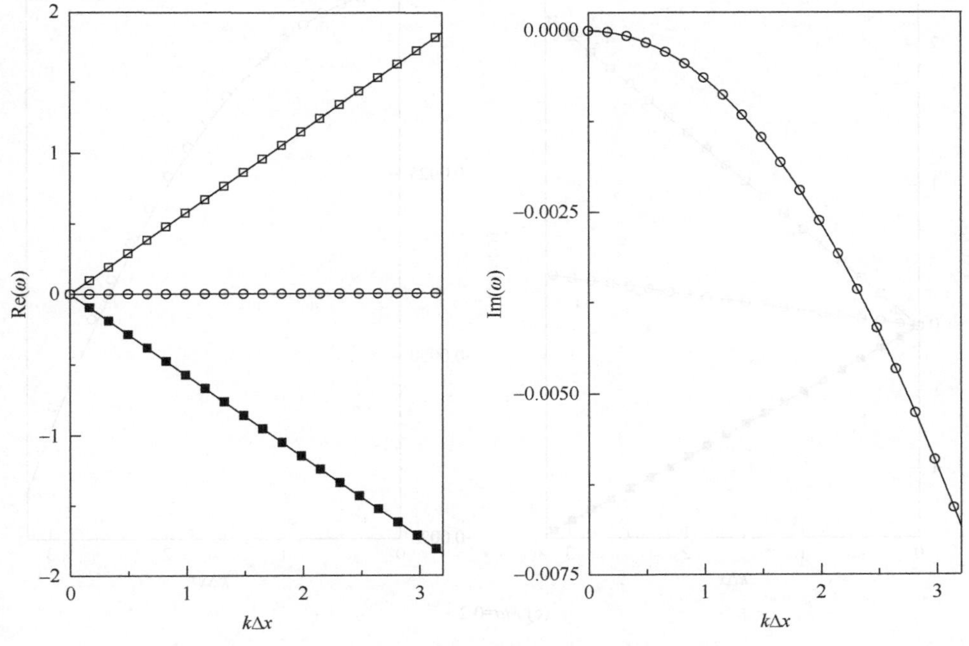

(a) Ma=0

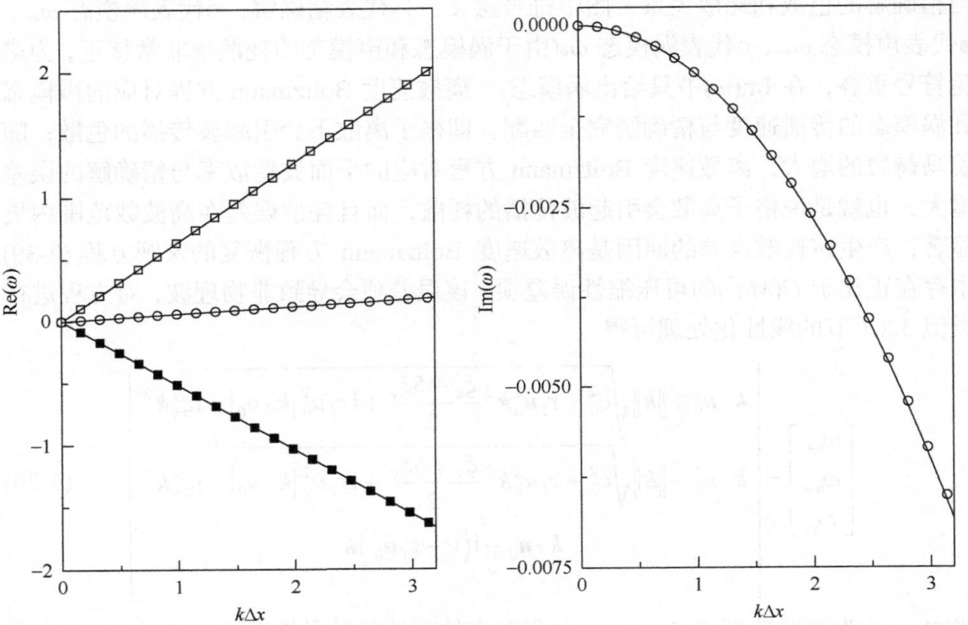
Re(ω)
Im(ω)
kΔx
2
1
0
−1
−2
3
0.0000
−0.0025
−0.0050
−0.0075

(b) Ma=0.1

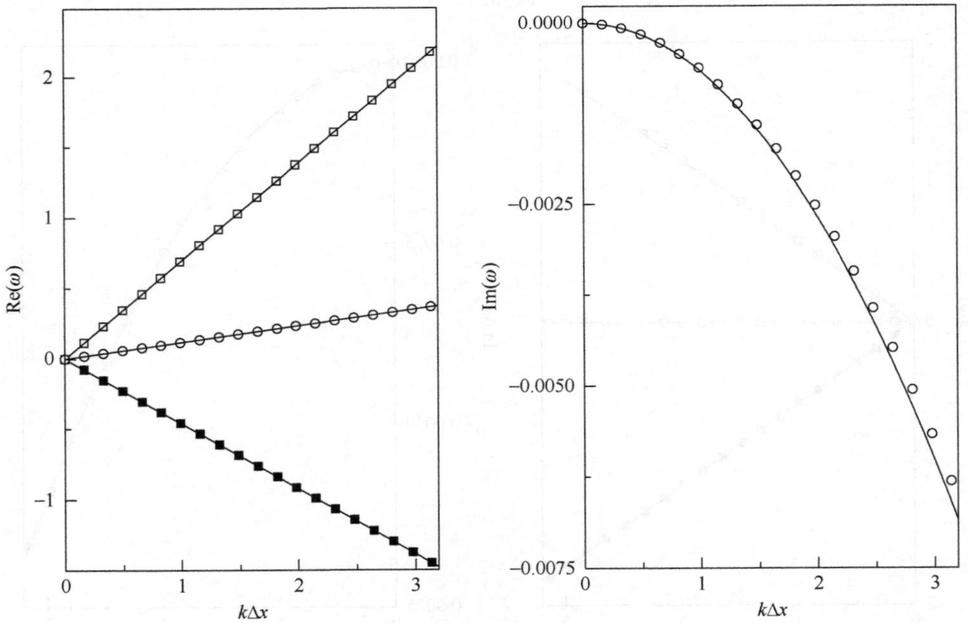
Re(ω)
Im(ω)
kΔx
2
1
0
−1
3
0.0000
−0.0025
−0.0050
−0.0075

(c) Ma=0.2

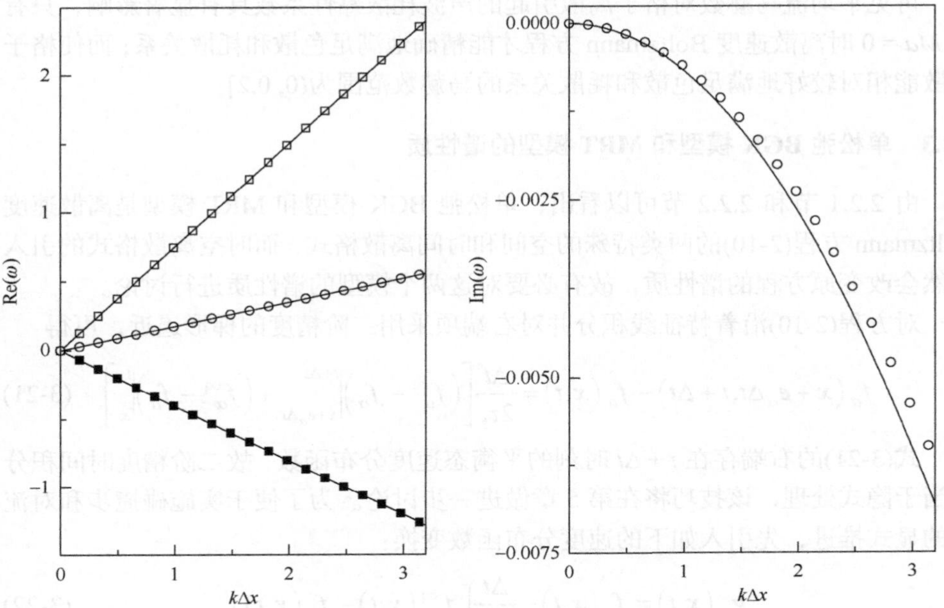

(d) Ma=0.3

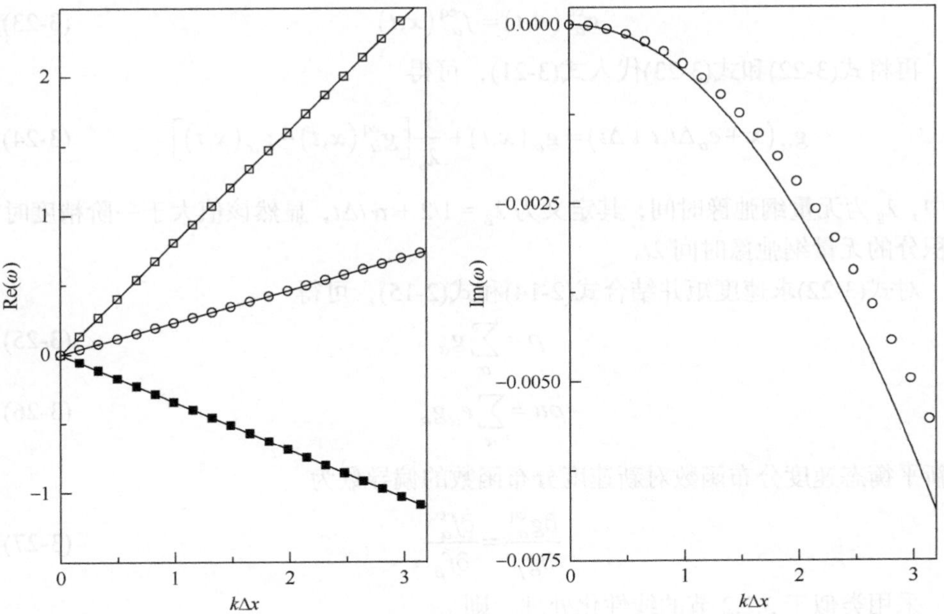

(e) Ma=0.4

图 3-1　不同马赫数下离散速度 Boltzmann 方程对应的平面波传播的色散和耗散关系与精确解的对比

可见平均流马赫数对格子离散引起的声波耗散黏性系数具有显著影响，只有当 $Ma = 0$ 时离散速度 Boltzmann 方程才能精确地满足色散和耗散关系；而使格子离散能相对较好地满足色散和耗散关系的马赫数范围为(0, 0.2]。

3.2.3 单松弛 BGK 模型和 MRT 模型的谱性质

由 2.2.1 节和 2.2.2 节可以看出，单松弛 BGK 模型和 MRT 模型是离散速度 Boltzmann 方程(2-10)的两类特殊的空间和时间离散格式，而时空离散格式的引入必然会改变原方程的谱性质，故有必要对这两个模型的谱性质进行讨论。

对方程(2-10)沿着特征线积分并对右端项采用二阶精度的梯形逼近，可得

$$f_\alpha\left(\boldsymbol{x}+\boldsymbol{e}_\alpha\Delta t,t+\Delta t\right)-f_\alpha\left(\boldsymbol{x},t\right)=\frac{\Delta t}{2\tau_{\mathrm{f}}}\left[\left(f_\alpha^{\mathrm{eq}}-f_\alpha\right)\Big|_{\boldsymbol{x}+\boldsymbol{e}_\alpha\Delta t}^{t+\Delta t}+\left(f_\alpha^{\mathrm{eq}}-f_\alpha\right)\Big|_{\boldsymbol{x}}^{t}\right] \tag{3-21}$$

式(3-21)的右端存在 $t+\Delta t$ 时刻的平衡态速度分布函数，故二阶精度时间积分相当于隐式处理，该技巧将在第 5 章做进一步讨论。为了便于实施碰撞步和对流步的显式推进，先引入如下的速度分布函数变换：

$$g_\alpha\left(\boldsymbol{x},t\right)=f_\alpha\left(\boldsymbol{x},t\right)-\frac{\Delta t}{2\tau_{\mathrm{f}}}\left[f_\alpha^{\mathrm{eq}}\left(\boldsymbol{x},t\right)-f_\alpha\left(\boldsymbol{x},t\right)\right] \tag{3-22}$$

$$g_\alpha^{\mathrm{eq}}\left(\boldsymbol{x},t\right)=f_\alpha^{\mathrm{eq}}\left(\boldsymbol{x},t\right) \tag{3-23}$$

再将式(3-22)和式(3-23)代入式(3-21)，可得

$$g_\alpha\left(\boldsymbol{x}+\boldsymbol{e}_\alpha\Delta t,t+\Delta t\right)=g_\alpha\left(\boldsymbol{x},t\right)+\frac{1}{\lambda_{\mathrm{g}}}\left[g_\alpha^{\mathrm{eq}}\left(\boldsymbol{x},t\right)-g_\alpha\left(\boldsymbol{x},t\right)\right] \tag{3-24}$$

式中，λ_{g} 为无量纲弛豫时间，其定义为 $\lambda_{\mathrm{g}} = 1/2 + \tau_{\mathrm{f}}/\Delta t$，显然该值大于一阶精度时间积分的无量纲弛豫时间 λ_{f}。

对式(3-22)求速度矩并结合式(2-14)和式(2-15)，可得

$$\rho=\sum_\alpha g_\alpha \tag{3-25}$$

$$\rho\boldsymbol{u}=\sum_\alpha \boldsymbol{e}_\alpha g_\alpha \tag{3-26}$$

则新平衡态速度分布函数对新速度分布函数的偏导数为

$$\frac{\partial g_\alpha^{\mathrm{eq}}}{\partial g_\beta}=\frac{\partial f_\alpha^{\mathrm{eq}}}{\partial f_\beta} \tag{3-27}$$

采用类似于 3.2.2 节的线性化处理，则

$$g_\alpha=g_\alpha^0+g_\alpha' \tag{3-28}$$

$$g_\alpha'=\hat{g}_\alpha'\exp\left[\mathrm{i}\left(\boldsymbol{k}\cdot\boldsymbol{r}-\omega t\right)\right] \tag{3-29}$$

$$g_\alpha^{\text{eq}} = g_\alpha^{\text{eq},0} + \left.\frac{\partial g_\alpha^{\text{eq}}}{\partial g_\beta}\right|_{g_\beta = g_\beta^0} g'_\beta + O\left[\left(g'_\alpha\right)^2\right] \tag{3-30}$$

将式(3-28)～式(3-30)代入式(3-24)，化简可得速度分布函数的特征方程为

$$\mathrm{e}^{-\mathrm{i}\omega\Delta t}\boldsymbol{g}' = \boldsymbol{M}_{\text{BGK}}\boldsymbol{g}' \tag{3-31}$$

式中，$\boldsymbol{g}'$ 为脉动分量的矢量形式；$\boldsymbol{M}_{\text{BGK}}$ 表示单松弛 BGK 模型对应的特征值矩阵。

$\boldsymbol{M}_{\text{BGK}}$ 由谱空间的对流矩阵和碰撞矩阵组成，即 $\boldsymbol{M}_{\text{BGK}} = \boldsymbol{M}_{\text{BGKS}}^{-1}\boldsymbol{M}_{\text{BGKC}}$，其中 $\boldsymbol{M}_{\text{BGKS}}$ 为谱对流矩阵，其分量为 $M_{\text{BGKS},\alpha\beta} = \delta_{\alpha\beta}\exp(\mathrm{i}\boldsymbol{k}\cdot\boldsymbol{e}_\alpha\Delta t)$；谱碰撞矩阵 $\boldsymbol{M}_{\text{BGKC}}$ 的分量可表示为

$$M_{\text{BGKC},\alpha\beta} = \delta_{\alpha\beta} + \frac{1}{\lambda_{\text{g}}}\left\{-\delta_{\alpha\beta} + \omega_\alpha\left[1 + \frac{\boldsymbol{e}_\alpha\cdot\boldsymbol{e}_\beta}{c_{\text{s}}^2} - \frac{\boldsymbol{e}_\beta\cdot\boldsymbol{u}_0}{c_{\text{s}}^2} + \frac{\boldsymbol{e}_\alpha\cdot\boldsymbol{u}_0}{c_{\text{s}}^4}\left(\boldsymbol{e}_\alpha\cdot\boldsymbol{e}_\beta\right) + \frac{\boldsymbol{u}_0^2}{2c_{\text{s}}^2} - \frac{\left(\boldsymbol{e}_\alpha\cdot\boldsymbol{u}_0\right)^2}{2c_{\text{s}}^4}\right]\right\} \tag{3-32}$$

由于单松弛 BGK 模型恢复的体积黏性系数不可调节，所以平面波传播特征频率的精确解与式(3-19)一致。利用 Maple 中的线性软件包求解方程(3-31)即可得到单松弛 BGK 模型的色散和耗散关系。图 3-2 对比了五种马赫数下单松弛 BGK 模型对应的平面波特征频率与精确解，图中符号意义：—代表精确解，□代表声模态 $\omega_{\text{a}+}$，■代表声模态 $\omega_{\text{a}-}$，○代表涡模态 ω_{v}。

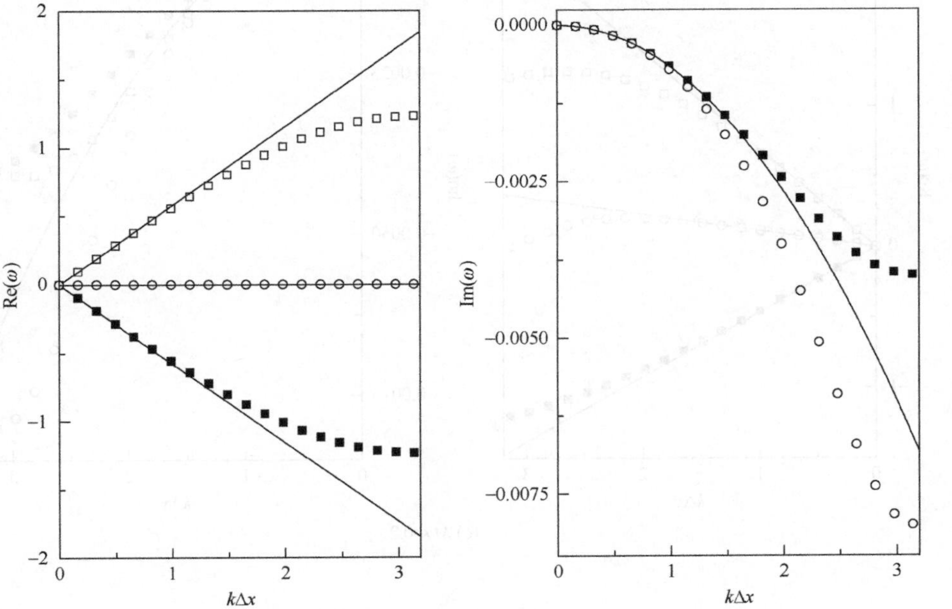

(a) Ma=0

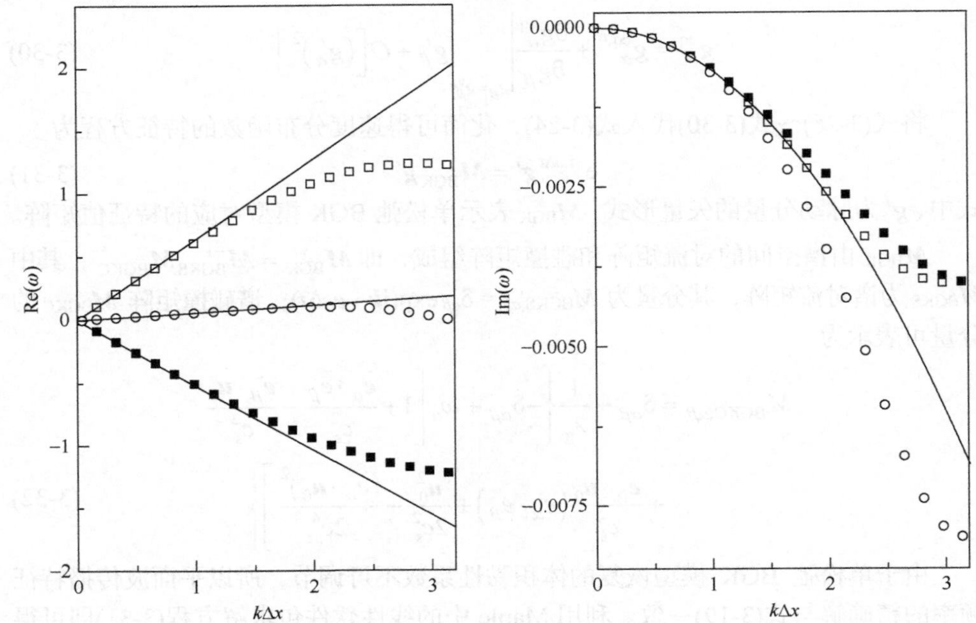
Re(ω)
Im(ω)
kΔx
kΔx
2
1
0
−1
−2
0.0000
−0.0025
−0.0050
−0.0075
0
1
2
3

(b) Ma=0.1

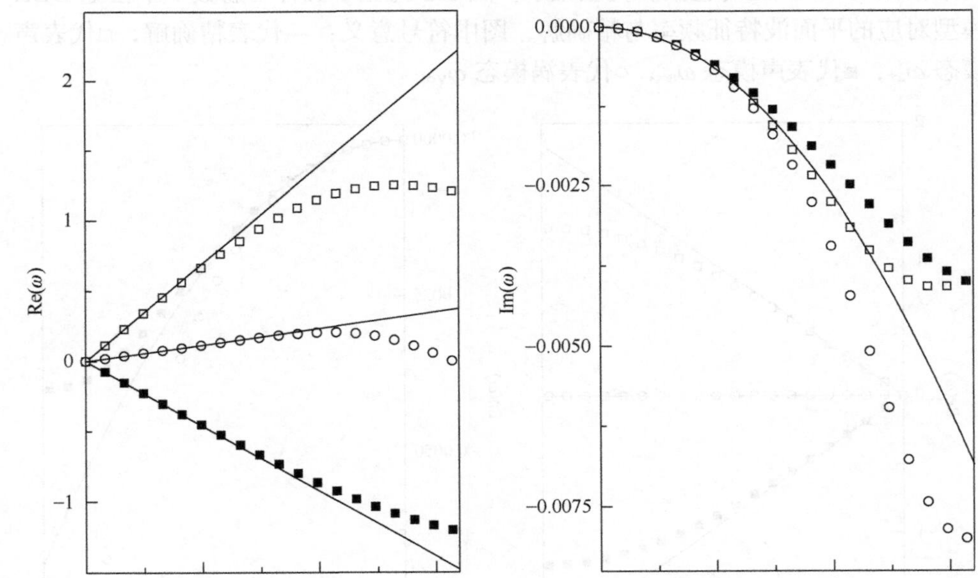
Re(ω)
Im(ω)
kΔx
kΔx
2
1
0
−1
0.0000
−0.0025
−0.0050
−0.0075
0
1
2
3

(c) Ma=0.2

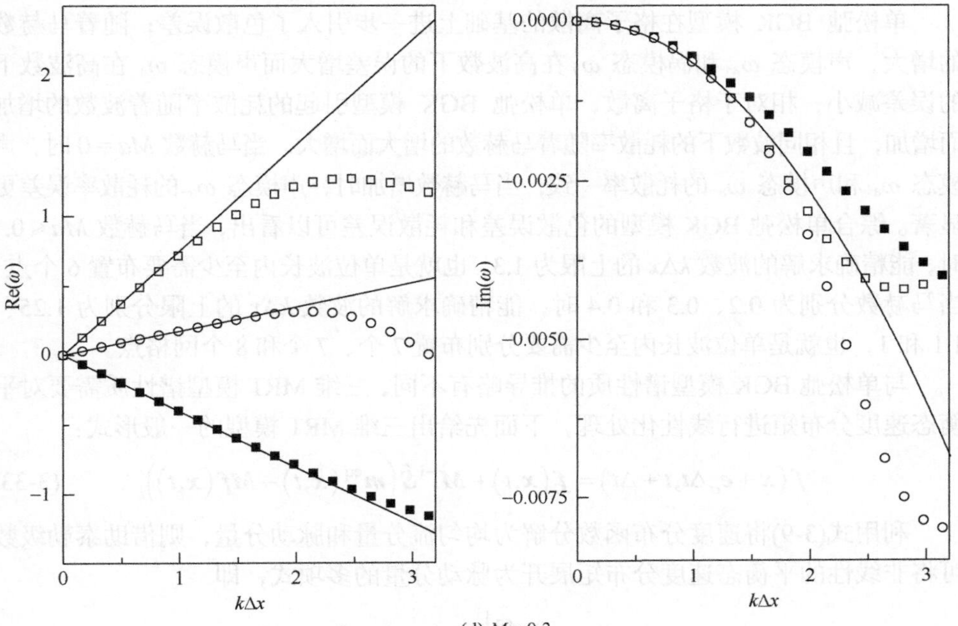

(d) Ma=0.3

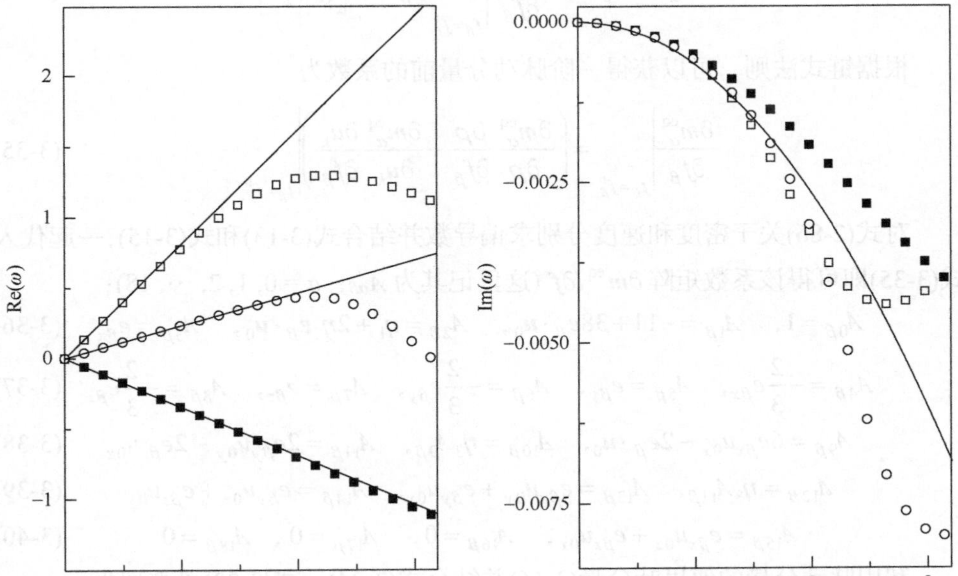

(e) Ma=0.4

图 3-2 不同马赫数下单松弛 BGK 模型对应的平面波传播的色散和耗散关系与精确解的对比

单松弛 BGK 模型在格子离散的基础上进一步引入了色散误差；随着马赫数的增大，声模态 ω_{a+}和涡模态 ω_v 在高波数下的误差增大而声模态 ω_{a-}在高波数下的误差减小；相对于格子离散，单松弛 BGK 模型引起的耗散率随着波数的增加而增加，且相同波数下的耗散率随着马赫数的增大而增大。当马赫数 $Ma=0$ 时，声模态 ω_{a+}和声模态 ω_{a-}的耗散率一致；当马赫数增加时，声模态 ω_{a-}的耗散率误差更显著。综合单松弛 BGK 模型的色散误差和耗散误差可以看出，当马赫数 $Ma\leqslant 0.1$ 时，能精确求解的波数 $k\Delta x$ 的上限为 1.3，也就是单位波长内至少需要布置 6 个点；当马赫数分别为 0.2、0.3 和 0.4 时，能精确求解的波数 $k\Delta x$ 的上限分别为 1.25、1.1 和 1，也就是单位波长内至少需要分别布置 7 个、7 个和 8 个网格点。

与单松弛 BGK 模型谱性质的推导略有不同，三维 MRT 模型谱性质需要对平衡态速度分布矩进行线性化处理，下面先给出三维 MRT 模型的一般形式：

$$\boldsymbol{f}\left(\boldsymbol{x}+\boldsymbol{e}_\alpha\Delta t,t+\Delta t\right)=\boldsymbol{f}\left(\boldsymbol{x},t\right)+\boldsymbol{M}^{-1}\hat{\boldsymbol{S}}\left(\boldsymbol{m}^{\mathrm{eq}}\left(\boldsymbol{x},t\right)-\boldsymbol{M}\boldsymbol{f}\left(\boldsymbol{x},t\right)\right) \tag{3-33}$$

利用式(3-9)将速度分布函数分解为均匀流分量和脉动分量，则借助泰勒级数可将非线性的平衡态速度分布矩展开为脉动分量的多项式，即

$$m_\alpha^{\mathrm{eq}}=m_\alpha^{\mathrm{eq},0}+\left.\frac{\partial m_\alpha^{\mathrm{eq}}}{\partial f_\beta}\right|_{f_\beta=f_\beta^0}f'_\beta+O\left[\left(f'_\alpha\right)^2\right] \tag{3-34}$$

根据链式法则，可以获得一阶脉动分量前的系数为

$$\left.\frac{\partial m_\alpha^{\mathrm{eq}}}{\partial f_\beta}\right|_{f_\beta=f_\beta^0}=\left.\left(\frac{\partial m_\alpha^{\mathrm{eq}}}{\partial\rho}\frac{\partial\rho}{\partial f_\beta}+\frac{\partial m_\alpha^{\mathrm{eq}}}{\partial u_k}\frac{\partial u_k}{\partial f_\beta}\right)\right|_{f_\beta=f_\beta^0} \tag{3-35}$$

对式(2-86)关于密度和速度分别求偏导数并结合式(3-13)和式(3-15)，一起代入式(3-35)即可得该系数矩阵 $\partial\boldsymbol{m}^{\mathrm{eq}}/\partial\boldsymbol{f}$ (这里记其为 $A_{\alpha\beta}$，$\alpha=0,1,2,\cdots,18$)：

$$A_{0\beta}=1,\quad A_{1\beta}=-11+38\boldsymbol{e}_\beta\cdot\boldsymbol{u}_0,\quad A_{2\beta}=\eta_1+2\eta_2\boldsymbol{e}_\beta\cdot\boldsymbol{u}_0,\quad A_{3\beta}=e_{\beta x} \tag{3-36}$$

$$A_{4\beta}=-\frac{2}{3}e_{\beta x},\quad A_{5\beta}=e_{\beta y},\quad A_{6\beta}=-\frac{2}{3}e_{\beta y},\quad A_{7\beta}=e_{\beta z},\quad A_{8\beta}=-\frac{2}{3}e_{\beta z} \tag{3-37}$$

$$A_{9\beta}=6e_{\beta x}u_{0x}-2\boldsymbol{e}_\beta\cdot\boldsymbol{u}_0,\quad A_{10\beta}=\eta_3A_{9\beta},\quad A_{11\beta}=2e_{\beta y}u_{0y}-2e_{\beta z}u_{0z} \tag{3-38}$$

$$A_{12\beta}=\eta_3A_{11\beta},\quad A_{13\beta}=e_{\beta x}u_{0y}+e_{\beta y}u_{0x},\quad A_{14\beta}=e_{\beta y}u_{0z}+e_{\beta z}u_{0y} \tag{3-39}$$

$$A_{15\beta}=e_{\beta x}u_{0z}+e_{\beta z}u_{0x},\quad A_{16\beta}=0,\quad A_{17\beta}=0,\quad A_{18\beta}=0 \tag{3-40}$$

利用脉动分量的傅里叶分量(3-16)并结合式(3-34)，式(3-33)可整理为

$$\mathrm{e}^{-\mathrm{i}\omega\Delta t}\boldsymbol{f}'=\boldsymbol{M}_{\mathrm{MRT}}\boldsymbol{f}' \tag{3-41}$$

式中，$\boldsymbol{M}_{\mathrm{MRT}}$ 表示三维 MRT 模型对应的特征值矩阵。

与单松弛 BGK 模型的特征值矩阵相同，$\boldsymbol{M}_{\mathrm{MRT}}$ 也由谱空间的对流矩阵和碰撞

矩阵组成，即 $\boldsymbol{M}_{\mathrm{MRT}}=\boldsymbol{M}_{\mathrm{MRTS}}{}^{-1}\boldsymbol{M}_{\mathrm{MRTC}}$，其中 $\boldsymbol{M}_{\mathrm{MRTS}}$ 为谱对流矩阵且定义与 $\boldsymbol{M}_{\mathrm{BGKS}}$ 相同；谱碰撞矩阵 $\boldsymbol{M}_{\mathrm{MRTC}}$ 也可表示为

$$\boldsymbol{M}_{\mathrm{MRTC}}=\boldsymbol{I}+\boldsymbol{M}^{-1}\hat{\boldsymbol{S}}\left(\left.\frac{\partial \boldsymbol{m}^{\mathrm{eq}}}{\partial \boldsymbol{f}}\right|_{\boldsymbol{f}=\boldsymbol{f}^{0}}-\boldsymbol{M}\right) \tag{3-42}$$

平衡态速度分布矩(2-86)和松弛系数(2-87)中存在若干可调节参数，这里选取使得模型具有较优的计算稳定性的值[285]，即 $\eta_1=0$、$\eta_2=-475/63$、$\eta_3=0$、$s_\zeta=s_\pi=1.4$、$s_q=1.2$ 和 $s_\varsigma=1.98$。由于 MRT 模型恢复的体积黏性系数可自由调节，这里取体积黏性系数为 $\mu_{\mathrm{B}}=8\mu/3$，则平面波传播特征频率的精确解(3-8)可简化为

$$\begin{bmatrix}\omega_{\mathrm{a}+}\\ \omega_{\mathrm{a}-}\\ \omega_{\mathrm{v}}\end{bmatrix}=\begin{bmatrix}\boldsymbol{k}\cdot\boldsymbol{u}_0+\|\boldsymbol{k}\|\sqrt{c_0^2-4\nu^2\boldsymbol{k}^2}-2\mathrm{i}\,\nu\boldsymbol{k}^2\\ \boldsymbol{k}\cdot\boldsymbol{u}_0-\|\boldsymbol{k}\|\sqrt{c_0^2-4\nu^2\boldsymbol{k}^2}-2\mathrm{i}\,\nu\boldsymbol{k}^2\\ \boldsymbol{k}\cdot\boldsymbol{u}_0-\mathrm{i}\,\nu\boldsymbol{k}^2\end{bmatrix} \tag{3-43}$$

调用 Maple 中的线性软件包求解方程(3-41)即可得 MRT 模型的色散和耗散关系。

图 3-3 对不同马赫数下 MRT 模型对应的平面波特征频率与精确解进行了对比，图中符号意义：—代表精确解，□代表声模态 $\omega_{\mathrm{a}+}$，■代表声模态 $\omega_{\mathrm{a}-}$，○代表涡模态 ω_{v}。与单松弛 BGK 模型类似，MRT 模型在格子离散的基础上也引入了色散误差；高波数下的声模态 $\omega_{\mathrm{a}+}$ 和涡模态的色散误差随着马赫数的增大而增大，

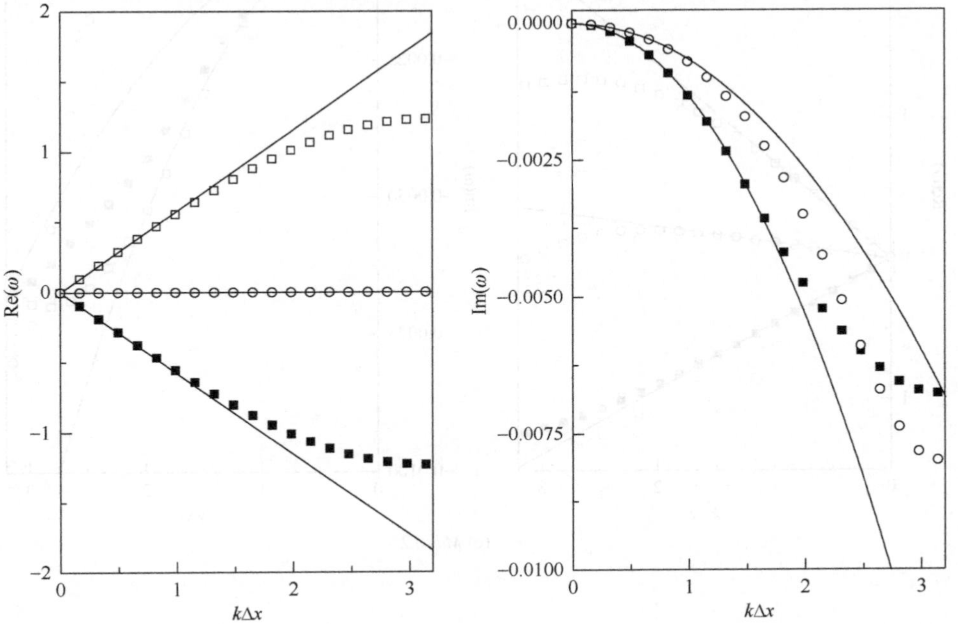

(a) Ma=0

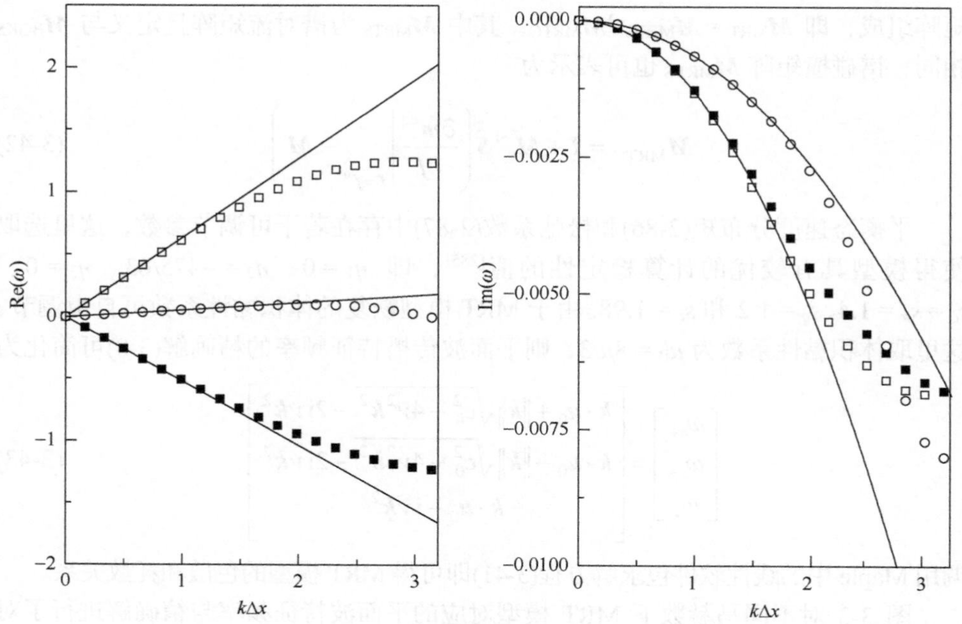
Re(ω)
2
1
0
−1
−2
0
1
2
3
kΔx
Im(ω)
0.0000
−0.0025
−0.0050
−0.0075
−0.0100
0
1
2
3
kΔx

(b) Ma=0.1

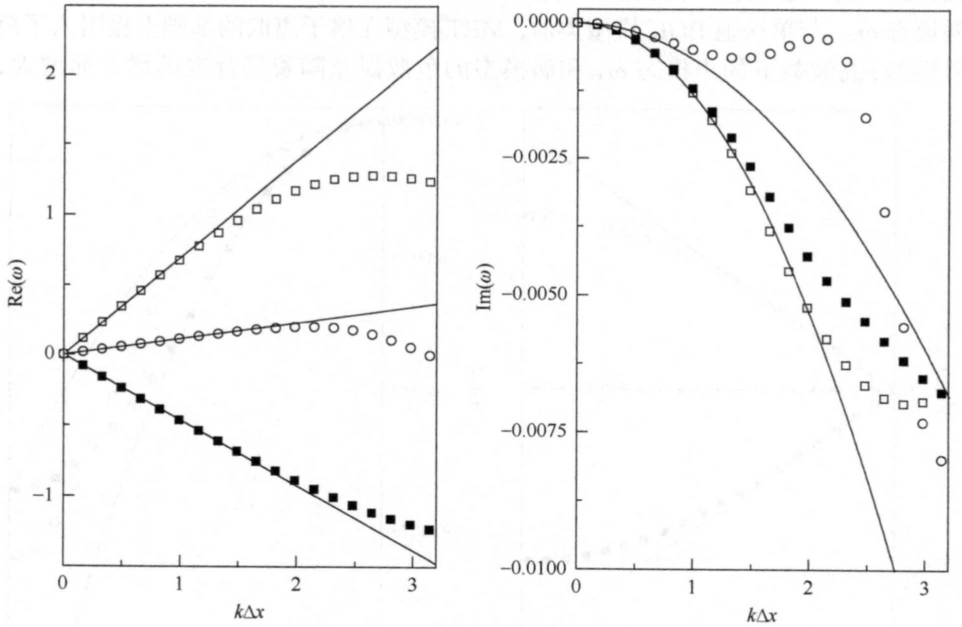
Re(ω)
2
1
0
−1
0
1
2
3
kΔx
Im(ω)
0.0000
−0.0025
−0.0050
−0.0075
−0.0100
0
1
2
3
kΔx

(c) Ma=0.2

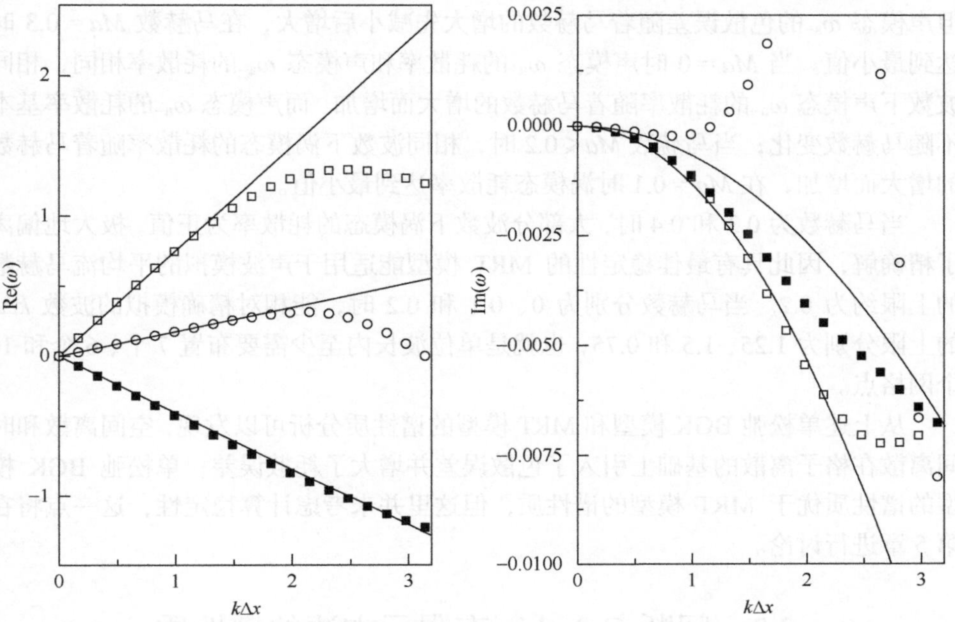

(d) Ma=0.3

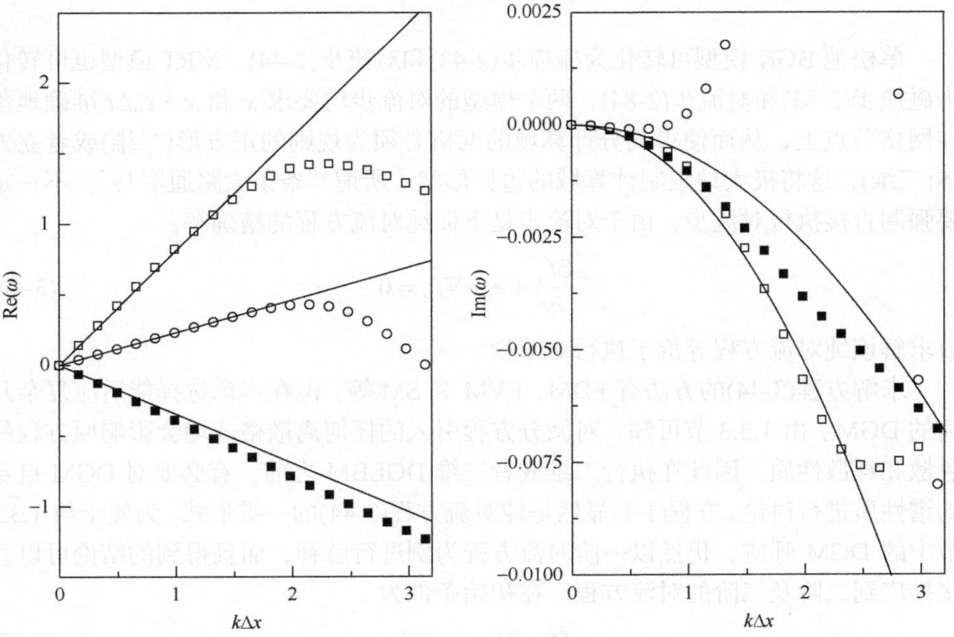

(e) Ma=0.4

图 3-3　不同马赫数下 MRT 模型对应的平面波传播的色散和耗散关系与精确解的对比

但声模态 ω_{a-}的色散误差随着马赫数的增大先减小后增大，在马赫数 $Ma = 0.3$ 时达到最小值。当 $Ma = 0$ 时声模态 ω_{a+}的耗散率和声模态 ω_{a-}的耗散率相同，相同波数下声模态 ω_{a-}的耗散率随着马赫数的增大而增加，而声模态 ω_{a-}的耗散率基本不随马赫数变化；当马赫数 $Ma \leqslant 0.2$ 时，相同波数下涡模态的耗散率随着马赫数的增大而增加，在 $Ma = 0.1$ 时涡模态耗散率达到最小值。

当马赫数为 0.3 和 0.4 时，大部分波数下涡模态的耗散率为正值，极大地偏离了精确解，因此具有最佳稳定性的 MRT 模型能适用于声波模拟的平均流马赫数的上限约为 0.2。当马赫数分别为 0、0.1 和 0.2 时，能相对精确模拟的波数 $k\Delta x$ 的上限分别为 1.25、1.5 和 0.75，也就是单位波长内至少需要布置 7 个、6 个和 10 个网格点。

从上述单松弛 BGK 模型和 MRT 模型的谱性质分析可以发现，空间离散和时间离散在格子离散的基础上引入了色散误差并增大了耗散误差；单松弛 BGK 模型的谱性质优于 MRT 模型的谱性质，但这里并未考虑计算稳定性，这一点将在第 5 章进行讨论。

3.3 间断 Galerkin 有限元方法的谱性质

单松弛 BGK 模型可转化为碰撞步(2-43)和对流步(2-44)，MRT 模型也可转化为碰撞步(2-83)和对流步(2-84)，两个模型的对流步均要求 $\boldsymbol{x}$ 和 $\boldsymbol{x} + \boldsymbol{e}_\alpha\Delta t$ 准确地落在网格节点上，从而使得剖分计算域的网格必须为规则的正方形(二维)或者立方体(三维)，这将极大地限制计算域的边界形状。所谓“条条大路通罗马”，不一定要强制直接执行对流步，由于对流步是下面纯对流方程的精确解：

$$\frac{\partial f_\alpha}{\partial t} + \boldsymbol{e}_\alpha \cdot \nabla f_\alpha = 0 \tag{3-44}$$

故求解该纯对流方程等价于执行对流步。

求解方程(3-44)的方法有 FDM、FVM 和 SM 等，但在本章选择能适应复杂几何的 DGM。由 1.3.3 节可知，对微分方程引入的任何离散格式均会影响原方程的色散和耗散性质，因此在执行二维或者三维 DGLBM 之前，有必要对 DGM 自身的谱性质进行讨论。方程(1-1)显然是纯对流方程(3-44)的一维形式，为便于与 1.3.3 节中的 DGM 呼应，仍然以一阶对流方程为例进行解释，而且得到的结论可以直接推广到二阶及三阶的对流方程。在初始条件为

$$f(x,0) = \exp(\mathrm{i}kx) \tag{3-45}$$

时，方程(1-1)具有空间周期性解：$f(x, t) = \exp[\mathrm{i}(kx-\omega t)]$的前提是

$$\omega = ck \tag{3-46}$$

式(3-46)即一阶波动方程的精确色散关系，可以看出本节的重点是探讨 DGM 的谱性质逼近该精确色散关系的程度。

将经过空间离散的式(1-22)中的试验函数取为拉格朗日插值基函数 $l_j(x)$，则一维情形下的 DGM 形式也可写为

$$\boldsymbol{M}_{1\mathrm{D}}\frac{\mathrm{d}\boldsymbol{f}_i}{\mathrm{d}t}+\boldsymbol{S}_{1\mathrm{D}}c\boldsymbol{f}_i=\boldsymbol{e}_{N_\mathrm{p}}\left[c\boldsymbol{f}_i-\left(c\boldsymbol{f}_i\right)^*\right]_{x_i^\mathrm{R}}-\boldsymbol{e}_1\left[c\boldsymbol{f}_i-\left(c\boldsymbol{f}_i\right)^*\right]_{x_i^\mathrm{L}} \tag{3-47}$$

式中，$\boldsymbol{M}_{1\mathrm{D}}$ 为一维局部质量矩阵；$\boldsymbol{S}_{1\mathrm{D}}$ 为一维局部刚度矩阵；$\boldsymbol{e}_j$ 表示只有第$(j=1,2,\cdots,N_\mathrm{p})$个分量为 1 的 N_p 维零向量；上标中的 R、L 表示第 i 个离散单元的右侧端点、左侧端点。

显然，式(3-47)中一维局部质量矩阵和一维局部刚度矩阵分别定义为

$$M_{1\mathrm{D},mn}=\int_{x_i^\mathrm{L}}^{x_i^\mathrm{R}}l_m(x)l_n(x)\mathrm{d}x=\frac{\Delta x}{2}\int_{-1}^{1}l_m(r)l_n(r)\mathrm{d}r \tag{3-48}$$

$$S_{1\mathrm{D},mn}=\int_{x_i^\mathrm{L}}^{x_i^\mathrm{R}}l_m(x)\frac{\mathrm{d}l_n(x)}{\mathrm{d}x}\mathrm{d}x=\int_{-1}^{1}l_m(r)\frac{\mathrm{d}l_n(r)}{\mathrm{d}r}\mathrm{d}r \tag{3-49}$$

采用高斯积分公式计算一维局部质量矩阵和刚度矩阵中的积分。拉格朗日插值多项式中的节点分布有多种，这里选用使得插值多项式精度最高的 Legendre-Gauss-Lobatto(LGL)节点，LGL 节点是下列方程的 N_p 个根：

$$\left(1-r^2\right)\frac{\mathrm{d}P_{N_\mathrm{p}-1}}{\mathrm{d}r}=0 \tag{3-50}$$

式中，$P_{N_\mathrm{p}-1}$ 表示 $N_\mathrm{p}-1$ 阶 Legendre 多项式。

先给出式(3-47)中的数值通量$\left(c\boldsymbol{f}_i\right)^*$的一般形式：

$$\left(c\boldsymbol{f}_i\right)^*=\frac{c\boldsymbol{f}_i^-+c\boldsymbol{f}_i^+}{2}+|c|\frac{1-\theta_\mathrm{e}}{2}\left(n_i^-\boldsymbol{f}_i^-+n_i^+\boldsymbol{f}_i^+\right) \tag{3-51}$$

式中，上标中的−、+表示单元内部、外部的信息；n_i 为单元交界面上的法向量，一维情形下分别取−1 和 1；θ_e 表示交界面上能量传递方向和比例的常数，该参数对格式稳定性有重要影响。

假设 $c \geqslant 0$，并将数值通量(3-51)代入式(3-47)，可得

$$\begin{aligned}\boldsymbol{M}_{1\mathrm{D}}\frac{\mathrm{d}\boldsymbol{f}_i}{\mathrm{d}t}+\boldsymbol{S}_{1\mathrm{D}}c\boldsymbol{f}_i=&\frac{c\theta_\mathrm{e}}{2}\boldsymbol{e}_{N_\mathrm{p}}\left[\boldsymbol{f}_i\left(x_i^\mathrm{R}\right)-\boldsymbol{f}_{i+1}\left(x_{i+1}^\mathrm{L}\right)\right]\\&-\frac{c\left(2-\theta_\mathrm{e}\right)}{2}\boldsymbol{e}_1\left[\boldsymbol{f}_i\left(x_i^\mathrm{L}\right)-\boldsymbol{f}_{i-1}\left(x_{i-1}^\mathrm{R}\right)\right]\end{aligned} \tag{3-52}$$

当式(3-47)的解具有空间周期性，即 $\boldsymbol{f}_i=\hat{\boldsymbol{f}}_i\exp[\mathrm{i}(kx-\omega t)]$时，有

$$\boldsymbol{f}_{i+1}\left(x_{i+1}^\mathrm{L}\right)=\exp(\mathrm{i}k\Delta x)\boldsymbol{f}_i\left(x_i^\mathrm{L}\right),\quad \boldsymbol{f}_{i-1}\left(x_{i-1}^\mathrm{R}\right)=\exp(-\mathrm{i}k\Delta x)\boldsymbol{f}_i\left(x_i^\mathrm{R}\right) \tag{3-53}$$

将式(3-53)代入式(3-52)，化简可得第 i 个离散单元的特征值方程为

$$\mathrm{i}\varpi \boldsymbol{f}_i = \boldsymbol{M}_{\mathrm{DGM}} \boldsymbol{f}_i \tag{3-54}$$

式中，ϖ 为无量纲特征频率，其定义为 $\varpi = \omega\Delta x/(N_{\mathrm{p}}c)$；$\boldsymbol{M}_{\mathrm{DGM}}$ 表示一维 DGM 空间离散对应的特征值矩阵。

$\boldsymbol{M}_{\mathrm{DGM}}$ 也可表示为

$$\begin{aligned}\boldsymbol{M}_{\mathrm{DGM}} = \frac{K}{k}\boldsymbol{M}_{\mathrm{1D}}^{-1}\Big\{&\boldsymbol{S}_{\mathrm{1D}} - \frac{\theta_{\mathrm{e}}}{2}\boldsymbol{e}_{N_{\mathrm{p}}}\left[\boldsymbol{e}_{N_{\mathrm{p}}}^{\mathrm{T}} - \exp\left(\mathrm{i}N_{\mathrm{p}}K\right)\boldsymbol{e}_1^{\mathrm{T}}\right] \\ &+ \frac{2-\theta_{\mathrm{e}}}{2}\boldsymbol{e}_1\left[\boldsymbol{e}_1^{\mathrm{T}} - \exp\left(-\mathrm{i}N_{\mathrm{p}}K\right)\boldsymbol{e}_{N_{\mathrm{p}}}^{\mathrm{T}}\right]\Big\}\end{aligned} \tag{3-55}$$

式中，K 表示数值色散关系，其定义为 $K = k\Delta x/N_{\mathrm{p}} = 2\pi/w_{\mathrm{dof}}$，其中 $w_{\mathrm{dof}} = N_{\mathrm{p}}\lambda/\Delta x$ 表示单位波长内自由度个数的量度。显然单位波长内至少需要 2 个自由度，则 $K \leqslant \pi$。

由式(3-55)可知，DGM 空间离散的特征值矩阵与插值多项式的阶数 $N_{\mathrm{p}}-1$、参数 K 和 θ_{e} 紧密相关，利用 Maple 中的线性软件包求解方程(3-54)即可得到 DGM 空间离散的色散和耗散关系。

图 3-4 给出了迎风通量($\theta_{\mathrm{e}} = 0$)下不同 DGM 阶逼近一阶波动方程的特征频率与解析解的对比。可以看出色散误差和耗散误差均随着波数的增加而增大，且 DGM 空间离散对高频波无捕捉能力；相同波数下，色散误差随着基函数阶数的增加而减小，可见给定离散网格单元，采用 p 加密也能使数值离散更好地逼近物理模态；当 $N_{\mathrm{p}} = 2$ 和 $N_{\mathrm{p}} = 7$ 时，DGM 能求解的 K 分别为 0.25 和 1.25，采用高阶格式可准确求解的波数范围显然较宽。

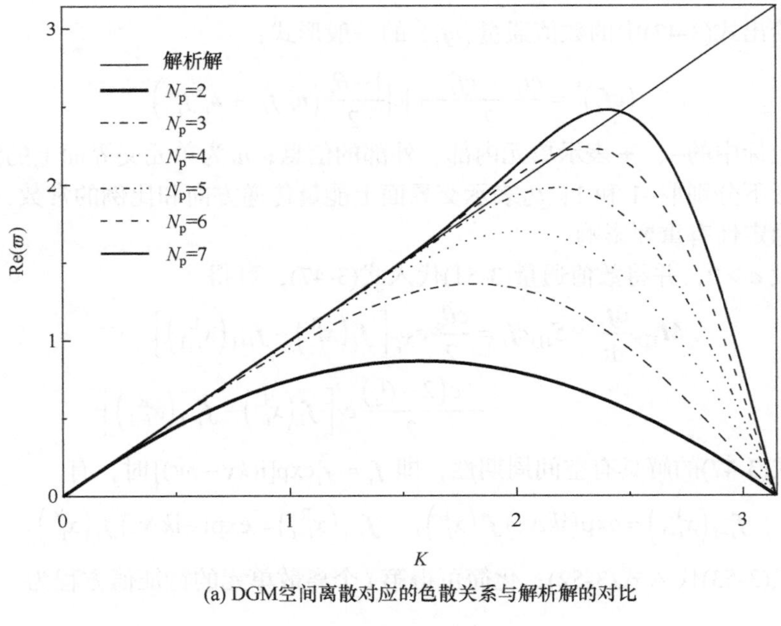

(a) DGM空间离散对应的色散关系与解析解的对比

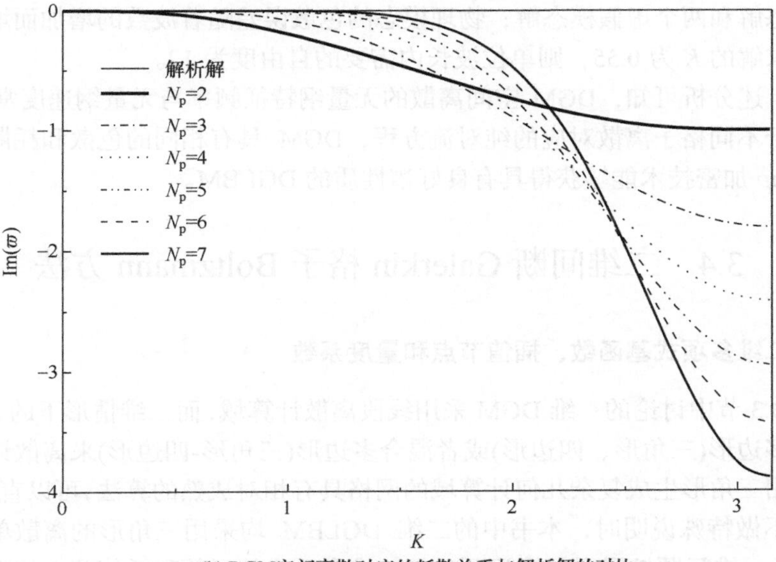

(b) DGM空间离散对应的耗散关系与解析解的对比

图 3-4　迎风通量下不同插值多项式阶数 DGM 空间离散一阶波动方程

通量中的常数 θ_e 对色散和耗散关系有较大的影响，迎风通量会引入一定的耗散误差而下面给出的中心通量($\theta_e = 1$)却无耗散误差。图 3-5 对比了二阶插值多项式逼近的 DGM 空间离散一阶波动方程的特征频率与解析解的对比，其存在一个

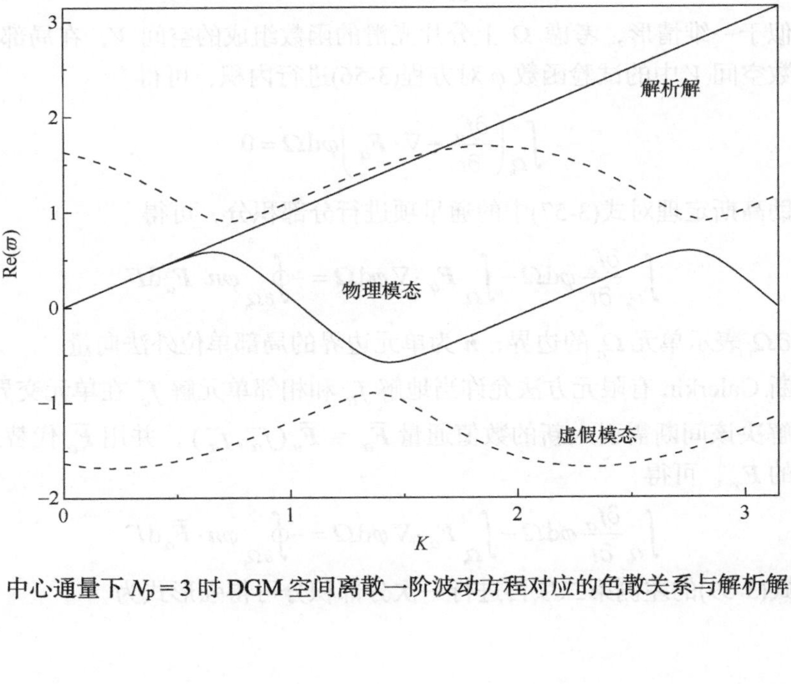

图 3-5　中心通量下 $N_p = 3$ 时 DGM 空间离散一阶波动方程对应的色散关系与解析解的对比

物理模态解和两个虚假模态解；物理模态的色散误差随着波数的增加而增大，能够准确求解的 K 为 0.55，则单位波长内需要的自由度为 12。

由上述分析可知，DGM 空间离散的无量纲特征频率与无量纲速度常数 c 无关，对于不同格子离散对应的纯对流方程，DGM 具有相同的色散和耗散关系，故通过 hp 加密技术能够获得具有良好谱性质的 DGLBM。

3.4　二维间断 Galerkin 格子 Boltzmann 方法

3.4.1　二维多项式基函数、插值节点和量度系数

在 3.3 节中讨论的一维 DGM 采用线段离散计算域，而二维情形下的 DGM 一般采用多边形(三角形、四边形)或者混合多边形(三角形-四边形)来离散计算域；由于采用三角形生成复杂几何计算域的网格具有相对成熟的算法，可以直接运用，所以在不做特殊说明时，本书中的二维 DGLBM 均采用三角形的离散单元。将 DGM 从一维问题扩展到二维问题时，二维多项式基函数和插值节点的选取具有显著的差别，从而量度系数的计算也显著不同。

首先将计算域 Ω 离散成互不重叠且相互连接的三角形单元 $\Omega=\oplus\Omega_n$，再引入通量矢量 $\boldsymbol{F}_\alpha(f_\alpha)=f_\alpha\boldsymbol{e}_\alpha$，并代入方程(3-44)化简可得

$$\frac{\partial f_\alpha}{\partial t}+\nabla\cdot\boldsymbol{F}_\alpha=0 \tag{3-56}$$

类似于一维情形，考虑 Ω 上分片光滑的函数组成的空间 V，在局部单元 Ω_n 上将函数空间 V 中的试验函数 φ 对方程(3-56)进行内积，可得

$$\int_{\Omega_n}\left(\frac{\partial f_\alpha}{\partial t}+\nabla\cdot\boldsymbol{F}_\alpha\right)\varphi\mathrm{d}\Omega=0 \tag{3-57}$$

借助高斯定理对式(3-57)中的通量项进行分部积分，可得

$$\int_{\Omega_n}\frac{\partial f_\alpha}{\partial t}\varphi\mathrm{d}\Omega-\int_{\Omega_n}\boldsymbol{F}_\alpha\cdot\nabla\varphi\mathrm{d}\Omega=-\oint_{\partial\Omega_n}\varphi\boldsymbol{n}\cdot\boldsymbol{F}_\alpha\mathrm{d}\Gamma \tag{3-58}$$

式中，$\partial\Omega_n$ 表示单元 Ω_n 的边界；$\boldsymbol{n}$ 为单元边界的局部单位外法向量。

间断 Galerkin 有限元方法允许当地解 f_α^- 和相邻单元解 f_α^+ 在单元交界面处不同，为解决该间断需引入新的数值通量 $\bar{\boldsymbol{F}}_\alpha=\bar{\boldsymbol{F}}_\alpha(f_\alpha^-,f_\alpha^+)$，并用 $\bar{\boldsymbol{F}}_\alpha$ 代替式(3-58)中右侧的 $\boldsymbol{F}_\alpha$，可得

$$\int_{\Omega_n}\frac{\partial f_\alpha}{\partial t}\varphi\mathrm{d}\Omega-\int_{\Omega_n}\boldsymbol{F}_\alpha\cdot\nabla\varphi\mathrm{d}\Omega=-\oint_{\partial\Omega_n}\varphi\boldsymbol{n}\cdot\bar{\boldsymbol{F}}_\alpha\mathrm{d}\Gamma \tag{3-59}$$

对式(3-59)的左侧第二项再进行一次分部积分可得强形式为

$$\int_{\Omega_n}\left(\frac{\partial f_\alpha}{\partial t}+\nabla\cdot\boldsymbol{F}_\alpha\right)\varphi\mathrm{d}\Omega=\oint_{\partial\Omega_n}\varphi\boldsymbol{n}\cdot\left(\boldsymbol{F}_\alpha-\bar{\boldsymbol{F}}_\alpha\right)\mathrm{d}\Gamma \tag{3-60}$$

从 3.3 节可以看出，数值通量对 DGLBM 的谱性质具有较大的影响，这里采用具有迎风性质的 Lax-Friedrichs 通量，即

$$\bar{\boldsymbol{F}}_\alpha=\frac{1}{2}\left[\boldsymbol{F}_\alpha\left(f_\alpha^-\right)+\boldsymbol{F}_\alpha\left(f_\alpha^+\right)+|\Lambda|\left(f_\alpha^--f_\alpha^+\right)\boldsymbol{n}\right],\quad \Lambda=\max\frac{\partial\boldsymbol{F}_\alpha}{\partial f_\alpha}\cdot\boldsymbol{n} \tag{3-61}$$

则式(3-60)右端项中的被积函数可写为

$$\varphi\boldsymbol{n}\cdot\left(\boldsymbol{F}_\alpha-\bar{\boldsymbol{F}}_\alpha\right)=\frac{1}{2}\varphi\left(\boldsymbol{n}\cdot\boldsymbol{e}_\alpha-\left|\boldsymbol{n}\cdot\boldsymbol{e}_\alpha\right|\right)\left(f_\alpha^--f_\alpha^+\right) \tag{3-62}$$

在每个单元 Ω_n 内将分布函数 f_α^n 用 N 阶局部多项式逼近为

$$f_\alpha^n(\boldsymbol{x},t)=\sum_{m=1}^{N_\mathrm{p}}\hat{f}_\alpha^n(t)\psi_m(\boldsymbol{x})=\sum_{m=1}^{N_\mathrm{p}}f_\alpha^n(\boldsymbol{x}_m,t)l_m(\boldsymbol{x}) \tag{3-63}$$

式中，$\hat{f}_\alpha^n(t)$ 为模展开式系数；$f_\alpha^n(\boldsymbol{x}_m,t)$ 为节点展开式系数；$\psi_m(\boldsymbol{x})$为模展开基函数；$l_m(\boldsymbol{x})$为二维拉格朗日插值基函数。

两种展开形式通过模展开式系数 $\hat{f}_\alpha^n(t)$ 连接在一起。由于采用了三角形离散单元，展开式的项数 N_p 与插值多项式的阶数 N 的关系为 $2N_\mathrm{p}=(N+1)(N+2)$。如图 3-6 所示，采用映射函数 Ψ 建立计算单元内节点 $\boldsymbol{x}\in\Omega_n$ 和参考单元内节点 $\boldsymbol{r}\in\mathbf{IR}=\{(r,s)|r,s\geqslant-1;r+s\leqslant0\}$的连接关系，$\mathbf{IR}$ 为积分区域，则

$$\boldsymbol{x}=\Psi(\boldsymbol{r})=-\frac{r+s}{2}\boldsymbol{v}^1+\frac{r+1}{2}\boldsymbol{v}^2+\frac{s+1}{2}\boldsymbol{v}^3 \tag{3-64}$$

式中，$\boldsymbol{v}^1$、$\boldsymbol{v}^2$、$\boldsymbol{v}^3$ 表示计算单元内逆时针排列的节点。

将 $\boldsymbol{x}$ 分别对 r 和 s 求偏导数可得

$$\boldsymbol{x}_r=(x_r,y_r)=\frac{\boldsymbol{v}^2-\boldsymbol{v}^1}{2},\quad \boldsymbol{x}_s=(x_s,y_s)=\frac{\boldsymbol{v}^3-\boldsymbol{v}^1}{2} \tag{3-65}$$

由恒等式

$$\frac{\partial\boldsymbol{x}}{\partial\boldsymbol{r}}\frac{\partial\boldsymbol{r}}{\partial\boldsymbol{x}}=\begin{bmatrix}x_r & x_s\\ y_r & y_s\end{bmatrix}\begin{bmatrix}r_x & r_y\\ s_x & s_y\end{bmatrix}=\begin{bmatrix}1 & 0\\ 0 & 1\end{bmatrix} \tag{3-66}$$

可得

$$\begin{bmatrix}r_x & r_y\\ s_x & s_y\end{bmatrix}=\frac{1}{J}\begin{bmatrix}y_s & -x_s\\ -y_r & x_r\end{bmatrix} \tag{3-67}$$

式中，J 为几何变换产生的 Jacobi 行列式，其定义为 $J=x_ry_s-x_sy_r$。

由于 $\boldsymbol{x}$ 是 $\boldsymbol{r}$ 的线性函数，所以 Jacobi 行列式为常数。

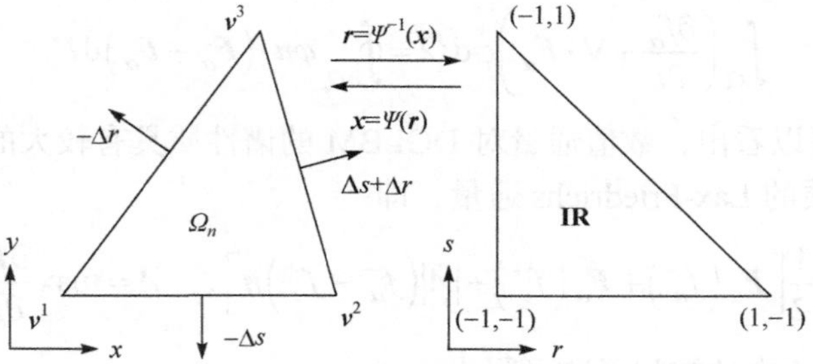

图 3-6　一般三角形单元和标准三角形单元之间的映射

基于该映射，可将局部逼近式(3-63)重写为参考坐标系下的形式：

$$f_\alpha^n(\boldsymbol{r},t)=\sum_{k=1}^{N_p}\hat{f}_\alpha^n(t)\psi_k(\boldsymbol{r})=\sum_{m=1}^{N_p}f_\alpha^n(\boldsymbol{r}_m,t)l_m(\boldsymbol{r}) \tag{3-68}$$

一维情形下的模展开基函数可通过 Legendre 多项式规范化直接获得，而二维情形下的模展开基函数可由 Gram-Schmidt 过程正交规范化获得

$$\psi_m(\boldsymbol{r})=\sqrt{2}P_i^{(0,0)}(a)P_j^{(2i+1,0)}(b)(1-b)^i,\quad a=2\frac{1+r}{1-s}-1,\quad b=s \tag{3-69}$$

式中，m 表示基函数序列，$m=j+(N+1)i+1-i(i-1)/2$，$(i,j)\geqslant 0$，$i+j\leqslant N$；$P_j^{(\zeta,\varsigma)}(x)$ 表示第 j 阶 Jacobi 多项式。由 Jacobi 多项式的性质易证 $\psi_m(\boldsymbol{r})$为[−1, 1]上的完全正交基。

对于局部逼近式(3-68)，还需要确定插值节点集[$\boldsymbol{r}_m$, $m=1, 2, \cdots, N_p$]；将插值节点 $\boldsymbol{r}_m$ 代入式(3-68)可得

$$f_\alpha^n(\boldsymbol{r}_m,t)=\sum_{k=1}^{N_p}\hat{f}_\alpha^n(t)\psi_k(\boldsymbol{r}_m) \tag{3-70}$$

显然，式(3-70)也可写成矩阵形式：

$$\boldsymbol{f}_\alpha^n=\boldsymbol{V}\hat{\boldsymbol{f}}_\alpha^n \tag{3-71}$$

式中，$\boldsymbol{f}_\alpha^n$、$\hat{\boldsymbol{f}}_\alpha^n$ 为 f_α^n 和 $\hat{f}_\alpha^n$ 的列矢量形式；$\boldsymbol{V}$ 为广义 Vandermonde 矩阵，其定义为 $V_{ij}=\psi_j(r_i)$。

将节点表示式也写成矩阵形式并代入式(3-71)可得

$$\boldsymbol{V}^{\mathrm{T}}\boldsymbol{l}(\boldsymbol{r})=\boldsymbol{\psi}(\boldsymbol{r}) \tag{3-72}$$

式中，$\boldsymbol{l}(\boldsymbol{r})$、$\boldsymbol{\psi}(\boldsymbol{r})$表示 $l_m(\boldsymbol{r})$和 $\psi_m(\boldsymbol{r})$的列矢量形式。

由式(3-71)可知，$\boldsymbol{V}$ 连接着模 $\hat{\boldsymbol{f}}_\alpha^n$ 和节点值 $\boldsymbol{f}_\alpha^n$，应尽量保证它是良态的；当插值节点给定时，拉格朗日插值基函数存在且唯一；根据求解线性方程组的 Cramer 法则，期望式(3-72)中的行列式值尽可能地大，如果考虑 Lebesgue(勒贝格)常数

$$\mathrm{Leb}=\max_{r}\sum_{m=1}^{N_{\mathrm{p}}}\left|l_m(\boldsymbol{r})\right| \tag{3-73}$$

则有

$$\left\|f_\alpha-f_\alpha^n\right\|_\infty\leqslant\left\|f_\alpha-f_\alpha^*\right\|_\infty+\left\|f_\alpha^*-f_\alpha^n\right\|_\infty\leqslant(1+\mathrm{Leb})\left\|f_\alpha-f_\alpha^*\right\|_\infty \tag{3-74}$$

式中，$\|\cdot\|_\infty$表示最大模范数；f_α^*表示最佳 N 阶逼近多项式。

因此，应找到那些使 Lebesgue 常数最小的插值节点集。

LGL 节点可以满足一维问题的要求，对于二维问题不能直接在三角形单元上使用这些点，因为(a, b)上的张量积会产生$(N+1)^2$ 个点，其中部分点会非对称地分布并集中在三角形单元的一个顶点上，从而导致非常病态的算子，需要构造一个能将坏点映射到好点的函数。首先考虑等边三角形单元边上节点分布，等距节点分布为 $r_i^{\mathrm{e}}=-1+2i/N$，LGL 节点分布为 r_i^{LGL}，通过下列函数建立这两簇节点集的联系：

$$w(r)=\sum_{i=1}^{N+1}\left(r_i^{\mathrm{LGL}}-r_i^{\mathrm{e}}\right)l_i^{\mathrm{e}}(r) \tag{3-75}$$

式中，$l_i^{\mathrm{e}}(r)$表示基于节点集 r_i^{e} 的拉格朗日插值基函数。

在等边三角形单元上可利用重心坐标定义等距网格：

$$\left(\lambda^1,\lambda^2,\lambda^3\right)=\left(\frac{i}{N},1-\frac{i+j}{N},\frac{j}{N}\right) \tag{3-76}$$

类似于等边三角形单元边上的映射，可借助扭曲函数将等边三角形内部节点沿着边的法向混合，对于第一条边(图 3-6 中线段 $\boldsymbol{v}^1\boldsymbol{v}^2$)、第二条边(图 3-6 中线段 $\boldsymbol{v}^2\boldsymbol{v}^3$)和第三条边(图 3-6 中线段 $\boldsymbol{v}^3\boldsymbol{v}^1$)分别有

$$\boldsymbol{w}^1\left(\lambda^1,\lambda^2,\lambda^3\right)=\overline{w}\left(\lambda^3-\lambda^2\right)\begin{bmatrix}1 & 0\end{bmatrix}^{\mathrm{T}} \tag{3-77}$$

$$\boldsymbol{w}^2\left(\lambda^1,\lambda^2,\lambda^3\right)=\frac{1}{2}\overline{w}\left(\lambda^1-\lambda^3\right)\begin{bmatrix}-1 & \sqrt{3}\end{bmatrix}^{\mathrm{T}} \tag{3-78}$$

$$\boldsymbol{w}^3\left(\lambda^1,\lambda^2,\lambda^3\right)=\frac{1}{2}\overline{w}\left(\lambda^2-\lambda^1\right)\begin{bmatrix}-1 & -\sqrt{3}\end{bmatrix}^{\mathrm{T}} \tag{3-79}$$

式中，$\overline{w}(r)$表示扭曲函数，其定义为$\overline{w}(r)=w(r)/(1-r^2)$。

等边三角形网格分布为

$$\boldsymbol{w}\left(\lambda^1,\lambda^2,\lambda^3\right)=4\lambda^2\lambda^3\boldsymbol{w}^1+4\lambda^1\lambda^3\boldsymbol{w}^2+4\lambda^1\lambda^2\boldsymbol{w}^3 \tag{3-80}$$

最后利用映射函数 $\varPsi$ 将等边三角形单元上的网格变换为标准三角形单元上的网格。

Galerkin 格式一般要求试验函数与基函数相同，故取 $\varphi = l_m(\boldsymbol{x})$；将式(3-68)代入式(3-60)积分后化简可得

$$\boldsymbol{M}_{2\mathrm{D}} \frac{\mathrm{d}\boldsymbol{f}_\alpha^n}{\mathrm{d}t} + \boldsymbol{e}_\alpha \cdot \boldsymbol{S}_{2\mathrm{D}} \boldsymbol{f}_\alpha^n + \boldsymbol{R}_{2\mathrm{D}}\left(t, \boldsymbol{f}_\alpha^n\right) = 0 \tag{3-81}$$

式中，$\boldsymbol{M}_{2\mathrm{D}}$ 为二维局部质量矩阵；$\boldsymbol{S}_{2\mathrm{D}}$ 为二维局部刚度矩阵；$\boldsymbol{R}_{2\mathrm{D}}$ 为三角形单元面积分。

三个度量系数的具体表达式分别为

$$M_{2\mathrm{D},ij} = J\int_{\mathbf{IR}} l_i(\boldsymbol{r}) l_j(\boldsymbol{r}) \mathrm{d}\boldsymbol{r} \tag{3-82}$$

$$S_{2\mathrm{D},ij} = J\int_{\mathbf{IR}} \frac{\partial l_j(\boldsymbol{r})}{\partial \boldsymbol{r}} \frac{\partial \boldsymbol{r}}{\partial \boldsymbol{x}} l_i(\boldsymbol{r}) \mathrm{d}\boldsymbol{r} \tag{3-83}$$

$$R_{2\mathrm{D},ij}\left(t, \boldsymbol{f}_\alpha^n\right) = \oint_{\partial\mathbf{IR}} \frac{1}{2}\left(\boldsymbol{n}\cdot\boldsymbol{e}_\alpha - \left|\boldsymbol{n}\cdot\boldsymbol{e}_\alpha\right|\right)\left(f_\alpha^- - f_\alpha^+\right)_j l_i(\boldsymbol{r}) l_j(\boldsymbol{r}) J_\mathrm{s} \mathrm{d}\boldsymbol{r} \tag{3-84}$$

式中，$\partial\mathbf{IR}$ 表示标准三角形单元的边界；J_s 为单元边界变换 Jacobi 行列式。

由式(3-72)求得拉格朗日插值基函数

$$l_i(\boldsymbol{r}) = \sum_{m=1}^{N_\mathrm{p}} (\boldsymbol{V})_{im}^{-1} \psi_m(\boldsymbol{r}) \tag{3-85}$$

将式(3-85)代入式(3-82)可得

$$M_{2\mathrm{D},ij} = J\int_{\mathbf{IR}} \sum_{m=1}^{N_\mathrm{p}} \left(\boldsymbol{V}^\mathrm{T}\right)_{im}^{-1} \psi_m(\boldsymbol{r}) \sum_{n=1}^{N_\mathrm{p}} \left(\boldsymbol{V}^\mathrm{T}\right)_{jn}^{-1} \psi_n(\boldsymbol{r}) \mathrm{d}\boldsymbol{r} = J\sum_{k=1}^{N_\mathrm{p}} \left(\boldsymbol{V}^\mathrm{T}\right)_{ik}^{-1} \left(\boldsymbol{V}^\mathrm{T}\right)_{jk}^{-1} \tag{3-86}$$

式(3-86)最后一步利用了 $\psi_m(\boldsymbol{x})$的正交规范性，因此有

$$\boldsymbol{M}_{2\mathrm{D}} = J\left(\boldsymbol{V}\boldsymbol{V}^\mathrm{T}\right)^{-1} \tag{3-87}$$

为计算二维局部刚度矩阵，需引入如下微分矩阵 $\boldsymbol{D}_r$ 和 $\boldsymbol{D}_s$，其分量定义为

$$D_{r,ij} = \left.\frac{\partial l_j(\boldsymbol{r})}{\partial r}\right|_{r_i}, \quad D_{s,ij} = \left.\frac{\partial l_j(\boldsymbol{r})}{\partial s}\right|_{r_i} \tag{3-88}$$

考虑二维局部质量矩阵 $\boldsymbol{M}_{2\mathrm{D}}$ 与微分矩阵 $\boldsymbol{D}_r$ 的乘积：

$$\left(\boldsymbol{M}_{2\mathrm{D}}\boldsymbol{D}_r\right)_{ij} = \sum_{n=1}^{N_\mathrm{p}} J\int_{\mathbf{IR}} l_i(\boldsymbol{r}) l_n(\boldsymbol{r}) \left.\frac{\partial l_j(\boldsymbol{r})}{\partial r}\right|_{r_n} \mathrm{d}\boldsymbol{r} = J\int_{\mathbf{IR}} l_i(\boldsymbol{r}) \frac{\partial l_j(\boldsymbol{r})}{\partial r} \mathrm{d}\boldsymbol{r} \tag{3-89}$$

式(3-89)最后一步利用了拉格朗日插值多项式的性质。同样可得二维局部质量矩阵 $\boldsymbol{M}_{2\mathrm{D}}$ 与微分矩阵 $\boldsymbol{D}_s$ 的乘积：

$$\left(\boldsymbol{M}_{2\mathrm{D}}\boldsymbol{D}_s\right)_{ij} = J\int_{\mathbf{IR}} l_i(\boldsymbol{r}) \frac{\partial l_j(\boldsymbol{r})}{\partial s} \mathrm{d}\boldsymbol{r} \tag{3-90}$$

将式(3-89)和式(3-90)代入式(3-83)并写成 x 方向和 y 方向的分量：

$$\boldsymbol{S}_{2\mathrm{D},x} = r_x \boldsymbol{M}_{2\mathrm{D}} \boldsymbol{D}_r + s_x \boldsymbol{M}_{2\mathrm{D}} \boldsymbol{D}_s, \quad \boldsymbol{S}_{2\mathrm{D},y} = r_y \boldsymbol{M}_{2\mathrm{D}} \boldsymbol{D}_r + s_y \boldsymbol{M}_{2\mathrm{D}} \boldsymbol{D}_s \tag{3-91}$$

为求解微分矩阵 $\boldsymbol{D}_r$ 和 $\boldsymbol{D}_s$，需再引入如下微分矩阵 $\boldsymbol{V}_r$ 和 $\boldsymbol{V}_s$，其分量定义为

$$V_{r,ij} = \left.\frac{\partial \psi_j(\boldsymbol{r})}{\partial r}\right|_{\boldsymbol{r}_i}, \quad V_{s,ij} = \left.\frac{\partial \psi_j(\boldsymbol{r})}{\partial s}\right|_{\boldsymbol{r}_i} \tag{3-92}$$

将式(3-85)分别对 r 和 s 求偏导数，写成矩阵形式为

$$\boldsymbol{D}_r = \boldsymbol{V}_r \boldsymbol{V}^{-1}, \quad \boldsymbol{D}_s = \boldsymbol{V}_s \boldsymbol{V}^{-1} \tag{3-93}$$

面积分 $\boldsymbol{R}_{2\mathrm{D}}$ 可分为三个单独边分量的和，在 $\boldsymbol{n}\cdot\boldsymbol{e}_\alpha>0$ 时可将其化简为

$$\boldsymbol{R}_{2\mathrm{D}} = \sum_{\mathrm{edge}} \sum_{j=1}^{N+1} J_{\mathrm{s}} \boldsymbol{n}\cdot\boldsymbol{e}_\alpha \left(f_\alpha^- - f_\alpha^+\right)_j \int_{\mathrm{edge}} l_i(\boldsymbol{r}) l_j(\boldsymbol{r}) \mathrm{d}\boldsymbol{r} \tag{3-94}$$

式(3-94)利用了 $J_{\mathrm{s}}\boldsymbol{n}$ 为常数的事实，因为法向量的 r 分量和 s 分量分别为

$$\overline{\boldsymbol{n}}_r = \left(r_x, r_y\right), \quad \overline{\boldsymbol{n}}_s = \left(s_x, s_y\right) \tag{3-95}$$

所以单位法向量 $\boldsymbol{n}$ 的 r 分量和 s 分量分别为

$$\boldsymbol{n}_r = \frac{\overline{\boldsymbol{n}}_r}{\left|\overline{\boldsymbol{n}}_r\right|}, \quad \boldsymbol{n}_s = \frac{\overline{\boldsymbol{n}}_s}{\left|\overline{\boldsymbol{n}}_s\right|} \tag{3-96}$$

单元边界变换 Jacobi 行列式 J_{s} 的 r 分量和 s 分量分别为

$$J_{\mathrm{s}}^r = \left|\left(x_r, y_r\right)\right|, \quad J_{\mathrm{s}}^s = \left|\left(x_s, y_s\right)\right| \tag{3-97}$$

另外，式(3-94)中的边质量矩阵

$$\boldsymbol{M}_{2\mathrm{D}}^{\mathrm{edge}} = \int_{\mathrm{edge}} l_i(\boldsymbol{r}) l_j(\boldsymbol{r}) \mathrm{d}\boldsymbol{r} \tag{3-98}$$

为一个 $N_{\mathrm{p}}\times(N+1)$的满矩阵，由于 $l_i(\boldsymbol{r})$是一个 N 阶多项式，如果 $\boldsymbol{r}_i$ 不落在三角形单元边上，则 $l_i(\boldsymbol{r})$沿此边恒为零，所以边质量矩阵只在那些 $\boldsymbol{r}_i$ 所在的边上非零。边质量矩阵的计算等价于 3.3 节中一维问题局部质量矩阵的计算，这里不再赘述。

对式(3-81)左乘二维局部质量矩阵的逆矩阵，经化简可得

$$\frac{\mathrm{d}\boldsymbol{f}_\alpha^n}{\mathrm{d}t} = -\left(\boldsymbol{M}_{2\mathrm{D}}\right)^{-1}\left[\boldsymbol{e}_\alpha\cdot\boldsymbol{S}_{2\mathrm{D}}\boldsymbol{f}_\alpha^n + \boldsymbol{R}_{2\mathrm{D}}\left(t, \boldsymbol{f}_\alpha^n\right)\right] \tag{3-99}$$

对半离散方程(3-99)的时间推进有多种格式，将在第 5 章对其进行系统的讨论，这里采用经过优化的显式五级 LDDRK 法[75]。

3.4.2　二维间断 Galerkin 格子 Boltzmann 方法数值算例

为了验证二维 DGLBM 的准确性和有效性，本节选取了三个声学算例，分别

为圆柱声散射、人声道系统中浊音的产生与传播以及低雷诺数圆柱绕流的声辐射。为便于数据的统一处理，本节均采用无量纲物理量，故选取参考长度 $L_{\mathrm{ref}}=10^{-6}\mathrm{m}$、参考密度 $\rho_{\mathrm{ref}}=1.2\mathrm{kg/m^3}$ 和参考速度 $u_{\mathrm{ref}}=594.4\mathrm{m/s}$；取标准状态下的动力黏度和绝热声速，其值分别为 $1.825\times10^{-5}\mathrm{kg/(m\cdot s)}$ 和 343.2m/s。

1. 圆柱声散射

一个直径为 $D=50$ 的圆柱放置于坐标原点 $(x,y)=(0,0)$ 处，并设置内部计算域的大小为 $[-5D,8D]\times[-5D,5D]$，如图 3-7 所示，图中 a、b、c 和 d 为监测点，其坐标分别为 $(2D,0)$、$(2D,2D)$、$(0,2D)$ 和 $(-2D,0)$；当只考虑声散射时圆柱表面通常采用镜面反射边界条件，由于空气黏性对短程传播的声波耗散极小，这里将圆柱表面取为无滑移边界条件同样可行，其结果的正确性在后面得到验证；在计算域外围添加厚度为 $2D$ 的吸收层来实现边界的无反射特性，吸收层中的衰减函数 σ 为

$$\sigma=\sigma_{\max}\left(d/d_{\mathrm{PML}}\right)^4 \tag{3-100}$$

式中，$\sigma_{\max}$ 表示最大衰减系数，这里取为 $\sigma_{\max}=0.005$；d 表示 PML 吸收层内点到交界面的距离；d_{PML} 表示 PML 吸收层的厚度。

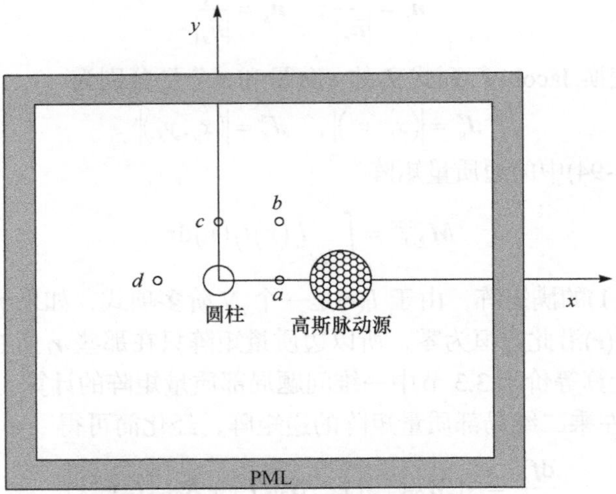

图 3-7　圆柱声散射计算域的几何示意图

由于 PML 吸收层不是本节的重点，所以更多关于无反射边界条件的讨论参见第 6 章。在初始时刻处于静止的流场中放置一个高斯脉动源，其中心位于 $(x,y)=(4D,0)$ 处，即

$$p_{\mathrm{G}}=\beta\exp\left[-\ln(2)\frac{(x-4D)^2+y^2}{(0.2D)^2}\right] \tag{3-101}$$

式中，β 为高斯脉动源的强度，这里设置为 $\beta=10^{-3}$。

计算域的网格如图 3-8 所示，三角形单元总数为 $E=12226$，并在圆柱表面进行局部网格加密，且最小网格单元尺度为 $\|\Delta\boldsymbol{x}\|=0.34$；每个单元内插值多项式的阶数设为 $N=3$，由 3.3 节的谱分析可知能精确求解的波数约为 $k\approx1.2(N+1)/\|\Delta\boldsymbol{x}\|=21.2$，计算时间步长取为 $\Delta t=3.92\times10^{-2}$，且该时间步长可满足低耗散性和稳定性的要求。

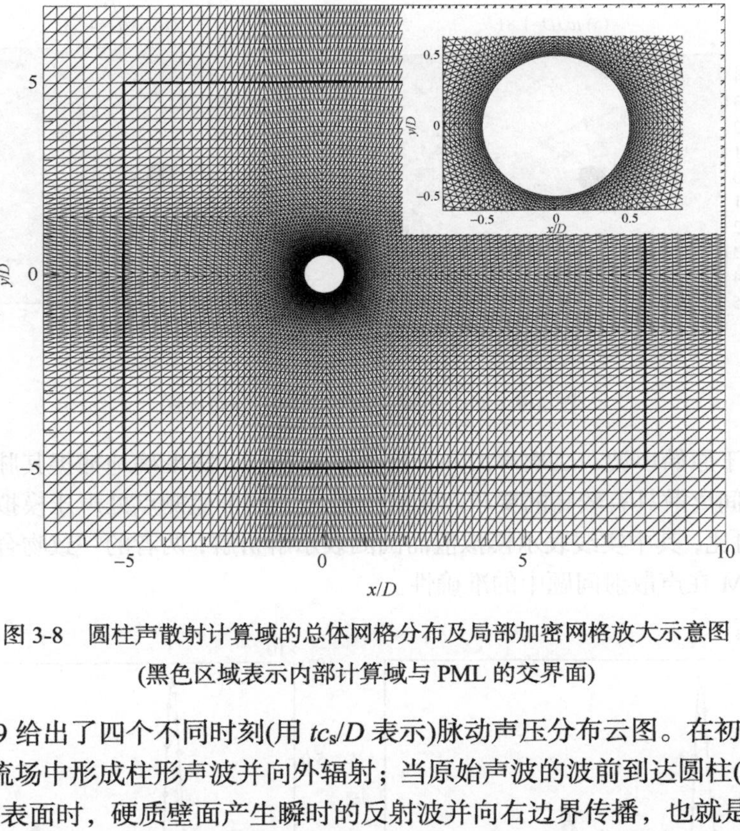

图 3-8　圆柱声散射计算域的总体网格分布及局部加密网格放大示意图
(黑色区域表示内部计算域与 PML 的交界面)

图 3-9 给出了四个不同时刻(用 tc_s/D 表示)脉动声压分布云图。在初始声源的驱动下，流场中形成柱形声波并向外辐射；当原始声波的波前到达圆柱(即图中黑色区域)右表面时，硬质壁面产生瞬时的反射波并向右边界传播，也就是图 3-9(b)所示的二次声波，而其余的原始声波被圆柱分为两部分且依旧向外传播；当这两部分声波的波前在圆柱左侧发生碰撞和混合时，再次向外辐射声波，也就是图 3-9(c)所示的三次声波；最终声场由这三股声波共同组成，如图 3-9(d)所示，它们环绕着圆柱且存在部分重合。

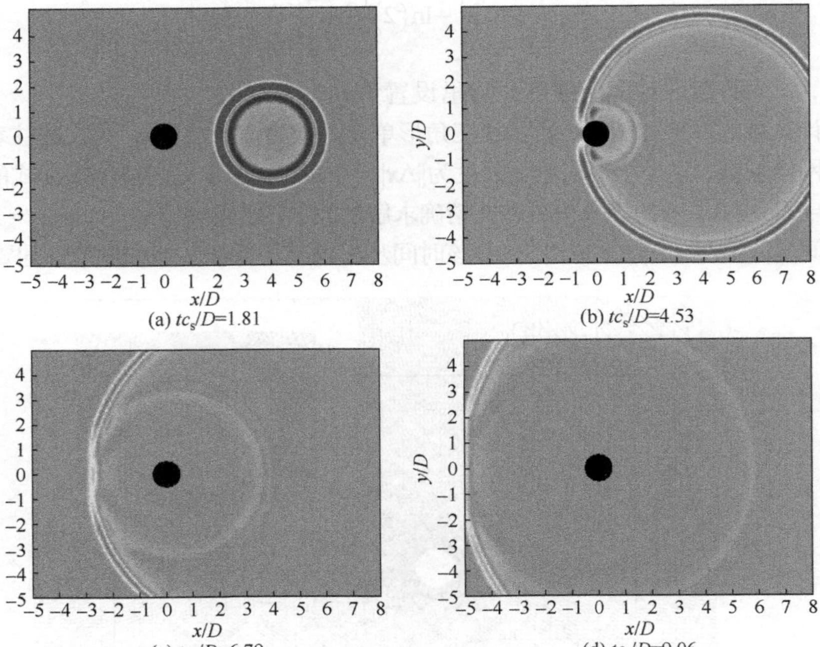

(a) tc_s/D=1.81　(b) tc_s/D=4.53

(c) tc_s/D=6.79　(d) tc_s/D=9.06

图 3-9　四个不同时刻脉动声压分布云图

相对于原始声波，二次声波和三次声波比较弱，故准确地捕捉其脉动声压对空间和时间离散具有较高的要求。图 3-10 给出了四个监测点处声压模拟值与解析解[340]的对比，其中实线表示模拟值而圆圈表示解析解，两者的一致吻合证明了二维 DGLBM 在声散射问题中的准确性。

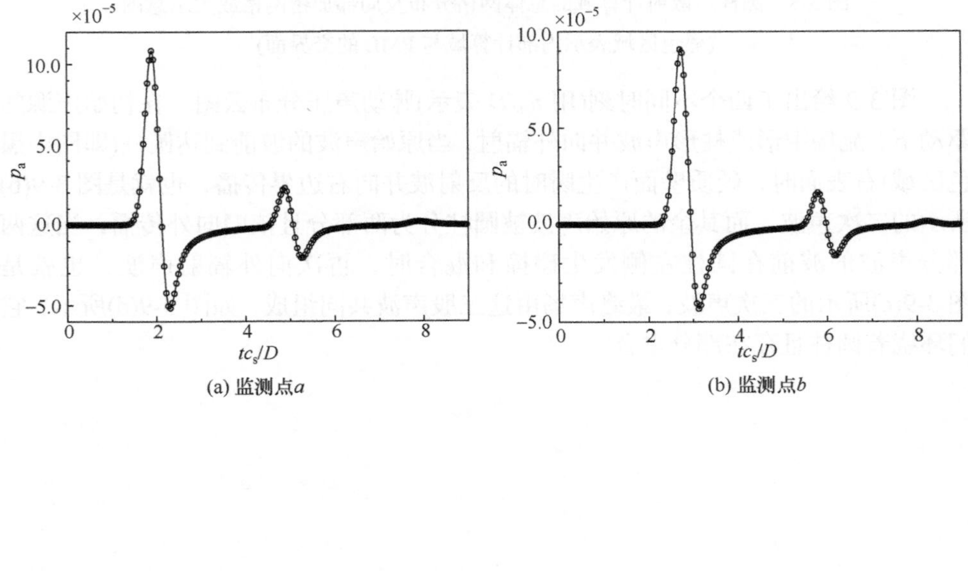

(a) 监测点a　(b) 监测点b

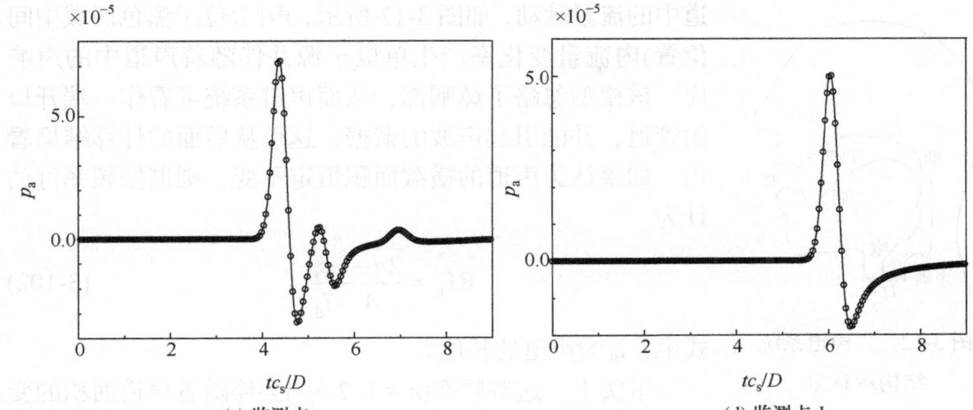

(c) 监测点c　(d) 监测点d

图 3-10　四个不同监测点处脉动声压随时间的变化

为了进一步验证 hp 加密技术对圆柱声散射计算结果的影响，图 3-11 给出了不同三角形单元总数和不同插值多项式阶数下监测点 a 处反射波的脉动声压随时间的变化。当采用 h 加密时，$E \geqslant 6968$ 得到的模拟结果与解析解的误差可忽略不计；当采用 p 加密时，模拟值与解析解的误差随着插值多项式阶数的增加而迅速减小。与 3.3 节的谱分析一致，采用 h 加密和 p 加密均能提高 DGLBM 的高波数分辨率，从而减小波传播过程中幅值和相位误差。

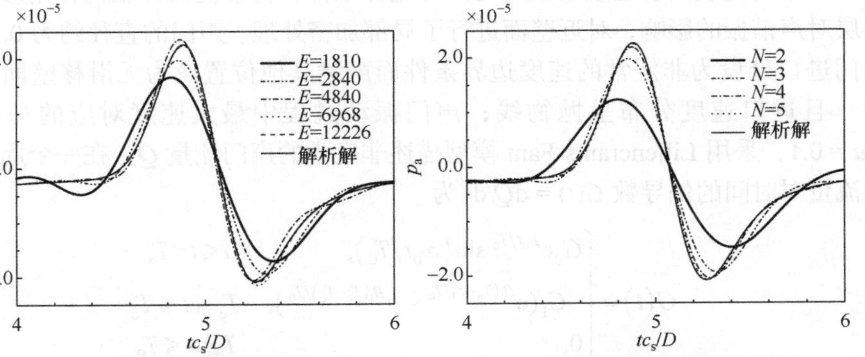

(a) 三角形单元总数变化而插值多项式阶数固定为N=3　(b) 插值多项式阶数变化而三角形单元总数固定为E=2840

图 3-11　hp 加密时监测点 a 处反射波的脉动声压随时间的变化

2. 人声道系统中浊音的产生与传播

为了进一步验证二维 DGLBM 处理具有复杂几何的实际问题的能力，本节研究人声道系统中浊音的产生及传播的生物现象。浊音来自喉部中声襞振动引起声

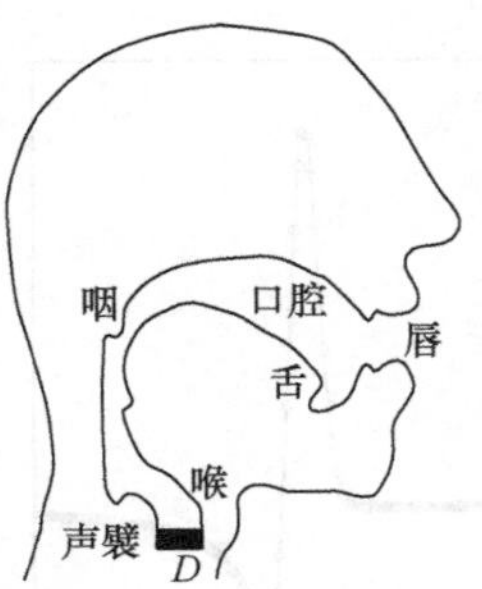

图 3-12　人声道系统结构示意图

道中的流量脉动，如图 3-12 所示，声门(位于黑色区域中间位置)内流量变化率产生单极子源并伴随着声道中的声响应。该模型忽略了鼻咽部，从而声道系统可看作一端开口的管道，并能引起声波的谐振，这可从后面的计算结果看出。如果认为声道的横截面积恒定不变，则谐振频率可估计为

$$\mathrm{RF}_n = \frac{2n-1}{4}\frac{c_s}{l_d} \tag{3-102}$$

式中，l_d为声道的长度。

事实上，这些频率($n = 1, 2, \cdots$)会伴随着声道面积的变化、嘴唇的辐射阻抗和其他耦合效应而移动，并形成浊音的共振频率；声襞的振动和声道的形状对浊音的生成均具有显著的影响，由于振动不在本书研究范畴之内，所以本节采用给定的随时间变化的声门流量变化率代替声襞的振动，并考虑浊音从嘴唇辐射到周围环境的声传播过程。

人声道系统及周围环境组成的计算域网格如图 3-13 所示，图中黑色区域表示内部计算域与 PML 的交界面。取喉管的直径为 $D = 2\times10^4$，其对应喉管的实际尺寸为 2cm，计算域的空间跨度约为 $115D\times100D$；在计算域外围添加厚度为 $10D$ 的 PML 吸收层来实现边界的无反射特性，整体的三角形单元总数为 $E = 80426$；将咽、舌和齿组成的管道壁面设为无滑移边界条件，为捕捉流体黏性作用形成的边界层对声谐振的影响，对近壁面进行了局部加密处理。声门的直径约为 $0.1D$，将声门进口处设为非定常的速度边界条件而声襞其他位置设为无滑移壁面边界条件，且进口速度分布呈抛物线；声门振动过程中最大速度对应的马赫数为 $Ma = 0.1$，采用 Liljencrants-Fant 模型描述非定常的声门流量 Q，在一个周期内声门流量对时间的偏导数 $G(t) = \mathrm{d}Q/\mathrm{d}t$ 为

$$G(t)=\begin{cases} G_0 \mathrm{e}^{\beta_0 t/T_0}\sin(\omega_0 t/T_0), & 0\leqslant t<T_e \\ -G_1(\mathrm{e}^{\beta_1(T_e-t)/T_0}-\mathrm{e}^{\beta_1(T_e-T_c)/T_0}), & T_e\leqslant t\leqslant T_c \\ 0, & T_c<t\leqslant T_0 \end{cases} \tag{3-103}$$

式中，T_0为周期；T_e为最小流量变化率的时刻，这里取 $T_e = 0.6T_0$；T_c为声门关闭时刻，这里取 $T_c = 0.9T_0$；G_0、G_1、β_0、β_1、ω_0为控制流量变化率的其他参数，这里取 $G_0 = -G_e/[\exp(\beta_0 T_e/T_0)\sin(\omega_0 T_e/T_0)]$、$G_1 = G_e/[1-\exp(\beta_0 T_e/T_0-\beta_0 T_c/T_0)]$、$\beta_0 = 8$、$\beta_1 = 20$、$\omega_0 = 5.9631617$，其中 $G_e = 0.8$。

成年男子声门振动的基础频率约为 122Hz，因此可以确定声门流量的周期 T_0，则声门流量及其变化率如图 3-14 所示。

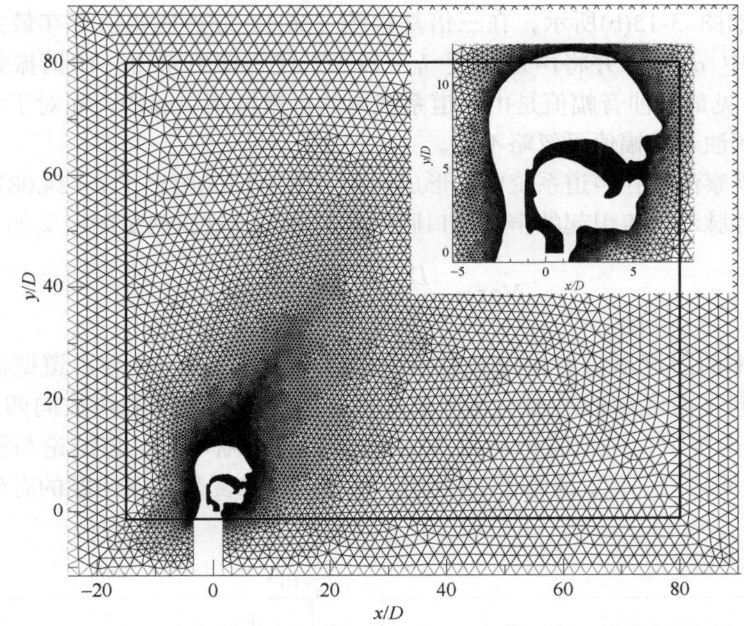

图 3-13　人声道系统计算域的总体网格分布及头部局部加密网格放大示意图

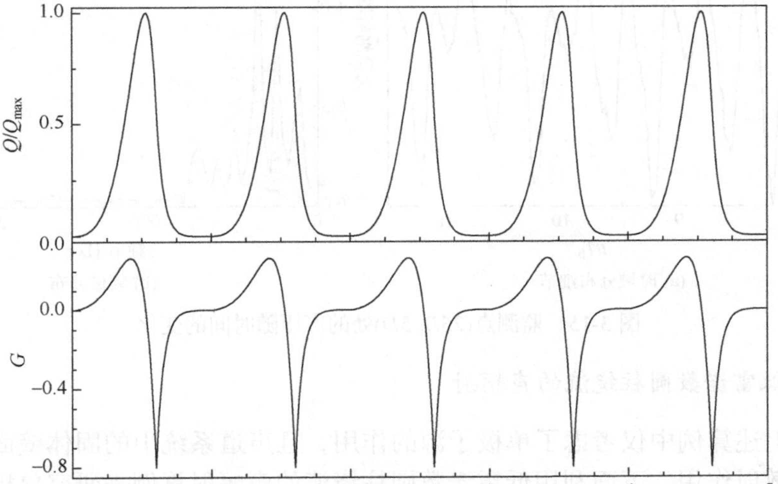

图 3-14　Liljencrants-Fant 模型中流量及流量变化率随时间的变化

取插值多项式的阶数为 $N=3$，当监测点处的压力脉动在连续 50 个周期内稳定时认为计算收敛。图 3-15(a)给出了监测点(25D, 5D)处的声压变化过程细节，浊音传播过程具有显著的周期性；利用加汉明窗函数的快速傅里叶变换可求得其频域特性，如图 3-15(b)所示，在三倍基频约 366Hz 处声压幅值存在最大值；取式 (3-102)中 $n=1$，并将声道长度 $l_{\mathrm{d}}=12.5D$ 代入即可求得一阶谐振频率约为 340Hz，可见最大浊音幅值是由声道系统内的自激振荡引起的，而对于六倍基频以上的倍频浊音的幅值可忽略不计。

为了观察浊音在声道系统内的形成过程，图 3-16(a)给出了 $t=24.08T_0$ 时刻声襞处周期性脉动射流引起的声道及口腔中涡量分布，这里涡量的定义如下：

$$\mathrm{Vor}=\frac{D}{c_{\mathrm{s}}Ma}\left(\frac{\partial u_y}{\partial x}-\frac{\partial u_x}{\partial y}\right) \tag{3-104}$$

从声门出来的射流形成剪切层并卷吸成涡对，这些涡进一步与声道壁面相互作用，而在向下游运动的过程中逐渐被耗散；嘴唇处单极子源声波向四周辐射，如图 3-16(b)所示，一个波长约为 50D 的高频波清晰可见。该结论与浸没边界法[156]得到的结论一致，证明了 DGLBM 在处理二维复杂几何问题的有效性和正确性。

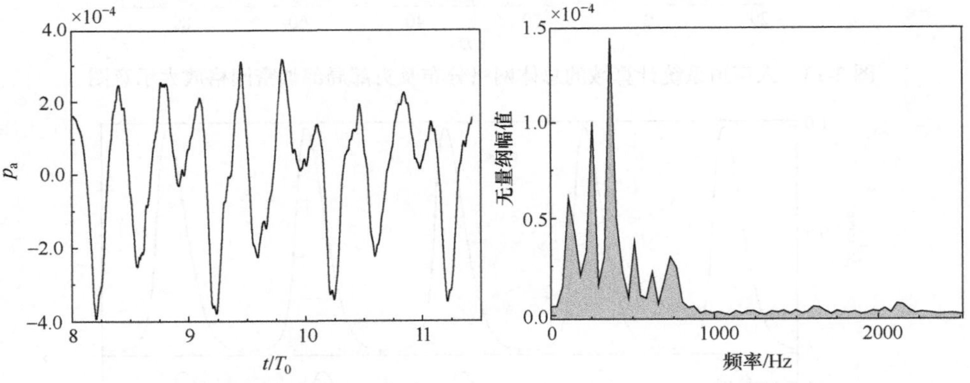

(a) 时域分布细节　　(b) 频域分布

图 3-15　监测点(25D, 5D)处的声压随时间的变化

3. 低雷诺数圆柱绕流的声辐射

在上述算例中仅考虑了单极子源的作用，且声道系统中的固体壁面主要对声波起散射作用。下面利用低雷诺数圆柱绕流的声辐射算例来研究单极子源和偶极子源叠加在一起的共同影响，这时圆柱既是声波的辐射体，也是声波的散射体；工业生产和日常生活中具有圆柱结构的流动问题有很多，如跨海大桥的桥桩和高压输电线等，利用 DGLBM 研究它们的气动噪声可为其减振降噪设计提供指导。

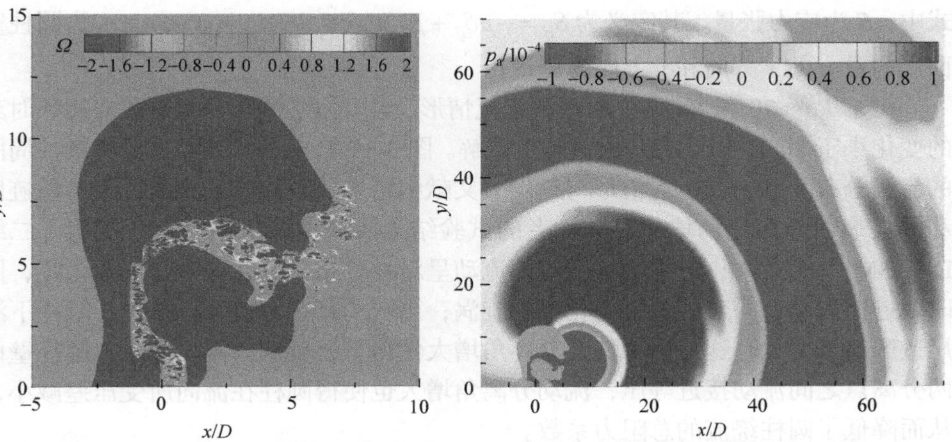

(a) 声襞处射流引起声道及口腔中的瞬时涡量分布　(b) 浊音传播的瞬时声压分布

图 3-16　人声道系统中浊音的产生与传播示意图

在模拟圆柱绕流的声辐射之前，有必要利用圆柱绕流的气动性能来检验网格划分和时间步长选取的合理性。假设无穷远处来流速度为 U，圆柱的直径为 D，则基于这两个特征变量的雷诺数为 $Re = \rho UD/\mu$，而来流马赫数为 $Ma = U/c_s$，未做特殊说明时，以下计算均取 $Ma = 0.1$。众多研究[341-345]表明，随着雷诺数的增大，圆柱绕流的总阻力系数减小；试验观测到圆柱绕流从定常状态转变为非定常状态的临界雷诺数约为 40，因而模拟 $Re = 20$、40、100 和 150 四种情形下的圆柱绕流。

选取内部计算域的大小为$[-20D, 40D]\times[-20D, 20D]$，圆柱位于坐标原点，在内部计算域外添加厚度为 $5D$ 的吸收层，则计算域的设置与图 3-7 相似；采用三角形单元划分计算域，在圆柱壁面附近进行局部加密以捕捉边界层内的流动，所得非结构网格的分布也与图 3-8 相似，为节省空间这里不再重复展示。对应于 $Re = 20$、40、100 和 150 四种雷诺数下的网格单元总数分别为 $E = 16736$、21036、28660 和 39544，在每个单元内采用三阶插值多项式；推进时间步长可满足低耗散和稳定性的要求，初始条件取为圆柱绕流的势流，虽然这种初始条件具有简单易实施的优点，但其会造成初始阶段阻力系数的误差，详细的讨论参见 5.4.2 节。

为表征圆柱绕流的动力学特征，这里定义其阻力系数和升力系数分别为

$$C_\mathrm{d} = \frac{2}{\rho U^2 D}\oint(\boldsymbol{S}\cdot\boldsymbol{n})\cdot n_x \mathrm{d}l \tag{3-105}$$

$$C_\mathrm{l} = \frac{2}{\rho U^2 D}\oint(\boldsymbol{S}\cdot\boldsymbol{n})\cdot n_y \mathrm{d}l \tag{3-106}$$

式中，$\boldsymbol{S}$ 为应力张量，其定义为 $S_{ij}=-p\delta_{ij}+\mu(\partial u_i/\partial x_j+\partial u_j/\partial x_i)$；$n_x$、$n_y$ 为圆柱壁面法向量 $\boldsymbol{n}$ 的 x 方向和 y 方向的分量。

对于 $Re=20$ 和 $Re=40$ 的圆柱绕流情形，当阻力系数和升力系数在相邻时刻的变化小于 10^{-4}时，认为其收敛到定常解。图 3-17 给出了本节计算所得圆柱周围的流线分布及 $Re=40$ 的情形与已发表文献中结果的对比，可见圆柱下游尾迹区和圆柱表面分离流动均与其他学者的试验结果和模拟结果相一致，说明了二维 DGLBM 的有效性；定常圆柱绕流的流动呈对称分布，这使得升力系数为零，同时尾迹区内部有一对旋转方向相反的旋涡；当 Re 从 20 增大到 40 时，圆柱下游尾迹区显著变大，这是因为流动分离角增大使得下游旋涡的宽度增大；圆柱壁面两分离点之间流动接近等压，流动分离角增大也使得圆柱在流向所受压差减小，从而降低了圆柱绕流的总阻力系数。

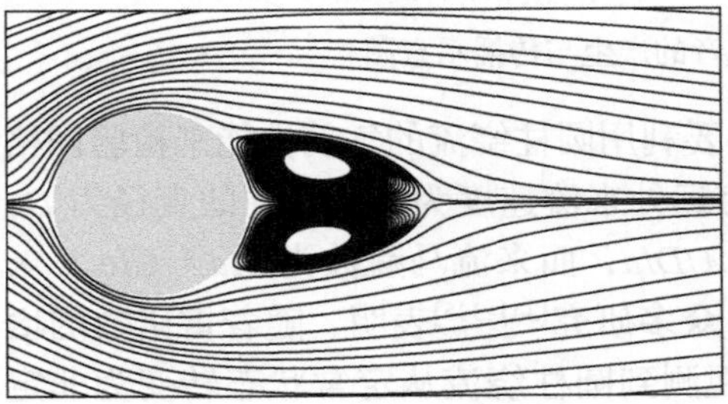

(a) 计算所得Re=20的情形

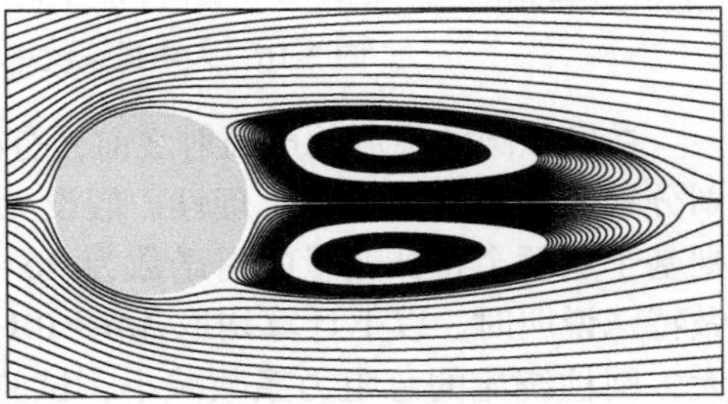

(b) 计算所得Re=40的情形

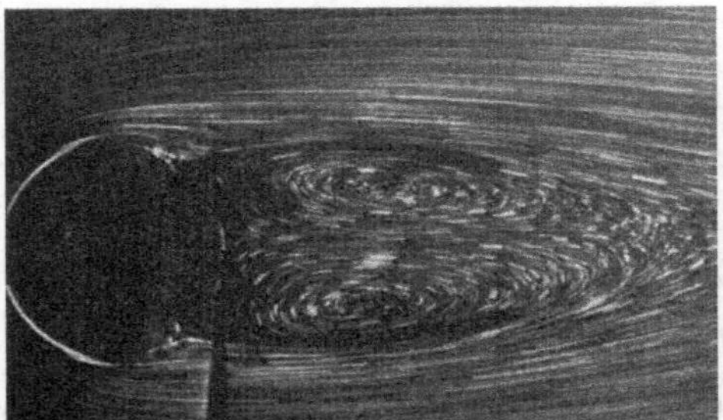

(c) Re=40的Contanceau等的试验结果[341]

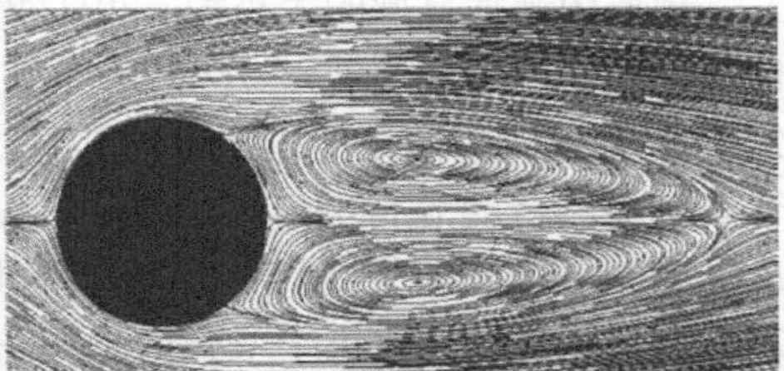

(d) Re=40的Li等的模拟结果[346]

图 3-17　定常圆柱绕流的流线分布

表 3-1 中的具体数据得到验证，雷诺数是引起圆柱绕流动力学特征显著变化的必要条件；对比阻力系数 C_{d}、流动分离角 θ 和尾迹长度 W 可以发现本节计算结果与已发表文献中结果的一致性，从而进一步验证了二维 DGLBM 在定常圆柱绕流中的准确性。

表 3-1　本节计算所得定常圆柱绕流结果与已发表文献中数据的对比

Re	数据来源	C_d	θ①/(°)	W②/D
20	Contanceau 等[341]		44.8	0.93
	He 等[342]	2.152	42.96	0.921
	Nieuwstadt 等[343]	2.053	43.37	0.893
	本节	2.072	43.59	0.927
40	Contanceau 等[341]		53.5	2.13
	He 等[342]	1.55	53.34	2.245
	Nieuwstadt 等[343]	1.499	52.84	2.179
	本节	1.544	52.67	2.256

注：① θ为流动分离对应的角度；②W 为圆柱绕流的尾迹长度。

当 $Re = 100$ 时，圆柱绕流已经从定常状态转变为非定常状态，当升力系数和阻力系数呈现周期性变化时，认为圆柱绕流收敛到非定常解，如图 3-18 所示；一个周期内升力变化一次而阻力变化两次，且升力变化的幅值远大于阻力变化的幅值，由此可以推断圆柱绕流的辐射声压在垂直于来流方向上较强而平行于来流方向上较弱，具有明显的指向性；将本节计算所得升力系数、阻力系数和 Strouhal 数 $St = fD/U$ 与其他学者的计算结果[344,345]进行对比，如表 3-2 所示，可以发现三者间的误差在容许范围之内，从而证明了二维 DGLBM 在非定常圆柱绕流中的准确性。

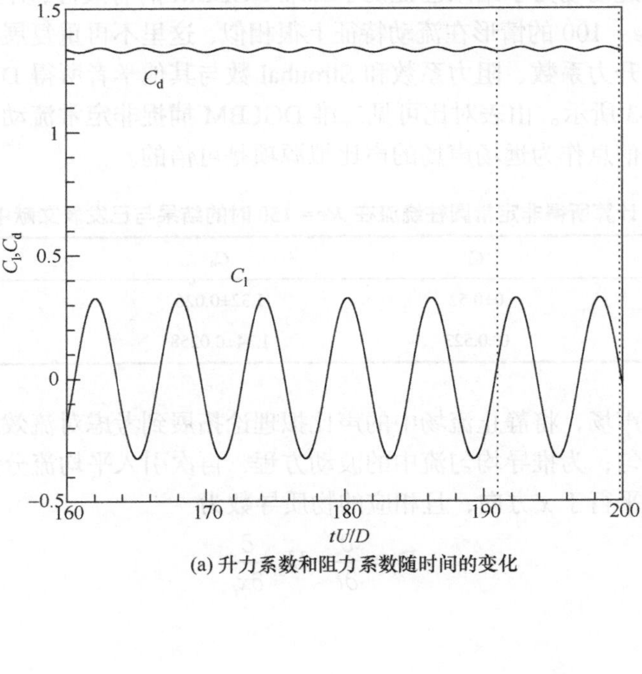

(a) 升力系数和阻力系数随时间的变化

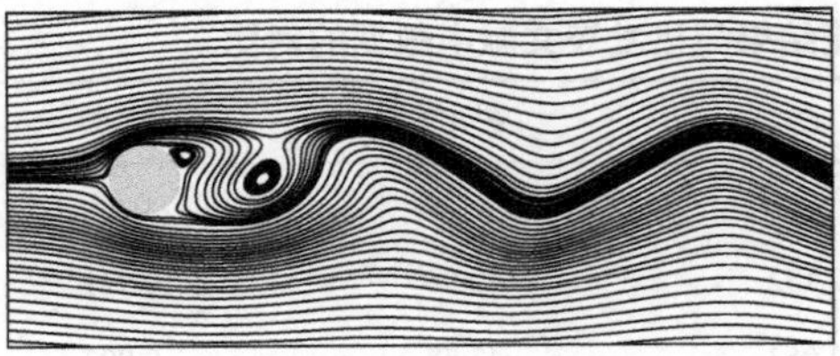
(b) 左侧虚线对应时刻的流线分布

(c) 右侧虚线对应时刻的流线分布

图 3-18　圆柱绕流在 $Re = 100$ 时的流动特征

表 3-2　本节计算所得非定常圆柱绕流在 $Re = 100$ 时的结果与已发表文献中数据的对比

数据来源	C_l	C_d	St
Braza 等[344]	0±0.3	1.28	0.16
Shi 等[345]	0±0.32	1.29	0.161
本节	0±0.327	1.33	0.162

选取两个阻力系数相同但升力系数互为相反数的时刻绘制流线，如图 3-18 所示。非定常流动产生了尾迹区的卡门涡街，从圆柱的顶部和底部交替地产生脱落涡，而这两个部位的脱落涡在流向上具有相同的效果，使得阻力变化的频率为升力变化的两倍；旋涡从圆柱表面产生后在向下游发展的过程中先增大再消亡，从而涡脱落的频率即辐射声的频率，由于流动的马赫数很低，四极子源的作用非常微弱，所以辐射声源主要为圆柱表面压力在时间和空间上的变化。

由于上述近场动力学结果已证明了二维 DGLBM 的有效性，并且 $Re = 150$ 的圆柱绕流与 $Re = 100$ 的情形在流动特征上很相似，这里不再重复展示而直接给出本节计算所得升力系数、阻力系数和 Strouhal 数与其他学者所得 DNS 结果[347]的对比，如表 3-3 所示。由表对比可见二维 DGLBM 捕捉非定常流动的脉动已足够精确，其近场信息作为远场声场的声比拟源项是可信的。

表 3-3　本节计算所得非定常圆柱绕流在 $Re = 150$ 时的结果与已发表文献中数据的对比

数据来源	C_l	C_d	St
Inoue 等[347]	0±0.52	1.32±0.026	0.183
本节	0±0.523	1.34±0.0258	0.182

对于远场声场，将静止流场中的声比拟理论拓展到考虑对流效应的情形，这里假设流动均匀；为推导均匀流中的波动方程，再次引入平均流分量$[\rho_0, \boldsymbol{U}_0]$，这里假设均匀流平行于 x 方向，且相应的物质导数为

$$\mathrm{D}_t = \frac{\partial}{\partial t} + U_{0i}\frac{\partial}{\partial x_i} \tag{3-107}$$

进一步假设近场的边界由控制方程 $g(\boldsymbol{y})=0$ 来描述，且不考虑边界随时间变化；引入 Heaviside 广义函数 $H(g)$到算子 $\mathrm{D}_t[\rho' H(g)]$，并代入连续方程(2-38)化简可得

$$\mathrm{D}_t\left[\rho' H(g)\right]+\frac{\partial\left(\rho u_i'\right)}{\partial x_i}=\left(\rho' U_{0i}+\rho u_i'\right)\frac{\partial H(g)}{\partial x_i} \tag{3-108}$$

再将 $H(g)$引入算子 $\mathrm{D}_t[\rho u_i' H(g)]$中并将该算子代入动量方程(2-39)化简可得

$$\mathrm{D}_t\left[\rho u_i' H(g)\right]+c_{\mathrm{s}}^2\frac{\partial\left[\rho' H(g)\right]}{\partial x_i}=-\frac{\partial\left[L_{ij}H(g)\right]}{\partial x_j}+\left(\rho u_i' U_{0j}+L_{ij}+c_{\mathrm{s}}^2\rho'\delta_{ij}\right)\frac{\partial H(g)}{\partial x_j} \tag{3-109}$$

式中，L_{ij}表示 Lighthill 应力张量。

对式(3-108)两侧进行物质导数(3-107)，再对式(3-109)两侧求梯度，将两者所得方程相减并化简可得

$$\left\{\mathrm{D}_{tt}^2-c_{\mathrm{s}}^2\right\}\left[\rho' H(g)\right]=\frac{\partial^2\left[L_{ij}H(g)\right]}{\partial x_i\partial x_j}+\frac{\partial\left[F_i\delta(g)\right]}{\partial x_i}+\frac{\partial\left[Q\delta(g)\right]}{\partial t} \tag{3-110}$$

式中，$\delta(g)$为 Dirac 函数，其定义为 $\delta(g)=\partial H(g)/\partial g$；$F_i$、$Q$ 表示偶极子源项和单极子源项，其定义分别为 $F_i=-[\rho(u_i'-U_{0i})u_j+\rho_0 U_{0i}U_{0j}+p\delta_{ij}-\tau_{ij}]\partial g/\partial x_i$ 和 $Q=(\rho u_i-\rho_0 U_{0i})\partial g/\partial x_i$。

对时域的波动方程(3-110)采用傅里叶变换(1-6)，得到频域的波动方程为

$$\left(\frac{\partial^2}{\partial x_i^2}+k^2-2\mathrm{i}Ma_i k\frac{\partial}{\partial x_i}-Ma_i Ma_j\frac{\partial^2}{\partial x_i\partial x_j}\right)\left[c_{\mathrm{s}}^2\rho'(\boldsymbol{x},\omega)H(g)\right]$$
$$=-\frac{\partial^2\left[L_{ij}(\boldsymbol{x},\omega)H(g)\right]}{\partial x_i\partial x_j}-\frac{\partial\left[F_i(\boldsymbol{x},\omega)\delta(g)\right]}{\partial x_i}-\mathrm{i}\omega Q(\boldsymbol{x},\omega)\delta(g) \tag{3-111}$$

对于自由空间的声辐射，求解方程(3-111)对应的 Green 函数只需满足无穷远处的辐射边界条件；借助普朗特-格劳特变换，可获得二维自由空间的 Helmholtz 方程，从而求得频域方程(3-111)的 Green 函数如下：

$$G(\boldsymbol{x}\mid\boldsymbol{y},\omega)=\frac{\mathrm{i}}{4\beta}\exp\left[\frac{\mathrm{i}Mak\left(x_1-y_1\right)}{\beta^2}\right]\mathrm{H}_0^{(2)}\left(\frac{kr_\beta}{\beta^2}\right) \tag{3-112}$$

式中，β 为普朗特-格劳特因子，其定义为 $\beta^2=1-Ma^2$；$\mathrm{H}_0^{(2)}$ 为第二类零阶 Hankel 函数。

假设远场处声波为小扰动，则有式 $p_a(\boldsymbol{x}, \omega) = c_s^2\rho'(\boldsymbol{x}, \omega)$成立，利用上述 Green 函数可以直接求出方程(3-111)的解为

$$p_a(\boldsymbol{x},\omega)H(g) = -\frac{\partial\left[F_i(\boldsymbol{x},\omega)\delta(g)\right]}{\partial x_i} * G - \frac{\partial^2\left[L_{ij}(\boldsymbol{x},\omega)H(g)\right]}{\partial x_i \partial x_j} * G - \mathrm{i}\omega Q(\boldsymbol{x},\omega)\delta(g) * G \tag{3-113}$$

式中，符号“*”表示卷积。

利用如下近场和远场梯度关系式：

$$\frac{\partial G}{\partial x_i} + \frac{\partial G}{\partial y_i} = 0 \tag{3-114}$$

可将式(3-113)写成如下形式：

$$p_a(\boldsymbol{x},\omega)H(g) = -\iint_{g>0} L_{ij}\frac{\partial^2 G}{\partial y_i \partial y_j}\mathrm{d}\boldsymbol{y} + \int_{g=0} F_i \frac{\partial G}{\partial y_i}\mathrm{d}\boldsymbol{y} - \int_{g=0} \mathrm{i}\omega Q G \mathrm{d}\boldsymbol{y} \tag{3-115}$$

式(3-115)中等号右侧第一项表示四极子源的贡献，其表征了湍流脉动对声波辐射的影响；在近场区域强烈的湍流、复杂的涡系及其他非线性效应增大了描述四极子源的难度，当人为地将积分边界选取得足够大时，四极子源的作用部分被纳入到单极子源和偶极子源中，故可以忽略式(3-115)中的多重积分。

在获取单极子源和偶极子源的信息时利用 FFT，为减少变换造成的能量泄漏，本节添加汉宁窗函数；为防止小样本数造成的栏栅效应和幅值偏低现象，这里选取变换样本数为 2^{15}。对于平面内的声波辐射，随着监测点与声源的距离增大，辐射声压降低，如图 3-19 所示。图中 r 表示监测点到圆柱中心的距离，辐射声压的包络线所满足的函数关系为声波传播距离平方根的反比，这与经典声学理论相吻

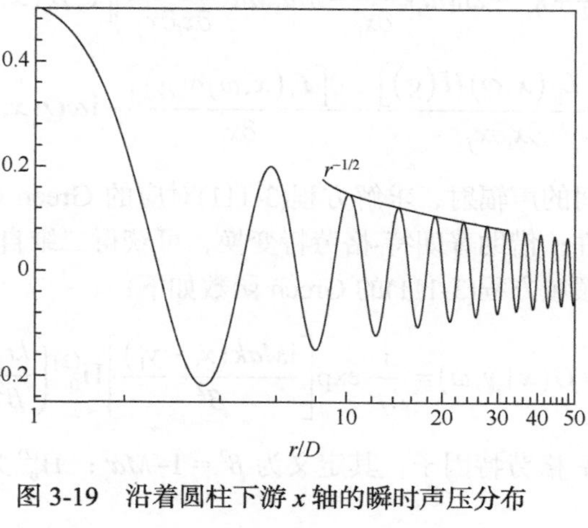

图 3-19　沿着圆柱下游 x 轴的瞬时声压分布

合；由于本节中声源的空间尺度相对于波长较小其属于紧凑源，当采用 Fraunhofer 近似计算监测点与声源的距离时会造成声源附近声压的误差，另外近场的非线性作用也不符合小扰动假设。

由式(3-115)可知，单极子源不仅描述了流体质量的变化，还表征了流体的膨胀和压缩；偶极子源不仅描述了流体动量的变化，还表征了压力脉动的增强和减弱；单极子源和偶极子源均反映了流体与固体边界的相互作用，显然圆柱表面存在这两种形式的声源。图 3-20 给出了圆柱绕流在 $Re = 150$ 时的远场声压分布，取声场计算域的边长为 $200D$；单极子源以同心圆的形式向外辐射声波，与声源距离相等处的声压值相同且声压随着距离增大而减小；偶极子源以扇形

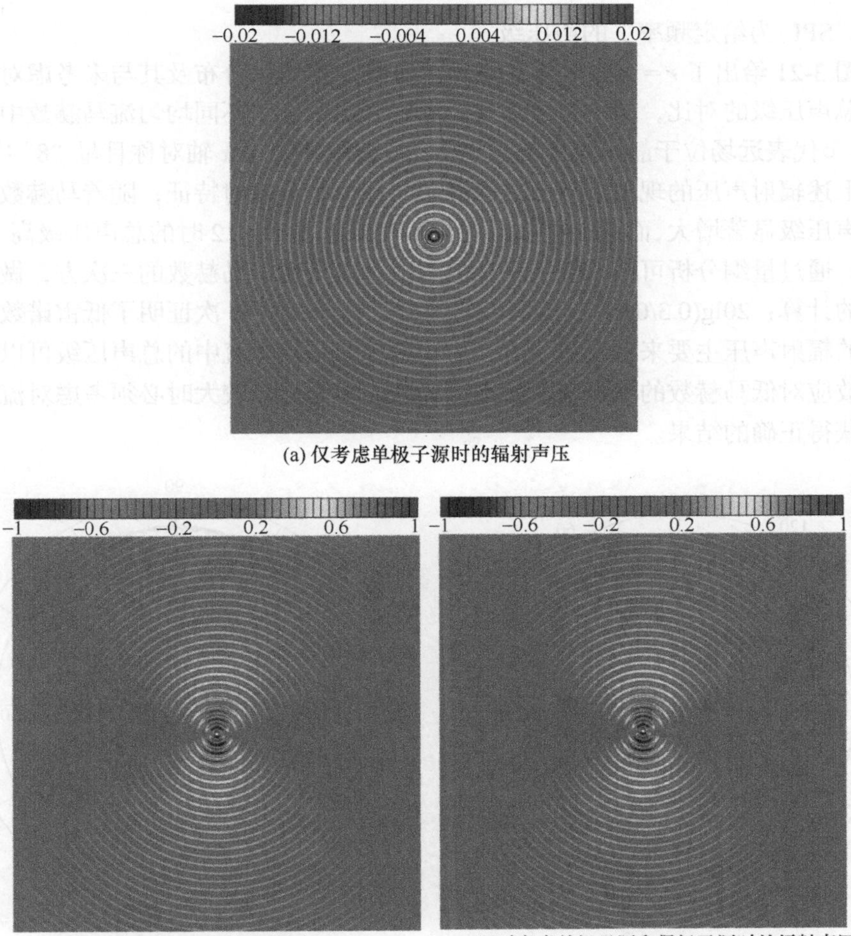

(a) 仅考虑单极子源时的辐射声压

(b) 仅考虑偶极子源时的辐射声压　　(c) 同时考虑单极子源和偶极子源时的辐射声压

图 3-20　圆柱绕流在 $Re = 150$ 时的辐射声压分布

向外辐射声波，在垂直于来流方向上的声压值最大而平行于来流方向上的声压值最小，这是由升力系数脉动值较大而阻力系数脉动值较小造成的；通过对比三种图例可以发现偶极子源是总辐射声压的主要组成部分，而单极子源的贡献很微弱。

为了考察对流效应对圆柱绕流辐射声场的影响，本节还模拟了另外三种马赫数即 $Ma=0.01$、$Ma=0.2$ 和 $Ma=0.3$ 下的均匀流情形。由于不同频率下的辐射声压级可能不相等，所以定义如下的总声压级为

$$\mathrm{OASPL}=10\lg\left(\sum_i 10^{\mathrm{SPL}_i/10}\right) \tag{3-116}$$

式中，SPL_i 为给定频率下的声压级。

图 3-21 给出了 $r=50D$ 处三种马赫数下的总声压级分布及其与未考虑对流效应的总声压级的对比，图中符号意义：—代表远场位于不同均匀流马赫数中的模拟值，○代表远场位于静止流中的模拟值；总体分布关于 x 轴对称且呈“8”字形，这与上述辐射声压的现象一致，具有典型的偶极子源辐射特征；随着马赫数的增大总声压级显著增大，而 $Ma=0.3$ 时的总声压级比 $Ma=0.2$ 时的总声压级高 10dB 左右；通过量纲分析可知，偶极子源的辐射声压正比于马赫数的三次方，做一个简单的计算：$20\lg(0.3/0.2)^3=10.57\text{dB}$，两者不谋而合再一次证明了低雷诺数圆柱绕流的辐射声压主要来自偶极子源。对比均匀流和静止流中的总声压级可以发现对流效应对低马赫数的噪声辐射没有影响，而当马赫数较大时必须考虑对流效应才能获得正确的结果。

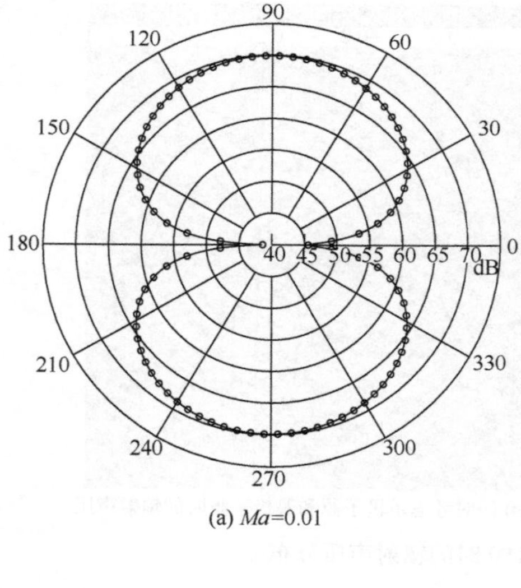

(a) Ma=0.01

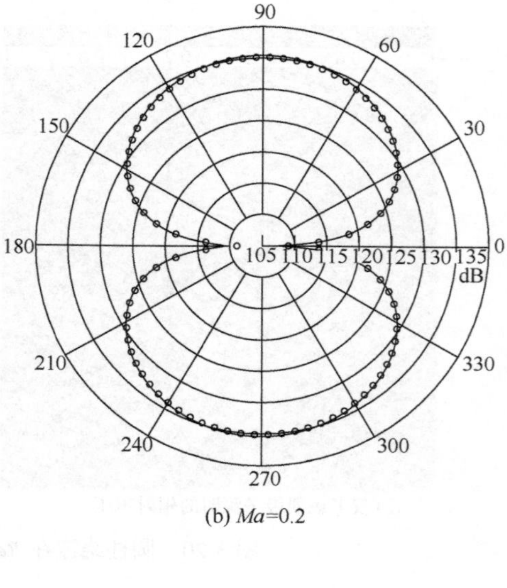

(b) Ma=0.2

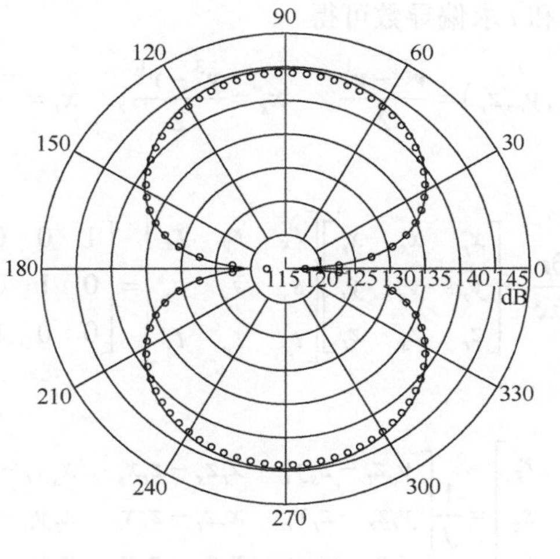

(c) Ma=0.3

图 3-21　不同均匀流马赫数下圆柱绕流在 $Re = 150$ 时的总声压级指向性分布

3.5　三维间断 Galerkin 格子 Boltzmann 方法

3.5.1　三维多项式基函数、插值节点和量度系数

在二维 DGLBM 的基础上，可以直接将 DGM 运用到纯对流方程(3-44)的三维问题中。三维 DGLBM 与二维 DGLBM 的基本离散方程具有很多相似之处，如 DGM 强形式(3-60)和局部逼近多项式(3-63)，因此本节不再赘述，而将更注重三维 DGLBM 所需的额外细节。

三维 DGLBM 的计算域通常由互不重叠且相互连接的四面体单元组成，即 $\Omega = \oplus\Omega_n$，故局部逼近展开式的项数 N_{p} 与插值多项式的阶数 N 的关系为 $6N_{\mathrm{p}} = (N+1)(N+2)(N+3)$。如图 3-22 所示，采用映射函数 Ψ 建立计算单元内节点 $\boldsymbol{x}\in\Omega_n$ 和参考单元内节点 $\boldsymbol{r}\in\mathbf{IR} = \{(r, s, t)|r, s, t \geqslant -1; r+s+t \leqslant -1\}$ 的连接关系，则

$$\boldsymbol{x} = \Psi(\boldsymbol{r}) = \lambda^3\boldsymbol{v}^1 + \lambda^4\boldsymbol{v}^2 + \lambda^2\boldsymbol{v}^3 + \lambda^1\boldsymbol{v}^4 \tag{3-117}$$

式中，$\boldsymbol{v}^1$、$\boldsymbol{v}^2$、$\boldsymbol{v}^3$、$\boldsymbol{v}^4$ 表示四面体单元内按逆时针排列的节点；λ^1、λ^2、λ^3、λ^4 表示四面体的重心坐标。

因此，第一、第二、第三和第四个面分别为 $\boldsymbol{v}^1\to\boldsymbol{v}^2\to\boldsymbol{v}^3$、$\boldsymbol{v}^1\to\boldsymbol{v}^2\to\boldsymbol{v}^4$、$\boldsymbol{v}^2\to\boldsymbol{v}^3\to\boldsymbol{v}^4$ 和 $\boldsymbol{v}^1\to\boldsymbol{v}^3\to\boldsymbol{v}^4$，且四面体的重心为

$$\left(\lambda^1,\lambda^2,\lambda^3,\lambda^4\right) = \left(\frac{t+1}{2},\frac{s+1}{2},-\frac{r+s+t+1}{2},\frac{r+1}{2}\right) \tag{3-118}$$

将 $\boldsymbol{x}$ 分别对 r、s 和 t 求偏导数可得

$$\boldsymbol{x}_r=\left(x_r,y_r,z_r\right)=\frac{\boldsymbol{v}^2-\boldsymbol{v}^1}{2},\quad \boldsymbol{x}_s=\frac{\boldsymbol{v}^3-\boldsymbol{v}^1}{2},\quad \boldsymbol{x}_t=\frac{\boldsymbol{v}^4-\boldsymbol{v}^1}{2} \tag{3-119}$$

由恒等式

$$\frac{\partial \boldsymbol{x}}{\partial \boldsymbol{r}}\frac{\partial \boldsymbol{r}}{\partial \boldsymbol{x}}=\begin{bmatrix} x_r & x_s & x_t \\ y_r & y_s & y_t \\ z_r & z_s & z_t \end{bmatrix}\begin{bmatrix} r_x & r_y & r_z \\ s_x & s_y & s_z \\ t_x & t_y & t_z \end{bmatrix}=\begin{bmatrix} 1 & 0 & 0 \\ 0 & 1 & 0 \\ 0 & 0 & 1 \end{bmatrix} \tag{3-120}$$

可得

$$\begin{bmatrix} r_x & r_y & r_z \\ s_x & s_y & s_z \\ t_x & t_y & t_z \end{bmatrix}=\frac{1}{J}\begin{bmatrix} y_s z_t - z_s y_t & x_t z_s - z_t x_s & x_s y_t - y_s x_t \\ y_t z_r - z_t y_r & x_r z_t - z_r x_t & x_t y_r - y_t x_r \\ y_r z_s - z_r y_s & x_s z_r - z_s x_r & x_r y_s - y_r x_s \end{bmatrix} \tag{3-121}$$

式中，J 为三维几何变换产生的 Jacobi 行列式。

J 的定义为

$$J=x_r\left(y_s z_t - z_s y_t\right)-y_r\left(x_s z_t - z_s x_t\right)+z_r\left(x_s y_t - y_s x_t\right) \tag{3-122}$$

由于 $\boldsymbol{x}$ 是 $\boldsymbol{r}$ 的线性函数，所以 Jacobi 行列式为常数。

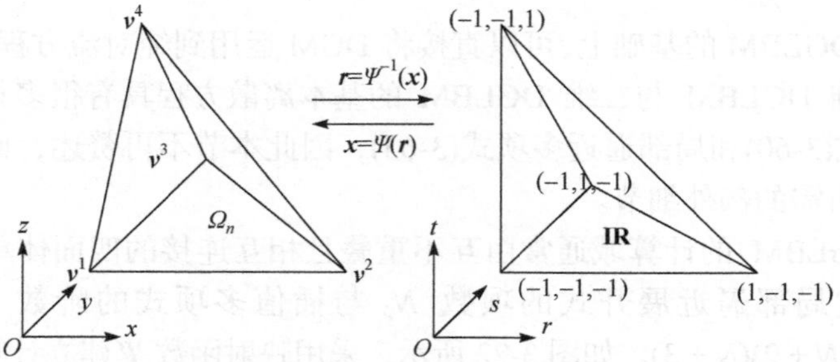

图 3-22　一般四面体单元和标准四面体单元之间的映射

三维情形下的模展开基函数也可由 Gram-Schmidt 过程正交规范化获得

$$\psi_m\left(\boldsymbol{r}\right)=\sqrt{8}P_i^{(0,0)}\left(a\right)P_j^{(2i+1,0)}\left(b\right)\left(1-b\right)^i P_k^{(2i+2j+2,0)}\left(c\right)\left(1-c\right)^{i+j} \tag{3-123}$$

$$a=-2\frac{1+r}{s+t}-1,\quad b=2\frac{1+s}{1-t}-1,\quad c=t \tag{3-124}$$

$$m=1+\frac{N\left(N-i\right)}{2}+\left(N+1\right)\left(2i+j\right)+k-i^2-ij-\frac{j^2-j}{2}+\frac{i^3-i}{6} \tag{3-125}$$

式中，m 表示基函数序列，且$(i, j, k)\geqslant 0$，$i+j+k\leqslant N$。

由 Jacobi 多项式的性质易证三维模基函数 $\psi_m(\boldsymbol{r})$为$[-1, 1]$上的完全正交基。与

二维情形类似，需要找到使 Lebesgue 常数最小的插值节点集$\{\boldsymbol{r}_m, m=1,2,\cdots,N_{\mathrm{p}}\}$；然而不能直接在四面体单元上使用 LGL 节点，因为(a,b,c)上的张量积会产生$(N+1)^3$个点，其中部分点会非对称地分布并集中在四面体单元的一个顶点上，从而导致非常病态的算子，所以需要构造一个能将坏点映射到好点的函数。

首先考虑正四面体单元面上的节点分布，由于每个面均是一个正三角形，所以正四面体面上的节点分布可直接应用二维情形时正三角形的节点分布。然后将对正三角形构造的变换沿着面上垂直的两个向量混合进正四面体内部，则四个面对应的向量扭曲函数$\boldsymbol{g}^n(n=1,2,3,4)$分别为

$$\boldsymbol{g}^1\left(\lambda^1,\lambda^2,\lambda^3,\lambda^4\right)=\sum_{n=1}^{2}\boldsymbol{w}_n\left(\lambda^2,\lambda^3,\lambda^4\right)\boldsymbol{t}^{1,n} \tag{3-126}$$

$$\boldsymbol{g}^2\left(\lambda^1,\lambda^2,\lambda^3,\lambda^4\right)=\sum_{n=1}^{2}\boldsymbol{w}_n\left(\lambda^1,\lambda^3,\lambda^4\right)\boldsymbol{t}^{2,n} \tag{3-127}$$

$$\boldsymbol{g}^3\left(\lambda^1,\lambda^2,\lambda^3,\lambda^4\right)=\sum_{n=1}^{2}\boldsymbol{w}_n\left(\lambda^1,\lambda^4,\lambda^2\right)\boldsymbol{t}^{3,n} \tag{3-128}$$

$$\boldsymbol{g}^4\left(\lambda^1,\lambda^2,\lambda^3,\lambda^4\right)=\sum_{n=1}^{2}\boldsymbol{w}_n\left(\lambda^1,\lambda^3,\lambda^2\right)\boldsymbol{t}^{4,n} \tag{3-129}$$

式中，$\boldsymbol{w}_n$为正三角形变换的扭曲函数(3-80)的两个分量；$\boldsymbol{t}^{1,n}$、$\boldsymbol{t}^{2,n}$、$\boldsymbol{t}^{3,n}$、$\boldsymbol{t}^{4,n}$为正四面体的四个面所在的平面上形成垂直轴的两个分量。

正四面体网格分布为

$$\boldsymbol{g}\left(\lambda^1,\lambda^2,\lambda^3,\lambda^4\right)=\sum_{n=1}^{4}b^n\boldsymbol{g}^n \tag{3-130}$$

式中，b^n为面混合函数。

第 n 个标量面混合函数给定为

$$b^n=\prod_{k\neq n}\frac{2\lambda^k}{2\lambda^k+\lambda^n} \tag{3-131}$$

最后利用映射函数 $\varPsi$ 将正四面体单元上的网格变换为标准四面体单元上的网格。

类似于二维情形，将三维分布函数的局部逼近式代入强形式方程(3-60)，并利用 Galerkin 原理可得

$$\boldsymbol{M}_{\mathrm{3D}}\frac{\mathrm{d}\boldsymbol{f}_\alpha^n}{\mathrm{d}t}+\boldsymbol{e}_\alpha\cdot\boldsymbol{S}_{\mathrm{3D}}\boldsymbol{f}_\alpha^n+\boldsymbol{R}_{\mathrm{3D}}\left(t,\boldsymbol{f}_\alpha^n\right)=0 \tag{3-132}$$

式中，$\boldsymbol{M}_{\mathrm{3D}}$为三维局部质量矩阵；$\boldsymbol{S}_{\mathrm{3D}}$为三维局部刚度矩阵；$\boldsymbol{R}_{\mathrm{3D}}$为四面体单元面

积分。

三个度量系数的具体表达式分别为

$$M_{3\text{D},ij} = J\int_{\mathbf{IR}} l_i(\boldsymbol{r}) l_j(\boldsymbol{r}) \mathrm{d}\boldsymbol{r} \tag{3-133}$$

$$S_{3\text{D},ij} = J\int_{\mathbf{IR}} \frac{\partial l_j(\boldsymbol{r})}{\partial \boldsymbol{r}} \frac{\partial \boldsymbol{r}}{\partial \boldsymbol{x}} l_i(\boldsymbol{r}) \mathrm{d}\boldsymbol{r} \tag{3-134}$$

$$R_{3\text{D},ij}\left(t, \boldsymbol{f}_\alpha^n\right) = \oint_{\partial\mathbf{IR}} \frac{1}{2}\left(\boldsymbol{n}\cdot\boldsymbol{e}_\alpha - \left|\boldsymbol{n}\cdot\boldsymbol{e}_\alpha\right|\right)\left(f_\alpha^- - f_\alpha^+\right)_j l_i(\boldsymbol{r}) l_j(\boldsymbol{r}) J_\text{s} \mathrm{d}\boldsymbol{r} \tag{3-135}$$

式中，$\partial\mathbf{IR}$ 表示标准四面体单元的边界；J_s 为单元面边界变换 Jacobi 行列式。

与二维局部质量矩阵的推导一致，三维局部质量矩阵为

$$\boldsymbol{M}_{3\text{D}} = J\left(\boldsymbol{V}\boldsymbol{V}^\text{T}\right)^{-1} \tag{3-136}$$

为计算三维局部刚度矩阵，需引入如下微分矩阵 $\boldsymbol{D}_r$、$\boldsymbol{D}_s$ 和 $\boldsymbol{D}_t$，其分量定义为

$$D_{r,ij} = \left.\frac{\partial l_j(\boldsymbol{r})}{\partial r}\right|_{r_i}, \quad D_{s,ij} = \left.\frac{\partial l_j(\boldsymbol{r})}{\partial s}\right|_{r_i}, \quad D_{t,ij} = \left.\frac{\partial l_j(\boldsymbol{r})}{\partial t}\right|_{r_i} \tag{3-137}$$

利用拉格朗日插值多项式的性质，可得

$$\left(\boldsymbol{M}_{3\text{D}}\boldsymbol{D}_r\right)_{ij} = J\int_{\mathbf{IR}} l_i(\boldsymbol{r}) \frac{\partial l_j(\boldsymbol{r})}{\partial r} \mathrm{d}\boldsymbol{r} \tag{3-138}$$

$$\left(\boldsymbol{M}_{3\text{D}}\boldsymbol{D}_s\right)_{ij} = J\int_{\mathbf{IR}} l_i(\boldsymbol{r}) \frac{\partial l_j(\boldsymbol{r})}{\partial s} \mathrm{d}\boldsymbol{r} \tag{3-139}$$

$$\left(\boldsymbol{M}_{3\text{D}}\boldsymbol{D}_t\right)_{ij} = J\int_{\mathbf{IR}} l_i(\boldsymbol{r}) \frac{\partial l_j(\boldsymbol{r})}{\partial t} \mathrm{d}\boldsymbol{r} \tag{3-140}$$

将式(3-138)～式(3-140)代入式(3-134)并写成 x、y 和 z 方向的分量，即

$$\boldsymbol{S}_{3\text{D},x} = r_x \boldsymbol{M}_{3\text{D}}\boldsymbol{D}_r + s_x \boldsymbol{M}_{3\text{D}}\boldsymbol{D}_s + t_x \boldsymbol{M}_{3\text{D}}\boldsymbol{D}_t \tag{3-141}$$

$$\boldsymbol{S}_{3\text{D},y} = r_y \boldsymbol{M}_{3\text{D}}\boldsymbol{D}_r + s_y \boldsymbol{M}_{3\text{D}}\boldsymbol{D}_s + t_y \boldsymbol{M}_{3\text{D}}\boldsymbol{D}_t \tag{3-142}$$

$$\boldsymbol{S}_{3\text{D},z} = r_z \boldsymbol{M}_{3\text{D}}\boldsymbol{D}_r + s_z \boldsymbol{M}_{3\text{D}}\boldsymbol{D}_s + t_z \boldsymbol{M}_{3\text{D}}\boldsymbol{D}_t \tag{3-143}$$

为求解微分矩阵 $\boldsymbol{D}_r$、$\boldsymbol{D}_s$ 和 $\boldsymbol{D}_t$，需再引入如下微分矩阵 $\boldsymbol{V}_r$、$\boldsymbol{V}_s$ 和 $\boldsymbol{V}_t$，其分量定义为

$$V_{r,ij} = \left.\frac{\partial \psi_j(\boldsymbol{r})}{\partial r}\right|_{r_i}, \quad V_{s,ij} = \left.\frac{\partial \psi_j(\boldsymbol{r})}{\partial s}\right|_{r_i}, \quad V_{t,ij} = \left.\frac{\partial \psi_j(\boldsymbol{r})}{\partial t}\right|_{r_i} \tag{3-144}$$

将拉格朗日插值基函数(3-85)分别对 r、s 和 t 求偏导数，写成矩阵形式可得

$$\boldsymbol{D}_r = \boldsymbol{V}_r \boldsymbol{V}^{-1}, \quad \boldsymbol{D}_s = \boldsymbol{V}_s \boldsymbol{V}^{-1}, \quad \boldsymbol{D}_t = \boldsymbol{V}_t \boldsymbol{V}^{-1} \tag{3-145}$$

面积分 $\boldsymbol{R}_{3\mathrm{D}}$ 可分为四个单独面分量的和，在 $\boldsymbol{n} \cdot \boldsymbol{e}_\alpha > 0$ 时可将其化简为

$$\boldsymbol{R}_{3\mathrm{D}} = \sum_{\text{face}} \sum_{j=1}^{N_\mathrm{f}} J_\mathrm{s} \boldsymbol{n} \cdot \boldsymbol{e}_\alpha \left(f_\alpha^- - f_\alpha^+ \right)_j \int_{\text{face}} l_i(\boldsymbol{r}) l_j(\boldsymbol{r}) \mathrm{d}\boldsymbol{r} \tag{3-146}$$

式中，N_f 为四面体单元面上的节点数，$N_\mathrm{f} = (N+1)(N+2)/2$。

式(3-146)利用了 $J_\mathrm{s}\boldsymbol{n}$ 为常数的事实，因为法向量的 r 分量、s 分量和 t 分量分别为

$$\bar{\boldsymbol{n}}_r = \left(r_x, r_y \right), \quad \bar{\boldsymbol{n}}_s = \left(s_x, s_y \right), \quad \bar{\boldsymbol{n}}_t = \left(t_x, t_y \right) \tag{3-147}$$

则单位法向量 $\boldsymbol{n}$ 的 r 分量、s 分量和 t 分量分别为

$$\boldsymbol{n}_r = \frac{\bar{\boldsymbol{n}}_r}{\left\| \bar{\boldsymbol{n}}_r \right\|}, \quad \boldsymbol{n}_s = \frac{\bar{\boldsymbol{n}}_s}{\left\| \bar{\boldsymbol{n}}_s \right\|}, \quad \boldsymbol{n}_t = \frac{\bar{\boldsymbol{n}}_t}{\left\| \bar{\boldsymbol{n}}_t \right\|} \tag{3-148}$$

四面体单元面变换 Jacobi 行列式 J_s 的 r 分量、s 分量和 t 分量分别为

$$J_\mathrm{s}^r = \left| \left(x_r, y_r, z_r \right) \right|, \quad J_\mathrm{s}^s = \left| \left(x_s, y_s, z_s \right) \right|, \quad J_\mathrm{s}^t = \left| \left(x_t, y_t, z_t \right) \right| \tag{3-149}$$

然而，式(3-146)中的面质量矩阵

$$\boldsymbol{M}_{3\mathrm{D}}^{\text{face}} = \int_{\text{face}} l_i(\boldsymbol{r}) l_j(\boldsymbol{r}) \mathrm{d}\boldsymbol{r} \tag{3-150}$$

为一个 $N_\mathrm{p} \times N_\mathrm{f}$ 的满矩阵，由于 $l_i(\boldsymbol{r})$是一个多元 N 阶多项式，如果 $\boldsymbol{r}_i$ 不落在四面体单元面上，则 $l_i(\boldsymbol{r})$在该面上恒为零，故面质量矩阵只在那些 $\boldsymbol{r}_i$ 所在的面上非零。面质量矩阵的计算等价于 3.4.1 节中二维问题局部质量矩阵的计算。

对式(3-132)左乘三维局部质量矩阵的逆矩阵，经化简可得

$$\frac{\mathrm{d}\boldsymbol{f}_\alpha^n}{\mathrm{d}t} = -\left(\boldsymbol{M}_{3\mathrm{D}} \right)^{-1} \left[\boldsymbol{e}_\alpha \cdot \boldsymbol{S}_{3\mathrm{D}} \boldsymbol{f}_\alpha^n + \boldsymbol{R}_{3\mathrm{D}} \left(t, \boldsymbol{f}_\alpha^n \right) \right] \tag{3-151}$$

对半离散方程(3-151)的时间推进，这里依然采用显式五级 LDDRK 法[75]。

3.5.2　三维间断 Galerkin 格子 Boltzmann 方法数值算例

为了验证三维 DGLBM 的准确性和有效性，本节选取的第一个气动声学算例为平面波场中圆球的声散射，它考虑了固体壁面对声波的反射作用，气体的黏性作用在此处非常微弱以至于不能形成声流；选取的另外一个算例为 Taylor-Green 涡，该算例最初用于研究湍流的动力学机制，而此处采用它来验证三维 DGLBM

在不可压缩湍流直接数值模拟中的有效性。本节进行无量纲过程的参考物理量的取值与 3.4.2 节中的参考物理量相同，这里不再赘述。

1. 平面波场中圆球的声散射

虽然无限大空间中圆球的声散射与 3.4.2 节中圆柱的声散射有相似之处，但平面波场中圆球的声散射与其有较大区别，且三维模型比二维模型更加接近实际情况。在一个直径为 $D = 20$ 的圆球前方 $2D$ 处存在一束平面波，声源的密度和速度给定如下：

$$\begin{bmatrix}\rho & u_x & u_y & u_z\end{bmatrix}^{\mathrm{T}} = \begin{bmatrix}1+\delta\rho\sin(\omega t) & \delta u\sin(\omega t) & 0 & 0\end{bmatrix}^{\mathrm{T}} \tag{3-152}$$

式中，$\delta\rho$ 为密度振幅；ω 为圆频率，可用波长 λ 表示为 $\omega = 2\pi c_s/\lambda$；$\delta u$ 为速度振幅，这里取其为 $\delta u = c_s\delta\rho$。

刚性圆球对平面波的声散射的几何模型如图 3-23 所示，将球心位置取在坐标原点上并设置内部计算域的大小为$[-2D, 5D]\times[-3D, 3D]\times[-3D, 3D]$，在计算域进口处取随时间变化的速度边界条件即式(3-152)，在计算域出口处和其余四个面周围添加缓冲层，关于缓冲层内的控制方程及求解策略请参照 6.3.1 节；该算例的内部计算域网格如图 3-24 所示，其均由四面体组成且总网格单元数为 $E = 580242$，在球面附近进行了局部网格加密处理以准确地捕捉入射波和散射波，在每个单元内取插值多项式的阶数为 $N = 3$；值得注意的是，由于气体黏性作用极小，在圆球表面上采用无滑移速度边界条件和滑移速度边界条件计算所得结果一致；采用与图 3-11 中相同的 hp 加密方式可以进行网格无关性的验证，上述网格和边界条件设置能够满足要求而不再赘述；将模拟所得监测点处的声压与解析解[2]进行对比，如图 3-25 所示，两者吻合良好进一步证明了三维 DGLBM 在声波散射问题中的准确性。

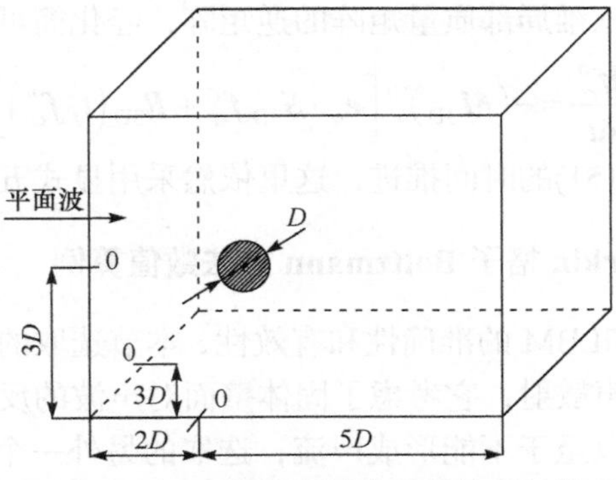

图 3-23 平面波场中圆球声散射的几何模型

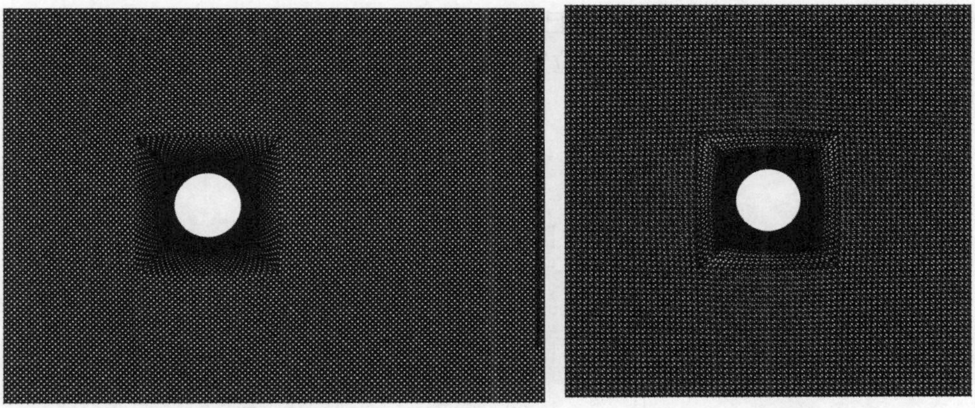

(a) 位于z=0处的xy平面　　(b) 位于x=$-D$处的yz平面

图 3-24 平面波场中圆球声散射的计算网格二维截面示意图

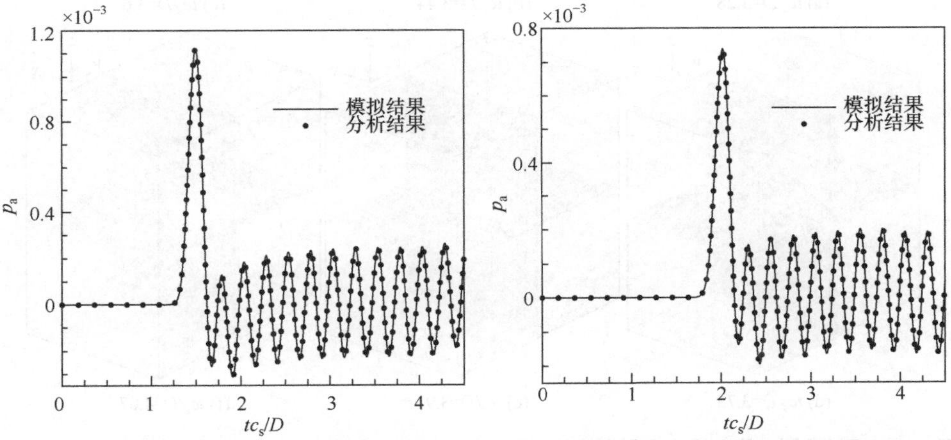

(a) 监测点($-0.55D$,0,0)处的声压变化过程　　(b) 监测点(0,$-0.55D$,0)处的声压变化过程

图 3-25 监测点处的声压变化过程及其与解析解的对比

监测点($-0.55D$, 0, 0)和(0, $-0.55D$, 0)处的第一次声压波峰均由平面波入射引起，而后续的声压波峰由散射波引起；由经典声学理论可知，当平面波沿着正 x 方向运动并与圆球壁面发生碰撞时，碰撞圆环上的镜面反射波与入射波在监测点处叠加，两者的相位差使得声压的幅值降低；由于监测点(0, $-0.55D$, 0)与监测点($-0.55D$, 0, 0)在 x 方向的投影距离相差 $0.55D$，所以这两个监测点感受到入射波的时间差为 $0.55D/c_s$，与图 3-25 中的数据一致进一步说明了平面波以声速传播。

为了观察平面波场中刚性圆球散射过程的细节，图 3-26 给出了其演化过程中的瞬时声压分布。值得注意的是，选取的平面波长与圆球直径处于相同数量级，这使得散射条纹很清晰，如果平面波长较大，则圆球会产生衍射现象，这里不做讨论；在圆球的附近平面波纹路均已发生扭曲，而在圆球前方较远处(如图 3-26(b)和(f)中)平面波的声压相对于其余位置较弱，这是散射波沿着负 x 方向传播并与入射波叠加所致。

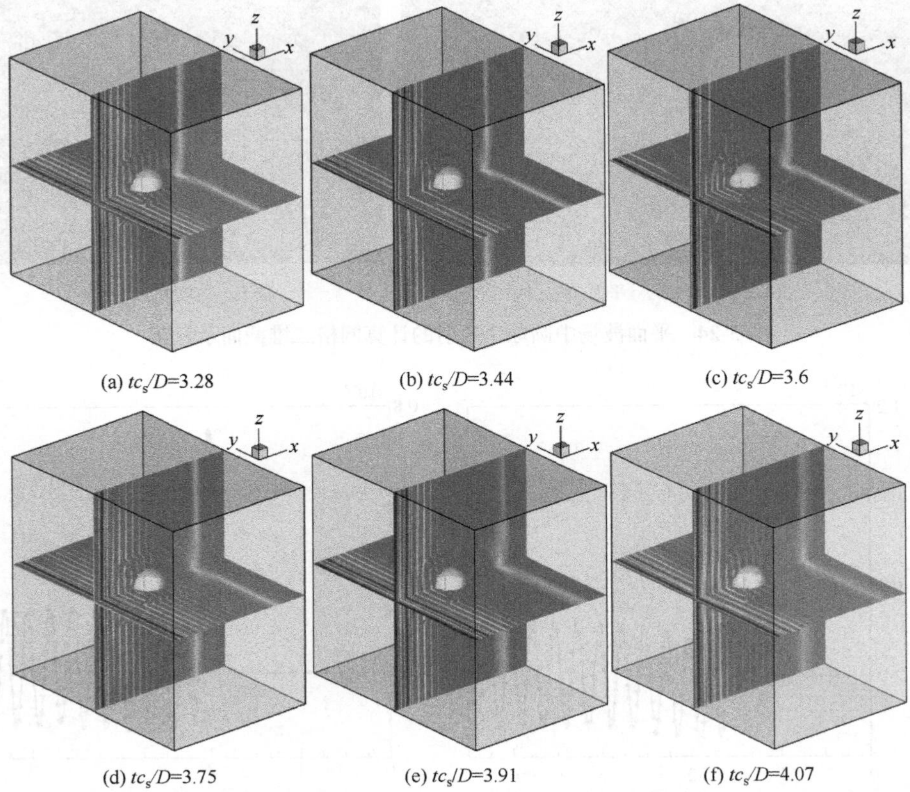

图 3-26　平面波场刚性圆球声散射过程中的瞬时声压分布(图中 50 条等值线分布于从黑色到灰色的可见光谱中，其对应的声压范围为[−0.001, 0.001])

2. Taylor-Green 涡的直接数值模拟

Taylor-Green 涡问题一方面作为检验高精度数值方法的标准算例之一，另一方面也作为研究湍流动力学机制的命题之一，在众多 DNS 计算中该算例颇受欢迎；当初始条件光滑时，流动快速地转捩为湍流并伴随着小尺度涡的产生，Taylor-Green 涡的衰减导致能量的耗散，通常用这一过程来描述均质各向异性湍流的演化。Taylor-Green 涡的初始条件给定如下：

$$\rho = 1 + \frac{Ma^2}{16}\left[\cos\left(\frac{2x}{L}\right) + \cos\left(\frac{2y}{L}\right)\right] \tag{3-153}$$

$$u_x = V_0 \sin\left(\frac{x}{L}\right)\cos\left(\frac{y}{L}\right)\cos\left(\frac{z}{L}\right) \tag{3-154}$$

$$u_y = -V_0 \cos\left(\frac{x}{L}\right)\sin\left(\frac{y}{L}\right)\cos\left(\frac{z}{L}\right) \tag{3-155}$$

$$u_z = 0 \tag{3-156}$$

式中，L 为 Taylor-Green 涡的特征长度；V_0 为自由流速度，其定义为 $V_0 = c_s Ma$。

为了减小流体可压缩性的影响，这里将马赫数取为 $Ma = 0.1$；基于特征长度 L 和自由流速度 V_0 的雷诺数定义为 $Re = LV_0/\nu$，本节取其为 $Re = 1600$，则基于 Taylor-Green 涡中最大 Taylor 微尺度的雷诺数可计算约为 22。

选取计算域为正方体，设置其大小为$[-\pi L, \pi L]\times[-\pi L, \pi L]\times[-\pi L, \pi L]$，在 x、y 和 z 三个方向上均施加周期性边界条件。由于该问题的几何形状比较简单，采用四面体网格划分计算域也比较容易，所以这里不再展示计算网格，在每个四面体单元内部取插值多项式的阶数为 $N = 3$。尽管本节的计算为 DNS，网格的疏密对计算结果仍有影响，这里采用 h 加密的方式进行了网格无关性的验证，如图 3-27 所示，其中湍动能 E_k 和湍动能耗散率 ε_k 的定义为

$$E_k = \frac{1}{V_0^2 \Omega}\iiint \rho \boldsymbol{u}^2 \mathrm{d}\Omega, \quad \varepsilon_k = -\frac{\mathrm{d}E_k}{\mathrm{d}t} \tag{3-157}$$

由图 3-27 可见，湍动能随着时间降低，而湍动能耗散率随着时间先增大后降低，这是小尺度旋涡先增多后减少所致，这一点也可以从下面的 Q 等值面看出；随着网格总单元数 E 增加，湍动能和湍动能耗散率的偏差均逐渐降低，并且 $E = 732332$ 和 $E = 1365346$ 的结果基本一致，故后面的分析均基于 $E = 732332$ 的

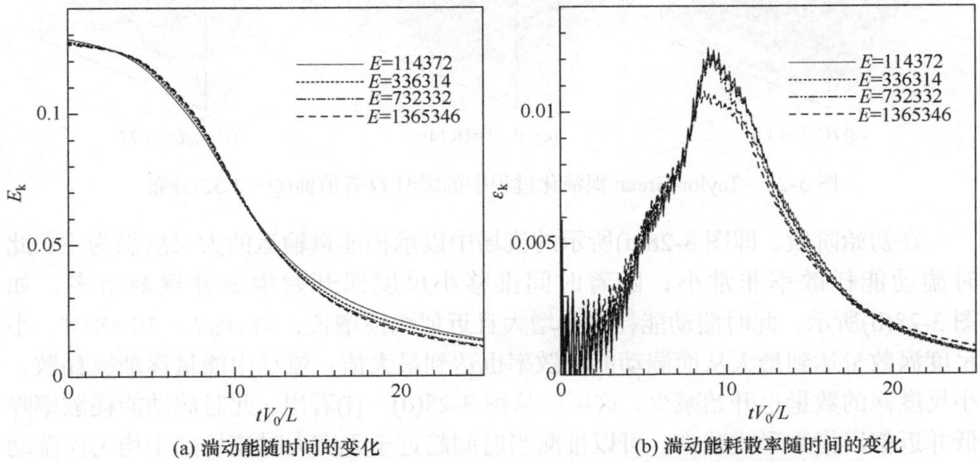

(a) 湍动能随时间的变化　　(b) 湍动能耗散率随时间的变化

图 3-27　湍动能和湍动能耗散率随时间的变化及网格疏密对其影响

结果；当网格总单元数较少时，湍动能耗散率的峰值显著偏低，故其不能准确地捕捉流动特征。

为了研究 Taylor-Green 涡的湍流耗散机制，图 3-28 给出了其演化过程中的瞬时 Q 等值面分布，其中无量纲 Q 的定义为

$$Q=-\frac{L^2}{2V_0^2}\left(\nabla\boldsymbol{u}\cdot\nabla\boldsymbol{u}+2\frac{\partial u_x}{\partial y}\frac{\partial u_y}{\partial x}+2\frac{\partial u_y}{\partial z}\frac{\partial u_z}{\partial y}+2\frac{\partial u_z}{\partial x}\frac{\partial u_x}{\partial z}\right) \tag{3-158}$$

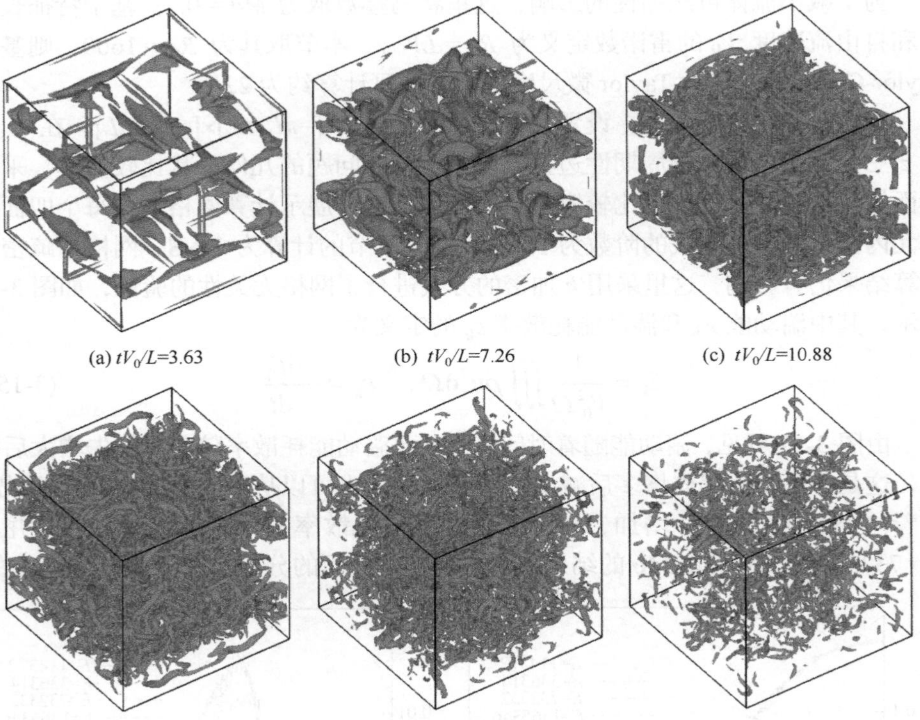

(a) $tV_0/L=3.63$　(b) $tV_0/L=7.26$　(c) $tV_0/L=10.88$

(d) $tV_0/L=14.51$　(e) $tV_0/L=18.14$　(f) $tV_0/L=21.77$

图 3-28　Taylor-Green 涡演化过程中的瞬时 Q 等值面($Q=1.52$)分布

在初始阶段，即图 3-28(a)所示的流场中以承担能量输运的大尺度涡为主，此时湍动能耗散率非常小；随着时间推移小尺度涡开始生成并逐渐增多，如图 3-28(b)所示，此时湍动能耗散率增大且近似线性增长；当 $tV_0/L=10.88$ 时，小尺度涡数量达到最大从而湍动能耗散率也达到最大值；流场中能量逐渐被耗散，小尺度涡的数量也开始减少，这可以从图 3-28(d)～(f)看出，此时湍动能耗散率降低并近似以指数形式减少，可以推测当时间趋近于无穷大时流场趋于均匀而湍动能和湍动能耗散率均接近于零。采用三维 DGLBM 对 Taylor-Green 涡进行 DNS

进一步证明了其准确性。

3.6 本章小结

由于声波的压力和能量与平均流的压力和能量差异巨大且声波需满足长程传播的特性，而具有任意高精度、优良谱性质和复杂几何适应性的间断 Galerkin 方法，与具有天然并行优势的格子 Boltzmann 方法相结合能够满足该要求。格子离散不会引起波传播的色散但会引起波传播的耗散，而且耗散误差在高波数范围内更显著；单松弛 BGK 模型的谱性质优于 MRT 模型的谱性质；DGM 空间离散的色散误差和耗散误差均随着波数的增加而增大，采用 *hp* 加密技术可减小声波传播过程中的幅值误差和相位误差。

第 4 章　高精度有限差分格子 Boltzmann 方法

4.1　引　言

第 3 章中发展的二维和三维 DGLBM 可以较好地解决低马赫数气动噪声问题，但是单分布函数 LBM 恢复 NSE 时会产生高阶偏差项，故其在高马赫数气动噪声问题中会产生非常大的误差，这也可从 3.2.2 节中单分布函数离散速度 Boltzmann 方程的谱性质可以看出。寄希望于可压缩流的单分布函数多格子速度模型或者 DDF 模型来解决高马赫数气动噪声问题，由于 DDF 模型可获得任意调节的普朗特数和比热容比，所以本章用它来研究可压缩流中的气动噪声。

DDF 模型中通常存在非单位格子速度，则其碰撞和对流过程并不能按照标准的 LBM 执行，只能诉诸于传统的空间离散方法(如 FDM、SM 和 DGM 等)来求解 DDF 模型对应的控制方程，这里利用 FDM 易实现高精度的特点和自身操作的简洁性，将 FDM 与 LBM 相结合的方法称为有限差分格子 Boltzmann 方法(finite difference lattice Boltzmann method，FDLBM)。由于 DDF 模型恢复出的宏观方程与 NSE 一致，显然两者的谱性质也相同，将更加注重 FDM 引入的色散误差和耗散误差对计算结果准确性的影响；对于存在激波等间断特征的气动噪声问题，需要将激波处理技术(具有 ENO 性质的格式)加入 FDLBM 中。另外，由于 DDF 模型中的碰撞过程具有极大的刚度，需要引入具有隐式特性的格式来克服这个困难。最后，通过具体的数值算例来验证二维和三维 FDLBM 的有效性和准确性。

4.2　有限差分算子的谱性质

在不存在间断解的气动噪声问题中，不希望有限差分算子引入除物理黏性以外的耗散性质，从而中心差分格式(1-2)可以很好地满足该要求，也就是说只需尽力降低差分算子自身的色散。尽管隐式中心差分格式可以采用较窄的模板来获得较高的精度，但每一个时间推进过程中均需求解一个大型线性方程组来获得每个网格点处物理量的导数值，这需要消耗巨大内存，因此倾向于采用显式中心差分格式：

$$\frac{\partial f_{\alpha,i}}{\partial x} \approx \frac{1}{\Delta x}\sum_{j=1}^{N} a_j\left(f_{\alpha,i+j} - f_{\alpha,i-j}\right) \tag{4-1}$$

式中，Δx 为均匀网格的间距；a_j 为差分格式常系数；$f_{\alpha,i}$ 的下标中第一个标量 α 代表格子速度序号，第二个标量 i 代表 x 方向的节点序号，显式中心差分格式模板的宽度为 $2N+1$。

对于图 1-7 中的标准中心差分格式，对 $f_{\alpha,i\pm j}$ 进行泰勒级数展开可得

$$\frac{\partial f_{\alpha,i}}{\partial x}\Delta x \approx \sum_{n=1}^{\infty}\left[1-(-1)^n\right]\frac{1}{n!}\frac{\partial^n f_{\alpha,i}}{\partial x^n}(\Delta x)^n\sum_{j=1}^{N} a_j j^n \tag{4-2}$$

对比式(4-2)两边的系数可得

$$\sum_{j=1}^{N} a_j j = \frac{1}{2}, \quad \sum_{j=1}^{N} a_j j^n = 0, \quad n = 3,5,\cdots,2N-1 \tag{4-3}$$

利用高斯消元法求解 $N\times N$ 阶线性方程组(4-3)即可得到代数精度为 $2N$ 的标准中心差分格式常系数 a_j。表 4-1 给出了三种高阶精度下的常系数。

表 4-1　标准中心差分格式常系数

系数	$N=4$	$N=5$	$N=6$
a_1	4/5	5/6	6/7
a_2	−1/5	−5/21	−15/56
a_3	4/105	5/84	5/63
a_4	−1/280	−5/504	−1/56
a_5	—	1/1260	1/385
a_6	—	—	−1/5544

对 $\partial f_{\alpha,i}/\partial x$ 的差分格式(4-1)进行离散傅里叶变换(1-3)，可得

$$k^*\Delta x = 2\sum_{j=1}^{N} a_j \sin\left(jk\Delta x\right) \tag{4-4}$$

式中，k^*为差分格式的有效波数。

有效波数与真实波数的误差定义为

$$\mathrm{Er} = \left|k^*\Delta x - k\Delta x\right|/\pi \tag{4-5}$$

图 4-1 给出了标准中心差分格式的有效波数及其误差随真实波数的变化，当中心差分格式的模板增宽时，有效波数更加接近真实波数且相应的误差减小。当采用 11 点差分模板时，能够精确求解($\mathrm{Er} \leqslant 5\times10^{-5}$)的最小波长为 $6.58\Delta x$。

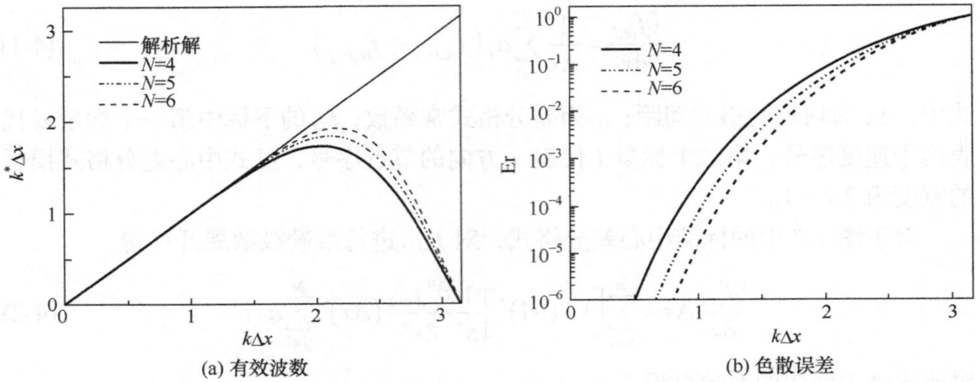

图 4-1　标准中心差分格式的有效波数及其误差

尽管利用泰勒级数展开可以获得最大代数精度的显式中心差分格式，但这并不意味着能够获得精确求解的有效波数上限的最大值。由于中心差分格式常系数的选取并不唯一，所以对其进行优化来获得最小的积分误差：

$$\mathrm{InEr}\left(a_j\right)=\int_{\pi/16}^{\pi/2}\left|k^*\Delta x/\left(k\Delta x\right)-1\right|\mathrm{d}\left(k\Delta x\right) \tag{4-6}$$

对于中心差分格式 $N=6$，可将积分误差的积分上限取为 $3\pi/5$。如果将中心差分格式的代数精度取为四阶，则对比式(4-2)两边的系数即可给出 a_j 的线性约束条件；利用序列二次规划方法[348]易找到全局最优的差分格式常系数，如表 4-2 所示。图 4-2 给出了经过优化的中心差分格式的有效波数及其误差随真实波数的变化，当中心差分模板增宽时，有效波数与真实波数的误差减小。对比图 4-1 和图 4-2 可以发现，经过优化得到的中心差分格式可精确求解的波数上限高于泰勒级数展开得到的中心差分格式可精确求解的波数上限。当采用 11 点差分模板时，经过优化得到的中心差分格式能够精确求解($\mathrm{Er}\leqslant 5\times10^{-5}$)的最小波长为 $4.65\Delta x$。

表 4-2　经过优化的中心差分格式常系数

系数	$N=4$	$N=5$	$N=6$
a_1	0.841570125482	0.872756993962	0.907646591371
a_2	−0.244678631765	−0.286511173973	−0.337048393268
a_3	0.059463584768	0.090320001280	0.133442885327
a_4	−0.007650904064	−0.020779405824	−0.045246480208
a_5	—	0.002484594688	0.011169294114
a_6	—	—	−0.001456501759

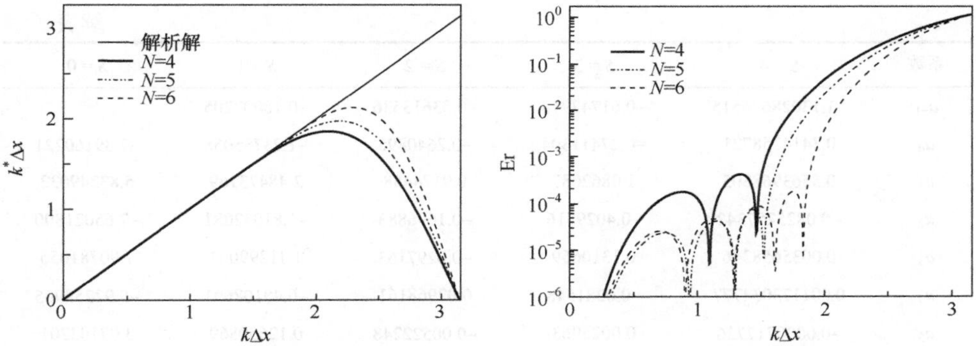

(a) 有效波数　　(b) 色散误差

图 4-2　经过优化的中心差分格式的有效波数及其误差

对于求解域内部的网格点，直接对 $\partial f_{\alpha,i}/\partial x$ 采用上述经过优化的中心差分；对于靠近边界的网格点，除了周期性边界条件外一般只能对 $\partial f_{\alpha,i}/\partial x$ 采用偏差分格式：

$$\frac{\partial f_{\alpha,i}}{\partial x} \approx \frac{1}{\Delta x}\sum_{j=-S}^{T} a_j f_{\alpha,i+j} \tag{4-7}$$

该近似式在网格点 i 的左侧采用 S 个点而在右侧采用 T 个点。利用泰勒级数展开和待定系数法可获得最大代数精度下的偏差分格式常系数 a_j，但其通常会给非空间周期问题带来较大的群速度误差，则需从提高有效波数的角度来优化 a_j：

$$k^*\Delta x = -\mathrm{i}\sum_{j=-S}^{T} a_j \mathrm{e}^{\mathrm{i}jk\Delta x} \tag{4-8}$$

由于相速度和群速度紧密相关，偏差分格式的积分误差不能采用式(4-6)，而需要综合考虑有效波数的实部和虚部：

$$\mathrm{InEr}\left(a_j\right) = \int_{\pi/16}^{\pi/2} \frac{1}{k\Delta x}\left[\beta\left|\mathrm{Re}\left(k^*\Delta x\right) - k\Delta x\right| + (1-\beta)\left|\mathrm{Im}\left(k^*\Delta x\right)\right|\right]\mathrm{d}\left(k\Delta x\right) \tag{4-9}$$

式中，β 为常系数，用于调节优化过程中色散误差和耗散误差的比重。

当采用 $S+T=10$ 的偏差分模板时，如果 $S \geqslant 2$ 则取 $\beta=0.5$，否则取 $\beta=0.1$。类似于中心差分格式，这里仍取偏差分格式的代数精度为四阶，则其对偏差分格式常系数形成了约束条件；利用序列二次规划方法可求得全局最优的 a_j，如表 4-3 所示。

表 4-3　经过优化的 11 点模板偏差分格式常系数

系数	$S=4$	$S=3$	$S=2$	$S=1$	$S=0$
a_{-4}	0.01675657230	—	—	—	—
a_{-3}	−0.11747845523	−0.013277273810	—	—	—
a_{-2}	0.411034935097	0.11597607	0.05798227	—	—

续表

系数	$S=4$	$S=3$	$S=2$	$S=1$	$S=0$
a_{-1}	−1.13028676515	−0.61747918	−0.53613536	−0.18002205	
a_0	0.3414358721	−0.27411394	−0.2640895	−1.23755058	−2.39160221
a_1	0.5563968305	1.0862087	0.9174458	2.48473169	5.83249032
a_2	−0.0825257342	−0.4029516	−0.1696883	−1.81032081	−7.65021800
a_3	0.0035658346	0.1310669	−0.0297163	1.11299004	7.90781056
a_4	0.001173034777	−0.0281548	0.02968161	−0.48108691	−5.92259905
a_5	−0.0000717726	0.0025963	−0.00522248	0.12659869	3.07103701
a_6	−0.0000003522	0.0001287	−0.000118806	−0.01551073	−1.01495676
a_7	—	0.0	−0.000118806	0.00002160	0.17002225
a_8	—	—	−0.000020069	0.00015644	0.00251995
a_9	—	—	—	−0.00000739	−0.00479100
a_{10}	—	—	—	—	−0.00001306

图 4-3 给出了经过优化的 11 点模板偏差分格式的误差随真实波数的变化，偏差分格式不可避免地会引入耗散误差，且色散误差和耗散误差均随着真实波数的增大而增大。对比图 4-2(b)和图 4-3(a)可以发现，经过优化的 11 点模板中心差分格式和偏差分格式的色散误差相似。在模板中分别取 $S=0\sim4$ 时，色散误差能够允许相对准确($\mathrm{Re(Er)}\leqslant5\times10^{-3}$)求解的最小波长分别为 $5.59\Delta x$、$4.6\Delta x$、$5.15\Delta x$、$3.82\Delta x$ 和 $3.77\Delta x$，而耗散误差能够允许相对准确($\mathrm{Im(Er)}\leqslant5\times10^{-3}$)求解的最小波长分别为 $10.12\Delta x$、$6.87\Delta x$、$6.04\Delta x$、$4.3\Delta x$ 和 $4.46\Delta x$。

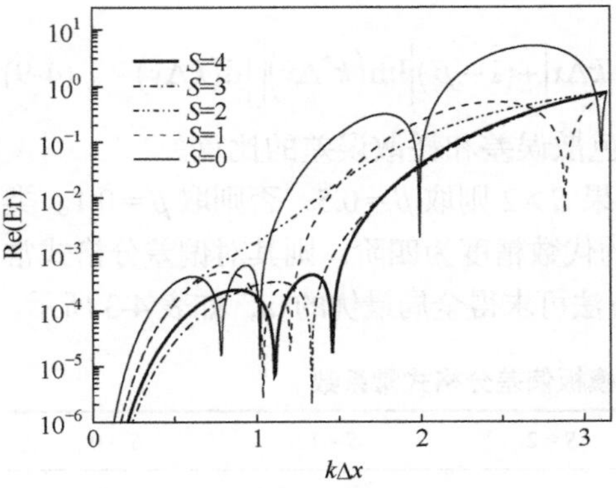

(a) 色散误差

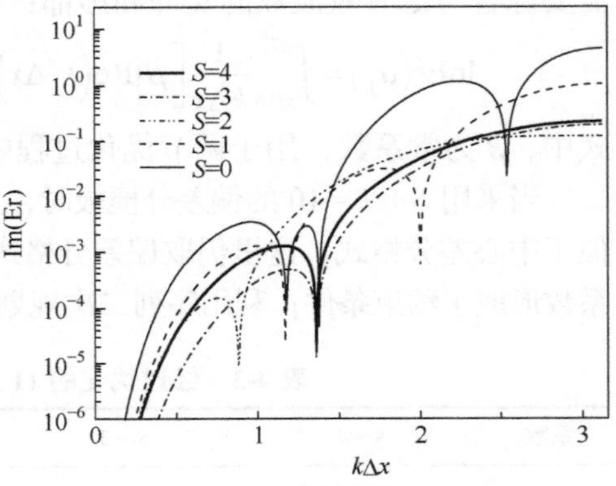

(b) 耗散误差

图 4-3　经过优化的 11 点模板偏差分格式的误差

4.3　二维高精度有限差分格子 Boltzmann 方法

4.3.1　过滤器算子和加权本质非振荡格式

由 4.2 节可知，有限差分算子很容易识别物理上的长波，而其对空间尺度与网格间距相当的物理短波毫无分辨能力；网格间的这种高频振荡通常会导致计算的不稳定性，除了在控制方程中添加亏损项实现人工黏性耗散外，还可以采用过滤器算子来消除伪波。如图 4-4 所示，采用有限差分算子配合选择性过滤器算子的组合策略对方程(2-10)和方程(2-88)中的空间导数项实现数值离散，图中 FD 表示差分算子，SF 表示选择性过滤器算子，下标第一个数字和第二个数字分别表示矩形网格点远离和靠近边界侧的圆形网格点数。

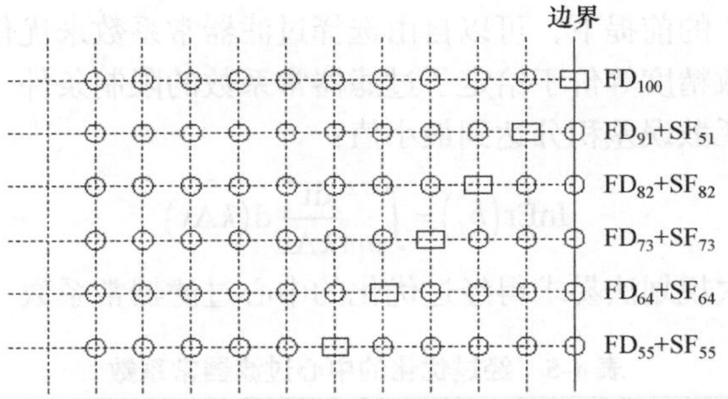

图 4-4　11 点模板的中心差分格式和偏差分格式的二维示意图

对于内部网格点 i，可采用 $2N+1$ 点模板的中心过滤器算子对 $f_{\alpha,i}$ 进行滤波：

$$f_{\alpha,i}^{\mathrm{SF}} = f_{\alpha,i} - \sigma_{\mathrm{SF}}\mathrm{d}f_{\alpha,i}, \quad \mathrm{d}f_{\alpha,i} = \sum_{j=-N}^{N} b_j f_{\alpha,i+j} \tag{4-10}$$

式中，σ_{SF} 为用于控制滤波程度的常系数；b_j 为选择性过滤器常系数。当取 $\sigma_{\mathrm{SF}}=1$ 时，计算过程可能会产生严重的不稳定性，故这里取 $\sigma_{\mathrm{SF}}=0.2$。为了保证过滤器算子不引入色散误差，可令 $b_j=b_{-j}$。

仿照 4.2 节中标准中心差分格式的处理，同样获得代数精度为 $2N$ 的标准中心过滤器算子，采用泰勒级数展开法和待定系数法可求解出 b_j，如表 4-4 所示。

表 4-4　标准中心过滤器常系数

系数	$N=4$	$N=5$	$N=6$
b_0	35/128	63/256	231/1024
b_1	−7/32	−105/512	−99/512

续表

系数	$N=4$	$N=5$	$N=6$
b_2	7/64	15/128	495/4096
b_3	−1/32	−45/1024	−55/1024
b_4	1/256	5/512	33/2048
b_5	—	−1/1024	−3/1024
b_6	—	—	1/4096

对式(4-10)进行离散傅里叶变换，可得

$$\mathrm{df}^* = b_0 + \sum_{j=1}^{N} 2b_j \cos\left(jk\Delta x\right) \tag{4-11}$$

选择性过滤器必须满足衰减短波的特性，也就要求亏损函数 $\mathrm{df}^* \geqslant 0$。在放弃最大代数精度 $2N$ 的前提下，可以自由选择过滤器常系数来优化选择性过滤器算子；给定二阶代数精度等价于给定了过滤器常系数的限制条件，那么优化的目标是使下面定义的耗散误差积分达到最小值：

$$\mathrm{InEr}\left(b_j\right) = \int_{\pi/16}^{\pi/2} \frac{\mathrm{df}^*}{k\Delta x} \mathrm{d}\left(k\Delta x\right) \tag{4-12}$$

利用序列二次规划法易求得经过优化的中心过滤器常系数，如表 4-5 所示。

表 4-5　经过优化的中心过滤器常系数

系数	$N=4$	$N=5$	$N=6$
b_0	0.243527493120	0.215044884112	0.190899511506
b_1	−0.204788880640	−0.187772883589	−0.171503832236
b_2	0.120007591680	0.123755948787	0.123632891797
b_3	−0.045211119360	−0.059227575576	−0.069975429105
b_4	0.008228661760	0.018721609157	0.029662754736
b_5	—	−0.002999540835	−0.008520738659
b_6	—	—	0.001254597714

图 4-5 给出了标准中心过滤器算子和经过优化的中心过滤器算子中的亏损函数随着真实波数的变化，可以看出高波数下的亏损值较大而过滤器算子的整体耗散仍较小，这比较符合预期；随着模板长度的增大，亏损函数值减小。取以很小误差逼近真解的亏损函数临界值为 $\mathrm{df}^* \leqslant 2.5\times10^{-3}$，那么标准中心过滤器在 $N=4$、5 和 6 时能够准确求解的最小波长分别为 $6.38\Delta x$、$5.4\Delta x$ 和 $4.82\Delta x$；而经过优化的中心过滤器在 $N=4$、5 和 6 时能够准确求解的最小波长分别为 $4.7\Delta x$、$4.17\Delta x$

和 3.74Δx；显然经过优化的中心过滤器消除网格间伪振荡波的能力更强。

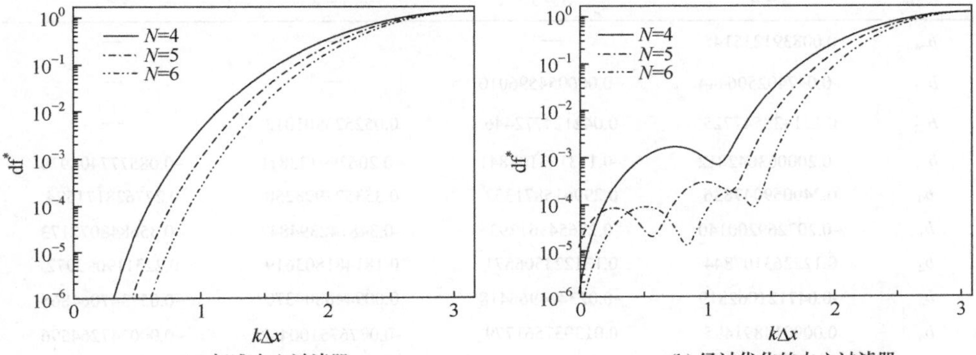

(a) 标准中心过滤器　(b) 经过优化的中心过滤器

图 4-5　三种长度模板下选择性过滤器算子中的亏损函数随真实波数的变化

对于计算域内部网格点，倾向于使用经过优化的中心过滤器算子；而对于靠近边界的网格点，不得不使用偏过滤器算子：

$$f_{\alpha,i}^{\mathrm{SF}}=f_{\alpha,i}-\sigma_{\mathrm{SF}}\mathrm{df}_{\alpha,i},\quad \mathrm{df}_{\alpha,i}=\sum_{j=-S}^{T}b_j f_{\alpha,i+j} \tag{4-13}$$

这里取 $\sigma_{\mathrm{SF}}=1$，该近似式在网格点 i 的左侧采用 S 个点而在网格点的右侧采用 T 个点。基于泰勒级数展开和待定系数法可以求得标准偏过滤器常系数，但其通常会引入色散误差和耗散误差，因而需要考虑偏过滤器算子的频域特性，对式 (4-13) 进行离散傅里叶变换可得转移函数 $\mathrm{Tf}(k\Delta x)$：

$$\mathrm{Tf}\left(k\Delta x\right)=1-\sum_{j=-S}^{T}b_j\mathrm{e}^{\mathrm{i}jk\Delta x} \tag{4-14}$$

为了保证计算的数值稳定性，对于右行波要求$|\mathrm{Tf}(k\Delta x)|<1$。为了获得具有最佳性能的转移函数，定义如下的积分误差：

$$\mathrm{InEr}\left(b_j\right)=\int_{\pi/16}^{\pi/2}\frac{1}{k\Delta x}\left[\beta\left|1-\mathrm{Tf}\left(k\Delta x\right)\right|+\left(1-\beta\right)\left|\phi_{\mathrm{Tf}}\left(k\Delta x\right)\right|\right]\mathrm{d}\left(k\Delta x\right) \tag{4-15}$$

式中，β 为常系数，用于调节优化过程中转移函数的幅值和相位的比重；ϕ_{Tf} 为转移函数的相位角。当采用 $S+T=10$ 的偏差分模板时，如果 $S\geqslant 2$ 则取 $\beta=0$，否则取 $\beta=0.1$。

利用序列二次规划方法易获得过滤器常系数，如表 4-6 所示。对于 $S=1$ 的情形，优化过程容易失败，但适当降低模板长度到 7 点依然可以获得性能较优的转移函数。

表 4-6　经过优化的 11 点模板偏过滤器常系数

系数	$S=4$	$S=3$	$S=2$	$S=1$
b_{-4}	0.008391235145	—	—	—
b_{-3}	−0.047402506444	−0.000054596010	—	—
b_{-2}	0.121438547725	0.042124772446	0.052523901012	—
b_{-1}	−0.200063042812	−0.173103107841	−0.206299133811	−0.085777408970
b_0	0.240069047836	0.299615871352	0.353527998250	0.277628171524
b_1	−0.207269200140	−0.276543612935	−0.348142394842	−0.356848072173
b_2	0.122263107844	0.131223506571	0.181481803619	0.223119093072
b_3	−0.047121062819	−0.023424966418	0.009440804370	−0.057347064865
b_4	0.009014891495	0.013937561779	−0.077675100452	−0.000747264596
b_5	0.001855812216	−0.024565095706	0.044887364863	−0.000027453993
b_6	−0.001176830044	0.013098287852	−0.009971961849	—
b_7	—	−0.002308621090	0.000113359420	—
b_8	—	—	0.000113359420	—

图 4-6 给出了偏过滤器算子的误差随真实波数的变化，可以看出偏过滤器对长波无明显的衰减；由于 $S=1$ 对应的模板长度较短，它在低频区域的耗散误差比 11 点模板的耗散误差大；当高频波的波数 $k\Delta x$ 接近 π 时，非常大的耗散误差能够满足对过滤器的期望。取逼近真解的耗散误差临界值为 $1-|\mathrm{Tf}(k\Delta x)|\leqslant 5\times10^{-3}$，那么 11 点模板偏过滤器算子在 $N=4$、3、2 和 1 时能够准确求解的最小波长分别为 $4.34\Delta x$、$5.91\Delta x$、$4.8\Delta x$ 和 $14.82\Delta x$。

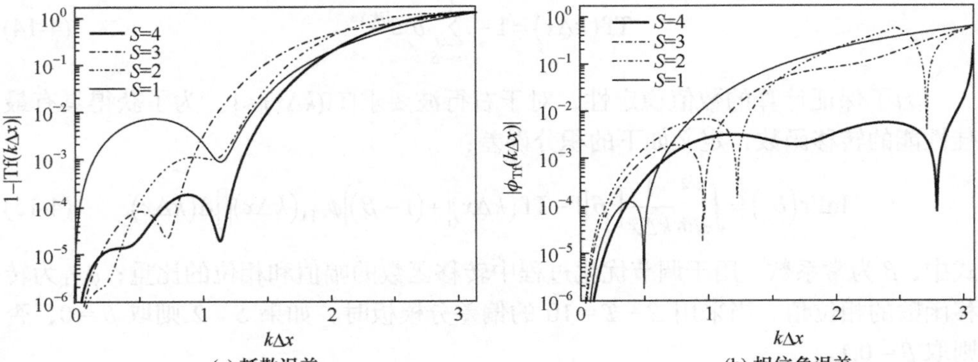

(a) 耗散误差　　(b) 相位角误差

图 4-6　经过优化的 11 点模板偏过滤器算子的误差

利用上述分析，可以根据具体声学问题确定所需的有限差分格式、选择性过滤器算子与网格尺度之间的匹配；对于存在激波等间断解的气动噪声问题，中心差分格式会产生 Gibbs 现象，因而在 FDLBM 中引入加权本质非振荡(weighted essentially non-oscillatory，WENO)格式[349]。以方程(2-88)中对流项 $e_\alpha\cdot\nabla h_\alpha$ 的 x 方向的分量为例，有

$$e_{\alpha x}\frac{\partial h_\alpha}{\partial x}=e_{\alpha x}\frac{1}{\Delta x}\left(H_{\alpha,i+1/2,j}-H_{\alpha,i-1/2,j}\right) \tag{4-16}$$

式中，$H_{\alpha,i+1/2,j}$ 表示界面 $x_i+\Delta x/2$ 处的 x 方向通量，这里假设 y 方向的网格长度为 1。

借助加权思想，通量 $H_{\alpha,i+1/2,j}$ 可由三个不同模板 $[i-2, i-1, i]$、$[i-1, i, i+1]$ 和 $[i, i+1, i+2]$ 上的通量加权平均求得：

$$H_{\alpha,i+1/2,j}=\sum_{k=1}^{3}\omega_k H_{\alpha,i+1/2,j}^{[k]} \tag{4-17}$$

式中，ω_k 为加权因子。

不失一般性，假设 $e_{\alpha x}\geqslant 0$，利用泰勒级数展开法易为每一个模板构造出具有三阶代数精度的迎风通量：

$$H_{\alpha,i+1/2,j}^{[1]}=\frac{1}{3}h_{\alpha,i-2,j}-\frac{7}{6}h_{\alpha,i-1,j}+\frac{11}{6}h_{\alpha,i,j} \tag{4-18}$$

$$H_{\alpha,i+1/2,j}^{[2]}=-\frac{1}{6}h_{\alpha,i-1,j}+\frac{5}{6}h_{\alpha,i,j}+\frac{1}{3}h_{\alpha,i+1,j} \tag{4-19}$$

$$H_{\alpha,i+1/2,j}^{[3]}=\frac{1}{6}h_{\alpha,i,j}+\frac{5}{6}h_{\alpha,i+1,j}-\frac{1}{6}h_{\alpha,i+2,j} \tag{4-20}$$

显然，利用泰勒级数展开法易给出光滑区域的“理想”加权因子为 $C_1=1/10$、$C_2=6/10$、$C_3=3/10$，从而通量 $H_{\alpha,i+1/2,j}$ 具有六阶代数精度；在光滑解区 ω_k 应该逼近理想值 C_k，在间断解区 ω_k 应该足够小，从而有

$$\omega_k=\frac{\beta_k}{\beta_1+\beta_2+\beta_3},\quad \beta_k=\frac{C_k}{\left(10^{-7}+\mathrm{IS}_k\right)^2} \tag{4-21}$$

式中，IS_k 表示模板的光滑度量因子。

在光滑解区 IS_k 应该很小，在间断解区 IS_k 应该很大以保证 ω_k 很小，从而有

$$\mathrm{IS}_1=\frac{1}{4}\left(h_{\alpha,i-2,j}-4h_{\alpha,i-1,j}+3h_{\alpha,i,j}\right)^2+\frac{13}{12}\left(h_{\alpha,i-2,j}-2h_{\alpha,i-1,j}+h_{\alpha,i,j}\right)^2 \tag{4-22}$$

$$\mathrm{IS}_2=\frac{1}{4}\left(h_{\alpha,i-1,j}-h_{\alpha,i+1,j}\right)^2+\frac{13}{12}\left(h_{\alpha,i-1,j}-2h_{\alpha,i,j}+h_{\alpha,i+1,j}\right)^2 \tag{4-23}$$

$$\mathrm{IS}_3=\frac{1}{4}\left(3h_{\alpha,i,j}-4h_{\alpha,i+1,j}+h_{\alpha,i+2,j}\right)^2+\frac{13}{12}\left(h_{\alpha,i,j}-2h_{\alpha,i+1,j}+h_{\alpha,i+2,j}\right)^2 \tag{4-24}$$

对于 $e_{\alpha x}\leqslant 0$ 的情形，利用对称性可同样构造出具有五阶代数精度的 WENO 格式；直接复制 x 方向的格式到 y 方向，可实现 y 方向导数的差分格式。对于靠

近边界和边界上的网格点，若模板用到了边界外的值，则可直接令其加权因子为零，这样显然会将其代数精度降为三阶。

4.3.2 隐式-显式时间积分格式

当压力或者温度的梯度变化较剧烈时，可压缩流动一般存在较大的刚性，这反映为方程(2-10)和方程(2-88)中非常小的弛豫时间，从而控制方程整体也具有很大的刚度。如果采用显式时间推进求解，时间步长不仅受制于网格尺度，还受制于问题自身带来的刚度；在诸多可压缩流动问题中，后者对时间步长的限制能力远远大于前者。在时间推进上引入隐式-显式(implicit-explicit，IMEX)时间积分格式[202]来消除问题自身的刚度，有

$$f_\alpha^{[m]} = f_\alpha^{[t]} - \Delta t \sum_{n=1}^{m-1} \overline{a}_{mn} \boldsymbol{e}_\alpha \cdot \nabla f_\alpha^{[n]} + \Delta t \sum_{n=1}^{m} a_{mn} \frac{f_\alpha^{\mathrm{eq}[n]} - f_\alpha^{[n]}}{\tau_\mathrm{f}^{[n]}} \tag{4-25}$$

$$f_\alpha^{[t+\Delta t]} = f_\alpha^{[t]} - \Delta t \sum_{m=1}^{s} \overline{b}_m \boldsymbol{e}_\alpha \cdot \nabla f_\alpha^{[m]} + \Delta t \sum_{m=1}^{s} b_m \frac{f_\alpha^{\mathrm{eq}[m]} - f_\alpha^{[m]}}{\tau_\mathrm{f}^{[m]}} \tag{4-26}$$

$$\begin{aligned} h_\alpha^{[m]} = {} & h_\alpha^{[t]} - \Delta t \sum_{n=1}^{m-1} \overline{a}_{mn} \boldsymbol{e}_\alpha \cdot \nabla h_\alpha^{[n]} \\ & + \Delta t \sum_{n=1}^{m} a_{mn} \left[\frac{h_\alpha^{\mathrm{eq}[n]} - h_\alpha^{[n]}}{\tau_\mathrm{h}^{[n]}} - \boldsymbol{e}_\alpha \cdot \boldsymbol{u}^{[n]} \frac{f_\alpha^{\mathrm{eq}[n]} - f_\alpha^{[n]}}{\tau_\mathrm{fh}^{[n]}} \right] \end{aligned} \tag{4-27}$$

$$\begin{aligned} h_\alpha^{[t+\Delta t]} = {} & h_\alpha^{[t]} - \Delta t \sum_{m=1}^{s} \overline{b}_m \boldsymbol{e}_\alpha \cdot \nabla h_\alpha^{[m]} \\ & + \Delta t \sum_{m=1}^{s} b_m \left[\frac{h_\alpha^{\mathrm{eq}[m]} - h_\alpha^{[m]}}{\tau_\mathrm{h}^{[m]}} - \boldsymbol{e}_\alpha \cdot \boldsymbol{u}^{[m]} \frac{f_\alpha^{\mathrm{eq}[m]} - f_\alpha^{[m]}}{\tau_\mathrm{fh}^{[m]}} \right] \end{aligned} \tag{4-28}$$

式中，$f_\alpha^{[t]}$、$f_\alpha^{[n]}$、$f_\alpha^{[t+\Delta t]}$ 表示时刻 t、中间第 n 级和时刻 $t+\Delta t$ 的速度分布函数，对于总能分布函数也有相同的表示；$f_\alpha^{\mathrm{eq}[n]}$ 表示中间第 n 级的平衡态速度分布函数，对于平衡态总能分布函数也有相同的表示；$\overline{a}_{mn}$、a_{mn}、$\overline{b}_m$、b_m 为 IMEX 时间积分格式常系数；s 为 IMEX 时间积分格式的总阶数。

表 4-7 和表 4-8 分别给出了二阶和三阶代数精度的 IMEX 时间积分格式常系数。

表 4-7 三级二阶 IMEX 时间积分格式常系数

	0	0	0		1/2	0	0
$\overline{a}$	0	0	0	a	−1/2	1/2	0
	0	1	0		0	1/2	1/2
$\overline{b}$	0	1/2	1/2	b	0	1/2	1/2

表 4-8　四级三阶 IMEX 时间积分格式常系数

$\bar{a}$	0	0	0	0	a	a_{11}	0	0	0
	0	0	0	0		$-a_{11}$	a_{11}	0	0
	0	1	0	0		0	$1-a_{11}$	a_{11}	0
	0	1/4	1/4	0		a_{41}	a_{42}	a_{43}	a_{11}
$\bar{b}$	0	1/6	1/6	2/3	b	0	1/6	1/6	2/3

注：$a_{11}=0.24169426078821$，$a_{41}=0.06042356519705$，$a_{42}=0.1291528696059$，$a_{43}=0.5-a_{41}-a_{42}-a_{11}$。

从式(4-25)和式(4-27)可以看出，第 m 级的密度分布函数、总能分布函数及相应的平衡态分布均未知，从而迭代很难进行下去。考虑到碰撞不变量的特性满足式(2-3)，对于中间第 n 级的密度分布函数和总能分布函数分别有

$$\sum_{\alpha}\left(f_{\alpha}^{\mathrm{eq}[n]}-f_{\alpha}^{[n]}\right)\psi_{\mathrm{f}}=0 \tag{4-29}$$

$$\sum_{\alpha}\left(h_{\alpha}^{\mathrm{eq}[n]}-h_{\alpha}^{[n]}\right)\psi_{\mathrm{h}}=0 \tag{4-30}$$

式中，ψ_{f} 表示密度分布函数对应的碰撞不变量，其定义为 $\psi_{\mathrm{f}}=(1,\boldsymbol{e}_{\alpha})^{\mathrm{T}}$；$\psi_{\mathrm{h}}$ 表示总能分布函数对应的碰撞不变量，其定义为 $\psi_{\mathrm{h}}=1$。

对式(4-25)两边关于 ψ_{f} 求和，对式(4-27)两边关于 ψ_{h} 求和，并结合式(4-29)和式(4-30)可得

$$\sum_{\alpha}f_{\alpha}^{[m]}\psi_{\mathrm{f}}=\sum_{\alpha}f_{\alpha}^{[t]}\psi_{\mathrm{f}}-\Delta t\sum_{n=1}^{m-1}\bar{a}_{mn}\sum_{\alpha}\psi_{\mathrm{f}}\boldsymbol{e}_{\alpha}\cdot\nabla f_{\alpha}^{[n]} \tag{4-31}$$

$$\sum_{\alpha}h_{\alpha}^{[m]}\psi_{\mathrm{h}}=\sum_{\alpha}h_{\alpha}^{[t]}\psi_{\mathrm{h}}-\Delta t\sum_{n=1}^{m-1}\bar{a}_{mn}\sum_{\alpha}\psi_{\mathrm{h}}\boldsymbol{e}_{\alpha}\cdot\nabla h_{\alpha}^{[n]} \tag{4-32}$$

由零阶速度矩和一阶速度矩的式(2-14)、式(2-15)和式(2-90)可以看出，式(4-31)和式(4-32)给出了中间第 m 级的宏观物理量：$\rho^{[m]}$、$\rho^{[m]}\boldsymbol{u}^{[m]}$ 和 $\rho^{[m]}E^{[m]}$。显然，第 m 级的平衡态分布函数和弛豫时间可根据第 m 级的宏观物理量确定，则第 m 级的密度分布函数和总能分布函数可重写为

$$f_{\alpha}^{[m]}=\frac{f_{\alpha}^{[t]}-\Delta t\sum_{n=1}^{m-1}\bar{a}_{mn}\boldsymbol{e}_{\alpha}\cdot\nabla f_{\alpha}^{[n]}+\Delta t\sum_{n=1}^{m-1}a_{mn}\dfrac{f_{\alpha}^{\mathrm{eq}[n]}-f_{\alpha}^{[n]}}{\tau_{\mathrm{f}}^{[n]}}+\Delta t a_{mm}\dfrac{f_{\alpha}^{\mathrm{eq}[m]}}{\tau_{\mathrm{f}}^{[m]}}}{1+\dfrac{\Delta t a_{mm}}{\tau_{\mathrm{f}}^{[m]}}} \tag{4-33}$$

$$h_{\alpha}^{[m]}=\frac{h_{\alpha}^{[t]}-\Delta t\sum_{n=1}^{m-1}\bar{a}_{mn}\boldsymbol{e}_{\alpha}\cdot\nabla h_{\alpha}^{[n]}+\Delta t\sum_{n=1}^{m-1}a_{mn}\dfrac{h_{\alpha}^{\mathrm{eq}[n]}-h_{\alpha}^{[n]}}{\tau_{\mathrm{h}}^{[n]}}}{1+\dfrac{\Delta t a_{mm}}{\tau_{\mathrm{h}}^{[m]}}}$$

$$+\frac{-\Delta t\sum_{n=1}^{m}a_{mn}\boldsymbol{e}_{\alpha}\cdot\boldsymbol{u}^{[n]}\dfrac{f_{\alpha}^{\mathrm{eq}[n]}-f_{\alpha}^{[n]}}{\tau_{\mathrm{fh}}^{[n]}}+\Delta t a_{mm}\dfrac{h_{\alpha}^{\mathrm{eq}[m]}}{\tau_{\mathrm{h}}^{[m]}}}{1+\dfrac{\Delta t a_{mm}}{\tau_{\mathrm{h}}^{[m]}}} \tag{4-34}$$

至此，发现 IMEX 时间积分中的隐式格式已完全被消除，故编程实现时只需迭代式(4-33)、式(4-26)、式(4-34)和式(4-28)即可。

4.3.3　二维高精度有限差分格子 Boltzmann 方法数值算例

为了验证 WENO 格式在二维 FDLBM 中的有效性和准确性，选取带有激波等间断解的算例进行考核；为了说明差分算子和过滤器算子的谱性质，采用二维高精度 FDLBM 直接数值模拟了平面时间发展混合层。为便于数据的统一处理和计算结果的展示，在无特殊说明的情况下本章均采用无量纲物理量，故选取参考长度 $L_{\mathrm{ref}}=1\mathrm{m}$、参考密度 $\rho_{\mathrm{ref}}=1.2\mathrm{kg/m^3}$、参考速度 $u_{\mathrm{ref}}=290\mathrm{m/s}$ 和参考温度 $T_{\mathrm{ref}}=293\mathrm{K}$。

1. 二维黎曼间断解问题

对于稀薄气体或者高马赫数可压缩气体动力学问题，气体黏性作用很弱，从而可以直接采用欧拉模型来求解。黎曼间断解是欧拉方程中非常重要的一类，主要在于其间断解的性质，对于存在激波的工程实际问题有参考意义；另外，黎曼间断解问题也是考量数值方法的标准算例，它能够衡量构造出的具有 TVD 性质的数值格式的准确性和稳定性。

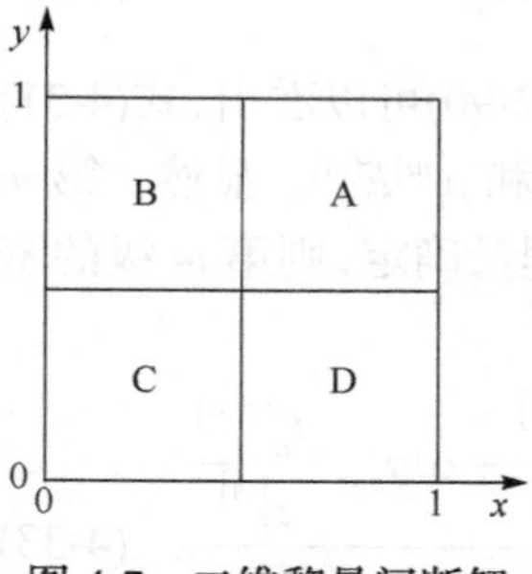

图 4-7　二维黎曼间断解问题的初始间断面分布

二维黎曼间断解问题的提法可用图 4-7 表示，初始时刻将边长为单位 1 的正方形流体域分割成四个部分，分别为 A、B、C 和 D，每两个区域之间存在一个交界面；在每个区域的内部流体分布一致，而相邻区域流体密度、速度或者压力可能不相同，交界面处的间断可能造成的基元波有一维激波、一维稀疏波或者二维间断滑移线。校验数值方法的目标即转化为准确计算出交界面处的间断解，本节利用带有 WENO 格式的 FDLBM 求解不同初始条件下的二维黎曼间断解问题，并将计算结果与利用 FVM 求解欧拉方程[350]得到的结果进行对比。

考虑由基元波组成的 10 种不同情形下的二维黎曼间断解问题，其初始时刻状态详见表 4-9，显然初始时刻交界面上的密度、压力或者速度并不连续。利用一维特征线解法可以获得边界上的物理量随时间的变化，这也可以作为利用

FDLBM 和 FVM 求解二维黎曼间断解问题的边界条件。在计算过程中将普朗特数取为 $Pr=0.71$，将比热容比取为 $\gamma=1.4$，FDLBM 和 FVM 的迭代时间步相同且相应的柯朗数为 0.25。

表 4-9　二维黎曼间断解问题初始时刻状态

工况	ρ^{B}	p^{B}	u_x^{B}	u_y^{B}	ρ^{A}	p^{A}	u_x^{A}	u_y^{A}
	ρ^{C}	p^{C}	u_x^{C}	u_y^{C}	ρ^{D}	p^{D}	u_x^{D}	u_y^{D}
R1	0.51	0.4	−0.7	0	1	1	0	0
	1	1	−0.7	−0.7	0.51	0.4	0	−0.7
R2	0.53	0.3	1.20	0	1.5	1.5	0	0
	0.13	0.02	1.20	1.20	0.53	0.3	0	1.20
R3	0.50	0.35	0.89	0	1.1	1.1	0	0
	1.1	1.1	0.89	0.89	0.50	0.35	0	0.89
R4	2	1	0.75	0.5	1	1	0.75	−0.5
	1	1	−0.7	0.5	3	1	−0.7	−0.5
R5	1	1	−0.6	0.1	0.51	0.4	0.1	0.1
	0.8	1	0.1	0.1	1	1	0.1	−0.6
R6	2	1	0	−0.3	1	1	0	0.3
	1.03	0.4	0	−0.8	0.51	0.4	0	−0.4
R7	0.53	0.4	0.82	0	1	1	0.1	0
	0.8	0.4	0.1	0	0.53	0.4	0.1	0.72
R8	1	1	0.72	0	0.53	0.4	0	0
	0.8	1	0	0	1	1	0	0.72
R9	1.02	1	−0.6	0.1	0.53	0.4	0.1	0.1
	0.8	1	0.1	0.1	1	1	0.1	0.82
R10	2	1	0	−0.3	1	1	0	−0.4
	1.06	0.4	0	0.21	0.51	0.4	0	−1.1

注：表中的变量上标代表流体域的四个部分。

图 4-8 给出了不同初始条件下 FDLBM 和 FVM 计算所得结果的对比，图中从左至右依次为初始时刻、FDLBM 计算所得结果和 FVM 计算所得结果，后两种结果处于相同时刻。从整体上看两者吻合良好，说明带有 WENO 格式的 FDLBM 能够准确地捕捉带有间断特征的非线性声学问题。对于工况 R1，四个边界均为一维传播的稀疏波，这也使得计算域中心附近出现了低密度区；尽管工况 R2 和工况 R3 的四个边界均存在激波，但是由于这两个工况的左边界和下边界上的激波传播方向不同，计算域内部形成的间断结构也存在显著差异；工况 R4 的初始条件决定了四个边界上只存在滑移线，因此计算域中心区域出现的流体掺混现象进一步降低了中心区的密度。

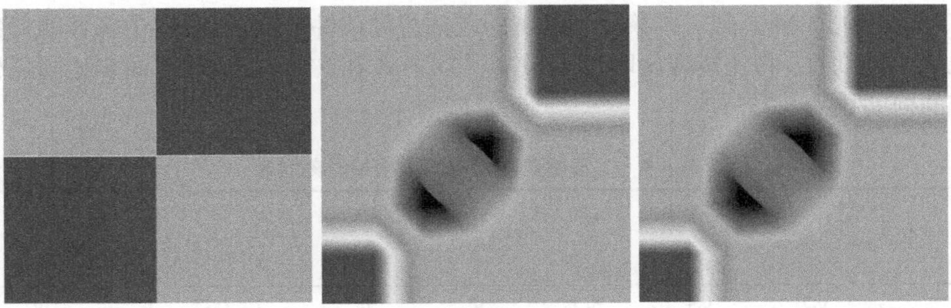

(a) 工况 R1

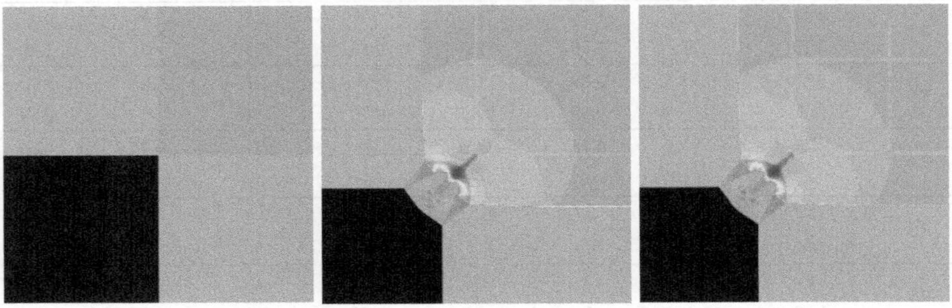

(b) 工况 R2

(c) 工况 R3

(d) 工况 R4

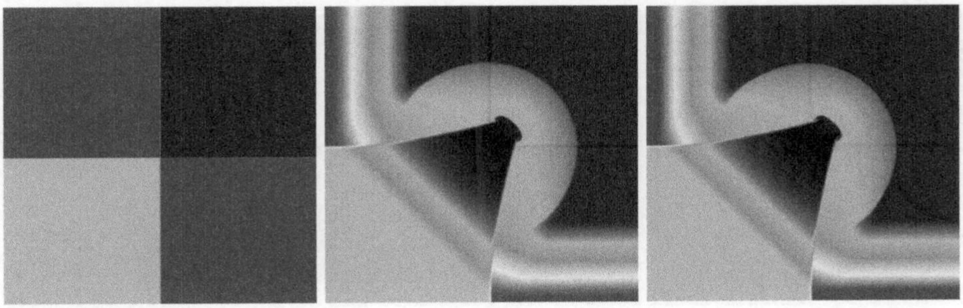

(e) 工况 R5

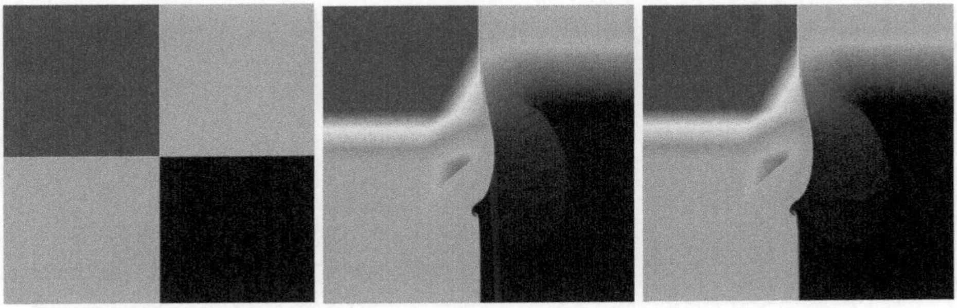

(f) 工况 R6

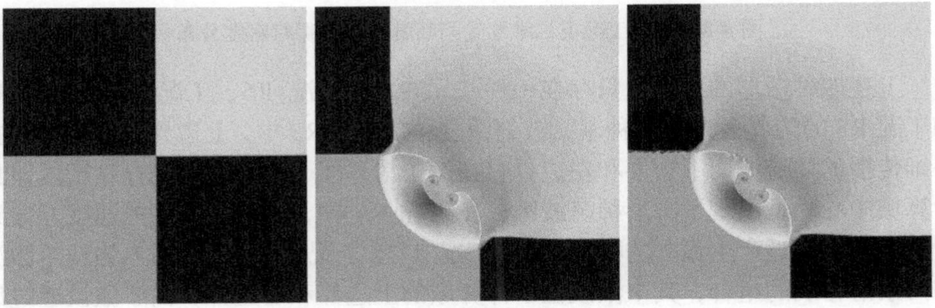

(g) 工况 R7

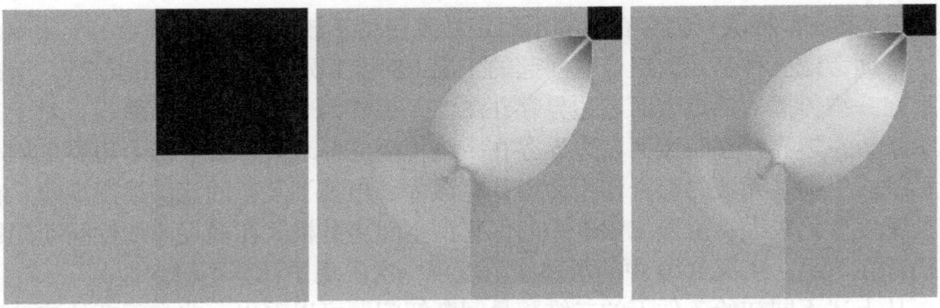

(h) 工况 R8

(i) 工况 R9

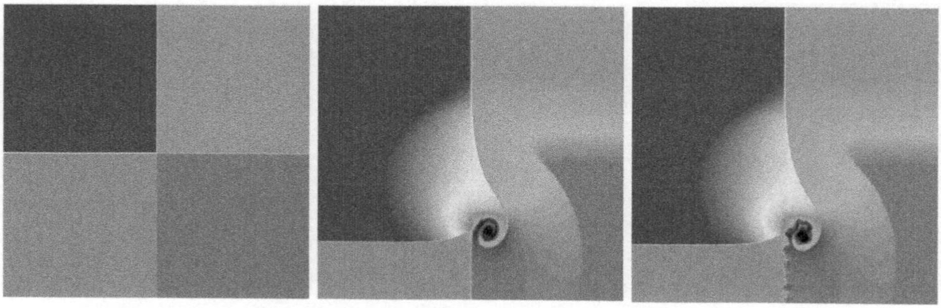

(j) 工况 R10

图 4-8　不同工况下二维黎曼间断解问题的瞬时密度分布

上述四种情形的边界上只存在一种基元波，而工况 R5、工况 R6、工况 R7 和工况 R8 的边界上存在两种基元波的组合；在工况 R5 中，上边界和右边界存在一维传播的稀疏波而下边界和左边界存在两条滑移线，滑移线两侧存在密度差且计算域中心附近出现了圆形稀疏波区；在工况 R6 中，滑移线两侧的速度差导致计算域中心附近产生孤立的稀疏波区。工况 R7 和工况 R8 的四个边界为两个激波和两条滑移线的组合，其中激波位于计算域的上边界和右边界；由于激波通过后气体密度增大，在混合区域出现了高密度区；尽管 FVM 采用了保正格式，对于工况 R7 其在滑移线处仍存在计算不稳定性且产生了较大的误差。

下面考虑三种基元波组合在一起的工况 R9 和工况 R10。对于工况 R9，上边界存在一维传播的稀疏波而右边界存在激波，另外两个边界均有滑移线；对于工况 R10，左边界存在激波而右边界存在一维传播的稀疏波，另外两个边界也均有滑移线。三种基元波的综合作用使得计算域内部出现了复杂的流动掺混现象，在该处密度变化较大；由于 FVM 中的保正型空间离散格式在捕捉非线性间断问题上仍存在不足，工况 R10 中的滑移线附近再一次出现了计算不稳定性。

从上述不同初始条件下的二维黎曼间断解问题可以看出，非常复杂的流动和波系传播现象主要包括马赫波的反射、滑移线的卷曲和激波干涉等；光滑区域对空间离散格式的精度提出了很高的要求，而间断区域要求空间离散格式具有 TVD 性质；构造的带有 WENO 格式的 FDLBM 可以很好地满足这两个要求，从而能够准确地捕捉到流动的细节和波系的演化，这也得益于 WENO 格式的非线性性质；与基于保正型空间离散格式的 FVM 相比，FDLBM 表现出较高的计算稳定性。

2. 平面时间发展混合层的直接数值模拟

混合层广泛存在于平均流速在空间上分布不均匀的流动中，如航空发动机尾喷管出口处的剪切层。真实混合层模型的近似一般有两种：时间发展混合层和空间发展混合层，时间发展混合层是在流动方向上施加周期性边界条件，而空间发展混合层可以考虑上游扰动在流动方向上的发展并恢复大尺度涡结构的噪声辐射；从逼近真实物理模型的角度看，空间发展混合层优于时间发展混合层，但通常需要前者在流动方向上足够长并布置足够多的网格节点以使扰动能够在下游充分发展；由于时间发展混合层不受进出口边界条件的影响，当时间离散误差和空间离散误差均小到可以忽略时，混合层的动力学行为与辐射噪声均源于物理扰动；除了能够正确考察气动噪声对物理扰动的敏感性，时间发展混合层模型的计算量还比空间发展混合层模型的计算量大约小一个数量级。

只有当基于混合层初始厚度 δ 的雷诺数 Re_δ 大于某临界值时，三维效应才比较显著，一般情形下只需考虑平面的时间发展混合层，如图 4-9 所示。热力学物理性质相同但平均流速相反的两股流体在近场处交汇，形成类似于正切曲线分布的剪切层，温度分布服从 Crocco-Busemann 关系，则初始速度场和温度场为

$$\begin{bmatrix} u_x \\ u_y \\ T \end{bmatrix} = \begin{bmatrix} u_\infty \tanh(2y/\delta) \\ 0 \\ 1 \end{bmatrix} + \begin{bmatrix} c_\delta u_\infty \dfrac{\partial \phi}{\partial y} \\ -c_\delta u_\infty \dfrac{\partial \phi}{\partial x} \\ \dfrac{u_\infty^2 - u_x^2}{2c_\mathrm{p}} \end{bmatrix} \tag{4-35}$$

式中，u_∞为混合层在 y 方向无穷远处的速度；c_δ 为混合层的速度场扰动幅值；ϕ为混合层的速度场扰动势函数。

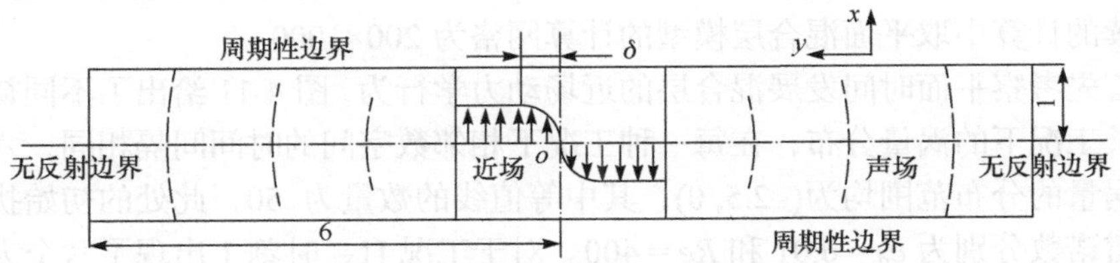

图 4-9　平面时间发展混合层模型

混合层在近场的非线性作用下发生掺混等流体动力学现象，而一部分的扰动向远处传播形成声场。为减少计算过程中边界的伪反射波，需在 y 方向添加无反射边界条件，关于其原理和具体实现见 6.3.2 节。

混合层中对流马赫数的定义为 $Ma = 2u_\infty/c_s$，在本节取 $Ma = 0.3$，值得注意的是该工况下的流动仍为可压缩过程，如果采用第 3 章中的 DGLBM 求解此问题将得到不正确的结果；基于混合层初始涡量厚度的雷诺数可定义为 $Re = \rho u_\infty \delta/\mu$，这里将其取为 $Re = 400$ 和 $Re = 800$；另外，还考虑了两种速度场扰动幅值，分别为 $c_\delta = 0.01$ 和 $c_\delta = 0.005$；对于初始时刻的扰动势函数，仅考虑其在三种扰动频率组合叠加下的情形：

$$\phi = -\exp\left(-\frac{y^2}{20\delta^2}\right)\left[\frac{\lambda_1}{2\pi}\sin\left(\frac{2\pi}{\lambda_1}x\right) + \frac{\lambda_2}{8\pi}\sin\left(\frac{2\pi}{\lambda_2}x\right) + \frac{\lambda_3}{16\pi}\sin\left(\frac{2\pi}{\lambda_3}x\right)\right] \tag{4-36}$$

式中，λ_1、λ_2、λ_3 表示三种不同的扰动波长。

在每一种雷诺数和速度场扰动幅值下，均设置六种初始条件，如表 4-10 所示。

表 4-10　初始扰动波长参数

初始扰动	λ_1	λ_2	λ_3
I1	1/3	0	0
I2	1/3	1/2	0
I3	1/3	2/3	0
I4	1/3	1	0
I5	1/3	1/2	2
I6	1/3	1	2

由于平面混合层辐射声波的压力脉动幅值相对于平均流压力非常小，为准确地求解声场，采用 11 点中心差分和 11 点偏差分模板进行空间离散，并配合相应的过滤器算子；时间离散上采用四级三阶 IMEX 时间积分格式，为控制时间离散的截断误差，本节取柯朗数为 $\mathrm{CFL} = c_s\Delta t/\Delta x = 0.4$。尽管对平面混合层运动采用了直接数值模拟，但网格的疏密对计算结果仍有影响，如图 4-10 所示。当网格加密到 250×1200 时，混合层中心处声压随时间的变化已经基本与网格疏密无关，故在后续的计算中取平面混合层模型的计算网格为 200×1000。

首先考察平面时间发展混合层的近场动力学行为，图 4-11 给出了不同初始扰动波长工况下的涡量分布，在每一种工况下相邻数字间的时间间隔相同，六种工况下涡量的分布范围均为(−2.5, 0)，其中等值线的数量为 50，此处的初始扰动幅值和雷诺数分别为 $c_\delta = 0.01$ 和 $Re = 400$。对于工况 I1，时刻 1 出现了六个大小相同的旋涡，这反映了初始扰动波长的直接作用，时刻 2 旋涡的数量减少为五个，

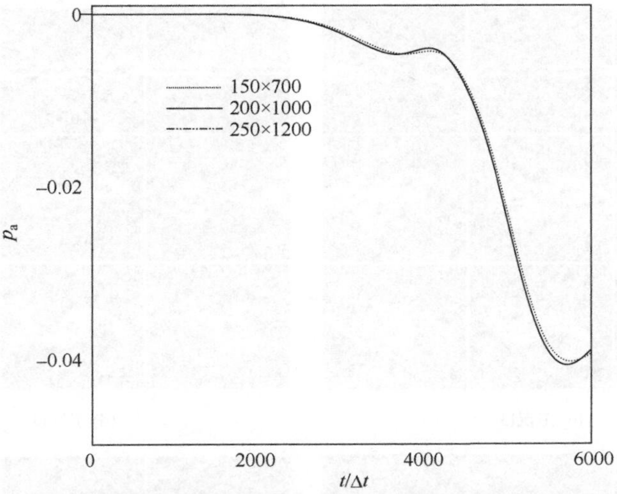

图 4-10　三种网格下平面时间发展混合层中心位置声压的变化过程

这是 Kelvin-Helmholtz 不稳定机制产生的旋涡兼并；时刻 3 中间的三个涡继续合并为两个涡而靠近周期性边界的涡形状变大；时刻 4 中间的两个涡再缩并成一个涡且靠近周期性边界的涡继续扩展；时刻 5 两侧的大涡高速旋转并卷吸了中间的小涡，从时刻 6 开始两个大涡合并成一个大涡，并且涡心的强度逐渐减弱，这是气体黏性耗散的结果。

从上述工况 I1 的演化过程可以看出，旋涡的对并、缠绕和旋转均扩大了其纵向尺度，但也减小了旋涡强度；这种变化也可以从能量守恒的角度解释，近场的扰动能量部分转化为声能并辐射到远场，这一点也可以从下面胀量的演化看出。不同于工况 I1，工况 I2、工况 I3 和工况 I4 均引入了第二种初始扰动波长，这显著加快了涡系的演化；以时刻 4 为例，第二种初始扰动波长促进了靠近右边界的

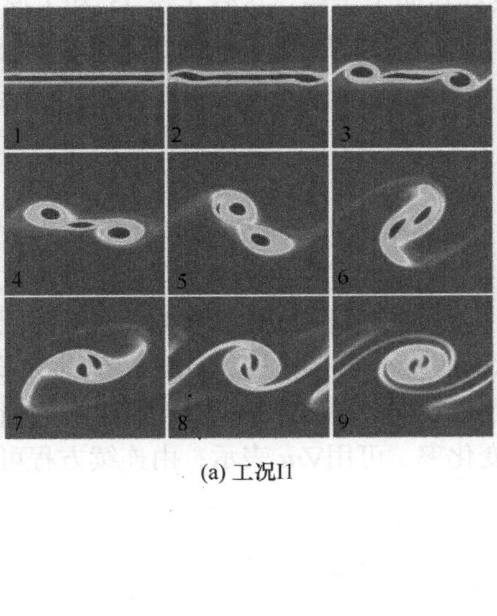

(a) 工况I1

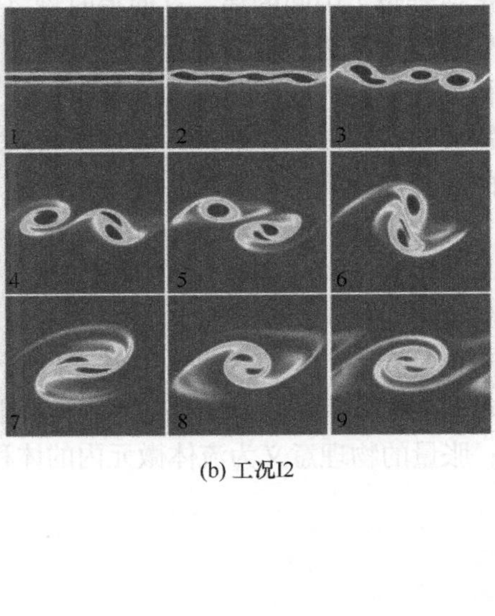

(b) 工况I2

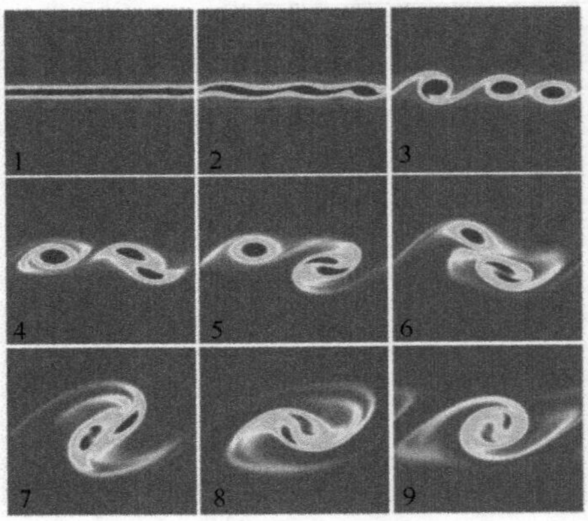

(c) 工况I3

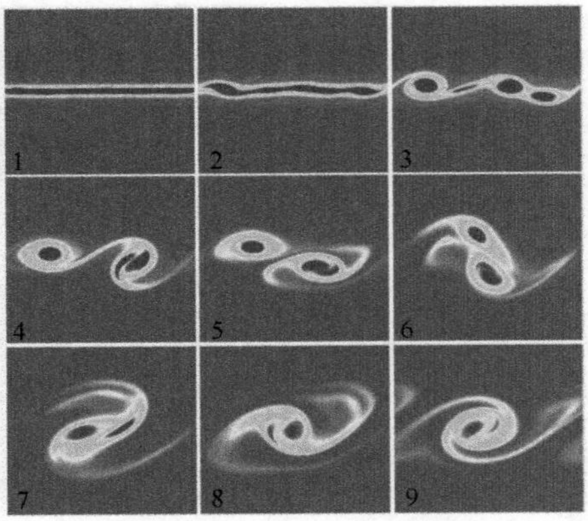

(d) 工况I4

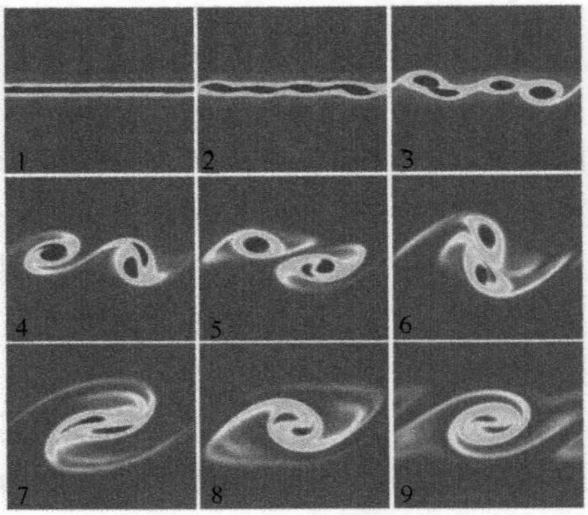

(e) 工况I5

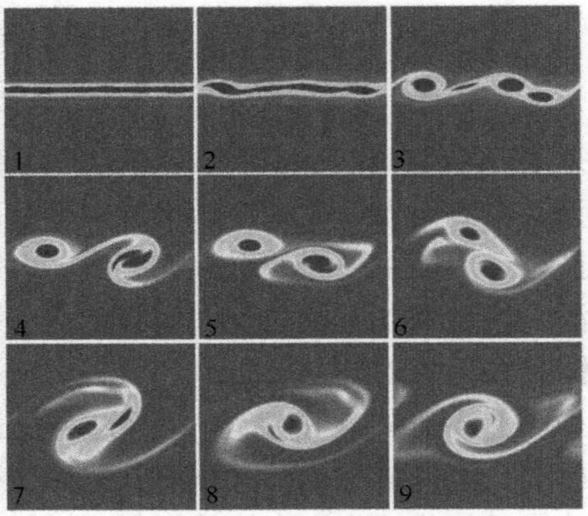

(f) 工况I6

图 4-11　不同初始扰动波长工况下平面时间发展混合层演化的序列涡量分布云图

涡迅速卷吸了中间的涡，这使得时刻 4 只存在两个主涡。尽管工况 I5 和工况 I6 额外地引入了第三种初始扰动波长，波系的演化速度却没有加快，这是因为第三种初始扰动波的空间长度与计算域的横向尺度相当，它引起流场发生变化的能力比短波长扰动波弱，这进一步说明大尺度旋涡的迁移由低频波主导，而小尺度旋涡的对并和缠绕由高频波主导。

对于其他初始扰动幅值和雷诺数下不同初始扰动波长的近场涡系演化过程，其与图 4-11 基本一致，这里不再给出；但初始扰动幅值和雷诺数可能会影响扰动能的大小，这可以从下面给定模态下扰动能的变化过程看出。对于平面时间混合层演化过程中的声辐射，采用图 4-12 所示的胀量分布来描述，云图下方的相邻数字对应的时间间隔相同，胀量的分布范围为(−0.005, 0.005)，其中等值线的数量为 50；胀量的物理意义为流体微元内的体积变化率，可用$\nabla\cdot\boldsymbol{u}$表示；由连续方程可知胀量也表示当地密度随时间的变化率，在线性范围内可理解为当地声压随时间的变化率。在时刻 1 混合层辐射的声波仍未传播到边界，从时刻 2 开始声波光滑地从无反射边界流出而未产生伪反射波；当地流体受到周期性的压缩和膨胀过程，使得声波传递的方式为平面波，这也可以从下面平均压力的变化过程看出；由于涡对的旋转，近场的声源相当于一个绕原点旋转的四极子源，该声源尺度随着时间逐渐增大并与涡对的尺寸相对应。

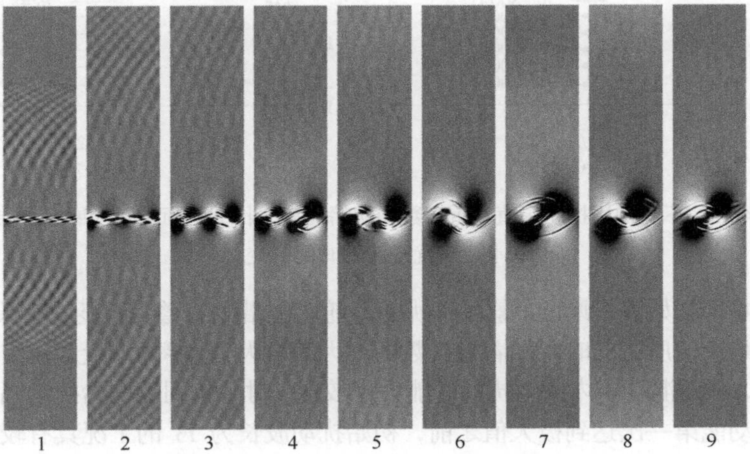

图 4-12　初始扰动波长工况 I6 下平面时间发展混合层演化的序列胀量分布云图

近场涡对的缠绕、兼并和旋转，以及远场声场的辐射过程均伴随着能量的变化，故通过对 x 方向的流场参数进行快速傅里叶变换，可定义给定模态的扰动能为

$$E(\beta,t)=\int_{-\infty}^{+\infty}\hat{\rho}^2\left(\hat{u}_x^2+\hat{u}_y^2\right)\mathrm{d}y \tag{4-37}$$

式中，$\hat{\rho}$、$\hat{u}_x$、$\hat{u}_y$ 分别表示密度、x 方向速度和 y 方向速度对应波数为 β 的傅里叶分量的模长。

图 4-13 给出了基本模态扰动能的变化过程。在初始阶段扰动能随时间呈近似的指数增长，这是由 Kelvin-Helmholtz 不稳定机制引起混合层上下流体剧烈掺混所造成的；对于较薄的初始涡量厚度，扰动能在声波传播了约 5 个流向尺度后达到最大值，而较厚初始涡量厚度工况下的扰动能在声波传播了约 10 个流向尺度后达到最大值；随着涡系的演化，由于基本模态与其他模态扰动之间的相互作用，扰动能呈波动变化并逐渐减小最终被气体黏性耗散。

下面将继续考察不同初始扰动幅值、雷诺数和初始扰动波长对平面时间发展混合层演化的影响。对比图 4-13(a)和(b)可以发现，基本模态扰动能随着初始扰动幅值的增大而增大，但其作用主要体现在声波传播了约 2 个流向尺度的区域内；雷

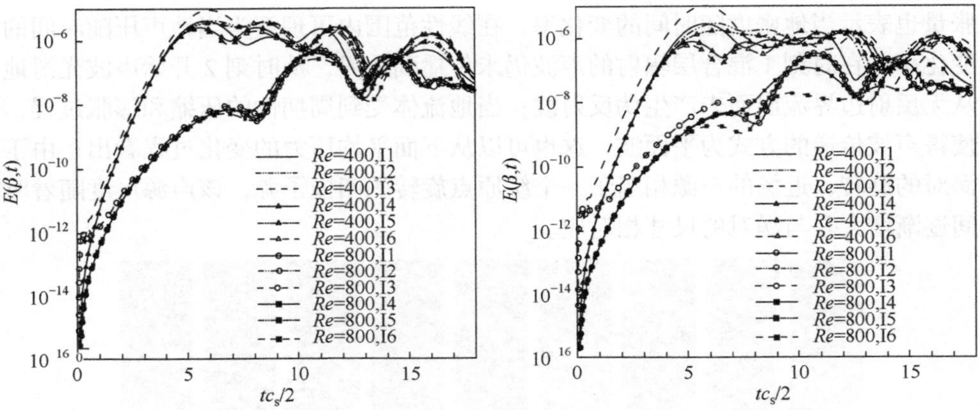

(a) $c_\delta=0.005$　　　　(b) $c_\delta=0.01$

图 4-13　不同初始扰动幅值、雷诺数和初始扰动波长下平面时间发展混合层的基本模态扰动能随时间的变化

诺数的影响即初始涡量厚度的影响，扰动能随着雷诺数的增大而显著降低，并且扰动能达到最大值所需的时间随着雷诺数的增大而增大，较厚的涡量层对应着较小的速度梯度，从而混合层内产生扰动的能力也较弱；对于相同的初始扰动幅值和雷诺数，在扰动能第一次达到极大值之前，初始扰动波长为 I3 的工况具有较大的基本模态扰动能，而其余工况的基本模态扰动能相同；当初始扰动幅值较大时，不同初始扰动波长下的扰动能相差较大，这是初始扰动幅值和扰动波长共同作用的结果。

由于 x 方向为周期性边界条件，声波的辐射方式为 y 方向的平面波。图 4-14

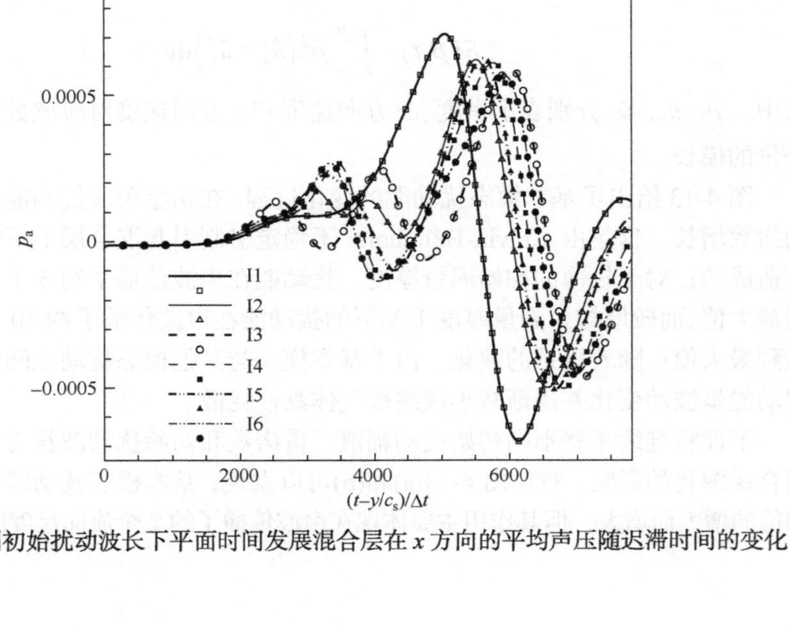

图 4-14　不同初始扰动波长下平面时间发展混合层在 x 方向的平均声压随迟滞时间的变化

给出了不同初始扰动波长对 x 方向的平均声压的影响，图中线条代表监测点位于直线 $y=4$ 上，圆圈代表监测点位于直线 $y=5$ 上，此处初始扰动幅值和基于涡量厚度的雷诺数分别为 $c_\delta=0.01$ 和 $Re=400$；对于相同初始扰动波长的工况，不同位置的平均声压随迟滞时间的变化曲线重合，这再一次证明了平面时间发展混合层辐射的声波为平面波且以声速传播；只存在一种初始扰动波长的平面时间发展混合层具有较大的声压幅值，而多种波长叠加使得扰动相互干涉从而减小了幅值。

4.4　三维高精度有限差分格子 Boltzmann 方法

4.4.1　三维高精度空间差分离散策略

类似于二维高精度 FDLBM 的空间差分离散，三维情形下的空间差分离散具有相似的特点，在每个方向上均施加一维差分格式，由于已经在 4.2 节中详细地讨论了一维方向上的中心差分格式和偏差分格式，这里不再赘述；为了抑制网格间距尺度上的伪波并消除计算过程中的不稳定性，同样需要添加选择性过滤器；对于内部节点，很容易添加中心差分格式和选择性过滤器模板，而对于外部节点，添加的模板如图 4-15 所示。如果流动问题中存在间断特征，可以将每一维方向上施加的高精度空间差分格式替换为具有非线性性质的 WENO 格式。对于三维 FDLBM 的时间离散，仍然采用 4.3.2 节中的 IMEX 时间积分格式。

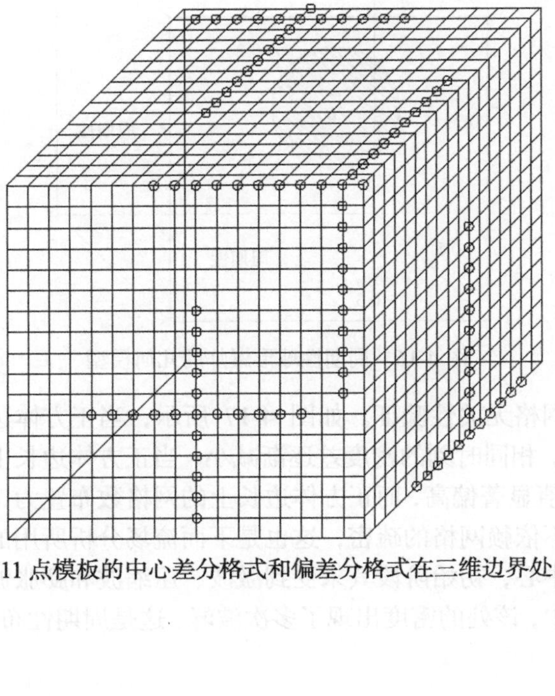

图 4-15　11 点模板的中心差分格式和偏差分格式在三维边界处的示意图

4.4.2　三维高精度有限差分格子 Boltzmann 方法数值算例

相对于不可压缩流气动噪声问题，可压缩流气动噪声问题更多地关心四极子源的演化，只有当流场中存在固体壁面时才会存在单极子源和偶极子源；除此之外，可压缩流场中还有一种广泛存在的非线性声学现象，也就是激波以及激波与湍流边界层或者多种涡系的干涉作用；相对于前者，后者对数值格式的要求更高，因为在激波区域要准确地捕捉间断解，而在光滑解区域又要尽可能无色散且无耗散地求解声波。因此，下面第一个算例考察三维 FDLBM 在纯激波问题中的准确性，而第二个算例考察三维 FDLBM 在激波与球涡干涉问题中的准确性。

1. 周期性球形爆炸

爆炸在军事和矿业等领域中应用颇多，其通常涉及复杂的激波传播现象，本节以一个周期性球形爆炸的简化模型来验证三维 FDLBM 的有效性。图 4-16 给出了球形爆炸的几何示意图，计算域为单位边长的正方体，在半径为 $r=0.2$ 的圆球内部聚集着高压高密度气体，其初始状态给定为$[\rho, \boldsymbol{u}, p]=[\phi, \mathbf{0}, \phi]$，这里$\phi$反映了爆炸的强度，下面的计算中取$\phi=5$；球的外部为环境气体，其初始状态给定为$[\rho, \boldsymbol{u}, p]=[1, \mathbf{0}, 1]$；当采用周期性边界条件时，其描述了三维空间的阵列爆炸。

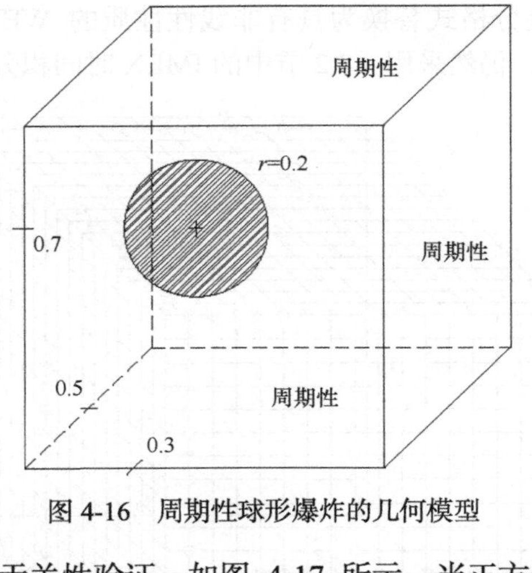

图 4-16　周期性球形爆炸的几何模型

下面先进行网格无关性验证。如图 4-17 所示，当正方体边长上的网格数从 60 增加到 210 时，相同时刻的密度差逐渐减小；当正方体边长上的网格数布置为 60 时其密度计算值显著偏高，而正方体边长上的网格数布置为 180 或者 210 时认为模拟收敛结果不依赖网格的疏密，这也是下面流场分析所用的网格。由于监测点位于计算域的中心，初始阶段其未受到激波、压缩波和膨胀波的影响；在球形爆炸的演化过程中，该处的密度出现了多次波峰，这是周期性布置爆炸物的结果；

当压缩波经过监测点时密度增大，而膨胀波经过监测点时密度减小。

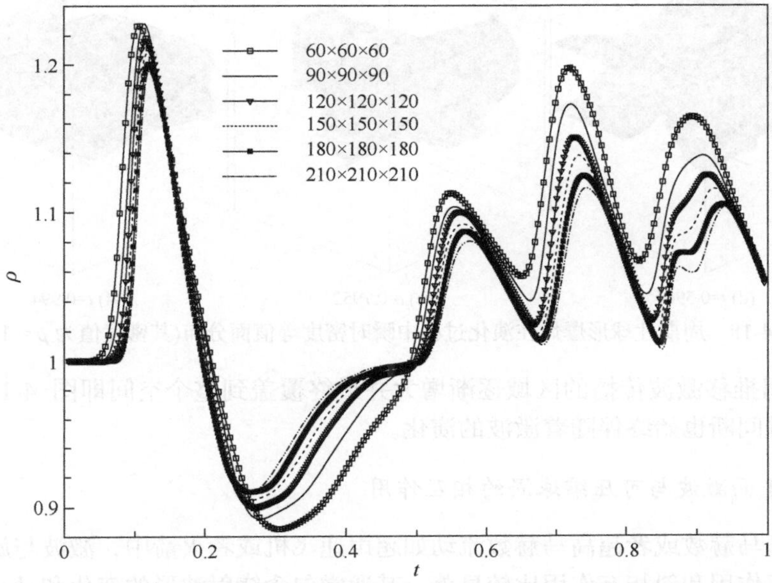

图 4-17　不同疏密网格对周期性球形爆炸中监测点(0.5, 0.5, 0.5)处密度随时间变化的影响

除了观察密度随时间的变化，图 4-18 给出了周期性球形爆炸在演化过程中瞬时密度等值面的空间分布。在初始阶段相邻球之间的流场未发生相互干涉，从而近似认为球形间断外部形成径向传播的激波而球形间断内部形成径向汇聚的稀疏波，经估算可知激波过后的密度为 1.694 而稀疏波尾的密度为 2.716；当相邻球开始发生干涉时激波与激波交汇，而球形间断内部依然保持为稀疏波，如图 4-18(b) 所示；当球形间断内的稀疏波交汇时即图 4-18(c)的状态，相邻球产生的激波已接近稀疏波区域，在时刻 $t = 0.5964$ 时激波与稀疏波发生干涉导致复杂的波系结构；

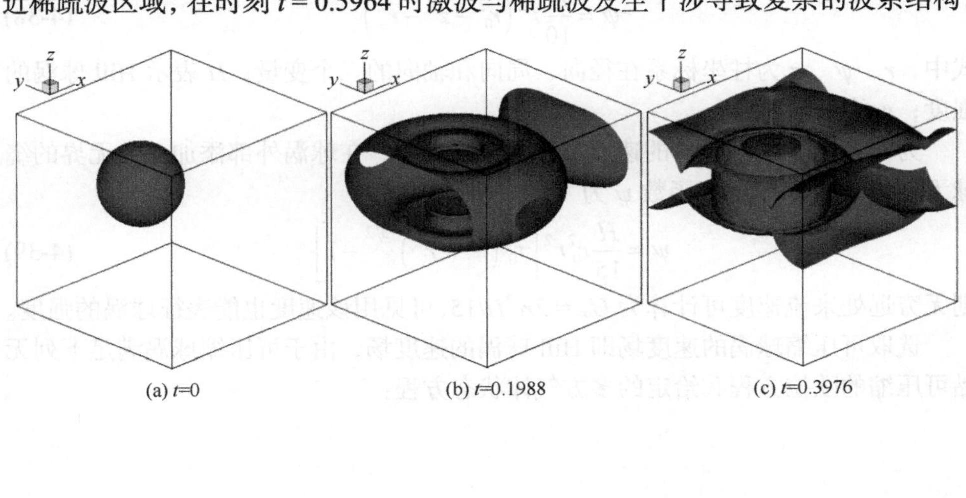

(a) t=0　(b) t=0.1988　(c) t=0.3976

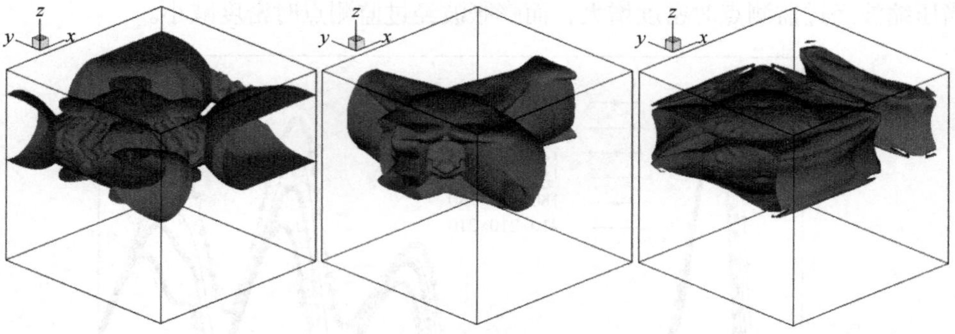

(d) t=0.5964 (e) t=0.7952 (f) t=0.994

图 4-18 周期性球形爆炸在演化过程中瞬时密度等值面分布(其密度值为 $\rho=1.2$)

随着时间推移激波传播的区域逐渐增大并最终覆盖到整个空间即图 4-18(f)的状态，接触间断也始终伴随着激波的演化。

2. 平面激波与可压缩球涡的相互作用

在高马赫数或者超高马赫数流动如超声速飞机或者火箭中，激波与旋涡之间的正相互作用和斜相互作用比较显著，其通常包含绕射波形的变化和马赫波的反射等声学现象。为了简化模型的复杂几何，本节选取平面激波与可压缩球涡的相互作用算例来探究激波与旋涡之间的干涉机制并校验三维 FDLBM 的有效性；由于该算例中不存在固体壁面，黏性的作用非常微弱，所以采用 FDLBM 求解该问题与采用欧拉方程求解该问题的结果将一致。

在无黏不可压缩流动中存在一种具有解析表达式的定常球涡即 Hill 球涡模型，本问题中的可压缩球涡正是基于此构造的，首先采用如下的 Stokes 流函数 ψ 表示 Hill 球涡的内部速度场：

$$\psi=\frac{H}{10}r^2\left(r_0^2-z^2-r^2\right) \tag{4-38}$$

式中，r、ψ、z 为柱坐标系在径向、周向和轴向的三个变量；H 表示 Hill 球涡的强度；r_0 为涡球半径。

为了使 Hill 球涡内外的速度场和压力场连续，在球涡外部添加一个无界的绕球无旋流，其 Stokes 流函数 ψ 为

$$\psi=\frac{H}{15}r_0^2r^2\left[r_0^3\left(z^2+r^2\right)^{-3/2}-1\right] \tag{4-39}$$

则无穷远处来流速度可计算为 $U_\infty=2r_0^2H/15$，可见用该速度也能表征球涡的强度。

选取可压缩球涡的速度场即 Hill 球涡的速度场，由于可压缩球涡满足下列无黏可压缩的欧拉方程和给定的多方气体状态方程：

$$\rho \boldsymbol{u} \cdot \nabla \boldsymbol{u} + \nabla p = 0 \tag{4-40}$$

$$\frac{p}{\rho^{\gamma}} = \frac{p_{\infty}}{\rho_{\infty}^{\gamma}} \tag{4-41}$$

那么解得可压缩球涡内部即 $r < r_0$ 时的压力场为

$$p = p_{\infty}\left\{1 - \frac{1}{8}(\gamma-1)Ma_{\infty}^2\left[5 + r^2\left(9 - 27\cos^2\theta\right) + 9r^4\left(2\cos^2\theta - 1\right)\right]\right\}^{\frac{\gamma}{\gamma-1}} \tag{4-42}$$

可压缩球涡外部即 $r > r_0$ 时的压力场为

$$p = p_{\infty}\left[1 + (\gamma-1)Ma_{\infty}^2\left(\frac{3\cos^2\theta - 1}{2r^3} - \frac{3\cos^2\theta + 1}{8r^6}\right)\right]^{\frac{\gamma}{\gamma-1}} \tag{4-43}$$

式中，θ 为球坐标系的变量。

在获得可压缩球涡在无穷远处的密度场、速度场和压力场后，根据 Rankine-Hugoniot 关系容易构造出相对前方气体传播马赫数为 Ma_s 的正激波，这里直接给出激波前方的气流参数为

$$\rho = \rho_{\infty}\frac{2 + (\gamma-1)Ma_s^2}{(\gamma+1)Ma_s^2} \tag{4-44}$$

$$u_x = U_{\infty} - \frac{2c_s}{\gamma+1}\left(Ma_s - \frac{1}{Ma_s}\right), \quad u_y = 0, \quad u_z = 0 \tag{4-45}$$

$$p = p_{\infty}\frac{\gamma+1}{2\gamma Ma_s^2 - \gamma + 1} \tag{4-46}$$

在该算例中选取计算域为[−120, 60]×[−60, 60]×[−60, 60]的长方体，初始时刻激波间断位于 $x = -60$ 的平面上，并设置涡球半径为 $r_0 = 5$；可压缩球涡的形状和速度在实际演化过程中是随时间变化的，但在球涡强度不是很大即 Ma_{∞}较低的情况下，可压缩球涡的动力学行为应当与 Hill 球涡一致，即表现为准定常运动；当球涡强度很大即 Ma_{∞}较高的情况下，强烈的可压缩性效应会引起涡自身演化的剧烈畸变，当激波再与之干涉时流动过程变得非常复杂，这类情形在可压缩流场中较罕见，故这里不做讨论。

首先设置计算过程中无穷远处的热力学物理量为 $\rho_{\infty} = 1$ 和 $p_{\infty} = 1$；然后选取两种可压缩球涡即弱球涡 $Ma_{\infty} = 0.1$ 和中等强度球涡 $Ma_{\infty} = 0.4$，再选取两种平面激波即弱激波 $Ma_s = 0.756$ 和中等强度激波 $Ma_s = 0.945$；最后采用均匀网格 180×120×120 剖分计算域，类似于图 4-17，以监测点(40, 0, 0)的压力随时间的变化衡量网格疏密对计算结果的影响，该网格能够满足要求，故这里不

再展示。

以平面激波与可压缩球涡的相互作用过程中 xy 平面内的瞬时压力分布为例，考察了两者的强度对其演化过程的影响，如图 4-19(等值线范围为[0.8, 1.9]且等值线的数量为 150，激波强度为 $Ma_s = 0.756$ 而可压缩球涡强度为 $Ma_\infty = 0.1$)、图 4-20(等值线范围为[0.8, 1.9]且等值线的数量为 150，激波强度为 $Ma_s = 0.756$ 而可压缩球涡强度为 $Ma_\infty = 0.4$)和图 4-21(等值线范围为[0.8, 1.2]且等值线的数量为 150，激波强度为 $Ma_s = 0.945$ 而可压缩球涡强度为 $Ma_\infty = 0.4$)所示。弱激波和弱球涡的相干流场结构比较简单，激波以接近匀速向右运动而球涡的可压缩性导致其以同心球的形式向外扩散；当 $t = 21.6$ 时，激波与可压缩球涡的外环相切，随着激波的进一步右移，激波面在 $t = 37.9$ 时到达涡心位置并在对称轴(x 轴)附近受球涡非均匀气流作用而发生轻微的折射；当 $t = 43.3$ 时，激波已经穿越球涡的中心区域，激波的强度基本保持不变且球涡的形状仍保持对称性。

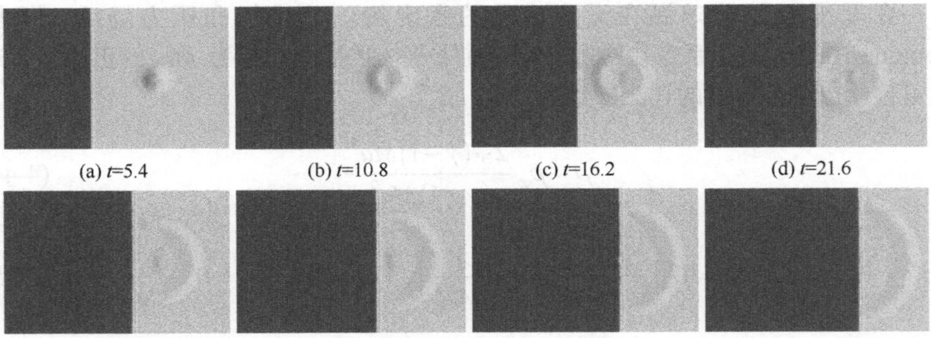

(a) t=5.4　(b) t=10.8　(c) t=16.2　(d) t=21.6

(e) t=27.0　(f) t=32.5　(g) t=37.9　(h) t=43.3

图 4-19　激波与可压缩球涡相互作用过程中 xy 平面内的瞬时压力分布 1

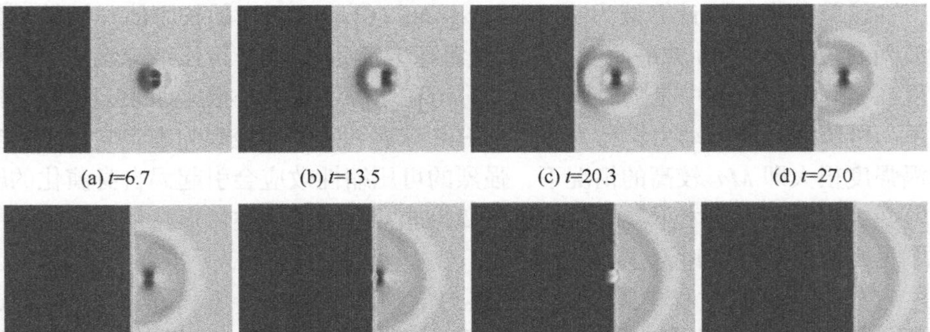

(a) t=6.7　(b) t=13.5　(c) t=20.3　(d) t=27.0

(e) t=33.8　(f) t=40.6　(g) t=47.3　(h) t=54.1

图 4-20　激波与可压缩球涡相互作用过程中 xy 平面内的瞬时压力分布 2

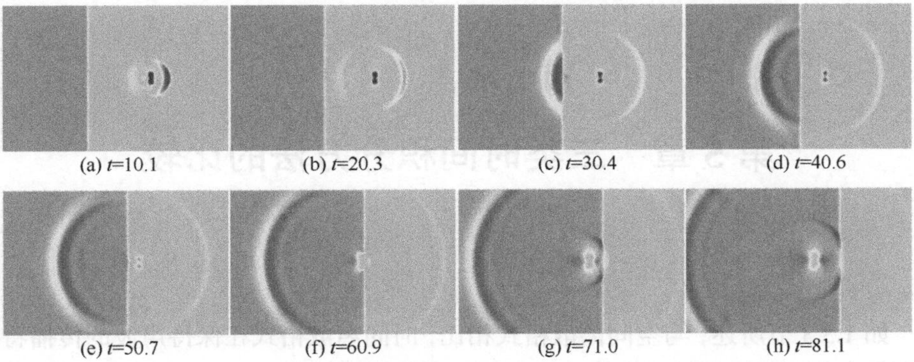

图 4-21　激波与可压缩球涡相互作用过程中 xy 平面内的瞬时压力分布 3

相对于上一种情形中两者间的弱相互作用，弱激波与中等强度球涡相互作用的前期比较接近，而在相互作用的后期演化过程较为复杂且两种情形相差较大；当 $t=40.6$ 时激波面运动到球涡的涡心位置，在对称轴(x 轴)附近激波蜕变成弱马赫反射型结构；当 $t=47.3$ 时该反射型结构的强度持续增大且马赫杆的长度也增大，而当激波已经越过球涡中心区域时马赫反射型结构又蜕变为等熵压缩波，可见在相互作用的后期，中等强度球涡的变形比弱球涡的变形剧烈。

当激波的强度继续增大时，中等强度激波与中等强度球涡的相互作用更为复杂，这是因为在相互作用的前期激波后方气体也发生了显著的变化；当 $t=30.4$ 时可压缩球涡的外环穿透激波面并引起交汇处激波面的轻微扭曲，交汇处中间区域的激波得到增强；当 $t=40.6$ 时激波后方气体产生两组膨胀波，其均以同心球的形式向外扩散。当激波面靠近球涡中心区域即 $t=50.7$ 时，涡心的强度逐渐减弱；当激波面穿过涡心区域即 $t=60.9$ 时流场中出现反射型马赫结构，而在 $t=71.0$ 时该马赫结构衰变至消亡却生成了比原球涡强度小的新球涡，并伴随着两道月牙形膨胀波；当激波面继续右移时，膨胀波与激波面交汇处的形状发生了严重的扭曲。这些复杂涡系与激波的演化过程进一步证明了三维 FDLBM 的有效性。

4.5　本 章 小 结

由于可压缩流气动噪声问题中可能既存在高马赫数的等熵压缩波又存在强非线性的激波，而传统的格子 Boltzmann 方法无法胜任，本章采用兼具高精度和简洁操作的有限差分法与双分布函数模型来解决该困境。中心差分格式的模板增宽使得有效波数更加接近真实波数；偏差分格式不可避免地会引入耗散误差，且色散误差和耗散误差均随着波数的增大而增大；过滤器算子在高波数下的亏损函数值较大而整体耗散较小，偏过滤器算子对长波无明显衰减。

第 5 章　三类时间积分方法的比较

5.1 引　　言

如 1.3.3 节所述，与空间离散格式相比，时间离散格式在保持声波的传播特征方面具有相同的重要性；在第 3 章和第 4 章着重讨论了 DGLBM 和 FDLBM 中的空间离散部分，而在时间推进方面直接采用了文献中已经建立的 RK 法[75,202]。尽管这两种 RK 法将在本章被证明相对较优，但除波传播特征外的其他性质和其他时间积分方法的性质仍未知。对于工程实际中的气动噪声问题，特别是三维密集型计算，都对时间积分方法提出了更高的要求，因为不同的时间积分方法在内存消耗、时间精度和稳定性等方面均有显著差异；在给定声波传播色散误差和耗散误差的前提下，如何以更少的内存和更短的计算时间获得相同的结果是合理选择时间积分方法的关键。

LM 法和 RK 法均是针对一般的半离散微分方程(1-24)提出的，它们并不能代表求解特定问题的最佳时间离散方案；对 LBM 的时间离散，既可以将其与空间分开单独处理也可以耦合空间同时处理，这也是将时间积分方法进行分类的基本思想。若无特殊说明，本章以低马赫数的 LBM 控制方程作为研究对象，且其空间离散均采用 DGM。在 5.2 节将时间积分方法分类以便于讨论它们的基本性质，通过具体数值算例测试可以比较这些时间积分方法的有效性、准确性和并行特性。

5.2 时间积分方法的分类原理

5.2.1 直接时间积分方法

直接时间积分方法是对方程(2-10)先进行 DGM 空间离散再进行时间离散的一类方法的统称，也简称为直接法。由于对方程(2-10)的 DGM 空间离散与 3.4.1 节和 3.5.1 节相似，下面将简要叙述：在局部单元 Ω_n 上将函数空间 V 中的试验函数 φ 对方程(2-10)进行内积，可得

$$\int_{\Omega_n}\left(\frac{\partial f_\alpha}{\partial t}+\nabla\cdot\boldsymbol{F}_\alpha\right)\varphi\mathrm{d}\Omega=\int_{\Omega_n}\frac{f_\alpha^{\mathrm{eq}}-f_\alpha}{\tau_{\mathrm{f}}}\varphi\mathrm{d}\Omega \tag{5-1}$$

借助高斯定理对式(5-1)中的通量项进行分部积分，可得

$$\int_{\Omega_n}\frac{\partial f_\alpha}{\partial t}\varphi \mathrm{d}\Omega-\int_{\Omega_n}\boldsymbol{F}_\alpha\cdot\nabla\varphi \mathrm{d}\Omega=-\oint_{\partial\Omega_n}\varphi\boldsymbol{n}\cdot\boldsymbol{F}_\alpha \mathrm{d}\Gamma+\int_{\Omega_n}\frac{f_\alpha^{\mathrm{eq}}-f_\alpha}{\tau_{\mathrm{f}}}\varphi \mathrm{d}\Omega \tag{5-2}$$

引入新的数值通量 $\bar{\boldsymbol{F}}_\alpha=\bar{\boldsymbol{F}}_\alpha(f_\alpha^-,f_\alpha^+)$，并用 $\bar{\boldsymbol{F}}_\alpha$ 代替式(5-2)中的 $\boldsymbol{F}_\alpha$，可得

$$\int_{\Omega_n}\frac{\partial f_\alpha}{\partial t}\varphi \mathrm{d}\Omega-\int_{\Omega_n}\boldsymbol{F}_\alpha\cdot\nabla\varphi \mathrm{d}\Omega=-\oint_{\partial\Omega_n}\varphi\boldsymbol{n}\cdot\bar{\boldsymbol{F}}_\alpha \mathrm{d}\Gamma+\int_{\Omega_n}\frac{f_\alpha^{\mathrm{eq}}-f_\alpha}{\tau_{\mathrm{f}}}\varphi \mathrm{d}\Omega \tag{5-3}$$

对式(5-3)的等号左侧第二项再进行一次分部积分可得强形式：

$$\int_{\Omega_n}\left(\frac{\partial f_\alpha}{\partial t}+\nabla\cdot\boldsymbol{F}_\alpha\right)\varphi \mathrm{d}\Omega=\oint_{\partial\Omega_n}\varphi\boldsymbol{n}\cdot\left(\boldsymbol{F}_\alpha-\bar{\boldsymbol{F}}_\alpha\right)\mathrm{d}\Gamma+\int_{\Omega_n}\frac{f_\alpha^{\mathrm{eq}}-f_\alpha}{\tau_{\mathrm{f}}}\varphi \mathrm{d}\Omega \tag{5-4}$$

对于二维情形，多项式基函数、插值节点和度量系数的计算与 3.4.1 节相同；对于三维情形，多项式基函数、插值节点和度量系数的计算与 3.5.1 节相同。由于将 DGM 空间离散与时间离散分开处理，二维和三维情形下的空间离散并不会影响时间积分方法自身的特性，则方程(5-4)经过二维 DGM 空间离散变为

$$\boldsymbol{M}_{2\mathrm{D}}\frac{\mathrm{d}\boldsymbol{f}_\alpha^n}{\mathrm{d}t}+\boldsymbol{e}_\alpha\cdot\boldsymbol{S}_{2\mathrm{D}}\boldsymbol{f}_\alpha^n+\boldsymbol{R}_{2\mathrm{D}}\left(t,\boldsymbol{f}_\alpha^n\right)=\boldsymbol{M}_{2\mathrm{D}}\frac{\boldsymbol{f}_\alpha^{\mathrm{eq},n}-\boldsymbol{f}_\alpha^n}{\tau_{\mathrm{f}}} \tag{5-5}$$

对式(5-5)左乘二维局部质量矩阵的逆矩阵，经化简可得

$$\frac{\mathrm{d}\boldsymbol{f}_\alpha^n}{\mathrm{d}t}=-\left(\boldsymbol{M}_{2\mathrm{D}}\right)^{-1}\left[\boldsymbol{e}_\alpha\cdot\boldsymbol{S}_{2\mathrm{D}}\boldsymbol{f}_\alpha^n+\boldsymbol{R}_{2\mathrm{D}}\left(t,\boldsymbol{f}_\alpha^n\right)\right]+\frac{\boldsymbol{f}_\alpha^{\mathrm{eq},n}-\boldsymbol{f}_\alpha^n}{\tau_{\mathrm{f}}}=\boldsymbol{L}_{\mathrm{dir}}\left(t,\boldsymbol{f}_\alpha^n\right) \tag{5-6}$$

式中，$\boldsymbol{L}_{\mathrm{dir}}(t,\boldsymbol{f}_\alpha^n)$ 表示直接法对应的 DGM 算子。

显然，还需要对方程(5-6)采用进一步的时间离散格式，由于本节侧重大类方法的研究，具体的时间离散格式将在 5.2.4 节进行讨论。

5.2.2　解耦时间积分方法

解耦时间积分方法是对方程(2-10)先进行空间和时间的解耦离散再进行时间离散的一类方法的统称，也简称为解耦法。在第 3 章介绍的 DGLBM 正是解耦法的一种形式，下面着重介绍解耦法的基本原理。

先进行空间和时间的解耦离散，对方程(2-10)在时间$[t,t+\Delta t]$上积分，可得

$$\int_t^{t+\Delta t}\left(\frac{\partial f_\alpha}{\partial t}+\boldsymbol{e}_\alpha\cdot\nabla f_\alpha\right)\mathrm{d}t=\int_t^{t+\Delta t}\frac{f_\alpha^{\mathrm{eq}}-f_\alpha}{\tau_{\mathrm{f}}}\mathrm{d}t \tag{5-7}$$

对式(5-7)的左侧项沿着特征线积分并化简为

$$f_\alpha\left(\boldsymbol{x}+\boldsymbol{e}_\alpha\Delta t,t+\Delta t\right)-f_\alpha\left(\boldsymbol{x},t\right)=\int_t^{t+\Delta t}\frac{f_\alpha^{\mathrm{eq}}-f_\alpha}{\tau_{\mathrm{f}}}\mathrm{d}t \tag{5-8}$$

如果对式(5-8)的右端项采用矩形积分，则可得形如式(2-42)的一阶精度 LBM 方程；如果对式(5-8)的右端项采用梯形积分，则可得形如式(3-21)的二阶精度 LBM 方程。无论采用哪种积分方式，均可将其写成统一的表达式：

$$f_\alpha\left(\boldsymbol{x}+\boldsymbol{e}_\alpha\Delta t,t+\Delta t\right)=f_\alpha\left(\boldsymbol{x},t\right)+\frac{f_\alpha^{\mathrm{eq}}\left(\boldsymbol{x},t\right)-f_\alpha\left(\boldsymbol{x},t\right)}{\lambda_{\mathrm{dec}}} \tag{5-9}$$

式中，λ_{dec}表示解耦法中的弛豫时间。

对于一阶精度 LBM，弛豫时间为 $\lambda_{\mathrm{dec}}=\tau_{\mathrm{f}}/\Delta t$；对于二阶精度 LBM，弛豫时间为 $\lambda_{\mathrm{dec}}=1/2+\tau_{\mathrm{f}}/\Delta t$。

与标准 LBM 执行过程相同，依然将式(5-9)拆分为碰撞步和对流步：

$$f_\alpha^*\left(\boldsymbol{x},t\right)=f_\alpha\left(\boldsymbol{x},t\right)+\frac{f_\alpha^{\mathrm{eq}}\left(\boldsymbol{x},t\right)-f_\alpha\left(\boldsymbol{x},t\right)}{\lambda_{\mathrm{dec}}} \tag{5-10}$$

$$f_\alpha\left(\boldsymbol{x}+\boldsymbol{e}_\alpha\Delta t,t+\Delta t\right)=f_\alpha^*\left(\boldsymbol{x},t\right) \tag{5-11}$$

鉴于 3.1 节中对流步存在诸多不足的陈述，依然选择求解方程(5-11)的同解方程(3-44)，从而二维和三维情形下的 DGM 空间离散分别与 3.4 节和 3.5 节一致，这里不再赘述，而直接给出经过二维 DGM 空间离散的半离散微分方程：

$$\frac{\mathrm{d}\boldsymbol{f}_\alpha^n}{\mathrm{d}t}=-\left(\boldsymbol{M}_{2\mathrm{D}}\right)^{-1}\left[\boldsymbol{e}_\alpha\cdot\boldsymbol{S}_{2\mathrm{D}}\boldsymbol{f}_\alpha^n+\boldsymbol{R}_{2\mathrm{D}}\left(t,\boldsymbol{f}_\alpha^n\right)\right]=\boldsymbol{L}_{\mathrm{dec}}\left(t,\boldsymbol{f}_\alpha^n\right) \tag{5-12}$$

式中，$\boldsymbol{L}_{\mathrm{dec}}(t,\boldsymbol{f}_\alpha^n)$表示解耦法对应的 DGM 算子。

因此，解耦法是由碰撞步方程(5-10)和等效的对流步方程(5-12)组成的，此外将在 5.2.4 节对方程(5-12)进一步的时间离散格式进行详细的讨论。

5.2.3　分裂时间积分方法

分裂时间积分方法是对方程(2-10)先进行时间分裂处理再进行 DGM 空间离散和时间离散的一类方法的统称，也简称为分裂法。分裂法中的第一步是基于 Strang 分裂过程的[351]，将方程(2-10)分裂为

$$f_\alpha\left(\boldsymbol{x}+\boldsymbol{e}_\alpha\Delta t,t+\Delta t\right)=\boldsymbol{S}_1\left(\frac{\Delta t}{2}\right)\boldsymbol{S}_2\left(\Delta t\right)\boldsymbol{S}_1\left(\frac{\Delta t}{2}\right)f_\alpha\left(\boldsymbol{x},t\right) \tag{5-13}$$

式中，$\boldsymbol{S}_1(t)$表示粒子碰撞过程算子；$\boldsymbol{S}_2(t)$表示均匀对流过程算子。

分裂法的执行步骤由式(5-13)的右端项从右侧向左侧逐步进行，且算子 $\boldsymbol{S}_1(t)$ 和 $\boldsymbol{S}_2(t)$对应的控制方程分别为

$$\frac{\partial f_\alpha}{\partial t}=\frac{f_\alpha^{\mathrm{eq}}-f_\alpha}{\tau_{\mathrm{f}}} \tag{5-14}$$

$$\frac{\partial f_\alpha}{\partial t}+\boldsymbol{e}_\alpha\cdot\nabla f_\alpha=0 \tag{5-15}$$

分裂法的第二步是对方程(5-14)和方程(5-15)分别进行 DGM 空间离散和时间离散。首先对 $\boldsymbol{S}_1(t)$进行 DGM 空间离散：在局部单元 Ω_n 上将函数空间 V 中的试验函数 φ 对方程(5-14)进行内积可得

$$\int_{\Omega_n}\frac{\partial f_\alpha}{\partial t}\varphi\mathrm{d}\Omega=\int_{\Omega_n}\frac{f_\alpha^{\mathrm{eq}}-f_\alpha}{\tau_{\mathrm{f}}}\varphi\mathrm{d}\Omega \tag{5-16}$$

借助 3.4.1 节中二维情形下多项式基函数、插值节点和度量系数的计算，可以直接写出经过二维 DGM 空间离散的半离散微分方程：

$$\frac{\mathrm{d}\boldsymbol{f}_\alpha^n}{\mathrm{d}t}=\frac{\boldsymbol{f}_\alpha^{\mathrm{eq},n}-\boldsymbol{f}_\alpha^n}{\tau_{\mathrm{f}}}=\boldsymbol{L}_{\mathrm{spl}}\left(t,\boldsymbol{f}_\alpha^n\right) \tag{5-17}$$

式中，$\boldsymbol{L}_{\mathrm{spl}}(t,\boldsymbol{f}_\alpha^n)$ 表示分裂法对应的 DGM 算子。

对方程(5-17)进一步的时间离散格式也将在 5.2.4 节进行讨论。然后对算子 $\boldsymbol{S}_2(t)$进行 DGM 空间离散，由于算子 $\boldsymbol{S}_2(t)$的控制方程(5-15)与方程(3-44)一致，经过二维 DGM 空间离散得到的半离散微分方程与方程(5-12)相同。由上可见，分裂法由方程 (5-17)和方程(5-12)共同组成，其性质同时受到两个时间离散格式的影响。

5.2.4　基于时间积分方法的时间离散格式

直接法、解耦法和分裂法都生成了至少一个具有如下形式的半离散微分方程：

$$\frac{\mathrm{d}\boldsymbol{f}_\alpha^n}{\mathrm{d}t}=\boldsymbol{L}\left(t,\boldsymbol{f}_\alpha^n\right) \tag{5-18}$$

式中，$\boldsymbol{L}(t,\boldsymbol{f}_\alpha^n)$ 表示 DGM 算子，对应于三类时间积分方法分别为 $\boldsymbol{L}_{\mathrm{dir}}$、$\boldsymbol{L}_{\mathrm{dec}}$ 和 $\boldsymbol{L}_{\mathrm{spl}}$。

考虑到方程(5-18)和方程(1-24)两者形式上的相似性，直接对方程(5-18)采用具有一般形式的 s 级 RK 法(式(1-25))，则有

$$\boldsymbol{f}_\alpha^{n,t+\Delta t}=\boldsymbol{f}_\alpha^{n,t}+\Delta t\sum_{i=1}^{s}b_i\boldsymbol{g}_i\,,\quad \boldsymbol{g}_i=\boldsymbol{L}\left(t+c_i\Delta t,\boldsymbol{f}_\alpha^{n,t}+\Delta t\sum_{j=1}^{s}a_{ij}\boldsymbol{g}_j\right) \tag{5-19}$$

式中，a_{ij}、b_i、c_i 为时间离散格式常系数，其中 c_i 为 a_{ij} 的列元素和。当 $j\geqslant i$、$a_{ij}=0$ 时，该 RK 法为显式类；当 $j>i$、$a_{ij}=0$ 而 a_{ii} 不全为零时，该 RK 法为对角隐式类；当 $j>i$、a_{ij} 不全为零时，该 RK 法为全隐式类。

由于 RK 法已经发展出多种形式，本章以较为经典和具有特殊性质的 RK 法作为研究对象。首先给出三种经典显式(classical explicit，CLEX)RK 格式：二级二阶 CLEX 格式、三级三阶 CLEX 格式和四级四阶 CLEX 格式，并将其简写为 CLEX22、CLEX33 和 CLEX44，简写式中第一个数字表示 RK 格式级数而第二个

数字表示 RK 格式阶数，后面给出的其他 RK 格式中的数字意义均与此相同，并以 Butcher 表的形式将 CLEX 格式的常系数列于表 5-1～表 5-3。

表 5-1　CLEX22 的格式常系数

a	0	0
	1	0
b	1/2	1/2

表 5-2　CLEX33 的格式常系数

	0	0	0
a	1/2	0	0
	−1	2	0
b	1/6	2/3	1/6

表 5-3　CLEX44 的格式常系数

	0	0	0	0
a	1/2	0	0	0
	0	1/2	0	0
	0	0	1	0
b	1/6	1/3	1/3	1/6

然后给出两种对角隐式(diagonally implicit，DIIM)RK 格式：二级三阶 DIIM 格式和三级四阶 DIIM 格式，并将其简写为 DIIM23 和 DIIM34，以 Butcher 表的形式将 DIIM 格式的常系数列于表 5-4 和表 5-5。

表 5-4　DIIM23 的格式常系数

a	$(3+\sqrt{3})/6$	0
	$-\sqrt{3}/3$	$(3+\sqrt{3})/6$
b	1/2	1/2

表 5-5　DIIM34 的格式常系数

	$(1+\beta)/2$	0	0
a	$-\beta/2$	$(1+\beta)/2$	0
	$1+\beta$	$-1-2\beta$	$(1+\beta)/2$
b	$\beta^{-2}/6$	$1-\beta^{-2}/3$	$\beta^{-2}/6$

注：β 为方程 $3\beta^3-3\beta-1=0$ 三个根中的一个：cos15°/cos30°。

对于 4.3.2 节中的两种 IMEX 格式：三级二阶 IMEX 和四级三阶 IMEX，这里直接将其简写为 IMEX32 和 IMEX43，相应的格式常系数见 Butcher 表 4-7 和表 4-8。另外，给出具有保强稳定低存储(strong-stability-preserving low-storage, SSPL)特性的 RK 格式：五级二阶 SSPL 格式和五级三阶 SSPL 格式，并将其简写为 SSPL52 和 SSPL53。对于 s 级低存储 RK 格式[185]，这里需要将式(5-19)改写为

$$\overline{\boldsymbol{f}}_\alpha^{n,i} = a_i \overline{\boldsymbol{f}}_\alpha^{n,i-1} + \Delta t \boldsymbol{L}\left(\boldsymbol{f}_\alpha^{n,i-1}\right), \quad \boldsymbol{f}_\alpha^{n,i} = \boldsymbol{f}_\alpha^{n,i-1} + b_i \overline{\boldsymbol{f}}_\alpha^{n,i} \tag{5-20}$$

对于时刻 t 有 $\boldsymbol{f}_\alpha^{n,t} = \boldsymbol{f}_\alpha^{n,0}$，而对于时刻 $t+\Delta t$ 则有 $\boldsymbol{f}_\alpha^{n,t+\Delta t} = \boldsymbol{f}_\alpha^{n,s}$；由于 DGM 算子 $\boldsymbol{L}(\boldsymbol{f}_\alpha^{n,i})$ 自身并不显含时间 t，所以在式(5-20)中将其省略。将 SSPL 格式的常系数列于表 5-6 和表 5-7。

表 5-6 SSPL52 的格式常系数

级数	a	b
1	0	0.24064789292000
2	−0.35363900948812	0.28813102587031
3	0.23144682054640	0.15490366543216
4	0.30287923513739	0.33623843526263
5	−0.90122396243589	0.27101878032131

表 5-7 SSPL53 的格式常系数

级数	a	b
1	0	0.67892607116139
2	−2.60810978953486	0.20654657933371
3	−0.08977353434746	0.27959340290485
4	−0.60081019321053	0.31738259840613
5	−0.72939715170280	0.30319904778284

最后给出具有低色散、低耗散和低存储(low-dissipation, low-dispersion and low storage, LDDL)性质的 RK 格式：五级二阶 LDDL 格式和六级二阶 LDDL 格式[75]，并将其简写为 LDDL52 和 LDDL62。对于 s 级 LDDL 格式，将式(5-19)重写如下：

$$\boldsymbol{f}_\alpha^{n,i} = \boldsymbol{f}_\alpha^{n,0} + a_i \Delta t \boldsymbol{L}\left(\boldsymbol{f}_\alpha^{n,i-1}\right) \tag{5-21}$$

对于时刻 t 有 $\boldsymbol{f}_\alpha^{n,t} = \boldsymbol{f}_\alpha^{n,0}$，而对于时刻 $t+\Delta t$ 则有 $\boldsymbol{f}_\alpha^{n,t+\Delta t} = \boldsymbol{f}_\alpha^{n,s}$。表 5-8 给出了 LDDL 格式的常系数。

表 5-8　LDDL52 和 LDDL62 的格式常系数

系数	$s=5$	$s=6$
a_1	0.181575486327	0.117979901657
a_2	0.238260222208	0.184646966491
a_3	0.330500707328	0.246623604309
a_4	0.5	0.331839542736
a_5	1	0.5
a_6	—	1

表 5-9 给出了上述 25 种关于方程(2-10)的最终时间离散方案，其中针对分裂法的 RK 格式主要用于求解半离散微分方程(5-17)，而算子 $\boldsymbol{S}_2(t)$对应的半离散微分方程的时间推进格式固定为 LDDL62。对于直接法和解耦法，DIIM 和 IMEX 系列 RK 格式存在严重的计算不稳定性，将在 5.3.2 节对其做进一步讨论。

表 5-9　三类时间积分方法与 RK 格式的组合方案

RK 格式	直接法	解耦法	分裂法
CLEX22	✓	✓	✓
CLEX33	✓	✓	✓
CLEX44	✓	✓	✓
DIIM23	×	×	✓
DIIM34	×	×	✓
IMEX32	×	×	✓
IMEX43	×	×	✓
SSPL52	✓	✓	✓
SSPL53	✓	✓	✓
LDDL52	✓	✓	✓
LDDL62	✓	✓	✓

5.3　三类时间积分方法的基本性质

5.3.1　三类时间积分方法的内存消耗和时间精度

内存消耗是衡量数值算法优劣性的关键因素之一，而数值算法中的时间离散一般决定内存消耗的大小，故本节先对三类时间积分方法的内存消耗展开讨论。当采用 DGLBM 进行模拟时，给定网格单元总数 E 和插值多项式阶数 N，由 3.4.1

节和 3.5.1 节可知，计算域总自由度为 $N_{\mathrm{p}}E$；对于每个自由度，需要存储速度分布函数和宏观物理量，则计算总内存消耗正比于如下定义的总存储量：

$$S_{\mathrm{T}}=\left(n_{\mathrm{f}}+n_{\mathrm{p}}\right)N_{\mathrm{p}}E \tag{5-22}$$

式中，S_{T}表示总存储量；n_{f}表示单位自由度内速度分布函数所需存储量；n_{p}表示单位自由度内宏观物理量所需存储量。n_{f}由格子速度数和 RK 格式决定，而 n_{p}只由 RK 格式决定。一般情况下，n_{f}既正比于格子速度数(二维和三维分别对应 9 和 19)又正比于 $s+1$，当采用具有低存储性质的 RK 格式时，后者不再成立而 n_{f}需根据具体 RK 格式进行计算；n_{p}通常等于 3，对于 IMEX 等需要计算中间过程宏观物理量的 RK 格式，n_{p}等于 $3s$。

图 5-1 给出了表 5-9 中所列的时间离散方案的内存消耗，图中黑粗线表示两类时间积分方法的间隔，实心圆代表 RK 格式。在每一类时间积分方法中 RK 格式从左至右依次为 CLEX22、CLEX33、CLEX44、SSPL52、SSPL53、LDDL52 和 LDDL62，对于分裂法的最后四个 RK 格式从左至右依次为 DIIM23、DIIM34、IMEX32 和 IMEX43；在每一类时间积分方法中 SSPL 格式所需内存最小，LDDL 格式次之，而消耗内存最多的 RK 格式为 CLEX44 和 IMEX43；在单自由度情形下，三维问题的内存消耗约为二维问题的两倍，由于三维问题的总自由度远大于二维问题，所以在工程实际模拟时更倾向于低存储方案。

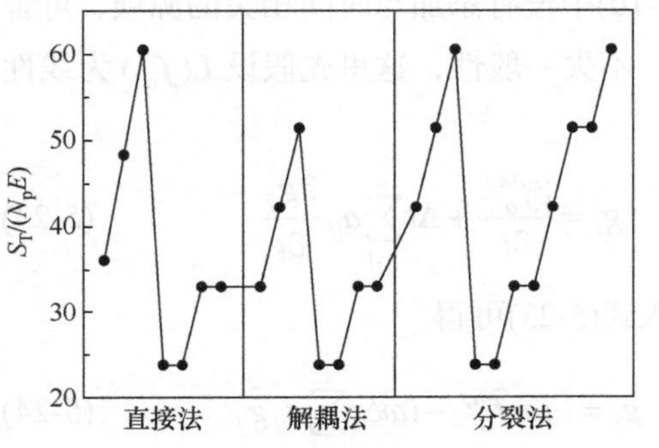

(a) 二维情形

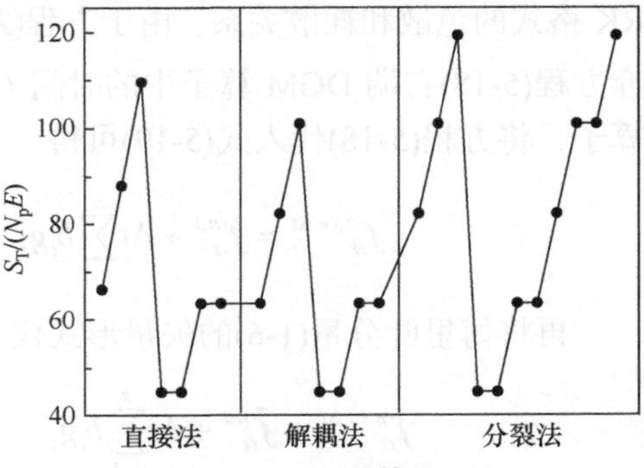

(b) 三维情形

图 5-1 25 种时间离散方案的内存消耗

在计算机能够满足内存需求的前提下，将更加关注时间离散方案的时间精度，因为时间精度会影响计算结果特别是非定常问题结果的准确性。由于对时间积分方法进行分类的原理的差异性，三类时间积分方法与 RK 格式交叉形成的组合方案的时间精度也大相径庭。

直接法的时间精度只与对半离散微分方程(5-6)施加的具体 RK 格式相关，当 RK 格式的代数精度为 p 阶时，直接法的时间精度也为 p 阶；解耦法的时间精度为一阶或者二阶，无论对半离散微分方程(5-12)采用何种不低于二阶精度的 RK 格式，解耦法的时间精度恒定，这也可以从式(5-9)看出，解耦法第一步中沿特征线积分的过程决定了解耦法的时间精度；分裂法的时间精度不高于二阶，该时间精度同样不依赖于对半离散微分方程(5-17)所采用的 RK 格式，只取决于 Strang 分裂过程自身的特性，当方程(5-14)中的弛豫时间没有足够小时，分裂法的时间精度为二阶，而当方程(5-14)中的弛豫时间充分小或者接近于零时，分裂法的时间精度降低为一阶。

5.3.2　三类时间积分方法的谱性质和数值稳定性

对于 CAA 或者模拟其他存在波传播的物理过程，不仅要关注时间离散格式的代数精度，还要考虑时间离散引起波传播过程中的色散误差和耗散误差。虽然三类时间积分方法均从方程(2-10)出发，但从 3.2.2 节可知当马赫数在(0, 0.2]范围内时，直接法对应的控制方程(2-10)能够很好地满足精确色散和耗散关系；从 3.2.3 节可知即使在较低马赫数下，解耦法和分裂法对应的控制式(5-9)和式(5-13)也只符合中低波数下的波传播特性。因此，从控制方程的角度可见直接法的谱性质优于解耦法和分裂法的谱性质。

除了时间积分方法对应的控制方程会产生声波传播过程误差，针对半离散微分方程的 RK 格式也会造成谱性质的扭曲，故下面着重讨论 5.2.4 节中所列举的 RK 格式的色散和耗散关系。由于方程(2-10)中没有添加与时间相关的源项，可舍弃方程(5-18)右端 DGM 算子中的时间 t；不失一般性，这里先假设 $\boldsymbol{L}(\boldsymbol{f}_\alpha^n)$ 为线性算子，将方程(5-18)代入式(5-19)可得

$$\boldsymbol{f}_\alpha^{n,t+\Delta t} = \boldsymbol{f}_\alpha^{n,t} + \Delta t\sum_{i=1}^{s} b_i \boldsymbol{g}_i\,, \quad \boldsymbol{g}_i = \frac{\partial \boldsymbol{f}_\alpha^{n,t}}{\partial t} + \Delta t\sum_{j=1}^{s} a_{ij}\frac{\partial \boldsymbol{g}_j}{\partial t} \tag{5-23}$$

再将傅里叶分量(1-6)的矢量形式代入式(5-23)可得

$$\tilde{\boldsymbol{f}}_\alpha^{n,t+\Delta t} = \tilde{\boldsymbol{f}}_\alpha^{n,t} + \Delta t\sum_{i=1}^{s} b_i \tilde{\boldsymbol{g}}_i\,, \quad \tilde{\boldsymbol{g}}_i = -\mathrm{i}\omega \tilde{\boldsymbol{f}}_\alpha^{n,t} - \mathrm{i}\omega\Delta t\sum_{j=1}^{s} a_{ij}\tilde{\boldsymbol{g}}_j \tag{5-24}$$

式中，$\tilde{\boldsymbol{f}}_\alpha^{n,t}$ 表示 $\boldsymbol{f}_\alpha^{n,t}$ 的空间傅里叶变换分量。

为衡量 RK 格式造成的幅值和相位误差，定义放大因子为

$$\mathrm{Am}(\omega\Delta t) = \frac{\tilde{\boldsymbol{f}}_\alpha^{n,t+\Delta t}}{\tilde{\boldsymbol{f}}_\alpha^{n,t}} \tag{5-25}$$

式中，Am 表示 RK 格式对应的放大因子。

由于式(5-24)第二个公式中的 $\tilde{\boldsymbol{g}}_i$ 组成了一个 $s\times s$ 阶线性方程组，所以利用 Cramer 法则易求得 $\tilde{\boldsymbol{g}}_i$ 与 $\tilde{\boldsymbol{f}}_\alpha^{n,t}$ 的比值，再将该比值代入式(5-24)第一个公式即可求

得 Am。为了与 Am 的精确解 $\mathrm{e}^{-\mathrm{i}\omega\Delta t}$ 进行对比，将 Am 写成三角函数形式：$|\mathrm{Am}|\,\mathrm{e}^{\mathrm{i}\omega^*\Delta t}$，$\omega^*$ 为等价的圆频率，则给定圆频率 ω 下的耗散误差和相位误差分别为 $1-|\mathrm{Am}|$ 和 $|\omega^*\Delta t+\omega\Delta t|/\pi$。

对于写成式(5-20)和式(5-21)所示形式的 RK 格式，采用类似上述过程同样可求得放大因子。将方程(5-18)代入式(5-20)可得

$$\mathrm{d}\boldsymbol{f}_\alpha^{n,i} = a_i \mathrm{d}\boldsymbol{f}_\alpha^{n,i-1} + \Delta t \frac{\partial \boldsymbol{f}_\alpha^{n,i-1}}{\partial t}, \quad \boldsymbol{f}_\alpha^{n,i} = \boldsymbol{f}_\alpha^{n,i-1} + b_i \mathrm{d}\boldsymbol{f}_\alpha^{n,i} \tag{5-26}$$

再将傅里叶分量(1-6)的矢量形式代入式(5-26)可得

$$\mathrm{d}\tilde{\boldsymbol{f}}_\alpha^{n,i} = a_i \mathrm{d}\tilde{\boldsymbol{f}}_\alpha^{n,i-1} - \mathrm{i}\omega\Delta t\tilde{\boldsymbol{f}}_\alpha^{n,i-1}, \quad \tilde{\boldsymbol{f}}_\alpha^{n,i} = \tilde{\boldsymbol{f}}_\alpha^{n,i-1} + b_i \mathrm{d}\tilde{\boldsymbol{f}}_\alpha^{n,i} \tag{5-27}$$

式中，$\mathrm{d}\tilde{f}_\alpha^{n,i}$ 表示 $\mathrm{d}f_\alpha^{n,i}$ 的空间傅里叶变换分量。

对式(5-27)采用循环迭代法即可求得放大因子。将方程(5-18)代入式(5-21)可得

$$\boldsymbol{f}_\alpha^{n,i} = \boldsymbol{f}_\alpha^{n,0} + a_i \Delta t \frac{\partial \boldsymbol{f}_\alpha^{n,i-1}}{\partial t} \tag{5-28}$$

同样将傅里叶分量(1-6)的矢量形式代入式(5-28)可得

$$\tilde{\boldsymbol{f}}_\alpha^{n,i} = \tilde{\boldsymbol{f}}_\alpha^{n,0} - \mathrm{i}\omega\Delta t a_i \tilde{\boldsymbol{f}}_\alpha^{n,i-1} \tag{5-29}$$

对式(5-29)也采用循环迭代法可求得放大因子。

通过上述方法求得 RK 格式的放大因子的幅值和相位误差如图 5-2 所示(扫此图下方的二维码可查看彩图)，纵坐标以对数形式表示。在高频波范围，也就是 $\omega\Delta t$ 接近 π 时，RK 格式会产生非常大的色散误差和耗散误差，可通过减小时间步长使得 $\omega\Delta t$ 满足合理的误差上限；放大因子的幅值 $|\mathrm{AM}(\omega\Delta t)|$ 越接近于 1，表明该 RK 格式越精确，从图 5-2(a)可见 IMEX43、SSPL53、LDDL52 和 LDDL62 对中低频波均具有较好的捕捉能力，而低阶精度的 CLEX 和 DIIM 格式能分辨的频率

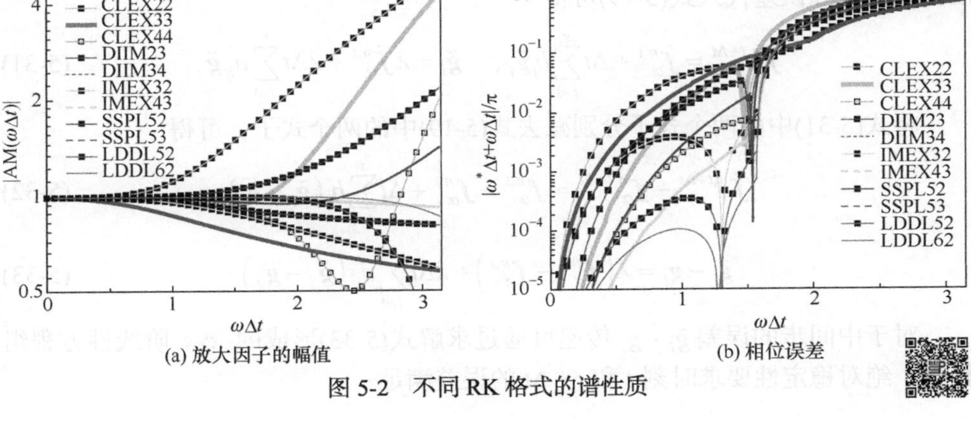

(a) 放大因子的幅值　　(b) 相位误差

图 5-2　不同 RK 格式的谱性质

很低；放大因子的相位误差$|\omega^*\Delta t+\omega\Delta t|/\pi$ 越接近于 0，表明 RK 格式产生的色散误差越小，从图 5-2(b)可见 CLEX44、IMEX43、LDDL52 和 LDDL62 在中低频波的误差比其他 RK 格式低 1～2 个数量级。

因此，具有相对较优谱性质的 RK 格式为 LDDL52 和 LDDL62，如果取相对准确分辨波的频率阈值为 $1-|\mathrm{AM}(\omega\Delta t)|\leqslant 5\times10^{-4}$，则这两个 RK 格式对应的最小周期分别为 $4.27\Delta t$ 和 $3.29\Delta t$，且单级能分辨的平均最小周期分别为 $21.4\Delta t$ 和 $19.8\Delta t$；如果取相对准确分辨波的频率阈值为$|\omega^*\Delta t+\omega\Delta t|/\pi\leqslant 5\times10^{-4}$，则这两个 RK 格式对应的最小周期分别为 $4.45\Delta t$ 和 $4.11\Delta t$，且单级能分辨的平均最小周期分别为 $22.2\Delta t$ 和 $24.6\Delta t$；作为对比将上述两个阈值作用于 CLEX44 格式，则其对应的两个最小周期分别为 $9.65\Delta t$ 和 $8.41\Delta t$，且单级能分辨的平均最小周期分别为 $38.6\Delta t$ 和 $33.6\Delta t$，显然 LDDL 系列格式显著提高了声波分辨率。

上述分析均基于 $\boldsymbol{L}(\boldsymbol{f}_\alpha^n)$ 为线性算子的假设，这个假设对于解耦法没有影响；直接法和分裂法的算子均包含平衡态速度分布函数，由于平衡态速度分布函数 $\boldsymbol{f}_\alpha^{\mathrm{eq},n}$ 是关于 $\boldsymbol{f}_\alpha^n$ 的非线性函数，所以以上关于这两种方法的谱性质不能作为一般性结论。然而，当声压幅值很小，即对应式(3-10)中 $\boldsymbol{f}_\alpha'$ 为一充分小量时，可对 $\boldsymbol{f}_\alpha^{\mathrm{eq},n}$ 进行线性化近似，从而 RK 格式的谱性质也可适用。

时间步长不仅影响数值算法的波分辨率，还影响计算过程中的数值稳定性，因此时间步长的选取必须考虑 RK 格式精度与稳定性的平衡。首先假设方程(5-18)中的算子 $\boldsymbol{L}(\boldsymbol{f}_\alpha^n)$ 为线性，并将该方程进一步简化如下：

$$\frac{\mathrm{d}\boldsymbol{f}_\alpha^n}{\mathrm{d}t}=\lambda\boldsymbol{f}_\alpha^n,\quad \mathrm{Re}(\lambda)<0 \tag{5-30}$$

式中，λ 为常数，也可为复数。

如果 RK 格式在时刻 t 引入误差 $\tilde{\boldsymbol{f}}_\alpha^{n,t}-\boldsymbol{f}_\alpha^{n,t}$ 后，在时刻 $t+\Delta t$ 的误差 $\tilde{\boldsymbol{f}}_\alpha^{n,t+\Delta t}-\boldsymbol{f}_\alpha^{n,t+\Delta t}$ 能被削弱，则 RK 格式的绝对稳定区域为全体 $\lambda\Delta t$。将时刻 t 的速度分布函数和误差代入式(5-19)可得

$$\tilde{\boldsymbol{f}}_\alpha^{n,t+\Delta t}=\tilde{\boldsymbol{f}}_\alpha^{n,t}+\Delta t\sum_{i=1}^{s}b_i\tilde{\boldsymbol{g}}_i,\quad \tilde{\boldsymbol{g}}_i=\lambda\tilde{\boldsymbol{f}}_\alpha^{n,t}+\lambda\Delta t\sum_{j=1}^{s}a_{ij}\tilde{\boldsymbol{g}}_j \tag{5-31}$$

将式(5-31)中的两个式子分别减去式(5-19)中的两个式子，可得

$$\tilde{\boldsymbol{f}}_\alpha^{n,t+\Delta t}-\boldsymbol{f}_\alpha^{n,t+\Delta t}=\tilde{\boldsymbol{f}}_\alpha^{n,t}-\boldsymbol{f}_\alpha^{n,t}+\Delta t\sum_{i=1}^{s}b_i\left(\tilde{\boldsymbol{g}}_i-\boldsymbol{g}_i\right) \tag{5-32}$$

$$\tilde{\boldsymbol{g}}_i-\boldsymbol{g}_i=\lambda\left(\tilde{\boldsymbol{f}}_\alpha^{n,t}-\boldsymbol{f}_\alpha^{n,t}\right)+\lambda\Delta t\sum_{j=1}^{s}a_{ij}\left(\tilde{\boldsymbol{g}}_j-\boldsymbol{g}_j\right) \tag{5-33}$$

对于中间步的误差 $\tilde{\boldsymbol{g}}_i-\boldsymbol{g}_i$ 传递可通过求解式(5-33)形成的 $s\times s$ 阶线性方程组得到，绝对稳定性要求时刻 t 和 $t+\Delta t$ 的误差满足

$$\left\| \tilde{f}_{\alpha}^{n,t+\Delta t} - f_{\alpha}^{n,t+\Delta t} \right\| < \left\| \tilde{f}_{\alpha}^{n,t} - f_{\alpha}^{n,t} \right\| \tag{5-34}$$

将式(5-32)代入约束条件(5-34)即可求得 CLEX 格式、DIIM 格式和 IMEX 格式的绝对稳定区域。

然后将时刻 t 的速度分布函数和误差代入式(5-26)可得

$$\mathrm{d}\tilde{f}_{\alpha}^{n,i} = a_i \mathrm{d}\tilde{f}_{\alpha}^{n,i-1} + \lambda\Delta t \tilde{f}_{\alpha}^{n,i-1}, \quad \tilde{f}_{\alpha}^{n,i} = \tilde{f}_{\alpha}^{n,i-1} + b_i \mathrm{d}\tilde{f}_{\alpha}^{n,i} \tag{5-35}$$

将式(5-35)中的两个式子分别减去式(5-26)中的两个式子可得

$$\mathrm{d}\tilde{f}_{\alpha}^{n,i} - \mathrm{d}f_{\alpha}^{n,i} = a_i \left(\mathrm{d}\tilde{f}_{\alpha}^{n,i-1} - \mathrm{d}f_{\alpha}^{n,i-1} \right) + \lambda\Delta t \left(\tilde{f}_{\alpha}^{n,i-1} - f_{\alpha}^{n,i-1} \right) \tag{5-36}$$

$$\tilde{f}_{\alpha}^{n,i} - f_{\alpha}^{n,i} = \tilde{f}_{\alpha}^{n,i-1} - f_{\alpha}^{n,i-1} + b_i \left(\mathrm{d}\tilde{f}_{\alpha}^{n,i} - \mathrm{d}f_{\alpha}^{n,i} \right) \tag{5-37}$$

结合式(5-36)、式(5-37)和约束条件(5-34)即可求得 SSPL 格式的绝对稳定区域。最后将时刻 t 的速度分布函数和误差代入式(5-21)可得

$$\tilde{f}_{\alpha}^{n,i} = \tilde{f}_{\alpha}^{n,0} + a_i \lambda\Delta t \tilde{f}_{\alpha}^{n,i-1} \tag{5-38}$$

用式(5-38)减去式(5-21)可得

$$\tilde{f}_{\alpha}^{n,i} - f_{\alpha}^{n,i} = \tilde{f}_{\alpha}^{n,0} - f_{\alpha}^{n,0} + a_i \lambda\Delta t \left(\tilde{f}_{\alpha}^{n,i-1} - f_{\alpha}^{n,i-1} \right) \tag{5-39}$$

结合式(5-39)和约束条件(5-34)即可求得 LDDL 格式的绝对稳定区域。

将上述解得的绝对稳定区域绘于图 5-3 中，绝对稳定区域在实轴上的投影为 $\lambda\Delta t$ 的绝对稳定区间，显然显式 RK 格式存在绝对稳定区间的下限而隐式 RK 格式

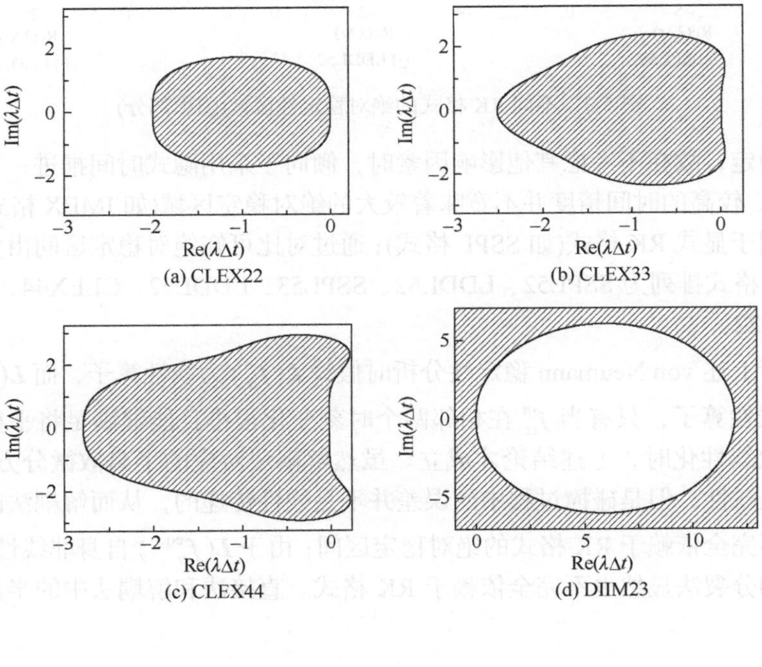

(a) CLEX22　(b) CLEX33　(c) CLEX44　(d) DIIM23

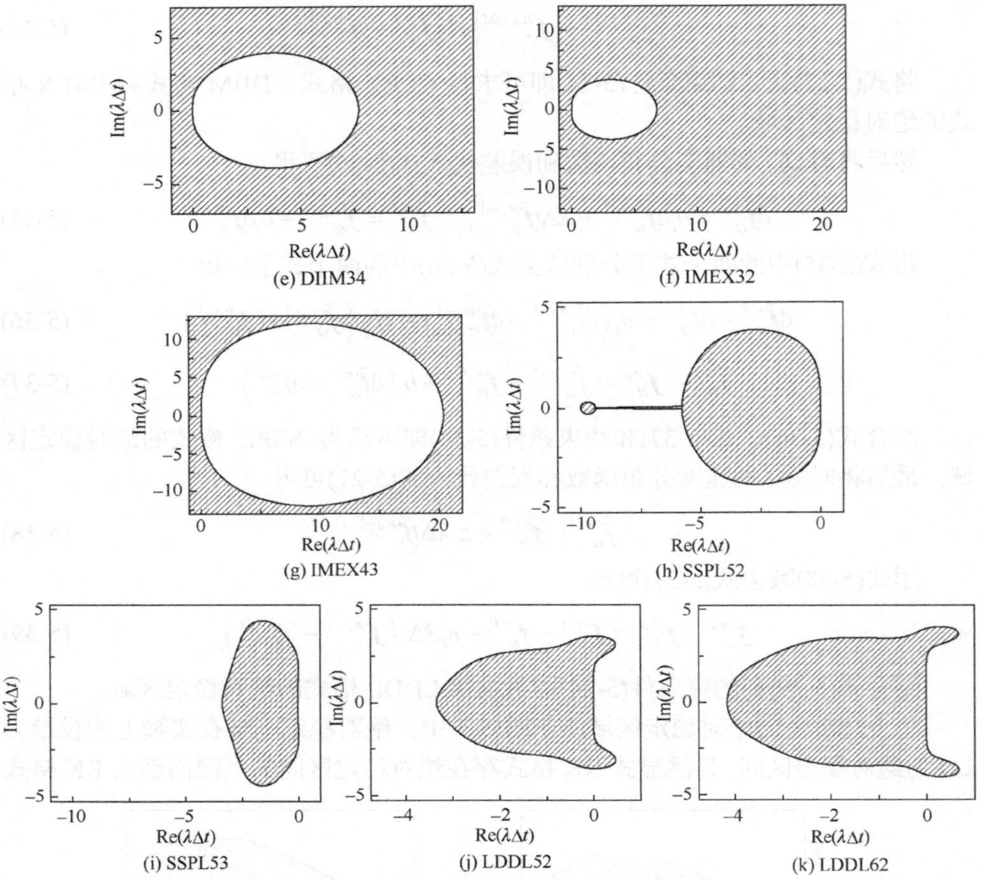

图 5-3　不同 RK 格式的绝对稳定性区域(阴影部分)

无条件稳定，故在不考虑其他影响因素时，倾向于采用隐式时间推进；对于隐式 RK 格式，较高的时间精度并不意味着较大的绝对稳定区域(如 IMEX 格式)，该结论也适用于显式 RK 格式(如 SSPL 格式)；通过对比可知绝对稳定区间由大到小的显式 RK 格式排列为 SSPL52、LDDL62、SSPL53、LDDL52、CLEX44、CLEX33 和 CLEX22。

进行上述 von Neumann 稳定性分析时假设 $\boldsymbol{L}(\boldsymbol{f}_{\alpha}^{n})$ 为线性算子，而 $\boldsymbol{L}(\boldsymbol{f}_{\alpha}^{n})$ 的本质为非线性算子，只有当 $\boldsymbol{f}_{\alpha}^{n}$ 在相邻两个时刻变化很小且能够满足将平衡态速度分布函数线性化时，上述结论才成立。虽然解耦法对应的半离散微分方程(5-12)的算子呈线性，但是碰撞过程中的误差并不是线性传递的，从而解耦法的数值稳定性也不完全依赖于 RK 格式的绝对稳定区间；由于 $\boldsymbol{L}(\boldsymbol{f}_{\alpha}^{\mathrm{eq},n})$ 自身非线性的特质，直接法和分裂法显然也不完全依赖于 RK 格式。直接法和解耦法中的半离散微分方程存在界面信息传递项，因此它们部分地丧失了原始微分方程的守恒特性；DIIM 和 IMEX 系列 RK 格式一般要求较高的空间守恒格式如 FDM 和 FVM 空间离散，故这两种 RK 格式会引起直接法和解耦法的计算不稳定性；虽然分裂法中的碰撞过程也采用了 DGM 空间离散，但半离散微分方程仍保持了原方程的守恒特性，故 DIIM 和 IMEX 系列 RK 格式在分裂法中可以达到计算稳定性，如表 5-9 所示。对于三类时间积分方法的非线性稳定性，将在 5.4.2 节通过具体的数值算例进行详细说明。

5.4　三类时间积分方法的性能测试

5.4.1　并行算法中的 OpenMP 标准简介

由狭义相对论可知电子运动速度存在物理极限，从而单核计算机的运算能力也存在上限；对于复杂气动噪声问题如 1.2.2 节中航空发动机尾喷管和透平级内噪声，如果采用单核计算机模拟这些工况，那么计算时间将以月甚至年计，从而极大地增加了研发周期和成本。如果采用多核计算机协同合作来模拟气动噪声，那么计算时间将可能近似线性减少；由于计算机技术的迅猛发展，目前市场上的计算机普遍采用多核。

在拥有多核硬件的同时，也需要采用高效且稳定的并行软件；合理地设计并行算法是开发并行软件的关键步骤，一般情况下将通信协议或者指导性编译处理方案等一系列标准融入具体问题的串行算法中来实现并行算法。而这些标准如 PVM、MPI、DSM 和 OpenMP 等通常与计算机系统结构相关，如 DSM 在分布式存储系统中能发挥更好的作用。鉴于作者所在实验室的计算机均为共享存储体系结构，主要借助 OpenMP 标准[352]来实现并行算法的开发。OpenMP 标准的额外系统开销比较小，而且主要面向循环的并行开发；LBM 具有并行计算的内禀性，与 OpenMP 相结合可相得益彰。OpenMP 使用分叉-合并的并行机制，下面主要以 OpenMP 与解耦法组合成的编程模型为例介绍该机制，如图 5-4 所示。

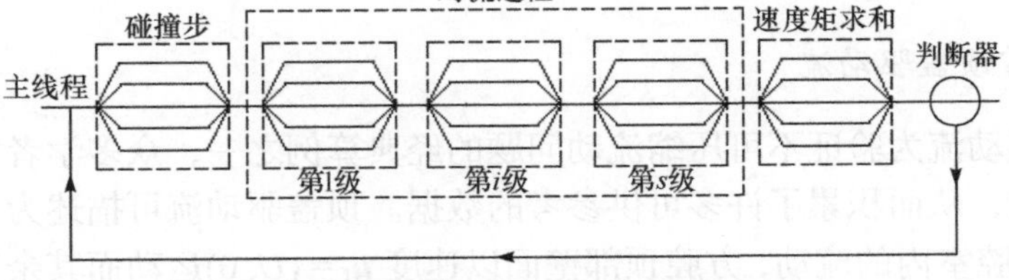

图 5-4　解耦法对应并行算法的流程图

由 5.2.2 节可知，解耦法由碰撞步(5-10)、对流过程(5-12)和速度矩求和三部分组成；程序启动后读取网格并做相关几何度量系数的计算，对流场赋初始值，主要采用串行的方式以一个主线程工作；当运行到并行区域(图 5-4 中虚线框)时，创建一组线程来完成碰撞步的计算，在执行完碰撞步后回归主线程；对流过程通常采用多级 RK 格式求解，对每一级设置一个并行区域，待整个对流过程结束后回归主线程；继续创建多线程来计算宏观物理量，最后通过主线程判断是否进入下一次循环。主要对并行区域中循环的最外层分配线程，也就是每一个线程只负责一部分网格单元的计算任务。

为了衡量并行算法的有效性，借助加速比的概念：串行执行所有任务的总时间花费 T_s 由初始化阶段、计算过程和结束阶段的时间花费组成，即

$$T_s = T_{\text{initial}} + T_{\text{compute}} + T_{\text{final}} \tag{5-40}$$

式中，T_{initial}、T_{compute}、T_{final} 表示下标所对应的三个阶段的时间花费。

通常情况下，初始化阶段和结束阶段不能并行化处理，只对计算过程采用 P 个线程协同完成，那么并行执行所有任务的总时间花费 T_p 为

$$T_p = T_{\text{initial}} + \frac{T_{\text{compute}}}{P} + T_{\text{final}} \tag{5-41}$$

从而并行算法的相对加速比可定义为 $SP = T_s/T_p$。显然 SP 的最大值为 P，这达到了完全线性加速比，也是设计并行算法时所追求的目标，但它只是一种理想化的情形。5.4.2 节将通过具体的数值算例来评价三类时间积分方法与 OpenMP 标准相结合的并行算法的加速性能。

5.4.2 三类时间积分方法的性能测试算例

为了对比三类时间积分方法在时间消耗和时间精度方面的数值性能，下面选取三个数值算例，分别为定常顶盖驱动流、非定常 Couette 流和定常与非定常的圆柱绕流；其中，定常顶盖驱动流用来检验时间积分方法的效率、非定常 Couette 流用来检验时间积分方法的精度，而定常与非定常的圆柱绕流用来检验时间积分方法对 LBM 模型中可压缩性误差的影响。

1. 定常顶盖驱动流

顶盖驱动流为验证不可压缩流动问题的经典算例之一，众多学者均对该算例进行了研究，从而积累了许多可供参考的数据。顶盖驱动流可描述为一个边长为 L 的正方形腔室内的流动，方腔顶部壁面以速度 $\boldsymbol{u}_t = (U, 0)$运动而其余三个壁面均处于静止状态；虽然方腔结构简单，但其流动的物理机制复杂，当基于方腔边长和顶部速度这两个特征变量的雷诺数 $Re = \rho UL/\mu$ 大于某一临界值 Re_c 时，顶盖驱

动流为非定常过程，本章对非定常顶盖驱动流不展开讨论而仅考虑定常过程。

首先采用三角形单元对计算域进行网格剖分，如图 5-5(a)所示，在每个离散单元内可以采用 p 加密方式来进一步降低空间离散误差，图 5-5(b)给出了从一般三角形映射到标准三角形过渡过程中的等边三角形内节点分布。顶盖处流动的马赫数最大，这里将其取为 $Ma = U/c_s = 0.1$；对于方腔的四个壁面，将式(3-60)中的数值通量 $\bar{\boldsymbol{F}}_\alpha$ 的相邻单元变量 f_α^+用式(2-126)的速度分布函数来替代，即可施加壁面上的速度边界条件；初始时刻方腔内流场静止，故将速度分布函数取为平衡态速度分布函数。利用如下定义的相对误差 Er 来判断顶盖驱动流是否收敛：

$$\mathrm{Er} = \sqrt{\int \left\| \boldsymbol{u}(t+\Delta t) - \boldsymbol{u}(t) \right\|^2 \mathrm{d}\Omega \Big/ \int \left\| \boldsymbol{u}(t) \right\|^2 \mathrm{d}\Omega} \tag{5-42}$$

当 $\mathrm{Er}<10^{-6}$ 时，认为顶盖驱动流已经收敛到定常解。

采用 hp 加密方式对网格无关性进行验证，图 5-6 给出了 $Re = 1000$ 时方腔内两条中心线上速度分布与 Ghia 等研究数据[353]的对比，图中 SLB 表示标准 LBM 计算所得结果。随着网格单元数 K 或者单元内插值多项式阶数 N 的增加，中心线

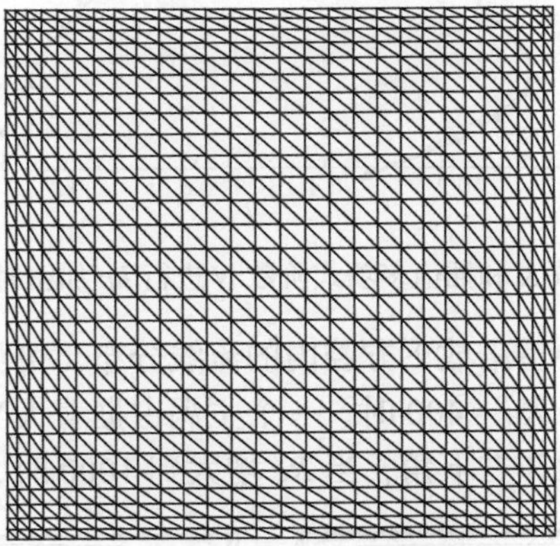

(a) 空腔内非结构化网格

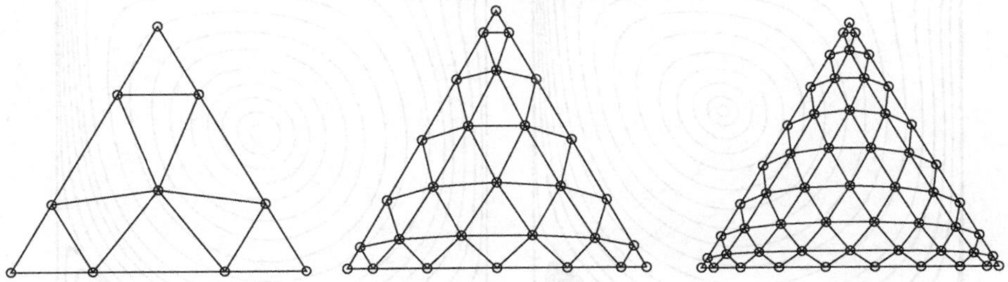

(b) p加密过程中等边三角形内节点分布

图 5-5　计算域网格剖分与内节点分布

上速度分布逐步重合且整体趋势和速度变化细节均与参考数据一致，从而验证了 DGLBM 和三类时间积分方法的准确性；显然 $K=1568$ 和 $N=3$ 已经能够满足计算要求，故下面的分析均基于此设置。这里值得一提的是，DGLBM 计算所得结果比标准 LBM 计算所得结果在速度变化剧烈处更接近涡方法计算所得“准确解”，这是因为时间积分方法减小了 LBM 模型内在的可压缩性误差，而这一点也将在下面被证实。

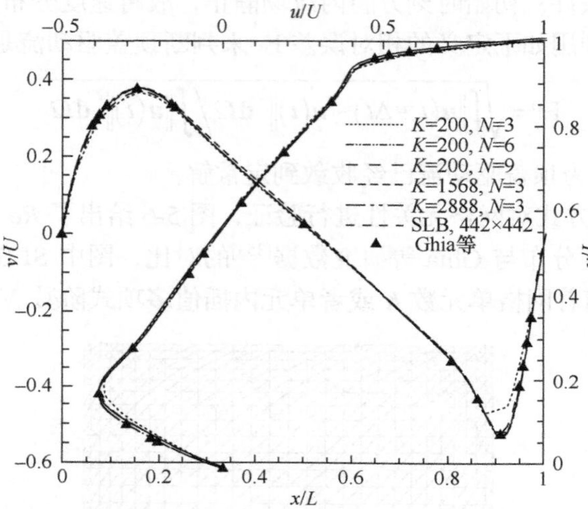

图 5-6　采用不同网格数 K 和插值多项式阶数 N 进行 hp 加密时方腔中心线上的速度分布

图 5-7 给出了四种雷诺数下方腔内的流线分布，可见随着雷诺数的增大方腔内旋涡的数量增加。当 $Re=400$ 时，一个主涡占据着大半个腔室而两个二次涡分别占据着腔室的左下角和右下角，当 Re 增大到 1000 时，两个二次涡的形状均变

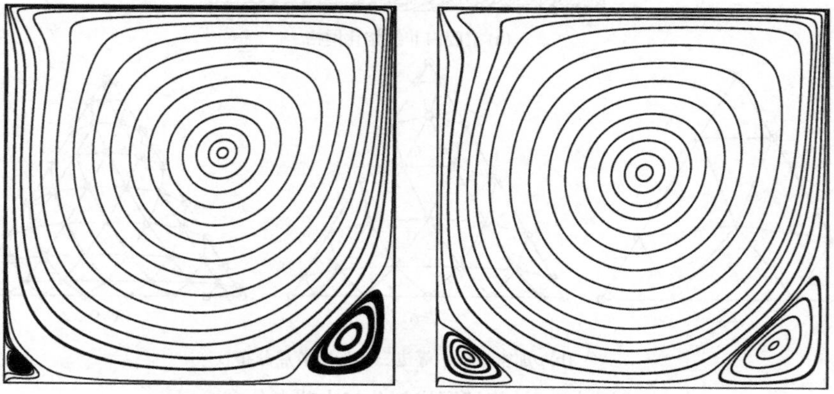

(a) Re=400　　　　(b) Re=1000

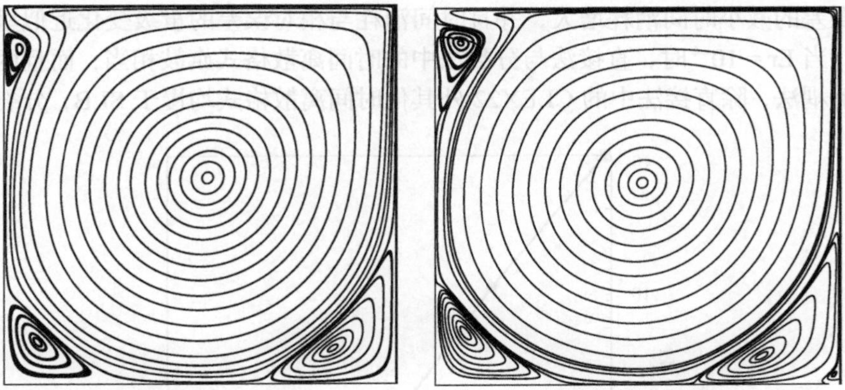

(c) Re=2500　　(d) Re=5000

图 5-7　不同雷诺数下方腔内的流线分布

大；当 Re 继续增大至 2500 时，一个三次涡出现在左上角，当 $Re = 5000$ 时，三次涡的形状也变大且在右下角出现了一个更小的四次涡。

为了考察时间积分方法对流场细节的影响，以 $Re = 1000$ 和 $Re = 5000$ 的顶盖驱动流为例，表 5-10 给出了中心涡、左下角涡和右下角涡的涡心位置与文献[353]～[355]数据的对比，可以发现本节的计算结果与其他学者的计算结果基本一致，再次证明了本节发展的时间积分方法在定常问题计算中的有效性。

表 5-10　本节计算所得典型旋涡的涡心坐标与已发表文献中涡心坐标数据的对比

Re	文献	中心涡		左下角涡		右下角涡	
		x/L	y/L	x/L	y/L	x/L	y/L
1000	Vanka[354]	0.5438	0.5625	0.0750	0.0813	0.8625	0.1063
	Ghia 等[353]	0.5313	0.5625	0.0859	0.0781	0.8594	0.1094
	Hou 等[355]	0.5333	0.5647	0.0902	0.0784	0.8667	0.1137
	本节	0.5327	0.5659	0.0816	0.0753	0.8655	0.1125
5000	Vanka[354]	0.5125	0.5313	0.0625	0.1563	0.8500	0.0813
	Ghia 等[353]	0.5117	0.5352	0.0703	0.1367	0.8086	0.0742
	Hou 等[355]	0.5176	0.5373	0.0784	0.1373	0.8087	0.0745
	本节	0.5127	0.5323	0.0753	0.1368	0.8056	0.0738

在验证完时间积分方法的准确性后，将讨论它们在定常问题中的计算效率，这里以顶盖驱动流收敛到给定相对误差 Er 时所需的时间消耗作为其评价指标，如图 5-8 所示，图中 Tr 表示某类时间积分格式所需时间与相同相对误差下 SLB 所需时间之比，dir、dec 和 spl 分别代表直接法、解耦法和分裂法。对于 SLB，随着

相对误差的减小时间消耗增大，并且时间消耗与相对误差的量级变化近似呈指数关系；当 $\mathrm{Er}=10^{-4}$ 时，直接法与分裂法中的时间离散格式旗鼓相当，而且两者均优于解耦法，除直接法中的 CLEX22 外其他时间离散格式均慢于 SLB，分裂法中

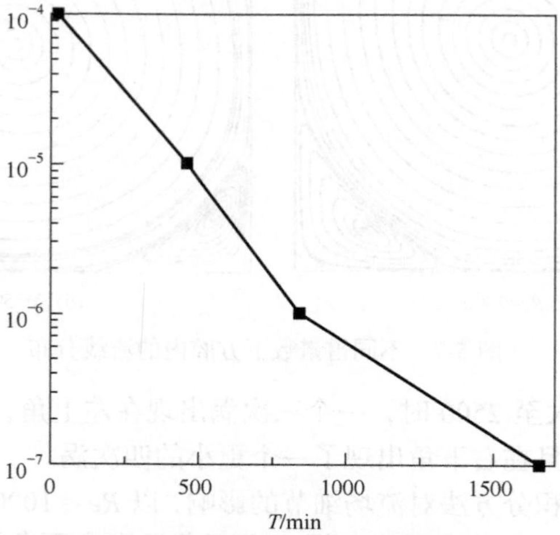

(a) SLB计算定常顶盖驱动流收敛到给定误差所需时间

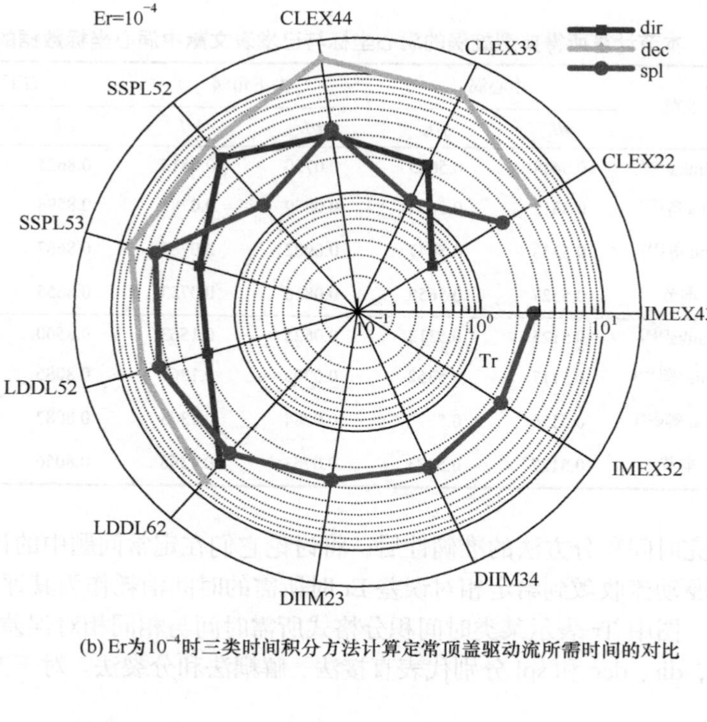

(b) Er为10^{-4}时三类时间积分方法计算定常顶盖驱动流所需时间的对比

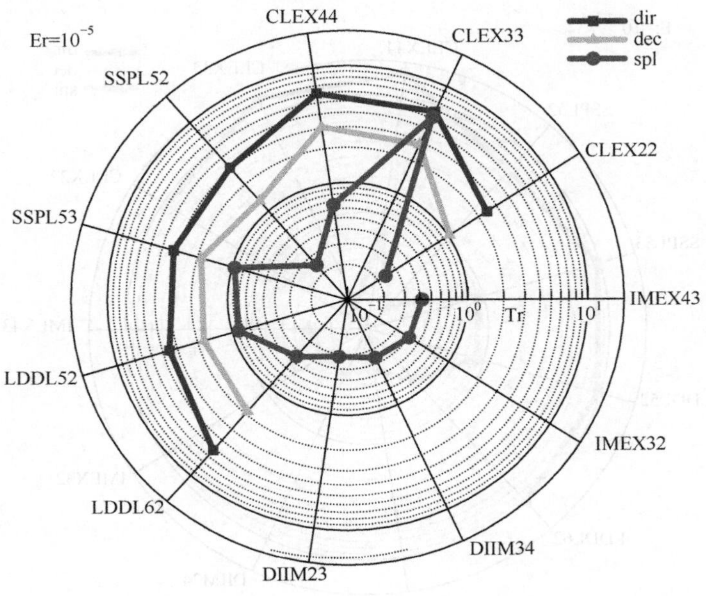

(c) Er为10^{-5}时三类时间积分方法计算定常顶盖驱动流所需时间的对比

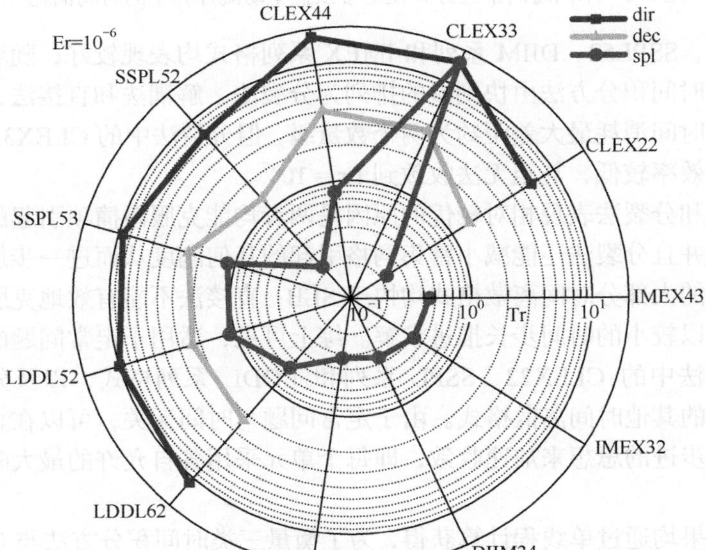

(d) Er为10^{-6}时三类时间积分方法计算定常顶盖驱动流所需时间的对比

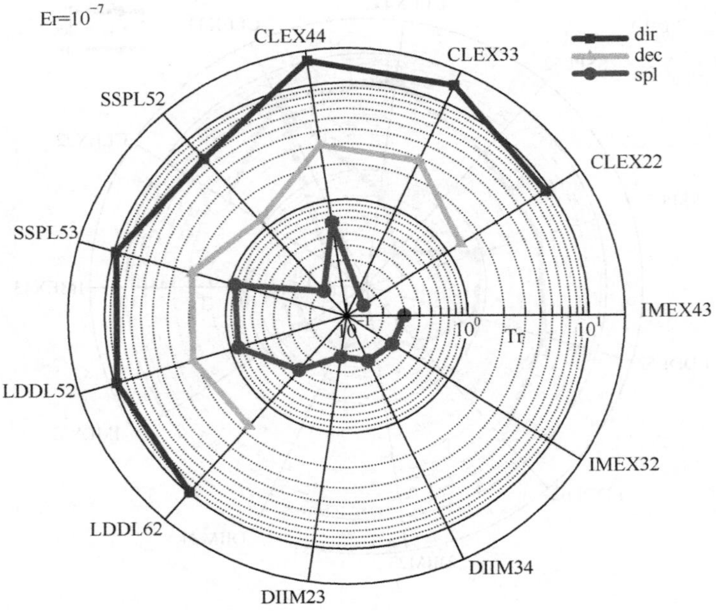

(e) Er为10^{-7}时三类时间积分方法计算定常顶盖驱动流所需时间的对比

图 5-8　不同时间推进方式在定常顶盖驱动流计算中的时间消耗

的 CLEX33、SSPL52、DIIM 系列和 IMEX 系列格式均表现较好；随着相对误差减小，三类时间积分方法由快到慢的排列为分裂法、解耦法和直接法，且分裂法与直接法的时间消耗最大差距约为两个数量级，但分裂法中的 CLEX33 在较小误差下的计算效率较低，甚至无法收敛到 $\mathrm{Er}=10^{-7}$。

解耦法和分裂法表现相对较优的原因是两者均能克服碰撞项引起的刚度从而加速收敛，并且分裂法还能减小密集网格引起的几何刚度从而进一步加速收敛，故分裂法中的大部分时间离散格式均快于 SLB；直接法不能有效地克服上述两种刚度，只能以较小的时间步长推进求解。综上可见，适用于定常问题的时间推进方法为解耦法中的 CLEX22、SSPL 系列和 LDDL 系列格式，以及分裂法中除 CLEX33 外的其他时间离散格式。由于定常问题与时间无关，可以在直接法中采用局部时间步进的思想来加速收敛，即每个单元采用各自允许的最大时间步长进行求解。

上述结果均通过单线程计算获得，为了衡量三类时间积分方法与 OpenMP 标准协议相结合的并行加速性能，图 5-9 给出了定常顶盖驱动流收敛至 $\mathrm{Er}=10^{-6}$ 时的相对加速比 SP 随线程数 N_{th} 的变化，这里时间离散格式取为 SSPL52。直接法、解耦法、分裂法和标准 LBM 均无法达到理想情形下的线性加速比，这是因为初始阶段和计算过程中的串行部分无法实现并行以及并行部分的负载不能理想地均分；直接法、解耦法和分裂法的相对加速比基本接近，并且它们均优于 SLB，这是因为前三种方法按照网格单元数分配每个线程的负载使得循环结束时闲置的线程数较少，而 SLB 按照边界上的节点数分配每个线程的负载使得循环结束时闲置的线程数较多。

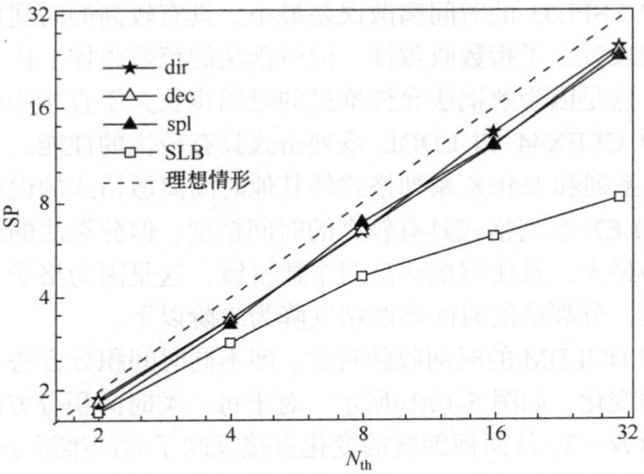

图 5-9 定常顶盖驱动流收敛至 Er 为 10^{-6} 时的相对加速比 SP 随线程数 N_{th} 的变化

2. 非定常不可压缩 Couette 流

在考核了三类时间积分方法在定常问题中的计算效率后，为衡量它们对非定常问题时间精度的影响，本节考虑了非定常不可压缩 Couette 流动。该算例描述了两块无限大平板间的流动，其中下平板静止而上平板以恒定速度 $\boldsymbol{u}_{\text{t}}=(U,0)$平移，取该情形下的马赫数为 $Ma=U/c_{\text{s}}=5\times10^{-3}$，这里故意将马赫数取得很低是为了减小 LBM 模型内在的可压缩性误差。两平板间的法向距离 H 可由雷诺数 $Re=\rho UH/\mu=30$ 计算得出。为了节省计算时间，在流向采用周期性边界条件，那么相应的不可压缩流 NSE 的解析解为

$$u_{\text{NSE}}=U\frac{y}{H}+U\sum_{m=1}^{\infty}(-1)^m\frac{2}{\lambda_m H}\exp\left(-\upsilon\lambda_m^2 t\right)\sin\left(\lambda_m y\right) \tag{5-43}$$

式中，$\lambda_m=m\pi/H$。

采用 24 个均匀对称分布的等腰直角三角形单元划分计算域，为了评价三类时间积分方法模拟的结果与解析解之间的误差，定义如下三个范数 L_1、L_2 和 L_∞为

$$L_1=\frac{1}{M}\sum_{i=1}^{M}d_i\,,\quad L_2=\sqrt{\frac{1}{M}\sum_{i=1}^{M}d_i^2}\,,\quad L_\infty=\max_i d_i \tag{5-44}$$

式中，d_i 表示速度差的绝对值，其定义为 $d_i=|u_i-u_{\text{NSE},i}|/U$；$M$ 为总单元数与单元

内节点数的乘积。

首先考虑 DGLBM 的空间收敛特性，即不同时间积分方法下范数随着插值多项式阶数 N 的变化，如图 5-10(a)所示。对于每一类时间积分方法，推进的时间步长由时间离散格式允许的最大柯朗数决定。随着 N 增大，直接法的空间离散误差呈指数形式衰减，当 $N=7$ 时三个范数均趋于饱和而此时的误差主要为时间离散误差；直接法中 SSPL53 的时间离散误差最小，具有较高的时间精度。解耦法的时间离散格式也表现出了指数收敛性，但解耦法的范数整体上比直接法的范数约高两个数量级，这是因为解耦法允许推进的时间步长大于直接法允许推进的时间步长，解耦法中 CLEX44 和 LDDL 系列格式具有较优的性能。对于分裂法，除 SSPL52、DIIM 系列和 IMEX 系列格式外其他时间离散格式的误差范数近似呈指数衰减，并且 CLEX 系列格式具有较高的时间精度；但分裂法的误差范数在三类时间积分方法中最大，且比解耦法高两个数量级，这是因为格子 Boltzmann 方程中弛豫时间很短，分裂法的时间离散精度降为二阶以下。

下面再考虑 DGLBM 的时间收敛特性，即不同时间积分方法下三个范数随着时间推进步长的变化，如图 5-10(b)所示。对于每一类时间积分方法，将插值多项式的阶数固定为 $N=3$，从而柯朗数的变化直接反映了时间推进步长的变化。对于直接法，所有时间离散格式的三个范数几乎都不随柯朗数变化，这是因为直接法

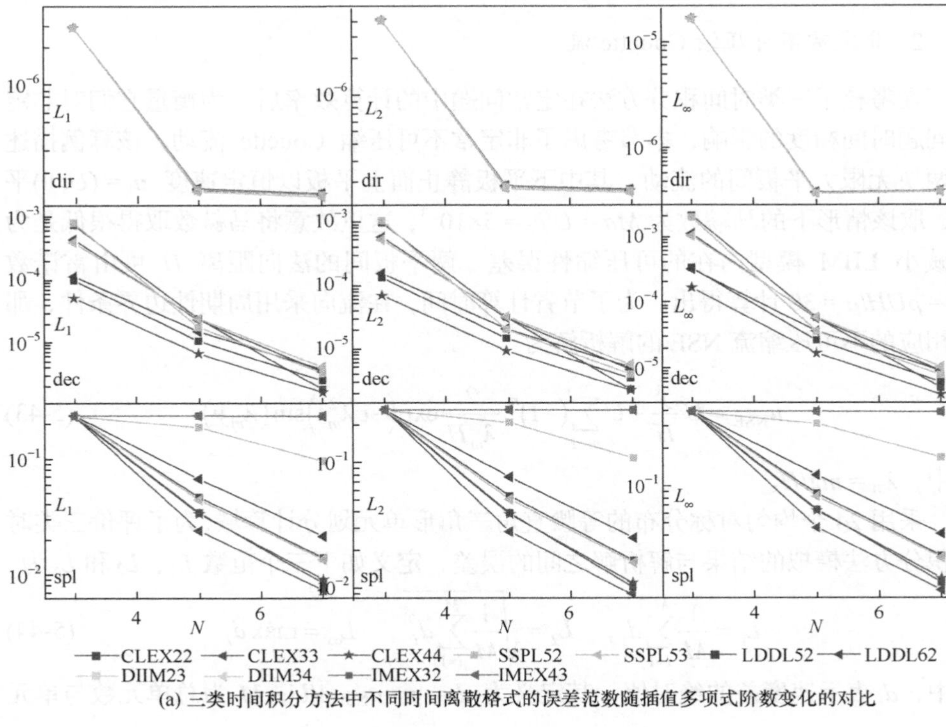

(a) 三类时间积分方法中不同时间离散格式的误差范数随插值多项式阶数变化的对比

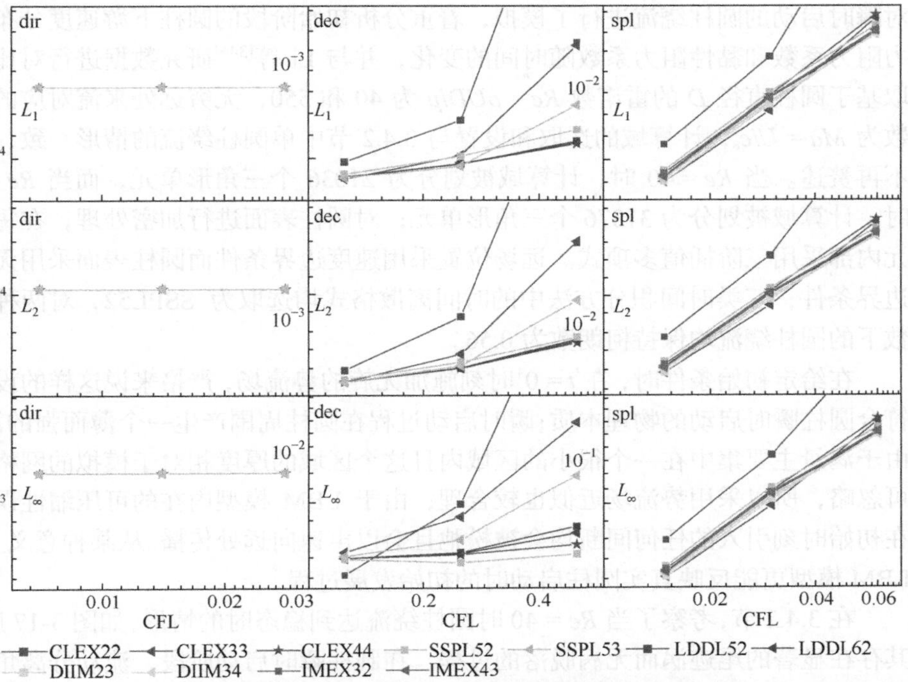

(b) 三类时间积分方法中不同时间离散格式的误差范数随柯朗数变化的对比

图 5-10　非定常 Couette 流中三类时间积分方法的时空收敛特性的对比

的柯朗数受到很大限制，其时间离散误差相对于空间离散误差很小，甚至可以忽略不计；此处误差的主要成分为空间离散误差，只有采用 *hp* 加密技术才能降低该误差。对于解耦法，所有时间离散格式的三个范数均随着柯朗数的增大而增大，其中 SSPL52、CLEX44 和 LDDL 系列格式具有较低的时间离散误差；由 5.3.1 节可知解耦法的时间精度恒定为二阶，其不随时间离散格式的变化而变化，而这一点也可从范数的变化值看出。对于分裂法，所有时间离散格式的三个范数也均随着柯朗数的增大而增大，除 CLEX22 外其他时间离散格式均表现出相同的时间离散误差，这也是由分裂法自身的性质决定的，由于弛豫时间较短，此处时间离散精度高于一阶但低于二阶；分裂法的时间离散误差高出解耦法的时间离散误差约一个数量级，还高出直接法的时间离散误差约两个数量级，可见分裂法在非定常问题中不具有优势。

综合考虑三类时间积分方法的时空收敛特性，直接法中的 SSPL 系列格式和解耦法中的 CLEX44、SSPL52 和 LDDL62 比较适合非定常问题的时间推进。

3. 瞬时启动的圆柱绕流

为了研究不同时间积分方法对 LBM 模型的内在可压缩性误差的影响，本节对瞬时启动的圆柱绕流进行了模拟，着重分析初始阶段的圆柱下游速度分布、压力阻力系数和黏性阻力系数随时间的变化，并与 Li 等[346]研究数据进行对比。选取基于圆柱直径 D 的雷诺数 $Re = \rho UD/\mu$ 为 40 和 550，无穷远处来流对应的马赫数为 $Ma = U/c_s$，计算域的选取和设置与 3.4.2 节中单圆柱绕流的情形一致，这里不再赘述。当 $Re = 40$ 时，计算域被划分为 21036 个三角形单元，而当 $Re = 550$ 时，计算域被划分为 31376 个三角形单元；对圆柱表面进行加密处理，在每个单元内部采用三阶插值多项式。远场位置采用速度边界条件而圆柱表面采用无滑移边界条件；三类时间积分方法中的时间离散格式均选取为 SSPL52，对两种雷诺数下的圆柱绕流均保持柯朗数为 0.56。

在给定初始条件时，在 $t = 0^+$时刻施加无旋的势流场，严格来说这样的设置不符合圆柱瞬时启动的物理本质；瞬时启动过程在圆柱周围产生一个薄而强的涡街，由于涡量主要集中在一个很小的区域内且这个区域的厚度相对于模拟的网格来说可忽略，所以采用势流场近似也较合理；由于 LBM 模型内在的可压缩性误差，在初始时刻引入的任何间断均会被松弛且会以声速向远处传播。从某种意义上讲，LBM 模型更能反映真实圆柱启动时的初始发展过程。

在 3.4.2 节，考察了当 $Re = 40$ 时圆柱绕流达到稳态时的情形，如图 3-17 所示，其存在显著的尾迹涡而无涡脱落的过程。在圆柱瞬时启动阶段，流动分离角、尾迹区内回流长度和尾迹中心线上速度分布等流动特征均随时间变化，如图 5-11 所示，图中涡量等值线的区间为(–0.08, 0.08)，且等值线的数量为 50，时间 T 的定义为 $T = 2Ut/D$。在 $t = 0^+$时刻，圆柱表面生成一个薄涡量层；由于平均流的强对流作用，涡量迅速扩散并向下游传播，此时圆柱表面形成了一个薄边界层；由于圆柱表面下游侧的流动受到显著的摩擦损失，其没有足够的能量抗逆压梯度来进一步沿着圆柱表面流动，所以流动从圆柱表面分离并在分离点后侧生成了二次涡，而二次涡被初始涡包围；这些涡试图抹平圆柱后侧的压力梯度，使作用在圆柱表面的阻力降低，随着时间推移流动达到稳态并形成对称分布的尾迹。

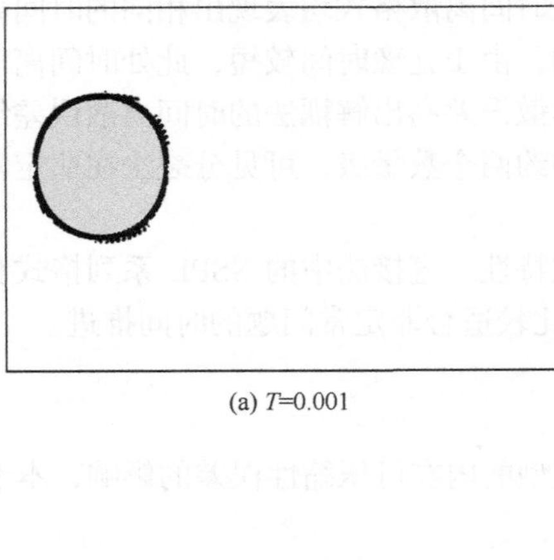

(a) T=0.001

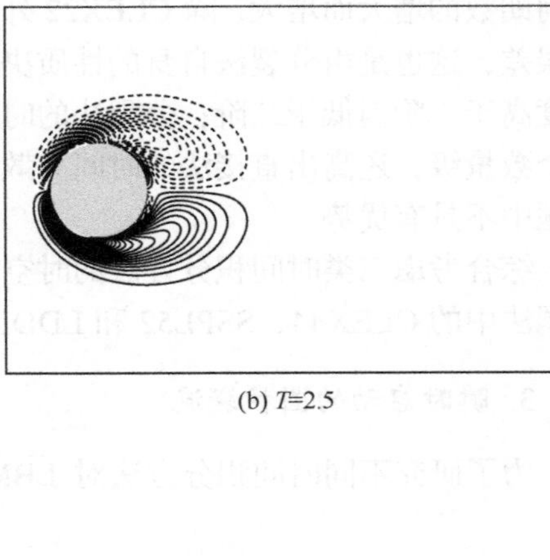

(b) T=2.5

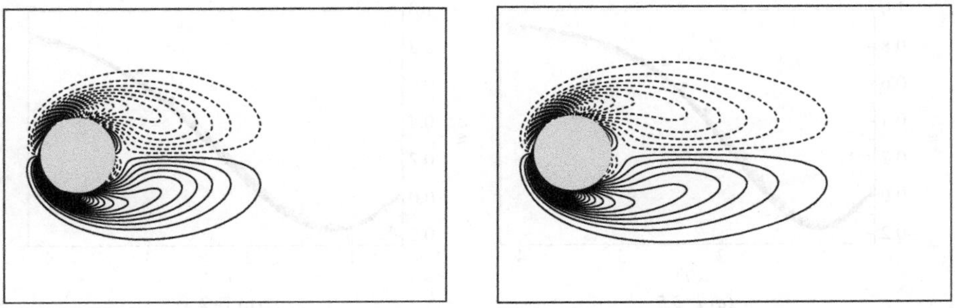

(c) T=5　　(d) T=7.5

图 5-11　圆柱瞬时启动后四个不同时刻的涡量分布

为了考察三类时间积分方法捕捉圆柱绕流尾迹的能力，图 5-12 给出了四个不同时刻圆柱下游中心对称线上的 x 方向速度分布。对比本节的模拟结果与其他学者的结果，可以发现在回流区域内几种结果吻合良好；在分离流汇合之后本节预测的速度分布与试验有一些偏差，这是因为计算域的面积是试验测试段面积的八倍以上，试验中的堵塞效应比较显著，从而削弱涡的相对惯性；值得注意的是，该工况下三维效应可忽略不计，因为初始阶段圆柱绕流以二维层流特征为主。解耦法和分裂法的计算结果与 Li 等[346]的模拟值一致，并且解耦法基本不受马赫数的影响，而分裂法受马赫数的影响较小；直接法的计算结果与试验和 Li 等[346]的模拟值均有一定的偏差，并且其受马赫数的影响较大，随着马赫数增大，流向速度先减小后增大；从减小 LBM 模型的内在可压缩性误差的角度看，解耦法和分裂法具有一定的优势，从下面的分析将看到这种优势随着雷诺数的增大将更加明显。

三类时间积分方法对流场的影响必然会造成圆柱绕流动力学特征的变化，图 5-13 给出了初始阶段的阻力系数随时间的变化，阻力系数的定义为式(3-105)。解耦法和分裂法在 $Ma = 0.1$ 时的计算结果与 Li 等[346]的 SLB 模拟结果一致，而其他工况的计算结果与 Li 等[346]的 SLB 模拟结果和 KL 的涡方法模拟结果均有较大偏差。当 $T < 0.5$ 时，KL 的涡方法预测阻力系数的梯度大于 Li 等[346]的 SLB 预测阻力系数的梯度，这与涡方法直接求解不可压缩流 NSE 有关，其不存在可压缩性误差项。对于同一种马赫数，解耦法和分裂法预测的阻力系数值相同且大于直接法预测的阻力系数值；对于每一类时间积分方法，阻力系数随着马赫数的增大而增大。当流动趋向于稳定时，解耦法和分裂法计算得到的低马赫数下的阻力系数值更接近于不可压缩涡方法的预测值；随着马赫数的增大，直接法预测的阻力系数的误差减小。综上可见，解耦法和分裂法可以显著减小 LBM 模型的内在可压缩性误差，这与上述流场分析结果一致。

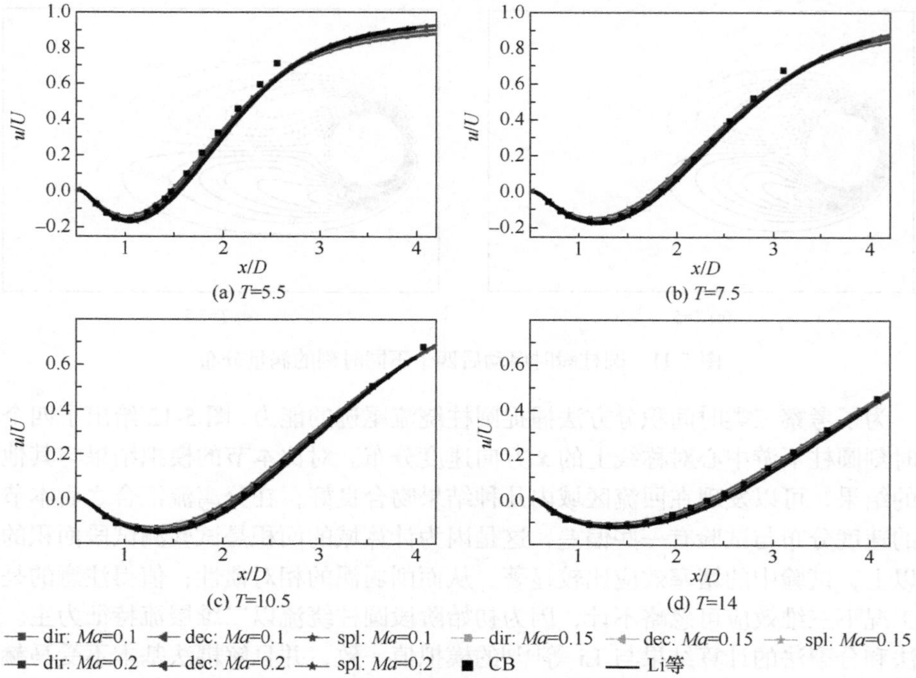

图 5-12　圆柱瞬时启动后不同时刻流向速度的轴向分布及计算结果与其他学者结果[341,346]的对比(此工况下的雷诺数为 40)

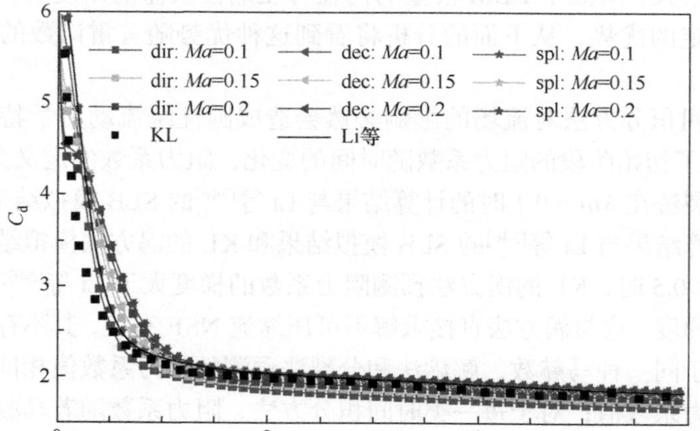

图 5-13　瞬时启动的圆柱所受阻力的变化过程及三种马赫数下三类时间积分方法的计算结果与其他学者模拟结果[346,356]的对比(此工况下的雷诺数为 40)

当圆柱绕流的雷诺数增大时，流动拓扑结构变得更加复杂且会产生高度非线性的流动现象，如图 5-14 所示。二次涡出现在 $T<1$ 时，与低雷诺数情形相比，高雷诺数工况下的流动分离更早且尾迹区回流更强，因此 $T=3$ 和 $T=5$ 时的二次涡更大且更强。小尺度流动结构随着时间持续增长，直到 $T=5$ 时仍被初始涡所包围，这些非定常的小涡进一步影响着初始涡的演化。

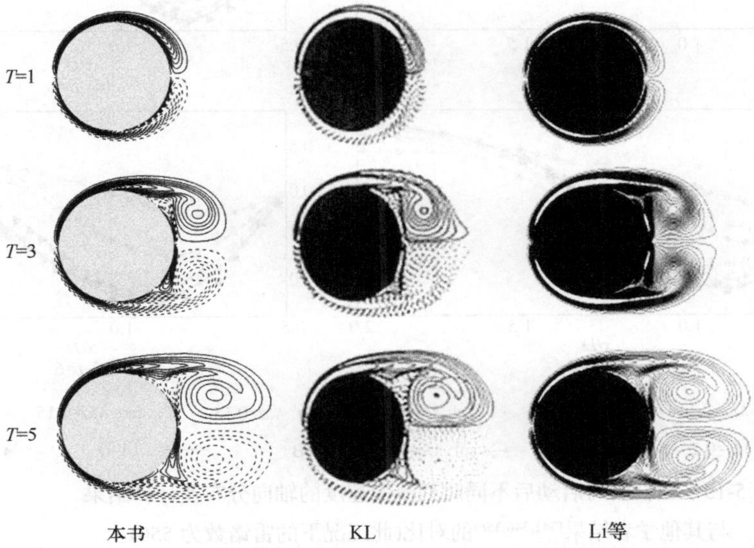

图 5-14 圆柱瞬时启动后三个不同时刻的涡量分布及解耦法的结果与其他学者模拟结果[346,356]的对比(涡量等值线的区间为(−0.03, 0.03)且等值线的数量为 50，此工况下的雷诺数为 550)

虽然解耦法计算得到的涡量场结果与其他学者的模拟结果一致，但直接法和分裂法得到的流向速度分布有较大差异，如图 5-15 所示。对于不同马赫数下的圆柱绕流，解耦法得到的尾迹区速度分布相同且几乎与 Li 等[346]的模拟结果重合，这是因为解耦法保留了 SLB 中的碰撞过程；分裂法得到的尾迹区速度分布误差较小，但随着时间推移这种误差逐渐增大，而随着马赫数增大这种误差又逐渐减小；直接法得到的尾迹区速度分布误差很大，基本不能反映尾迹区的回流情形，当 $Ma=0.1$

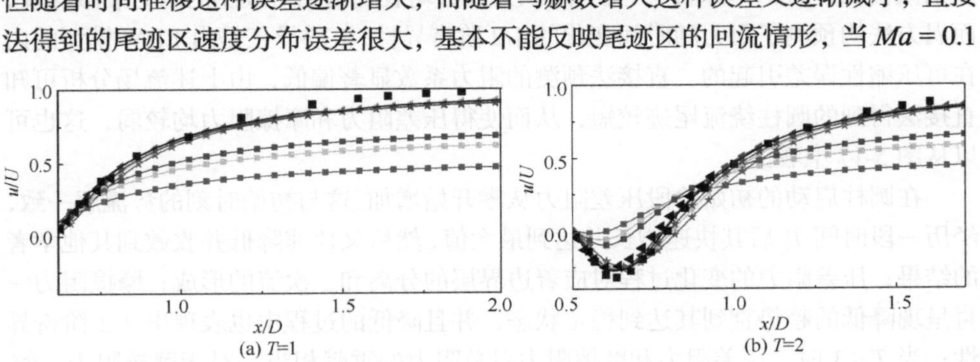

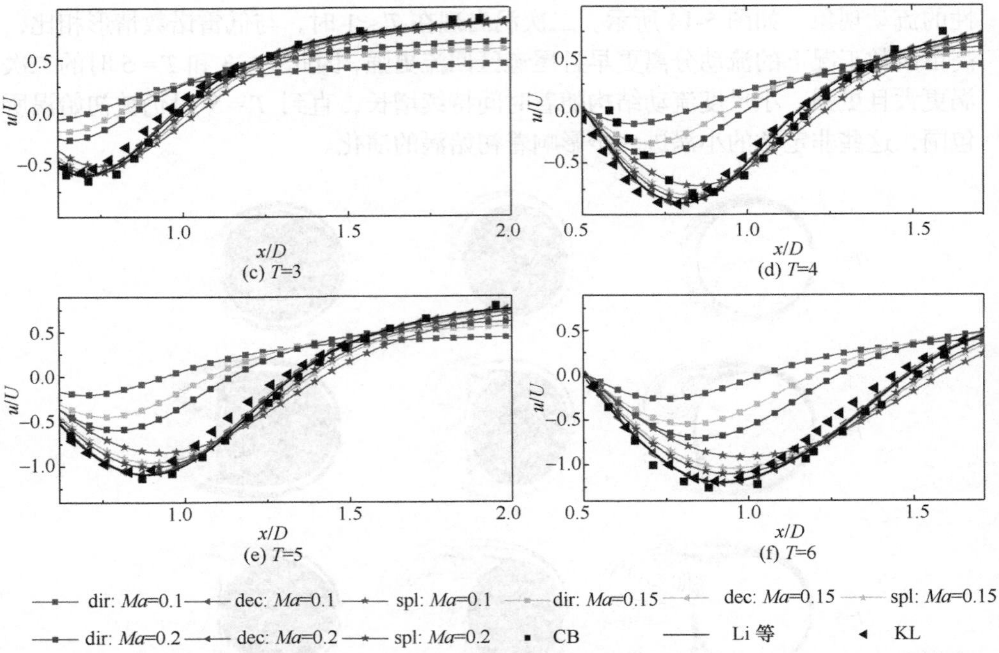

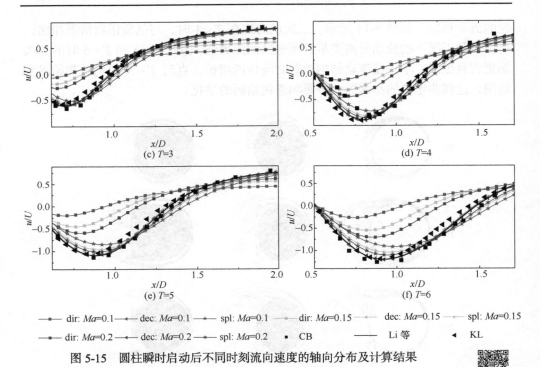

图 5-15　圆柱瞬时启动后不同时刻流向速度的轴向分布及计算结果与其他学者结果[341,346,356]的对比(此工况下的雷诺数为 550)

时尾迹长度极大地减小且速度变化非常平缓。因此，从减小非线性流动中可压缩性误差的角度看，解耦法优于分裂法而这两种时间积分方法均优于直接法。

为进一步评估三类时间积分方法预测不同马赫数下圆柱绕流的计算准确性，图 5-16 给出了圆柱瞬时启动时所受阻力的变化过程；当 $Ma = 0.1$ 时解耦法计算得到的阻力系数与 Li 等[346]的计算结果一致，当 $T > 1$ 时解耦法和分裂法预测的阻力系数与涡方法预测的阻力系数也基本相同，而当 $2 < T < 4$ 时分裂法预测的阻力系数稍微偏低；当 $T < 1$ 时，三类时间积分方法均表现出相对较小的阻力衰减梯度，而涡方法均预测了阻力随时间变化的 1/2 阶奇异性，该差异正是由 LBM 模型的内在可压缩性误差引起的。直接法预测的阻力系数显著偏低，由上述流场分析可知直接法得到的圆柱绕流尾迹较短，从而使得压差阻力和摩擦阻力均较弱，这也可以从图 5-17 中看出。

在圆柱启动的初始阶段压差阻力从零开始增加，这与初始时刻的势流解一致，经历一段时间 T_p 后其快速增长并达到最大值，然后又快速降低并收敛到其他学者的结果；压差阻力的变化过程对应着边界层的分离和二次流的形成；摩擦阻力一直呈现降低的趋势直到其达到稳定状态，并且降低的过程中也表现出 1/2 阶奇异性；当 $T < 1$ 时，压差阻力和摩擦阻力对总阻力的贡献相当。对于摩擦阻力，解

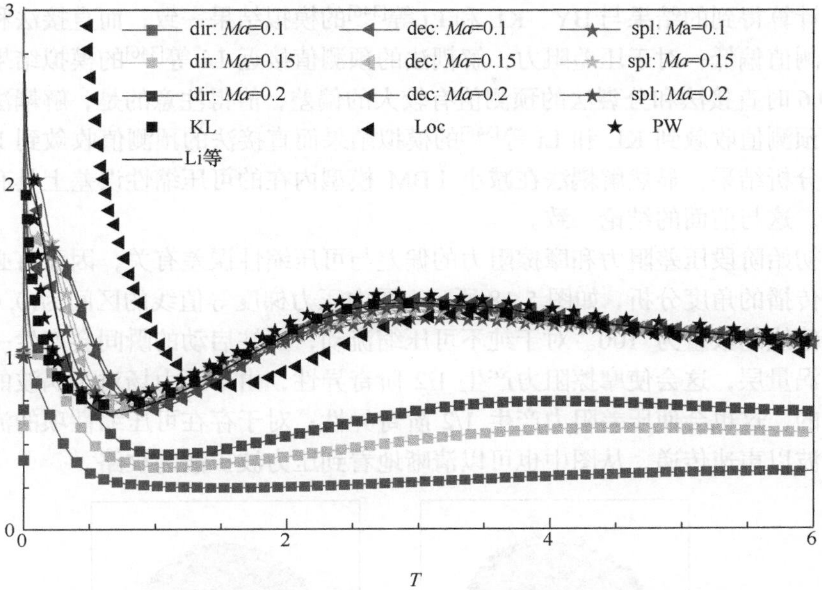

图 5-16　瞬时启动的圆柱所受阻力随时间的变化及三种马赫数下三类时间积分方法的计算结果与其他学者结果[346,356-358]的对比(此工况下的雷诺数为 550)

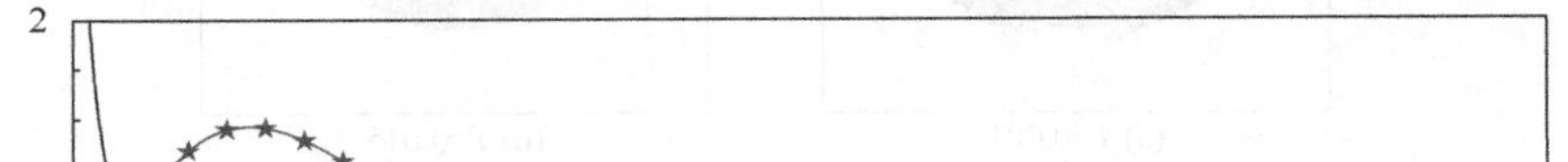

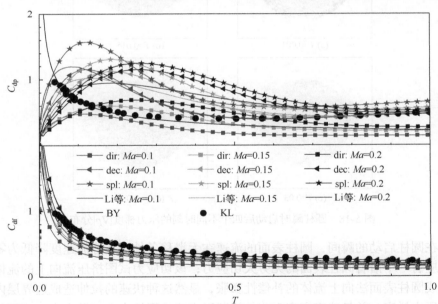

图 5-17　瞬时启动的圆柱所受压差阻力 C_{dp} 和摩擦阻力 C_{df} 的变化过程及三种马赫数下三类时间积分方法的预测结果与其他学者结果[346,356,359]的对比(此工况下的雷诺数为 550)

耦法计算得到的结果与 BY、KL 和 Li 等[346]的模拟结果一致，而直接法和分裂法的预测值偏低；对于压差阻力，解耦法的预测值接近 Li 等[346]的模拟结果，而当 $T<0.6$ 时直接法和分裂法的预测值有较大的偏差，值得注意的是，解耦法和分裂法的预测值收敛到 KL 和 Li 等[346]的模拟结果而直接法的预测值收敛到 BY 的渐进性分析结果；显然解耦法在减小 LBM 模型内在的可压缩性误差上具有明显的优势，这与前面的结论一致。

初始阶段压差阻力和摩擦阻力的偏差与可压缩性误差有关，因而有必要从压力波传播的角度分析，如图 5-18 所示，图中压力梯度等值线的区间为(0, 0.0005)，且等值线的数量为 100。对于纯不可压缩流动，圆柱启动的瞬间会产生一个薄而强的涡量层，这会使摩擦阻力产生 1/2 阶奇异性，由于压力场对于涡波的反应是瞬时的，这也会使压差阻力产生 1/2 阶奇异性；对于存在可压缩性项的流动解，压力波以声速传递，从图中也可以清晰地看到压力波扩散的纹路。

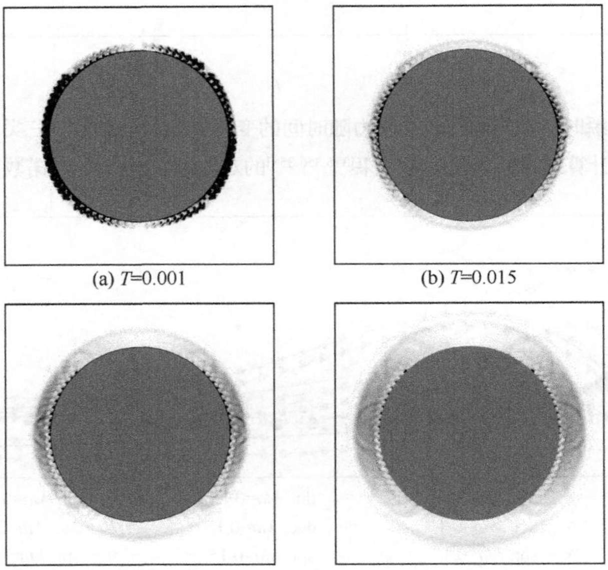

(a) T=0.001　　(b) T=0.015

(c) T=0.03　　(d) T=0.045

图 5-18　圆柱瞬时启动后四个不同时刻的压力梯度$|\nabla p|$分布

在圆柱启动的瞬间，圆柱表面的流速在无滑移条件下从势流速度降低为零，这对应着一个沿着圆柱表面的无穷大切应力；该切应力试图挤压流向上的流体同时造成圆柱表面法向上流体的补偿性膨胀，显然这种快速的拉伸造成边界层内很大的压力梯度，并且速度突变引起的间断以声速从圆柱表面扩散出去。该可压缩过程的持续时间 T_{p} 很短，在此过程后黏性动力学机理占主导地位。从图 5-17 中的压差阻力系数的变化过程也可以看出，T_{p} 随着马赫数的减小而减小，可以推断当马赫数趋向于零时 LBM 模型中可压缩性误差逐渐减小至消失，从而压差阻力系数会表现出 1/2 阶奇异性，此时三类时间积分方法的预测值也将一致。

5.5 本章小结

由于时间积分方法对模拟结果的准确性和计算资源的消耗有重要影响，所以根据不同的物理机制将不可压缩流 LBM 控制方程的时间积分方法分为三大类。对于单自由度情形，三维问题的内存消耗约为二维问题的两倍，在工程实际模拟时推荐低存储格式方案。直接法的时间精度与 RK 格式的代数精度相同，解耦法的时间精度恒定为一阶或者二阶，分裂法的时间精度不高于二阶；对于每一类时间积分方法，显式 RK 格式存在绝对稳定区间而隐式 RK 格式无条件稳定，倾向于采用隐式时间推进；从减小 LBM 模型的内在可压缩性误差的角度看，解耦法和分裂法具有一定的优势。

第 6 章　格子 Boltzmann 方法中的两类无反射边界条件

6.1　引　　言

如 1.3.4 节所述，NRBC 在 CAA 中占有举足轻重的地位：因为 NRBC 不仅决定流场特别是声场的计算结果的准确性，还影响着计算域的大小设置，从而改变模拟所需的计算资源和时间消耗。基于 NSE 发展出的 NRBC 理论已经相对成熟，并且广泛地应用于工程实际噪声模拟中，如图 2-5 所示，但基于 LBM 发展出的 NRBC 仍极少且其无反射性能在高维情形下非常不理想，故本章的主要目的是构建 LBM 中的 NRBC 并对其性质进行深入的探讨。

一般情况下，NRBC 主要包括 RBC、CBC 和 ABC 三类边界条件；当声源没有位于计算域中心或者计算域没有取得足够大时，RBC 收敛缓慢并引入较大误差，且 RBC 在复杂流动区域的应用会受到较大限制。因此，本章主要将 CBC 和 ABC 这两类边界条件的基本思想拓展到 LBM 中并构建相应的 NRBC；由于不可压缩流和可压缩流的气动噪声产生和传播的机制不同，并且两者对应的 LBM 控制方程也迥异，所以在构建的每一类 NRBC 中也需要根据流体的可压缩性分为两种情形区别对待。

在构造完 NRBC 的控制方程后，需要对边界方程的数学性质，特别是 ABC 中 PML 类边界方程的适定性和稳定性进行进一步的讨论。在离散求解边界方程时，需要考虑空间离散和时间推进的精度及其与计算域内部控制方程的耦合问题。最后，从边界的无反射性能、复杂气动噪声问题的适用性和时间消耗这三个方面对 CBC 和 ABC 这两类边界条件进行测试与对比，并期望结论可为工程实际气动噪声问题模拟时 NRBC 的选择提供参考。

6.2　格子 Boltzmann 方法中的特征边界条件

CBC 是基于控制方程的特征值构造的边界条件[212]，且特征值法一般只适用于双曲型偏微分方程。在 NSE 中只有连续方程(2-38)为双曲型，而动量方程(2-107)和能量方程(2-108)均为混合型，故直接采用特征值法对不可压缩流和可压缩流气动噪声问题构造 CBC 不可行。

为解决此问题，对于不可压缩流气动噪声，舍弃动量方程中的黏性应力项从而将 NSE 转化为欧拉模型；对于可压缩流气动噪声，同时舍弃动量方程中的黏性应力项和能量方程中的黏性功项及导热项。舍弃这些拉普拉斯项的目的是将边界上的控制方程转化为双曲型偏微分方程，但带来的问题是 LBM 方程在边界上恢复出的宏观方程与舍弃拉普拉斯项后的方程不一致。一个较为巧妙的处理方法是：对于不可压缩流气动噪声，将边界上速度分布函数取为相应的平衡态速度分布函数；对于可压缩流气动噪声，将边界上速度分布函数和总能分布函数分别取为相应的平衡态速度分布函数和平衡态总能分布函数。由 2.2 节和 2.3 节可知，在方程(2-10)中代入平衡态速度分布函数，或者在方程(2-10)和方程(2-88)中分别代入平衡态速度分布函数和平衡态总能分布函数，再通过多尺度展开技术即可恢复出欧拉方程或者舍弃拉普拉斯项后的 NSE。下面将分别进行不可压缩流和可压缩流中具体的 CBC 构造过程。

6.2.1　不可压缩流格子 Boltzmann 方法中的特征边界条件

对于不可压缩流气动噪声，构造 CBC 的基础为 2.2.1 节或者 2.2.2 节中的不可压缩流 LBM，该方法采用了等温假设，故其声速为定值。尽管二维和三维情形下 CBC 的构造原理一致，但具体的构造过程仍有区别，故将其分为两部分并通过数值算例进行验证。

1. 二维不可压缩流格子 Boltzmann 方法中的特征边界条件

舍弃动量方程中拉普拉斯项后的二维 NSE 方程可写成如下形式：

$$\frac{\partial \boldsymbol{U}}{\partial t}+\boldsymbol{A}\frac{\partial \boldsymbol{U}}{\partial x}+\boldsymbol{B}\frac{\partial \boldsymbol{U}}{\partial y}=0 \tag{6-1}$$

式中，$\boldsymbol{U}$ 为特征变量的矢量形式，$\boldsymbol{U}=[\rho, u_x, u_y]^{\mathrm{T}}$；$\boldsymbol{A}$、$\boldsymbol{B}$ 为系数矩阵。这两个系数矩阵分别为

$$\boldsymbol{A}=\begin{bmatrix} u_x & \rho & 0 \\ \rho^{-1}c_{\mathrm{s}}^2 & u_x & 0 \\ 0 & 0 & u_x \end{bmatrix},\quad \boldsymbol{B}=\begin{bmatrix} u_y & 0 & \rho \\ 0 & u_y & 0 \\ \rho^{-1}c_{\mathrm{s}}^2 & 0 & u_y \end{bmatrix} \tag{6-2}$$

易证方程(6-1)为双曲型偏微分方程，则系数矩阵 $\boldsymbol{A}$ 和 $\boldsymbol{B}$ 可对角化为

$$\boldsymbol{S}^{-1}\boldsymbol{A}\boldsymbol{S}=\boldsymbol{M},\quad \boldsymbol{T}^{-1}\boldsymbol{B}\boldsymbol{T}=\boldsymbol{N} \tag{6-3}$$

式中，$\boldsymbol{M}$、$\boldsymbol{N}$ 为特征值矩阵。这两个特征值矩阵分别为

$$\boldsymbol{M}=\operatorname{diag}(m_1,m_2,m_3)=\operatorname{diag}(u_x-c_{\mathrm{s}},u_x,u_x+c_{\mathrm{s}}) \tag{6-4}$$

$$\boldsymbol{N}=\operatorname{diag}(n_1,n_2,n_3)=\operatorname{diag}(u_y-c_{\mathrm{s}},u_y,u_y+c_{\mathrm{s}}) \tag{6-5}$$

则矩阵 $\boldsymbol{S}$ 和 $\boldsymbol{T}$ 及其逆矩阵可分别表示为

$$\boldsymbol{S}=\begin{bmatrix}\rho & 0 & \rho\\ -c_{\mathrm{s}} & 0 & c_{\mathrm{s}}\\ 0 & 1 & 0\end{bmatrix},\quad \boldsymbol{S}^{-1}=\frac{1}{2\rho c_{\mathrm{s}}}\begin{bmatrix}c_{\mathrm{s}} & -\rho & 0\\ 0 & 0 & 2\rho c_{\mathrm{s}}\\ c_{\mathrm{s}} & \rho & 0\end{bmatrix} \tag{6-6}$$

$$\boldsymbol{T}=\begin{bmatrix}\rho & 0 & \rho\\ 0 & 1 & 0\\ -c_{\mathrm{s}} & 0 & c_{\mathrm{s}}\end{bmatrix},\quad \boldsymbol{T}^{-1}=\frac{1}{2\rho c_{\mathrm{s}}}\begin{bmatrix}c_{\mathrm{s}} & 0 & -\rho\\ 0 & 2\rho c_{\mathrm{s}} & 0\\ c_{\mathrm{s}} & 0 & \rho\end{bmatrix} \tag{6-7}$$

通过检查特征值就可以简单地将波分为来流波和出流波：当特征值 m_i 或者 n_i 为正数时，波沿着正 x 轴或者正 y 轴方向传播；当特征值 m_i 或者 n_i 为负数时，波沿着负 x 轴或者负 y 轴方向传播。由于来流波来自研究的系统之外，所以关于来流波的信息不能通过系统内部信息计算得到；为了不让来流波对计算域内部声场造成干扰，直接将来流波设为零，如图 6-1 所示。

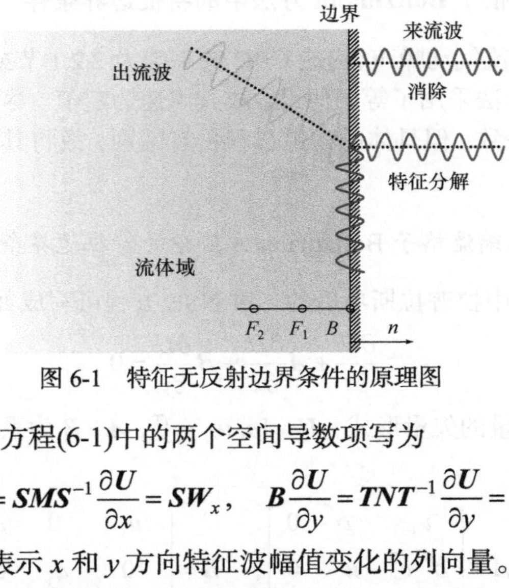

图 6-1　特征无反射边界条件的原理图

利用式(6-3)可将方程(6-1)中的两个空间导数项写为

$$\boldsymbol{A}\frac{\partial \boldsymbol{U}}{\partial x}=\boldsymbol{SMS}^{-1}\frac{\partial \boldsymbol{U}}{\partial x}=\boldsymbol{SW}_x,\quad \boldsymbol{B}\frac{\partial \boldsymbol{U}}{\partial y}=\boldsymbol{TNT}^{-1}\frac{\partial \boldsymbol{U}}{\partial y}=\boldsymbol{TW}_y \tag{6-8}$$

式中，$\boldsymbol{W}_x$、$\boldsymbol{W}_y$ 分别表示 x 和 y 方向特征波幅值变化的列向量。

将特征值矩阵 $\boldsymbol{M}$ 和 $\boldsymbol{N}$ 及矩阵 $\boldsymbol{S}$ 和 $\boldsymbol{T}$ 代入式(6-8)，可得

$$\boldsymbol{W}_x=\begin{bmatrix}W_{x,1}\\ W_{x,2}\\ W_{x,3}\end{bmatrix}=\begin{bmatrix}(u_x-c_{\mathrm{s}})\left(\dfrac{1}{2\rho}\dfrac{\partial\rho}{\partial x}-\dfrac{1}{2c_{\mathrm{s}}}\dfrac{\partial u_x}{\partial x}\right)\\ u_x\dfrac{\partial u_y}{\partial x}\\ (u_x+c_{\mathrm{s}})\left(\dfrac{1}{2\rho}\dfrac{\partial\rho}{\partial x}+\dfrac{1}{2c_{\mathrm{s}}}\dfrac{\partial u_x}{\partial x}\right)\end{bmatrix} \tag{6-9}$$

$$
\boldsymbol{W}_y=\begin{bmatrix}W_{y,1}\\W_{y,2}\\W_{y,3}\end{bmatrix}=\begin{bmatrix}\left(u_y-c_s\right)\left(\dfrac{1}{2\rho}\dfrac{\partial\rho}{\partial y}-\dfrac{1}{2c_s}\dfrac{\partial u_y}{\partial y}\right)\\ u_y\dfrac{\partial u_x}{\partial y}\\ \left(u_y+c_s\right)\left(\dfrac{1}{2\rho}\dfrac{\partial\rho}{\partial y}+\dfrac{1}{2c_s}\dfrac{\partial u_y}{\partial y}\right)\end{bmatrix} \tag{6-10}
$$

将来流波过滤后可得如下特征波幅值变化的列向量：

$$
\tilde{\boldsymbol{W}}_{x,i}=\begin{cases}\boldsymbol{W}_{x,i}, & \text{出流波}\\ 0, & \text{来流波}\end{cases},\quad \tilde{\boldsymbol{W}}_{y,i}=\begin{cases}\boldsymbol{W}_{y,i}, & \text{出流波}\\ 0, & \text{来流波}\end{cases} \tag{6-11}
$$

最后可以写出 x 方向、y 方向和角区上的 CBC 方程为

$$
\frac{\partial \boldsymbol{U}}{\partial t}+\boldsymbol{S}\tilde{\boldsymbol{W}}_x+\eta\boldsymbol{B}\frac{\partial \boldsymbol{U}}{\partial y}=0 \tag{6-12}
$$

$$
\frac{\partial \boldsymbol{U}}{\partial t}+\eta\boldsymbol{A}\frac{\partial \boldsymbol{U}}{\partial x}+\boldsymbol{T}\tilde{\boldsymbol{W}}_y=0 \tag{6-13}
$$

$$
\frac{\partial \boldsymbol{U}}{\partial t}+\boldsymbol{S}\tilde{\boldsymbol{W}}_x+\boldsymbol{T}\tilde{\boldsymbol{W}}_y=0 \tag{6-14}
$$

式中，η 为控制边界横向传播波比重的自由参数。

对于非角区的 CBC 方程(6-12)和方程(6-13)，垂直于边界的空间导数采用二阶精度偏差分格式离散，而平行于边界的空间导数采用二阶精度中心差分格式离散，如果计算域内部方程采用高精度中心差分格式求解，那么对非角区的 CBC 方程中空间导数也可以采用图 4-4 所示的高精度偏差分格式离散；对于角区的 CBC 方程(6-14)，平行于边界和垂直于边界的空间导数均采用二阶精度偏差分格式离散。对于边界上二维 CBC 方程的时间推进，均采用一阶精度向前欧拉方法。最后将边界上求得的宏观物理量代入平衡态速度分布函数即可。

2. 二维不可压缩流格子 Boltzmann 方法中的特征边界条件数值算例

在本节,先对二维不可压缩流 LBM 中 CBC 方程的有效性和准确性进行考察，然后研究自由参数 η 对 CBC 的边界无反射性能的影响。为便于数据的统一处理，本章均采用无量纲物理量，故选取参考值为：参考长度 $L_{\text{ref}}=10^{-6}\text{m}$、参考密度 $\rho_{\text{ref}}=1.2\text{kg/m}^3$ 和参考速度 $u_{\text{ref}}=594.4\text{m/s}$；动力黏度和绝热声速取为标准状态下的值，分别为 $1.825\times10^{-5}\text{kg/(m·s)}$ 和 343.2m/s。

选取的数值算例为高斯脉动源在静止流场中的声辐射，初始条件设为

$$
\rho=1+\varepsilon\exp\left(-\frac{x^2+y^2}{2b^2}\right) \tag{6-15}
$$

式中，ε 为高斯脉动源强度，这里取其为 $\varepsilon = 10^{-3}$；b 为高斯脉动源初始半径，这里取其为 $b = 10$。

取计算域的大小为[−200, 200]×[−200, 200]，则相应的格子数为 400×400，这里先将自由参数 η 取为 $\eta = 3/8$；作为对比，设置三种不同的工况：第一种是将计算域的三个边界进行 CBC 处理，另外一个边界作为压力边界处理；第二种是将计算域的四个边界均进行 CBC 处理；第三种是将计算域的大小设置为[−400, 400]×[−400, 400]，且将计算域的四个边界均进行 CBC 处理，则可将该工况作为参考。

图 6-2 对比了 CBC 边界条件与压力边界条件对高斯脉动源声辐射计算结果的影响。当波前到达计算域边界时，CBC 允许其光滑地通过且没有造成显著的伪反射波，而压力边界条件已经产生了较为显著的伪反射波，如图 6-2(c)所示；当所有的波全部通过边界后，压力边界条件引起的伪反射波已经传播到计算域内部，极大地污染了声场，而 CBC 只造成了较小的反射，如图 6-2(d)所示。为了定量描述这种反射波的大小，在压力边界附近设置一个监测点(120, 0)，图 6-3 给出了三种不同工况下监测点处的声压随时间的变化。理想情形下，波通过监测点后声压应保持为零，而第一种工况产生的伪反射波引起了二次波峰，且峰值较大；由图

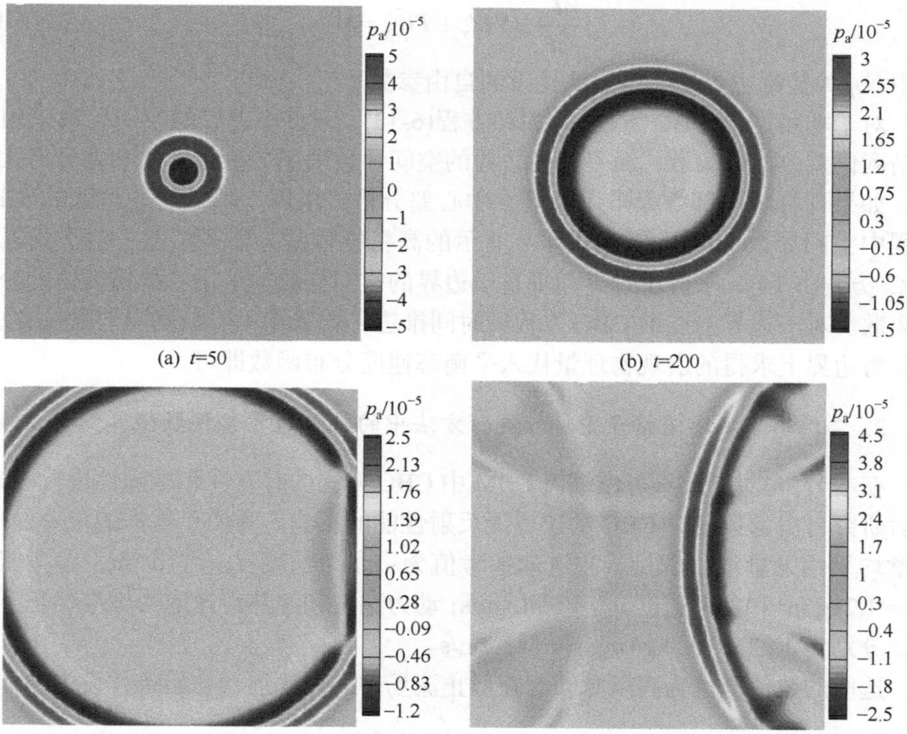

(a) t=50　(b) t=200

(c) t=400　(d) t=600

图 6-2　第一种工况下高斯脉动源声辐射过程中四个不同时刻的声压分布云图

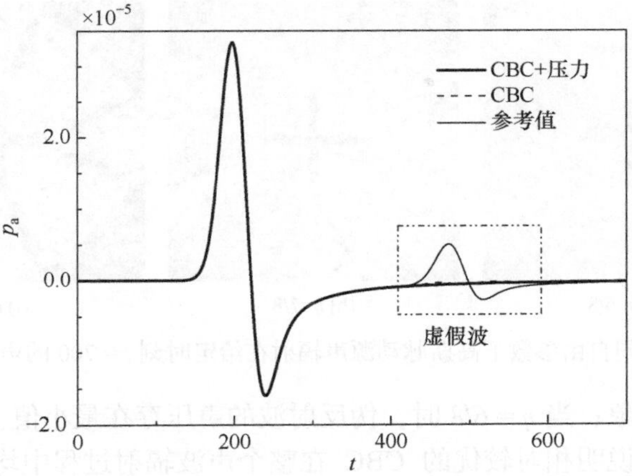

图 6-3　三种不同工况下监测点(120, 0)处的声压变化过程

可知，第二种工况的声压变化过程基本与参考工况一致，尽管仍有少量反射波但其峰值相对于原始波的峰值可忽略，故 CBC 具有良好的无反射性能。

由于 CBC 方程(6-12)和方程(6-13)中存在一个自由参数 η，所以它控制的横向传播波可能会影响 CBC 的无反射性能；如果该横向传播波存在影响，那么希望通过调整 η 来进一步优化 CBC 的无反射性能。图 6-4 对比了九种不同自由参数下 CBC 造成的第一次虚假反射波，且反射波的声压随着自由参数的增大先减小后增大。由于辐射声波呈各向同性，所以全部去除或者全部保留横向传播波均会引起

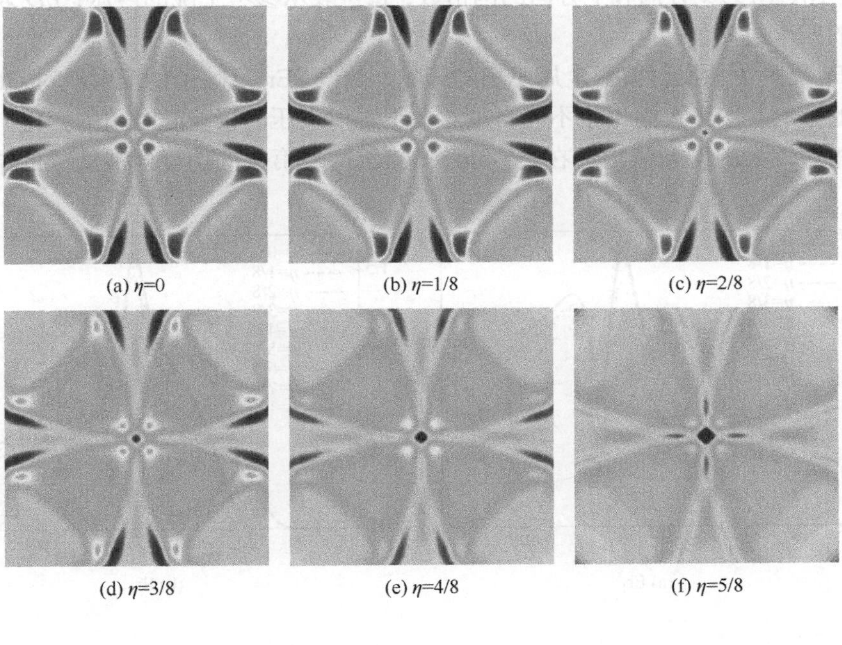

(a) η=0　(b) η=1/8　(c) η=2/8

(d) η=3/8　(e) η=4/8　(f) η=5/8

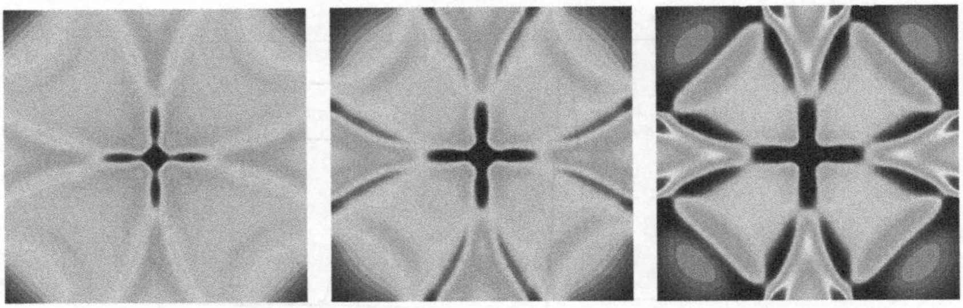

(g) η=6/8　　(h) η=7/8　　(i) η=1

图 6-4　不同自由参数下高斯脉动源声辐射在给定时刻 $t = 700$ 的声压分布云图

严重的伪反射现象；当 $\eta = 6/8$ 时，伪反射波的声压存在最小值。

为了进一步说明相对较优的 CBC 在整个声波辐射过程中均保持良好的无反射性能，考虑如下定义的三个误差：

$$\mathrm{Er}_1 = \sqrt{\sum_{i=1}^{N_i}\sum_{j=1}^{N_j}\frac{\left|p_{\mathrm{a}}(i,j) - p_{\mathrm{a,ref}}(i,j)\right|^2}{N_i N_j}} \tag{6-16}$$

$$\mathrm{Er}_2 = \sqrt{\sum_{\partial D}\sum_{i=1}^{N_i}\frac{\left|p_{\mathrm{a}}(i,j) - p_{\mathrm{a,ref}}(i,j)\right|^2}{4N_i}} \tag{6-17}$$

$$\mathrm{Er}_3 = \max_{\partial D}\left|p_{\mathrm{a}}(i,j) - p_{\mathrm{a,ref}}(i,j)\right| \tag{6-18}$$

式中，N_i、N_j 为 x 方向和 y 方向的网格数；$p_{\mathrm{a,ref}}$ 表示参考工况的声压；∂D 表示计算域的四个边界。

Er_1 反映了伪反射波对全局声场的影响，Er_2 和 Er_3 反映了伪反射波对 CBC 处声场的影响。图 6-5 给出了不同自由参数下辐射声压的误差随时间的变化。由图可见相对较大的误差值出现在 $t = 400$～600，这是第一次伪反射波造成的结果；

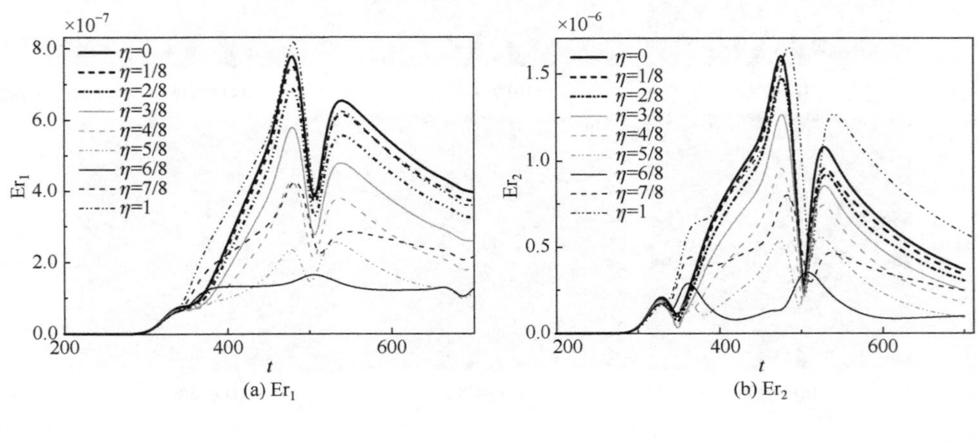

(a) Er_1　　(b) Er_2

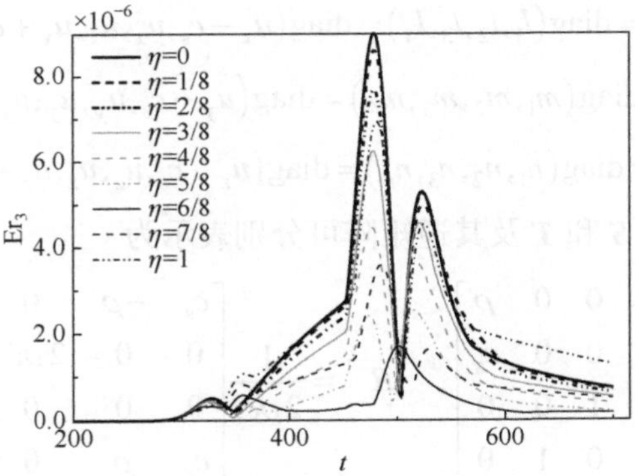

(c) Er_3

图 6-5　不同自由参数下高斯脉动源声辐射的误差变化过程

误差随着自由参数 η 的增大先增大后减小，在 $\eta = 6/8$ 时整个变化过程均保持最小误差值，与上述声压分布云图所展示的结论一致。对比图 6-5(a)、(b)和(c)，可以发现 CBC 造成的虚假反射波对边界处声场的影响大于对全局声场的影响。

3. 三维不可压缩流格子 Boltzmann 方法中的特征边界条件

舍弃动量方程中拉普拉斯项后的三维 NSE 方程可写成如下形式：

$$\frac{\partial \boldsymbol{U}}{\partial t}+\boldsymbol{A}\frac{\partial \boldsymbol{U}}{\partial x}+\boldsymbol{B}\frac{\partial \boldsymbol{U}}{\partial y}+\boldsymbol{C}\frac{\partial \boldsymbol{U}}{\partial y}=0 \tag{6-19}$$

式中，$\boldsymbol{U}$ 为三维特征变量的矢量形式，$\boldsymbol{U}=[\rho, u_x, u_y, u_z]^{\mathrm{T}}$。

三维情形下的系数矩阵 $\boldsymbol{A}$、$\boldsymbol{B}$ 和 $\boldsymbol{C}$ 分别为

$$\boldsymbol{A}=\begin{bmatrix} u_x & \rho & 0 & 0 \\ \rho^{-1}c_{\mathrm{s}}^2 & u_x & 0 & 0 \\ 0 & 0 & u_x & 0 \\ 0 & 0 & 0 & u_x \end{bmatrix},\quad \boldsymbol{B}=\begin{bmatrix} u_y & 0 & \rho & 0 \\ 0 & u_y & 0 & 0 \\ \rho^{-1}c_{\mathrm{s}}^2 & 0 & u_y & 0 \\ 0 & 0 & 0 & u_y \end{bmatrix} \tag{6-20}$$

$$\boldsymbol{C}=\begin{bmatrix} u_z & 0 & 0 & \rho \\ 0 & u_z & 0 & 0 \\ 0 & 0 & u_z & 0 \\ \rho^{-1}c_{\mathrm{s}}^2 & 0 & 0 & u_z \end{bmatrix} \tag{6-21}$$

将系数矩阵 $\boldsymbol{A}$、$\boldsymbol{B}$ 和 $\boldsymbol{C}$ 对角化为

$$\boldsymbol{R}^{-1}\boldsymbol{A}\boldsymbol{R}=\boldsymbol{L},\quad \boldsymbol{S}^{-1}\boldsymbol{B}\boldsymbol{S}=\boldsymbol{M},\quad \boldsymbol{T}^{-1}\boldsymbol{C}\boldsymbol{T}=\boldsymbol{N} \tag{6-22}$$

式中，$\boldsymbol{L}$、$\boldsymbol{M}$、$\boldsymbol{N}$ 为特征值矩阵。这三个特征值矩阵分别为

$$\boldsymbol{L}=\operatorname{diag}\left(l_1,l_2,l_3,l_4\right)=\operatorname{diag}\left(u_x-c_{\mathrm{s}},u_x,u_x,u_x+c_{\mathrm{s}}\right) \tag{6-23}$$

$$\boldsymbol{M}=\operatorname{diag}\left(m_1,m_2,m_3,m_4\right)=\operatorname{diag}\left(u_y-c_{\mathrm{s}},u_y,u_y,u_y+c_{\mathrm{s}}\right) \tag{6-24}$$

$$\boldsymbol{N}=\operatorname{diag}\left(n_1,n_2,n_3,n_4\right)=\operatorname{diag}\left(u_z-c_{\mathrm{s}},u_z,u_z,u_z+c_{\mathrm{s}}\right) \tag{6-25}$$

因此，矩阵 $\boldsymbol{R}$、$\boldsymbol{S}$ 和 $\boldsymbol{T}$ 及其逆矩阵可分别表示为

$$\boldsymbol{R}=\begin{bmatrix}\rho & 0 & 0 & \rho\\ -c_{\mathrm{s}} & 0 & 0 & c_{\mathrm{s}}\\ 0 & 1 & 0 & 0\\ 0 & 0 & 1 & 0\end{bmatrix},\quad \boldsymbol{R}^{-1}=\frac{1}{2\rho c_{\mathrm{s}}}\begin{bmatrix}c_{\mathrm{s}} & -\rho & 0 & 0\\ 0 & 0 & 2\rho c_{\mathrm{s}} & 0\\ 0 & 0 & 0 & 2\rho c_{\mathrm{s}}\\ c_{\mathrm{s}} & \rho & 0 & 0\end{bmatrix} \tag{6-26}$$

$$\boldsymbol{S}=\begin{bmatrix}\rho & 0 & 0 & \rho\\ 0 & 1 & 0 & 0\\ -c_{\mathrm{s}} & 0 & 0 & c_{\mathrm{s}}\\ 0 & 0 & 1 & 0\end{bmatrix},\quad \boldsymbol{S}^{-1}=\frac{1}{2\rho c_{\mathrm{s}}}\begin{bmatrix}c_{\mathrm{s}} & 0 & -\rho & 0\\ 0 & 2\rho c_{\mathrm{s}} & 0 & 0\\ 0 & 0 & 0 & 2\rho c_{\mathrm{s}}\\ c_{\mathrm{s}} & 0 & \rho & 0\end{bmatrix} \tag{6-27}$$

$$\boldsymbol{T}=\begin{bmatrix}\rho & 0 & 0 & \rho\\ 0 & 1 & 0 & 0\\ 0 & 0 & 1 & 0\\ -c_{\mathrm{s}} & 0 & 0 & c_{\mathrm{s}}\end{bmatrix},\quad \boldsymbol{T}^{-1}=\frac{1}{2\rho c_{\mathrm{s}}}\begin{bmatrix}c_{\mathrm{s}} & 0 & 0 & -\rho\\ 0 & 2\rho c_{\mathrm{s}} & 0 & 0\\ 0 & 0 & 2\rho c_{\mathrm{s}} & 0\\ c_{\mathrm{s}} & 0 & 0 & \rho\end{bmatrix} \tag{6-28}$$

类比于二维 CBC，可通过特征值的正负来判断来流波或者出流波：当特征值 l_i、m_i 或者 n_i 为正数时，波沿着正 x 轴、正 y 轴或者正 z 轴方向传播；当特征值 l_i、m_i 或者 n_i 为负数时，波沿着负 x 轴、负 y 轴或者负 z 轴方向传播。显然，方程(6-19)中的三个空间导数项也可写为

$$\boldsymbol{A}\frac{\partial \boldsymbol{U}}{\partial x}=\boldsymbol{R}\boldsymbol{W}_x,\quad \boldsymbol{B}\frac{\partial \boldsymbol{U}}{\partial y}=\boldsymbol{S}\boldsymbol{W}_y,\quad \boldsymbol{C}\frac{\partial \boldsymbol{U}}{\partial z}=\boldsymbol{T}\boldsymbol{W}_z \tag{6-29}$$

利用式(6-22)，则式(6-29)中表示 x 方向、y 方向和 z 方向特征波幅值变化的列向量为

$$\boldsymbol{W}_x=\begin{bmatrix}W_{x,1}\\ W_{x,2}\\ W_{x,3}\\ W_{x,4}\end{bmatrix}=\begin{bmatrix}\left(u_x-c_{\mathrm{s}}\right)\left(\dfrac{1}{2\rho}\dfrac{\partial\rho}{\partial x}-\dfrac{1}{2c_{\mathrm{s}}}\dfrac{\partial u_x}{\partial x}\right)\\ u_x\dfrac{\partial u_y}{\partial x}\\ u_x\dfrac{\partial u_z}{\partial x}\\ \left(u_x+c_{\mathrm{s}}\right)\left(\dfrac{1}{2\rho}\dfrac{\partial\rho}{\partial x}+\dfrac{1}{2c_{\mathrm{s}}}\dfrac{\partial u_x}{\partial x}\right)\end{bmatrix} \tag{6-30}$$

$$\boldsymbol{W}_y=\begin{bmatrix}W_{y,1}\\W_{y,2}\\W_{y,3}\\W_{y,4}\end{bmatrix}=\begin{bmatrix}(u_y-c_\mathrm{s})\left(\dfrac{1}{2\rho}\dfrac{\partial\rho}{\partial y}-\dfrac{1}{2c_\mathrm{s}}\dfrac{\partial u_y}{\partial y}\right)\\u_y\dfrac{\partial u_x}{\partial y}\\u_y\dfrac{\partial u_z}{\partial y}\\(u_y+c_\mathrm{s})\left(\dfrac{1}{2\rho}\dfrac{\partial\rho}{\partial y}+\dfrac{1}{2c_\mathrm{s}}\dfrac{\partial u_y}{\partial y}\right)\end{bmatrix}\tag{6-31}$$

$$\boldsymbol{W}_z=\begin{bmatrix}W_{z,1}\\W_{z,2}\\W_{z,3}\\W_{z,4}\end{bmatrix}=\begin{bmatrix}(u_z-c_\mathrm{s})\left(\dfrac{1}{2\rho}\dfrac{\partial\rho}{\partial z}-\dfrac{1}{2c_\mathrm{s}}\dfrac{\partial u_z}{\partial z}\right)\\u_z\dfrac{\partial u_x}{\partial z}\\u_z\dfrac{\partial u_y}{\partial z}\\(u_z+c_\mathrm{s})\left(\dfrac{1}{2\rho}\dfrac{\partial\rho}{\partial z}+\dfrac{1}{2c_\mathrm{s}}\dfrac{\partial u_z}{\partial z}\right)\end{bmatrix}\tag{6-32}$$

将来流波过滤后可得如下特征波幅值变化的列向量：

$$\tilde{\boldsymbol{W}}_{x,i}=\begin{cases}\boldsymbol{W}_{x,i}, & \text{出流波}\\0, & \text{来流波}\end{cases},\quad \tilde{\boldsymbol{W}}_{y,i}=\begin{cases}\boldsymbol{W}_{y,i}, & \text{出流波}\\0, & \text{来流波}\end{cases},\quad \tilde{\boldsymbol{W}}_{z,i}=\begin{cases}\boldsymbol{W}_{z,i}, & \text{出流波}\\0, & \text{来流波}\end{cases}\tag{6-33}$$

最后，可以写出 x 方向、y 方向、z 方向、棱边和角区上的 CBC 方程分别为

$$\frac{\partial\boldsymbol{U}}{\partial t}+\boldsymbol{R}\tilde{\boldsymbol{W}}_x+\eta\boldsymbol{B}\frac{\partial\boldsymbol{U}}{\partial y}+\vartheta\boldsymbol{C}\frac{\partial\boldsymbol{U}}{\partial z}=0\tag{6-34}$$

$$\frac{\partial\boldsymbol{U}}{\partial t}+\eta\boldsymbol{A}\frac{\partial\boldsymbol{U}}{\partial x}+\boldsymbol{S}\tilde{\boldsymbol{W}}_y+\vartheta\boldsymbol{C}\frac{\partial\boldsymbol{U}}{\partial z}=0\tag{6-35}$$

$$\frac{\partial\boldsymbol{U}}{\partial t}+\eta\boldsymbol{A}\frac{\partial\boldsymbol{U}}{\partial x}+\vartheta\boldsymbol{B}\frac{\partial\boldsymbol{U}}{\partial y}+\boldsymbol{T}\tilde{\boldsymbol{W}}_z=0\tag{6-36}$$

$$\frac{\partial\boldsymbol{U}}{\partial t}+\boldsymbol{R}\tilde{\boldsymbol{W}}_x+\boldsymbol{S}\tilde{\boldsymbol{W}}_y+\eta\boldsymbol{C}\frac{\partial\boldsymbol{U}}{\partial z}=0\tag{6-37}$$

$$\frac{\partial\boldsymbol{U}}{\partial t}+\boldsymbol{R}\tilde{\boldsymbol{W}}_x+\eta\boldsymbol{B}\frac{\partial\boldsymbol{U}}{\partial y}+\boldsymbol{T}\tilde{\boldsymbol{W}}_z=0\tag{6-38}$$

$$\frac{\partial\boldsymbol{U}}{\partial t}+\eta\boldsymbol{A}\frac{\partial\boldsymbol{U}}{\partial x}+\boldsymbol{S}\tilde{\boldsymbol{W}}_y+\boldsymbol{T}\tilde{\boldsymbol{W}}_z=0\tag{6-39}$$

$$\frac{\partial\boldsymbol{U}}{\partial t}+\boldsymbol{R}\tilde{\boldsymbol{W}}_x+\boldsymbol{S}\tilde{\boldsymbol{W}}_y+\boldsymbol{T}\tilde{\boldsymbol{W}}_z=0\tag{6-40}$$

式中，η、ϑ 为控制边界横向传播波比重的自由参数。

对于面上的 CBC 方程(6-34)～方程(6-36)和棱边上的 CBC 方程(6-37)～方程(6-39)，垂直于边界的空间导数项均采用二阶精度偏差分格式离散，而平行于边界的空间导数项均采用二阶精度中心差分格式离散；对于角区的 CBC 方程(6-40)，平行于边界和垂直于边界的空间导数均采用二阶精度偏差分格式离散。对于边界上三维 CBC 方程的时间推进，均采用一阶精度向前欧拉方法。最后将边界上求得的宏观物理量代入平衡态速度分布函数即可。

4. 三维不可压缩流格子 Boltzmann 方法中的特征边界条件数值算例

下面仅对三维不可压缩流 LBM 中 CBC 方程的有效性和准确性进行考察。由于自由参数 η 和 ϑ 对三维 CBC 无反射性能的影响与二维情形一致，这里直接给出相对较优的自由参数值。选取的数值算例为三维高斯脉动源声辐射，初始流场静止并将密度设为

$$\rho = 1 + \varepsilon \exp\left(-\frac{x^2 + y^2 + z^2}{2b^2}\right) \tag{6-41}$$

高斯脉动源强度 ε 与式(6-15)中 ε 取值一致而将初始源半径设为 $b = 5$。取三维计算域的大小为[−50, 50]×[−50, 50]×[−50, 50]，则相应的格子数为 100×100×100，这里直接将自由参数取较优值：$\eta = \vartheta = 6/8$。为突出 CBC 的无反射特性，将计算域的上边界面(xy 平面)用压力边界条件来处理，而将另外五个边界面进行 CBC 处理。

图 6-6 给出了过原点且平行于 xy 平面、yz 平面和 xz 平面的三个截面上的声压分布，三维空间中的声辐射以同心球形式进行而平面上的声辐射以同心圆形式进行。对比上边界与其余边界附近的声压分布，可以发现 CBC 允许声波光滑地通过

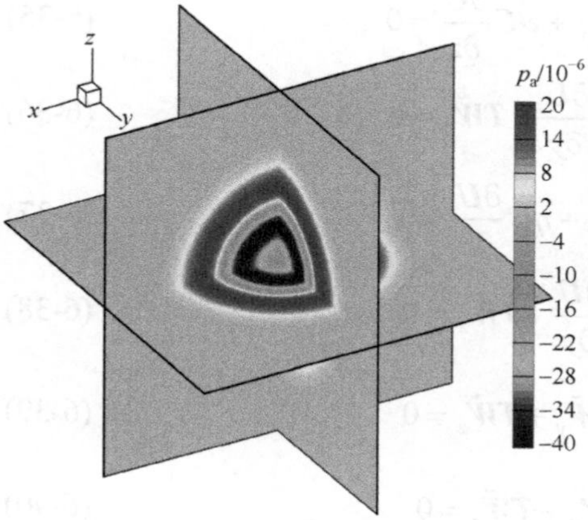

(a) t=30

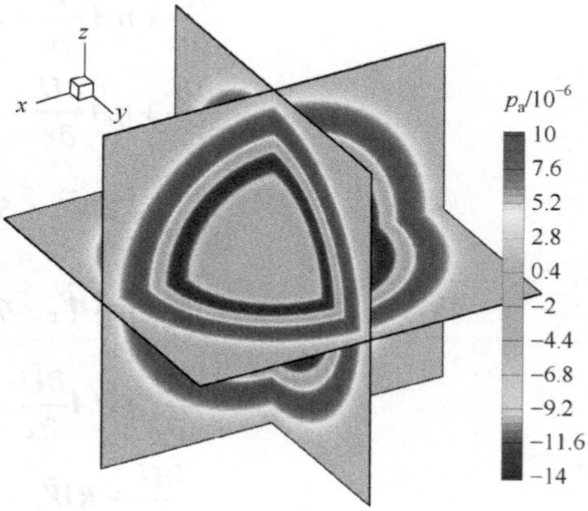

(b) t=60

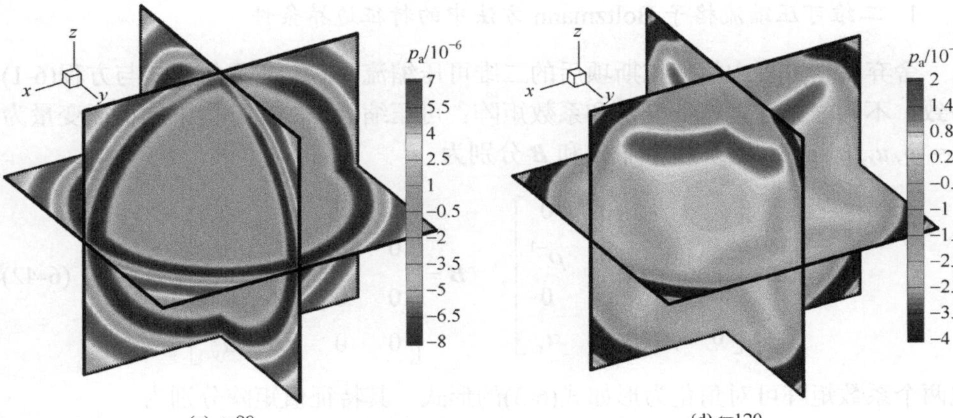

图 6-6　三维高斯脉动源声辐射过程中四个不同时刻的声压分布云图

而压力边界则产生了严重的伪反射波。为了定量对比这两种边界条件产生的反射波，图 6-7 给出了监测点处的声压变化过程。显然采用 CBC 的工况能够获得与参考值基本一致的结果，这证明了三维情形下的 CBC 也具有优良的无反射性能。

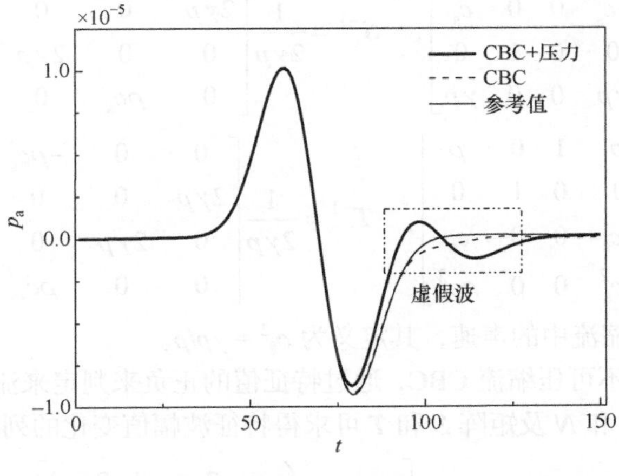

图 6-7　三种不同工况下监测点(0, 0, 40)处的声压变化过程

6.2.2　可压缩流格子 Boltzmann 方法中的特征边界条件

对于可压缩流气动噪声，构造 CBC 的基础为 2.3.1 节或者 2.3.2 节中的可压缩流 LBM；相对于不可压缩流 LBM 构造的 CBC，可压缩流 LBM 构造的 CBC 能够考虑能量的变化，从而当地声速不再为常数。尽管二维和三维情形下 CBC 均基于通过特征值判定来流波和出流波的原理，但具体的构造过程仍有区别，故将其分为两部分进行论述并通过数值算例进行验证。

1. 二维可压缩流格子 Boltzmann 方法中的特征边界条件

舍弃动量方程中拉普拉斯项后的二维可压缩流 NSE 方程的形式与方程(6-1)一致，不同之处在于特征变量和系数矩阵：可压缩流 NSE 方程中的特征变量为 $\boldsymbol{U} = [\rho, u_x, u_y, p]^{\mathrm{T}}$，而系数矩阵 $\boldsymbol{A}$ 和 $\boldsymbol{B}$ 分别为

$$\boldsymbol{A} = \begin{bmatrix} u_x & \rho & 0 & 0 \\ 0 & u_x & 0 & \rho^{-1} \\ 0 & 0 & u_x & 0 \\ 0 & \gamma p & 0 & u_x \end{bmatrix}, \quad \boldsymbol{B} = \begin{bmatrix} u_y & 0 & \rho & 0 \\ 0 & u_y & 0 & 0 \\ 0 & 0 & u_y & \rho^{-1} \\ 0 & 0 & \gamma p & u_y \end{bmatrix} \tag{6-42}$$

这两个系数矩阵可对角化为形如式(6-3)的形式，其特征值矩阵分别为

$$\boldsymbol{M} = \mathrm{diag}(m_1, m_2, m_3, m_4) = \mathrm{diag}(u_x - c_{\mathrm{s}}, u_x, u_x, u_x + c_{\mathrm{s}}) \tag{6-43}$$

$$\boldsymbol{N} = \mathrm{diag}(n_1, n_2, n_3, n_4) = \mathrm{diag}(u_y - c_{\mathrm{s}}, u_y, u_y, u_y + c_{\mathrm{s}}) \tag{6-44}$$

因此，相应的矩阵 $\boldsymbol{S}$ 和 $\boldsymbol{T}$ 及其逆矩阵可分别表示为

$$\boldsymbol{S} = \begin{bmatrix} \rho & 1 & 0 & \rho \\ -c_{\mathrm{s}} & 0 & 0 & c_{\mathrm{s}} \\ 0 & 0 & 1 & 0 \\ \gamma p & 0 & 0 & \gamma p \end{bmatrix}, \quad \boldsymbol{S}^{-1} = \frac{1}{2\gamma p} \begin{bmatrix} 0 & -\rho c_{\mathrm{s}} & 0 & 1 \\ 2\gamma p & 0 & 0 & -2\rho \\ 0 & 0 & 2\gamma p & 0 \\ 0 & \rho c_{\mathrm{s}} & 0 & 1 \end{bmatrix} \tag{6-45}$$

$$\boldsymbol{T} = \begin{bmatrix} \rho & 1 & 0 & \rho \\ 0 & 0 & 1 & 0 \\ -c_{\mathrm{s}} & 0 & 0 & c_{\mathrm{s}} \\ \rho c_{\mathrm{s}}^2 & 0 & 0 & \rho c_{\mathrm{s}}^2 \end{bmatrix}, \quad \boldsymbol{T}^{-1} = \frac{1}{2\gamma p} \begin{bmatrix} 0 & 0 & -\rho c_{\mathrm{s}} & 1 \\ 2\gamma p & 0 & 0 & -2\rho \\ 0 & 2\gamma p & 0 & 0 \\ 0 & 0 & \rho c_{\mathrm{s}} & 1 \end{bmatrix} \tag{6-46}$$

式中，c_{s} 为可压缩流中的声速，其定义为 $c_{\mathrm{s}}^2 = \gamma p/\rho$。

类似于二维不可压缩流 CBC，通过特征值的正负来判定来流波和出流波；利用特征值矩阵 $\boldsymbol{M}$ 和 $\boldsymbol{N}$ 及矩阵 $\boldsymbol{S}$ 和 $\boldsymbol{T}$ 可求得特征波幅值变化的列向量为

$$\boldsymbol{W}_x = \begin{bmatrix} W_{x,1} \\ W_{x,2} \\ W_{x,3} \\ W_{x,4} \end{bmatrix} = \begin{bmatrix} (u_x - c_{\mathrm{s}})\left(\dfrac{1}{2\gamma p}\dfrac{\partial p}{\partial x} - \dfrac{1}{2c_{\mathrm{s}}}\dfrac{\partial u_x}{\partial x}\right) \\ u_x\left(\dfrac{\partial \rho}{\partial x} - \dfrac{1}{c_{\mathrm{s}}^2}\dfrac{\partial p}{\partial x}\right) \\ u_x \dfrac{\partial u_y}{\partial x} \\ (u_x + c_{\mathrm{s}})\left(\dfrac{1}{2\gamma p}\dfrac{\partial p}{\partial x} + \dfrac{1}{2c_{\mathrm{s}}}\dfrac{\partial u_x}{\partial x}\right) \end{bmatrix} \tag{6-47}$$

$$
\boldsymbol{W}_y=\begin{bmatrix} W_{y,1}\\ W_{y,2}\\ W_{y,3}\\ W_{y,4}\end{bmatrix}=\begin{bmatrix}\left(u_y-c_{\mathrm{s}}\right)\left(\dfrac{1}{2\gamma p}\dfrac{\partial p}{\partial y}-\dfrac{1}{2c_{\mathrm{s}}}\dfrac{\partial u_y}{\partial y}\right)\\ u_y\left(\dfrac{\partial \rho}{\partial y}-\dfrac{1}{c_{\mathrm{s}}^2}\dfrac{\partial p}{\partial y}\right)\\ u_y\dfrac{\partial u_x}{\partial y}\\ \left(u_y+c_{\mathrm{s}}\right)\left(\dfrac{1}{2\gamma p}\dfrac{\partial p}{\partial y}+\dfrac{1}{2c_{\mathrm{s}}}\dfrac{\partial u_y}{\partial y}\right)\end{bmatrix} \tag{6-48}
$$

将来流波过滤后得到的特征波幅值变化的列向量与式(6-11)相同，而且 x 方向、y 方向和角区上的 CBC 方程形式与不可压缩流 CBC 方程(6-12)～方程(6-14)一致。求解可压缩流 CBC 方程的空间离散方法也与 6.2.1 节中不可压缩流 CBC 方程的空间离散方法相同，而时间离散采用与计算域内部一致的 IMEX 格式。

2. 二维可压缩流格子 Boltzmann 方法中的特征边界条件数值算例

本节先对二维可压缩流 LBM 中 CBC 方程的有效性和准确性进行考察，然后研究自由参数 η 对 CBC 的边界无反射性能的影响。选取的数值算例为均匀流中等熵涡对的迁移，等熵涡对满足欧拉方程，这里将其写成极坐标形式：

$$
\rho=\rho_r(r),\quad \begin{cases}u_x=c_{\mathrm{s}}Ma-u_r(r)\sin\theta\\ u_y=u_r(r)\cos\theta\end{cases},\quad p=p_r(r) \tag{6-49}
$$

式中，Ma 表示平均流对应的马赫数；r 为极坐标参数，其满足 $r^2=(x-c_{\mathrm{s}}tMa)^2+y^2$。

在已知 $\rho_r(r)$ 和 $u_r(r)$ 的情况下，压力 $p_r(r)$ 可由欧拉方程变换得到：

$$
\frac{\partial p_r(r)}{\partial r}=\rho_r(r)\frac{u_r^2}{r} \tag{6-50}
$$

当过程为多变过程时，气体压力与密度满足 $\gamma p_r(r)=[\rho_r(r)]^{\gamma}$；这里取涡对速度为

$$
u_r(r)=\frac{u_{\max}}{b}r\exp\left(\frac{1}{2}-\frac{r^2}{2b^2}\right) \tag{6-51}
$$

式中，$u_{\max}$ 为涡对的最大圆周速度，位于半径 $r=b$ 处。

将式(6-51)代入式(6-50)，可解得涡对的压力分布为

$$
p_r(r)=\frac{1}{\gamma}\left[1-\frac{1}{2}(\gamma-1)u_{\max}^2\exp\left(1-\frac{r^2}{b^2}\right)\right]^{\frac{\gamma}{\gamma-1}} \tag{6-52}
$$

设置计算域的大小为[−100, 100]×[−100, 100]，则相应的网格数为 200×200；将平均流马赫数取为 $Ma=0.5$，并将涡对的最大圆周速度取为 $u_{\max}=0.25c_{\mathrm{s}}$；根据

5.3.2 节中 IMEX 的谱性质选取计算时间步长为 $\Delta t = 0.42$。图 6-8 展示了在自由参数 $\eta = 6/8$ 时等熵涡对在平均流中的迁移过程，在涡对到达计算域的右边界之前无反射波出现；在涡对穿越右边界的过程中($t = 700$ 和 $t = 1100$)，涡对的形状发生扭曲并在右边界附近产生伪反射波；这些虚假涡波向计算域内部扩散，从而干扰了整个流场。

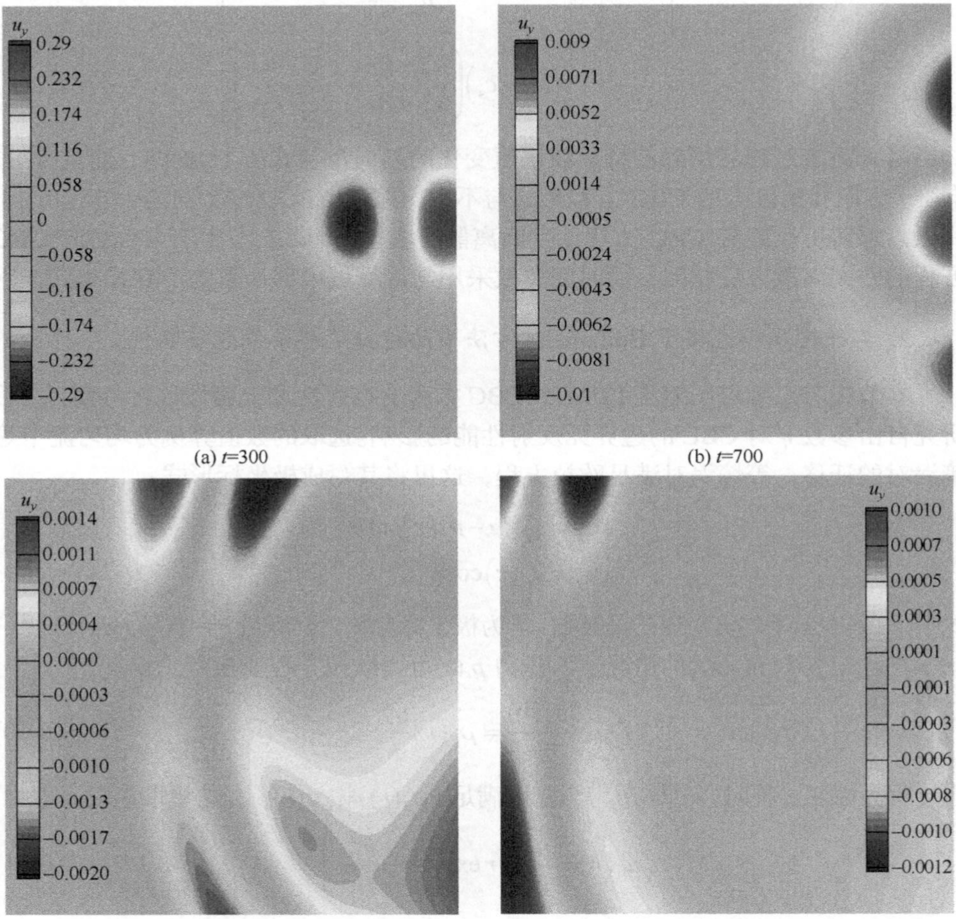

(a) t=300　　(b) t=700

(c) t=1100　　(d) t=1500

图 6-8　等熵涡对迁移过程中四个不同时刻的速度 u_y 的分布云图

为了衡量 CBC 方程中自由参数的不同取值对边界无反射性能的影响，将压力的精确解(6-52)作为参考值代入式(6-16)～式(6-18)，并将计算所得误差随时间的变化绘制于图 6-9 中。当涡对穿过右边界时，反射波误差随着时间增大，而当涡对穿出右边界后，反射波误差随着时间减小；随着 η 的增加，反射波误差先增大后减小，在 $\eta = 5/8$ 时取得最小值，可见虚假波对边界处声场的影响大于对全局声场的影响。

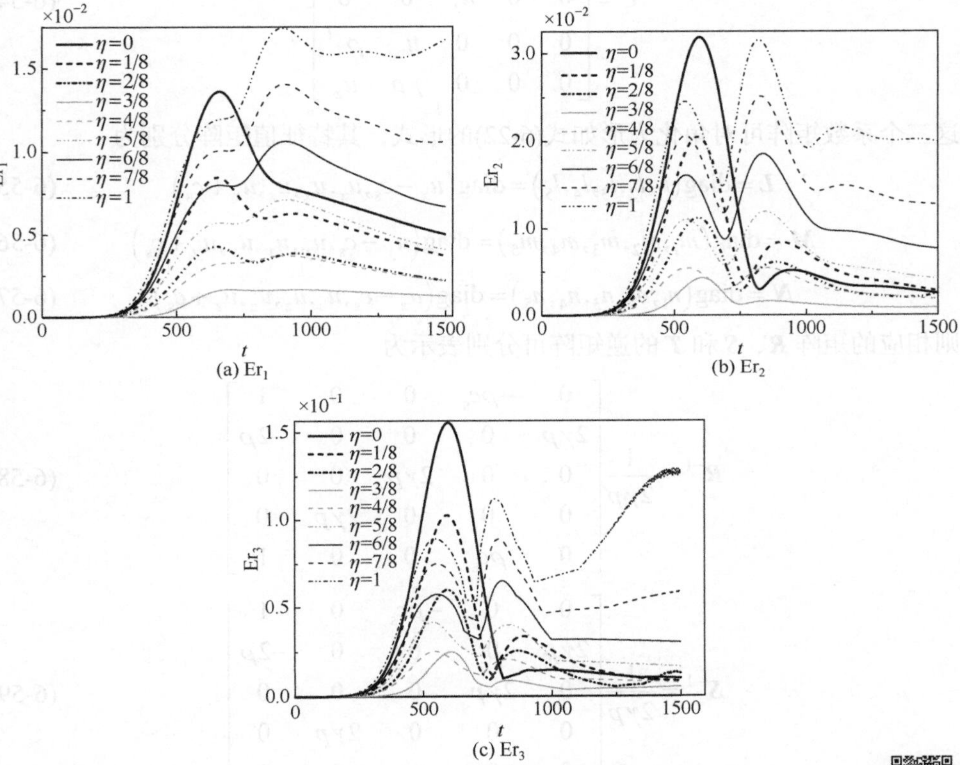

图 6-9　不同自由参数下等熵涡对迁移的误差变化过程

3. 三维可压缩流格子 Boltzmann 方法中的特征边界条件

舍弃动量方程中拉普拉斯项后的三维可压缩流 NSE 方程的形式与方程(6-19)一致，不同之处在于特征变量和系数矩阵：三维可压缩流 NSE 方程中的特征变量为 $\boldsymbol{U} = [\rho, u_x, u_y, u_z, p]^{\mathrm{T}}$，而系数矩阵 $\boldsymbol{A}$、$\boldsymbol{B}$ 和 $\boldsymbol{C}$ 分别为

$$\boldsymbol{A} = \begin{bmatrix} u_x & \rho & 0 & 0 & 0 \\ 0 & u_x & 0 & 0 & \rho^{-1} \\ 0 & 0 & u_x & 0 & 0 \\ 0 & 0 & 0 & u_x & 0 \\ 0 & \gamma p & 0 & 0 & u_x \end{bmatrix}, \quad \boldsymbol{B} = \begin{bmatrix} u_y & 0 & \rho & 0 & 0 \\ 0 & u_y & 0 & 0 & 0 \\ 0 & 0 & u_y & 0 & \rho^{-1} \\ 0 & 0 & 0 & u_y & 0 \\ 0 & 0 & \gamma p & 0 & u_y \end{bmatrix} \tag{6-53}$$

$$\boldsymbol{C}=\begin{bmatrix} u_z & 0 & 0 & \rho & 0 \\ 0 & u_z & 0 & 0 & 0 \\ 0 & 0 & u_z & 0 & 0 \\ 0 & 0 & 0 & u_z & \rho^{-1} \\ 0 & 0 & 0 & \gamma p & u_z \end{bmatrix} \tag{6-54}$$

这三个系数矩阵可对角化为形如式(6-22)的形式，其特征值矩阵分别为

$$\boldsymbol{L}=\mathrm{diag}(l_1,l_2,l_3,l_4,l_5)=\mathrm{diag}(u_x-c_\mathrm{s},u_x,u_x,u_x,u_x+c_\mathrm{s}) \tag{6-55}$$

$$\boldsymbol{M}=\mathrm{diag}(m_1,m_2,m_3,m_4,m_5)=\mathrm{diag}(u_y-c_\mathrm{s},u_y,u_y,u_y,u_y+c_\mathrm{s}) \tag{6-56}$$

$$\boldsymbol{N}=\mathrm{diag}(n_1,n_2,n_3,n_4,n_5)=\mathrm{diag}(u_z-c_\mathrm{s},u_z,u_z,u_z,u_z+c_\mathrm{s}) \tag{6-57}$$

则相应的矩阵 $\boldsymbol{R}$、$\boldsymbol{S}$ 和 $\boldsymbol{T}$ 的逆矩阵可分别表示为

$$\boldsymbol{R}^{-1}=\frac{1}{2\gamma p}\begin{bmatrix} 0 & -\rho c_\mathrm{s} & 0 & 0 & 1 \\ 2\gamma p & 0 & 0 & 0 & -2\rho \\ 0 & 0 & 2\gamma p & 0 & 0 \\ 0 & 0 & 0 & 2\gamma p & 0 \\ 0 & \rho c_\mathrm{s} & 0 & 0 & 1 \end{bmatrix} \tag{6-58}$$

$$\boldsymbol{S}^{-1}=\frac{1}{2\gamma p}\begin{bmatrix} 0 & 0 & -\rho c_\mathrm{s} & 0 & 1 \\ 2\gamma p & 0 & 0 & 0 & -2\rho \\ 0 & 2\gamma p & 0 & 0 & 0 \\ 0 & 0 & 0 & 2\gamma p & 0 \\ 0 & 0 & \rho c_\mathrm{s} & 0 & 1 \end{bmatrix} \tag{6-59}$$

$$\boldsymbol{T}^{-1}=\frac{1}{2\gamma p}\begin{bmatrix} 0 & 0 & 0 & -\rho c_\mathrm{s} & 1 \\ 2\gamma p & 0 & 0 & 0 & -2\rho \\ 0 & 2\gamma p & 0 & 0 & 0 \\ 0 & 0 & 2\gamma p & 0 & 0 \\ 0 & 0 & 0 & \rho c_\mathrm{s} & 1 \end{bmatrix} \tag{6-60}$$

式中，c_s 为可压缩流中的当地声速，其定义也为 $c_\mathrm{s}^2=\gamma p/\rho$。

类似于三维不可压缩流 CBC，通过特征值的正负来判定来流波和出流波；利用特征值矩阵 $\boldsymbol{L}$、$\boldsymbol{M}$ 和 $\boldsymbol{N}$ 及矩阵 $\boldsymbol{R}$、$\boldsymbol{S}$ 和 $\boldsymbol{T}$ 可求得可压缩流中特征波幅值变化的列向量，将其列于附录中；再将来流波过滤，得到的特征波幅值变化的列向量与过滤后的不可压缩流中特征波幅值变化的列向量(式(6-33))相同，而且 x 方向、y 方向、z 方向、棱边和角区上的 CBC 方程形式与三维不可压缩流 CBC 方程(6-34)～方程(6-40)一致。求解三维可压缩流 CBC 方程的空间离散方法也与 6.2.1 节中三维

不可压缩流 CBC 方程的空间离散方法相同，而时间离散采用与计算域内部一致的 IMEX 格式。

4. 三维可压缩流格子 Boltzmann 方法中的特征边界条件数值算例

本节仅验证三维可压缩流 LBM 中 CBC 方程的有效性和准确性，为避免重复讨论自由参数对边界无反射性能的影响，在下面的算例中直接采用相对较优的横向传播波比重因子。选取的数值算例为均匀流中三维高斯脉动源的声辐射，其初始密度分布与式(6-41)一致，而沿着 z 方向的均匀流马赫数为 $Ma = 0.5$。取三维计算域的大小为$[-30, 30]\times[-30, 30]\times[-30, 30]$，则相应的网格数为 $60\times60\times60$，工质满足理想气体状态方程；将计算域的六个边界面均进行 CBC 处理，并取自由参数为 $\eta = \vartheta = 3/8$；根据 5.3.2 节中 IMEX 的谱性质，仍选取计算时间步长为 $\Delta t = 0.42$。

图 6-10 给出了过原点且平行于 xy 平面、yz 平面和 xz 平面的三个截面上的声

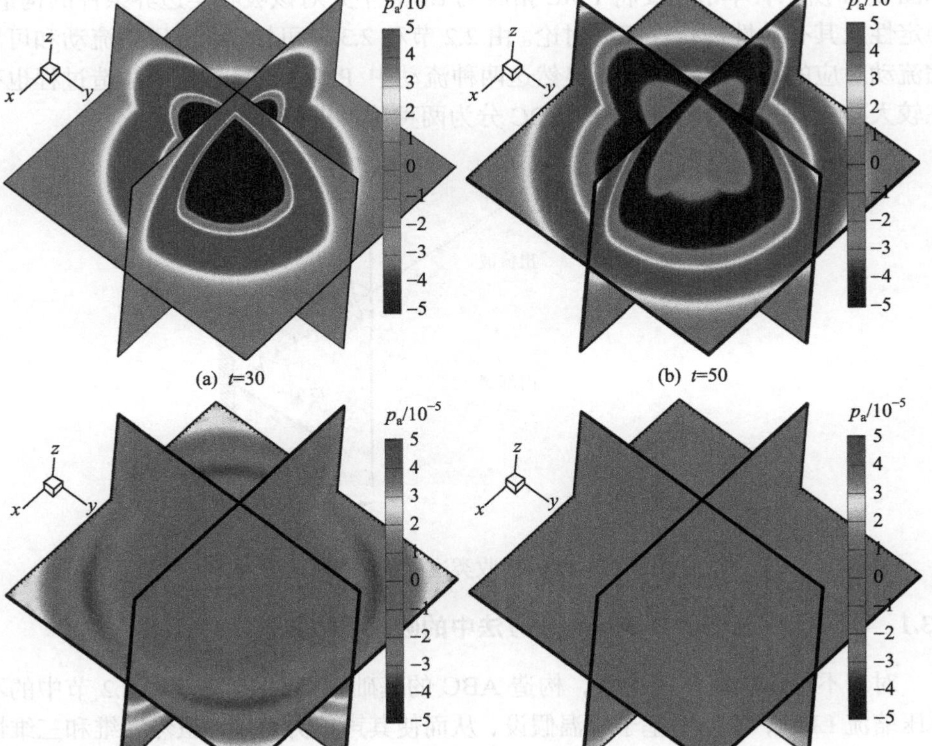

图 6-10　均匀流中三维高斯脉动源的声辐射过程中四个不同时刻的声压分布云图

压分布，三维空间中的声辐射以圆锥形式进行而平行于 xy 平面的声辐射以同心圆形式进行，其明显区别于图 6-6 中的同心球形式，这是沿着 z 方向的均匀流产生的多普勒效应造成的结果；在波峰和波谷分别到达计算域的边界面时($t = 80$ 和 $t = 120$)，CBC 均允许声波光滑地通过边界而没有产生伪反射波，这证明了三维情形下的可压缩流 CBC 也具有优良的无反射性能。

6.3　格子 Boltzmann 方法中的吸收类边界条件

不同于 CBC 类边界条件，ABC 一般在计算域外添加缓冲层来将流场物理量衰减到边界上预设的值，声波在到达边界之前已消失殆尽，从而在源头上阻止了伪波的产生；即使声波未被完全吸收，经过边界反射后余波幅值仍然很小，从而可以忽略其对计算域内部流场和声场的影响。由于 PML 作为吸收类边界条件中非常重要的一类，其能够满足 PML 吸收层与内部计算域在交界面处的完全匹配，如图 6-11 所示，本节主要将 PML 拓展到 LBM 中并对该吸收类边界条件的构造、稳定性及其有效性进行详细的讨论。由 2.2 节和 2.3 节可知，不可压缩流动和可压缩流动对应的控制方程迥异，显然这两种流动中 PML 边界条件的构造过程也存在较大差异，故下面将 PML 型 ABC 分为两种情形进行研究。

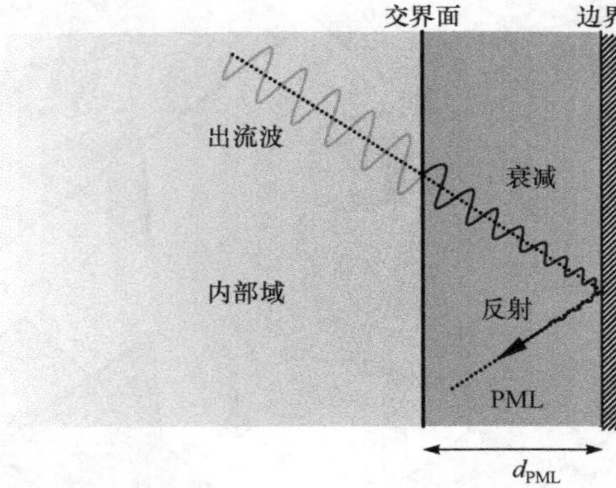

图 6-11　PML 吸收类边界条件的原理图

6.3.1　不可压缩流格子 Boltzmann 方法中的吸收类边界条件

对于不可压缩流气动噪声，构造 ABC 的基础为 2.2.1 节或者 2.2.2 节中的不可压缩流 LBM，该方法基于等温假设，从而使其声速为定值。虽然二维和三维情形下 ABC 的构造原理相同，但具体的构造过程仍有区别，故将其分为两部分进行并通过数值算例进行验证。

1. 二维不可压缩流格子 Boltzmann 方法中的吸收类边界条件

BGK 近似认为粒子分布不能过分远离其平衡态分布，则非平衡态分布主要描述了介观状态下粒子碰撞过程的混乱程度，反映到宏观状态下为流体运动过程中的黏性作用和传热效应。通过类比，可以在 PML 缓冲层中先对平衡态分布下的出流波进行衰减，然后将非平衡态分布的影响囊括进来。

将方程(2-10)中的速度分布函数替换为平衡态速度分布函数，可得

$$\frac{\partial f_\alpha^{\mathrm{eq}}}{\partial t}+\boldsymbol{e}_\alpha\cdot\nabla f_\alpha^{\mathrm{eq}}=0 \tag{6-61}$$

再从方程(2-10)中减去方程(6-61)得

$$\frac{\partial f_\alpha^{\mathrm{neq}}}{\partial t}+\boldsymbol{e}_\alpha\cdot\nabla f_\alpha^{\mathrm{neq}}+\frac{f_\alpha^{\mathrm{neq}}}{\tau_{\mathrm{f}}}=0 \tag{6-62}$$

假设方程(6-61)的解包含一个与时间无关的平均流分量和一个与时间相关的脉动分量，其中脉动分量通常由两部分组成：包含涡波、熵波与声波的物理波和空间与时间离散格式造成的虚假波；在计算过程中很难区分物理波和虚假波，因此可在 PML 域中直接将脉动分量趋近于零。

尽管精确的平均流分量在模拟的初始阶段未知，但可以借助伪平均流[246]的概念来构造 PML，则平衡态速度分布函数可分解为

$$f_\alpha^{\mathrm{eq}}=\overline{f}_\alpha^{\mathrm{eq}}\left(\overline{\rho},\overline{\boldsymbol{u}}\right)+f_\alpha^{\prime\mathrm{eq}} \tag{6-63}$$

式中，上划线和撇分别表示平均值与脉动值。

对于与时间无关的平均流分量，仅要求其满足如下方程：

$$\boldsymbol{e}_\alpha\cdot\nabla\overline{f}_\alpha^{\mathrm{eq}}=0 \tag{6-64}$$

对方程(6-64)求零阶速度矩和一阶速度矩并结合式(2-20)和式(2-21)，可得

$$\nabla\cdot\left(\overline{\rho\boldsymbol{u}}\right)=0,\quad \nabla\left(\overline{\rho\boldsymbol{u}\boldsymbol{u}}+\overline{p}\right)=0 \tag{6-65}$$

实际上，方程(6-65)就是定常欧拉方程，那么伪平均流就具有多重解，故在选取伪平均流的时候要尽可能地使其逼近真实平均流，这样需要衰减的脉动分量也会逼近真实出流波。

将式(6-63)代入方程(6-61)，再用所得方程减去方程(6-64)，可得

$$\frac{\partial f_\alpha^{\prime\mathrm{eq}}}{\partial t}+\boldsymbol{e}_\alpha\cdot\nabla f_\alpha^{\prime\mathrm{eq}}=0 \tag{6-66}$$

这里将平衡态速度分布函数的脉动分量进行如下分解：

$$f_\alpha^{\prime\mathrm{eq}}=f_{\alpha x}^{\prime\mathrm{eq}}+f_{\alpha y}^{\prime\mathrm{eq}} \tag{6-67}$$

利用式(6-67)可将方程(6-66)分解为 x 方向和 y 方向上的分量方程，即

$$\frac{\partial f_{\alpha x}^{\prime\text{eq}}}{\partial t}+\sigma_x f_{\alpha x}^{\prime\text{eq}}+e_{\alpha x}\frac{\partial f_{\alpha}^{\prime\text{eq}}}{\partial x}=0 \tag{6-68}$$

$$\frac{\partial f_{\alpha y}^{\prime\text{eq}}}{\partial t}+\sigma_y f_{\alpha y}^{\prime\text{eq}}+e_{\alpha y}\frac{\partial f_{\alpha}^{\prime\text{eq}}}{\partial y}=0 \tag{6-69}$$

式中，σ_x、σ_y 为正衰减系数。

在 PML 缓冲层内，这两个分量方程可以从交界面处以指数形式衰减脉动分量。利用离散傅里叶变换(式(1-6))将式(6-68)和式(6-69)分别表示为频域内的形式：

$$-\mathrm{i}\omega\hat{f}_{\alpha x}^{\text{eq}}+\sigma_x\hat{f}_{\alpha x}^{\text{eq}}+e_{\alpha x}\frac{\partial\hat{f}_{\alpha}^{\text{eq}}}{\partial x}=0 \tag{6-70}$$

$$-\mathrm{i}\omega\hat{f}_{\alpha y}^{\text{eq}}+\sigma_y\hat{f}_{\alpha y}^{\text{eq}}+e_{\alpha y}\frac{\partial\hat{f}_{\alpha}^{\text{eq}}}{\partial y}=0 \tag{6-71}$$

将式(6-70)两边同时除以 $\omega+\mathrm{i}\sigma_x$，再将式(6-71)两边同时除以 $\omega+\mathrm{i}\sigma_y$，然后将所得方程相加可得

$$-\mathrm{i}\hat{f}_{\alpha}^{\text{eq}}+\frac{e_{\alpha x}}{\omega+\mathrm{i}\sigma_x}\frac{\partial\hat{f}_{\alpha}^{\text{eq}}}{\partial x}+\frac{e_{\alpha y}}{\omega+\mathrm{i}\sigma_y}\frac{\partial\hat{f}_{\alpha}^{\text{eq}}}{\partial y}=0 \tag{6-72}$$

将式(6-72)重新整理可得

$$-\mathrm{i}\omega\hat{f}_{\alpha}^{\text{eq}}+\boldsymbol{e}_{\alpha}\cdot\nabla\hat{f}_{\alpha}^{\text{eq}}=-\left(\sigma_x+\sigma_y\right)\hat{f}_{\alpha}^{\text{eq}}-\sigma_x\sigma_y\hat{Q}_{\alpha}-\sigma_y e_{\alpha x}\frac{\partial\hat{Q}_{\alpha}}{\partial x}-\sigma_x e_{\alpha y}\frac{\partial\hat{Q}_{\alpha}}{\partial y} \tag{6-73}$$

$$\hat{Q}_{\alpha}=\frac{\mathrm{i}}{\omega}\hat{f}_{\alpha}^{\text{eq}} \tag{6-74}$$

借助傅里叶逆变换可将式(6-73)和式(6-74)写成时域内的形式：

$$\frac{\partial f_{\alpha}^{\prime\text{eq}}}{\partial t}+\boldsymbol{e}_{\alpha}\cdot\nabla f_{\alpha}^{\prime\text{eq}}=-\left(\sigma_x+\sigma_y\right)f_{\alpha}^{\prime\text{eq}}-\sigma_x\sigma_y Q_{\alpha}-\sigma_y e_{\alpha x}\frac{\partial Q_{\alpha}}{\partial x}-\sigma_x e_{\alpha y}\frac{\partial Q_{\alpha}}{\partial y} \tag{6-75}$$

$$\frac{\partial Q_{\alpha}}{\partial t}=f_{\alpha}^{\prime\text{eq}} \tag{6-76}$$

最后将方程(6-62)、方程(6-64)和方程(6-75)相加，可得

$$\frac{\partial f_{\alpha}}{\partial t}+\boldsymbol{e}_{\alpha}\cdot\nabla f_{\alpha}=\frac{f_{\alpha}^{\text{eq}}-f_{\alpha}}{\tau_{\text{f}}}-\left(\sigma_x+\sigma_y\right)f_{\alpha}^{\prime\text{eq}}$$

$$-\sigma_x\sigma_y Q_{\alpha}-\sigma_y e_{\alpha x}\frac{\partial Q_{\alpha}}{\partial x}-\sigma_x e_{\alpha y}\frac{\partial Q_{\alpha}}{\partial y} \tag{6-77}$$

因此，二维不可压缩流 LBM 中 PML 型吸收类边界条件由方程(6-65)、方程(6-76)和方程(6-77)共同组成。

2. 二维不可压缩流格子 Boltzmann 方法中的吸收类边界条件的稳定性

由于基于 PML 的 ABC 在某些情形下(如线性化的欧拉方程)会产生计算不稳定性[245,360]，而且这种不稳定性不能通过具体的数值离散方法(如具有 ENO 性质的格式)来消除，本节将着重讨论 PML 型 ABC 模型的稳定性问题。

双曲型方程(6-66)存在如下形式的解：

$$f_\alpha'^{\text{eq}} = \exp\left[\mathrm{i}\left(\boldsymbol{k}\cdot\boldsymbol{x} - \omega t\right)\right] \tag{6-78}$$

该解对应的充分必要条件为波数 $\boldsymbol{k}$ 和频率 ω 满足色散关系 $D(\omega, \boldsymbol{k}) = \omega - \boldsymbol{e}_\alpha \cdot \boldsymbol{k} = 0$。由隐函数理论可知，群速度可定义为

$$G_\alpha = \nabla_k \omega\left(\boldsymbol{k}\right) = -\nabla_k D\left(\omega, \boldsymbol{k}\right) = \boldsymbol{e}_\alpha \tag{6-79}$$

引入慢度矢量 $\boldsymbol{S}_\alpha = \boldsymbol{k}/\omega$，则色散关系可重写为

$$D\left(\omega, \boldsymbol{k}\right) = D\left(1, \boldsymbol{S}_\alpha\right) = 0 \tag{6-80}$$

将式(6-80)代入式(6-79)可得 $G_\alpha = -\nabla_k D(1, \boldsymbol{S}_\alpha)$，该式表明群速度始终正交于慢度矢量组成的慢度曲线。为简化讨论，假设在 x 方向构造的 PML 缓冲层中衰减系数为 $\sigma_y = 0$，高频稳定性的必要条件[360]是对于非零频率和单位波数$|\boldsymbol{k}| = 1$，群速度和慢度矢量的 x 方向分量需满足条件 $G_{\alpha x} S_{\alpha x} \geqslant 0$；同样地，对于 y 方向构造的 PML 缓冲层的高频稳定性的必要条件为 $G_{\alpha y} S_{\alpha y} \geqslant 0$。

为了说明格子速度空间离散带来的数值稳定性问题，以 D2Q9 模型中的三个格子速度($\boldsymbol{e}_1$、$\boldsymbol{e}_4$ 和 $\boldsymbol{e}_6$)为例，并采用图 6-12 所示的几何示意来解释在不同方向构造的 PML 型 ABC 的稳定性区域与格子速度有关；只有当群速度矢量的两个分量

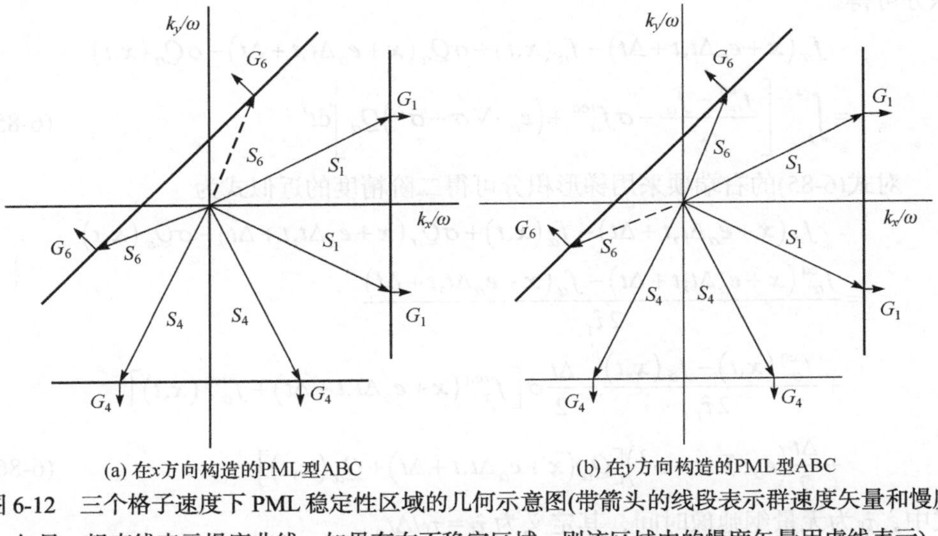

图 6-12 三个格子速度下 PML 稳定性区域的几何示意图(带箭头的线段表示群速度矢量和慢度矢量，粗直线表示慢度曲线；如果存在不稳定区域，则该区域中的慢度矢量用虚线表示)

与慢度矢量的两个分量在相同方向时，给定格子速度下的 PML 型 ABC 绝对稳定；显然，四个格子速度($\boldsymbol{e}_5$、$\boldsymbol{e}_6$、$\boldsymbol{e}_7$ 和 $\boldsymbol{e}_8$)下的 PML 型 ABC 不稳定。

为解决模型自身的计算不稳定性问题，有必要调整不稳定格子速度的慢度矢量，引入下列坐标变换：

$$\widehat{x}=\frac{e_{\alpha x}x+e_{\alpha y}y}{\boldsymbol{e}_\alpha^2}\widehat{e}_{\alpha x},\quad \widehat{y}=\frac{e_{\alpha x}x+e_{\alpha y}y}{\boldsymbol{e}_\alpha^2}\widehat{e}_{\alpha y} \tag{6-81}$$

则方程(6-66)可转化为

$$\frac{\partial f_\alpha'^{\mathrm{eq}}}{\partial t}+\widehat{\boldsymbol{e}}_\alpha\cdot\widehat{\nabla}f_\alpha'^{\mathrm{eq}}=0 \tag{6-82}$$

经过变换后的方程(6-82)与方程(6-66)具有相同的形式，则其对应的高频稳定性条件也与方程(6-66)的高频稳定性条件一致。但通过合理地选择新格子速度 $\widehat{\boldsymbol{e}}_\alpha$，群速度的两个分量与慢度矢量的两个分量同向，这样变换后的 PML 型 ABC 在每个格子速度下均绝对稳定。为了避免在变换后的 ABC 方程(6-77)中出现两类格子速度，需令

$$\sigma_x=\sigma_y=\sigma \tag{6-83}$$

将式(6-83)代入方程(6-77)可得

$$\frac{\partial f_\alpha}{\partial t}+\boldsymbol{e}_\alpha\cdot\nabla f_\alpha=\frac{f_\alpha^{\mathrm{eq}}-f_\alpha}{\tau_{\mathrm{f}}}-2\sigma f_\alpha'^{\mathrm{eq}}-\sigma^2Q_\alpha-\boldsymbol{e}_\alpha\cdot\nabla Q_\alpha \tag{6-84}$$

对于方程(6-84)的求解，可采用 5.2.2 节中的解耦法。将方程(6-84)沿着特征线积分可得

$$\begin{aligned}&f_\alpha\left(\boldsymbol{x}+\boldsymbol{e}_\alpha\Delta t,t+\Delta t\right)-f_\alpha\left(\boldsymbol{x},t\right)+\sigma Q_\alpha\left(\boldsymbol{x}+\boldsymbol{e}_\alpha\Delta t,t+\Delta t\right)-\sigma Q_\alpha\left(\boldsymbol{x},t\right)\\&=\int_t^{t+\Delta t}\left[\frac{f_\alpha^{\mathrm{eq}}-f_\alpha}{\tau_{\mathrm{f}}}-\sigma f_\alpha'^{\mathrm{eq}}+\left(\boldsymbol{e}_\alpha\cdot\nabla\sigma-\sigma^2\right)Q_\alpha\right]\mathrm{d}t'\end{aligned} \tag{6-85}$$

对式(6-85)的右端项采用梯形积分可得二阶精度的近似式为

$$\begin{aligned}&f_\alpha\left(\boldsymbol{x}+\boldsymbol{e}_\alpha\Delta t,t+\Delta t\right)-f_\alpha\left(\boldsymbol{x},t\right)+\sigma Q_\alpha\left(\boldsymbol{x}+\boldsymbol{e}_\alpha\Delta t,t+\Delta t\right)-\sigma Q_\alpha\left(\boldsymbol{x},t\right)\\&=\frac{f_\alpha^{\mathrm{eq}}\left(\boldsymbol{x}+\boldsymbol{e}_\alpha\Delta t,t+\Delta t\right)-f_\alpha\left(\boldsymbol{x}+\boldsymbol{e}_\alpha\Delta t,t+\Delta t\right)}{2\hat{\tau}_{\mathrm{f}}}\\&\quad+\frac{f_\alpha^{\mathrm{eq}}\left(\boldsymbol{x},t\right)-f_\alpha\left(\boldsymbol{x},t\right)}{2\hat{\tau}_{\mathrm{f}}}-\frac{\Delta t}{2}\sigma\left[f_\alpha'^{\mathrm{eq}}\left(\boldsymbol{x}+\boldsymbol{e}_\alpha\Delta t,t+\Delta t\right)+f_\alpha'^{\mathrm{eq}}\left(\boldsymbol{x},t\right)\right]\\&\quad+\frac{\Delta t}{2}\left(\boldsymbol{e}_\alpha\cdot\nabla\sigma-\sigma^2\right)\left[Q_\alpha\left(\boldsymbol{x}+\boldsymbol{e}_\alpha\Delta t,t+\Delta t\right)+Q_\alpha\left(\boldsymbol{x},t\right)\right]\end{aligned} \tag{6-86}$$

式中，$\hat{\tau}_{\mathrm{f}}$ 为无量纲弛豫时间，其定义为 $\hat{\tau}_{\mathrm{f}}=\tau_{\mathrm{f}}/\Delta t$。

为了将隐式方程(6-86)转化为显式方程，引入如下的新速度分布函数和相应的新平衡态速度分布函数：

$$g_{\alpha}=f_{\alpha}-\frac{f_{\alpha}^{\mathrm{eq}}-f_{\alpha}}{2\hat{\tau}_{\mathrm{f}}}+\sigma Q_{\alpha}+\frac{\Delta t}{2}\left[\sigma f_{\alpha}^{\prime\mathrm{eq}}-\left(\boldsymbol{e}_{\alpha}\cdot\nabla\sigma-\sigma^{2}\right)Q_{\alpha}\right] \tag{6-87}$$

$$g_{\alpha}^{\mathrm{eq}}=f_{\alpha}^{\mathrm{eq}} \tag{6-88}$$

则式(6-86)可重写为

$$\begin{aligned}g_{\alpha}\left(\boldsymbol{x}+\boldsymbol{e}_{\alpha}\Delta t,t+\Delta t\right)-g_{\alpha}\left(\boldsymbol{x},t\right)=&\frac{1}{\tau_{\mathrm{g}}}\left[g_{\alpha}^{\mathrm{eq}}\left(\boldsymbol{x},t\right)-g_{\alpha}\left(\boldsymbol{x},t\right)+\sigma Q_{\alpha}\left(\boldsymbol{x},t\right)\right]\\&-\frac{\hat{\tau}_{\mathrm{f}}}{\tau_{\mathrm{g}}}\Delta t\left[\sigma g_{\alpha}^{\prime\mathrm{eq}}\left(\boldsymbol{x},t\right)-\left(\boldsymbol{e}_{\alpha}\cdot\nabla\sigma-\sigma^{2}\right)Q_{\alpha}\left(\boldsymbol{x},t\right)\right]\end{aligned} \tag{6-89}$$

$$g_{\alpha}^{\prime\mathrm{eq}}=g_{\alpha}^{\mathrm{eq}}-\overline{g}_{\alpha}^{\mathrm{eq}}\left(\overline{\rho},\overline{\boldsymbol{u}}\right) \tag{6-90}$$

式中，τ_{g} 为新速度分布函数对应的无量纲弛豫时间，其定义为 $\tau_{\mathrm{g}}=\hat{\tau}_{\mathrm{f}}+1/2$。

对于式(6-89)的求解，可采用标准 LBM 的做法将其分解为碰撞步和对流步。

碰撞步为

$$g_{\alpha}^{*}=g_{\alpha}+\frac{1}{\tau_{\mathrm{g}}}\left(g_{\alpha}^{\mathrm{eq}}-g_{\alpha}+\sigma Q_{\alpha}\right)-\frac{\hat{\tau}_{\mathrm{f}}}{\tau_{\mathrm{g}}}\Delta t\left[\sigma g_{\alpha}^{\prime\mathrm{eq}}-\left(\boldsymbol{e}_{\alpha}\cdot\nabla\sigma-\sigma^{2}\right)Q_{\alpha}\right] \tag{6-91}$$

将碰撞后的速度分布函数固定于原位置，则对流步为

$$g_{\alpha}\left(\boldsymbol{x}+\boldsymbol{e}_{\alpha}\Delta t,t+\Delta t\right)=g_{\alpha}^{*}\left(\boldsymbol{x},t\right) \tag{6-92}$$

对式(6-87)求零阶速度矩和一阶速度矩，并结合式(2-14)、式(2-15)、式(2-19)和式(2-20)化简可得

$$\rho-\left(1-\varpi\right)\overline{\rho}=\sum_{\alpha}\left(\varpi g_{\alpha}-\sigma Q_{\alpha}\right)+\left(1-\varpi\right)\sum_{\alpha}Q_{\alpha}\boldsymbol{e}_{\alpha}\cdot\nabla\ln\sigma \tag{6-93}$$

$$\rho\boldsymbol{u}-\left(1-\varpi\right)\overline{\rho\boldsymbol{u}}=\sum_{\alpha}\left(\varpi g_{\alpha}-\sigma Q_{\alpha}\right)\boldsymbol{e}_{\alpha}+\left(1-\varpi\right)\sum_{\alpha}Q_{\alpha}\boldsymbol{e}_{\alpha}\boldsymbol{e}_{\alpha}\cdot\nabla\ln\sigma \tag{6-94}$$

式中，ϖ 为常系数，其定义为 $\varpi=2/(2+\sigma\Delta t)$。

对于对流步(式(6-92))，采用第 3 章中的 DGLBM 求解。

3. 二维不可压缩流格子 Boltzmann 方法中的吸收类边界条件数值算例

为验证二维不可压缩流 LBM 中 PML 型 ABC 的有效性和准确性，并研究衰减系数和缓冲层厚度对边界无反射性能的影响，选取的数值算例仍为 6.2.1 节中二维高斯脉动源在静止流场中的声辐射，这里将脉动源的初始半径设置为 $b=100$；

将内部计算域取成一个半径恒定为 2000 的圆，在交界面外围添加厚度可变的 PML 缓冲层，如图 6-13 所示；计算网格的单元数约为 10^4，插值多项式的阶数取为 $N=3$。

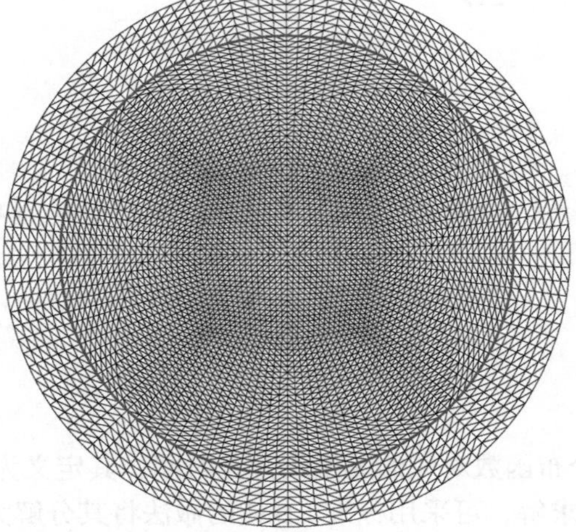

图 6-13　二维高斯脉动源声辐射的计算网格(其中灰色区域表示交界面)

为了突出 PML 缓冲层的吸收作用，选取一个不添加缓冲层的工况作为对比，再选取一个半径恒定为 6000 的圆计算域作为参考值。对于缓冲层内的衰减系数，采用如下指数函数的形式：

$$\sigma=\sigma_0\left(\frac{d}{d_{\mathrm{PML}}}\right)^n \tag{6-95}$$

式中，σ_0 为最大衰减系数；d 为缓冲层内的点到交界面的距离；d_{PML} 为缓冲层厚度，如图 6-11 所示；n 为指数因子。这里取伪平均流为 $\overline{\rho}=1$ 和 $\overline{\boldsymbol{u}}=0$ 。

三种工况中沿着半径 $r=1400$ 的线平均声压分布历史与图 6-3 类似，这里不再赘述，而更想说明的是 PML 缓冲层的吸收本质。图 6-14 给出了添加缓冲层和未添加缓冲层的瞬时声压分布序列，在每一幅快照中上半圆代表未添加 PML 缓冲层的计算结果而下半圆代表添加 PML 缓冲层的计算结果，其中黑实线表示交界面，在波前到达交界面之前这两者结果相同；在脉动源穿出交界面后，未添加 PML 缓冲层的工况产生了显著的伪反射波而添加 PML 缓冲层的工况将出流波逐渐吸收，如图 6-14(e)所示；最后伪反射波传播到未添加 PML 缓冲层的内部域中心，从而严重地污染了声场，这从侧面说明了 PML 型 ABC 在计算声传播问题中的有效性。

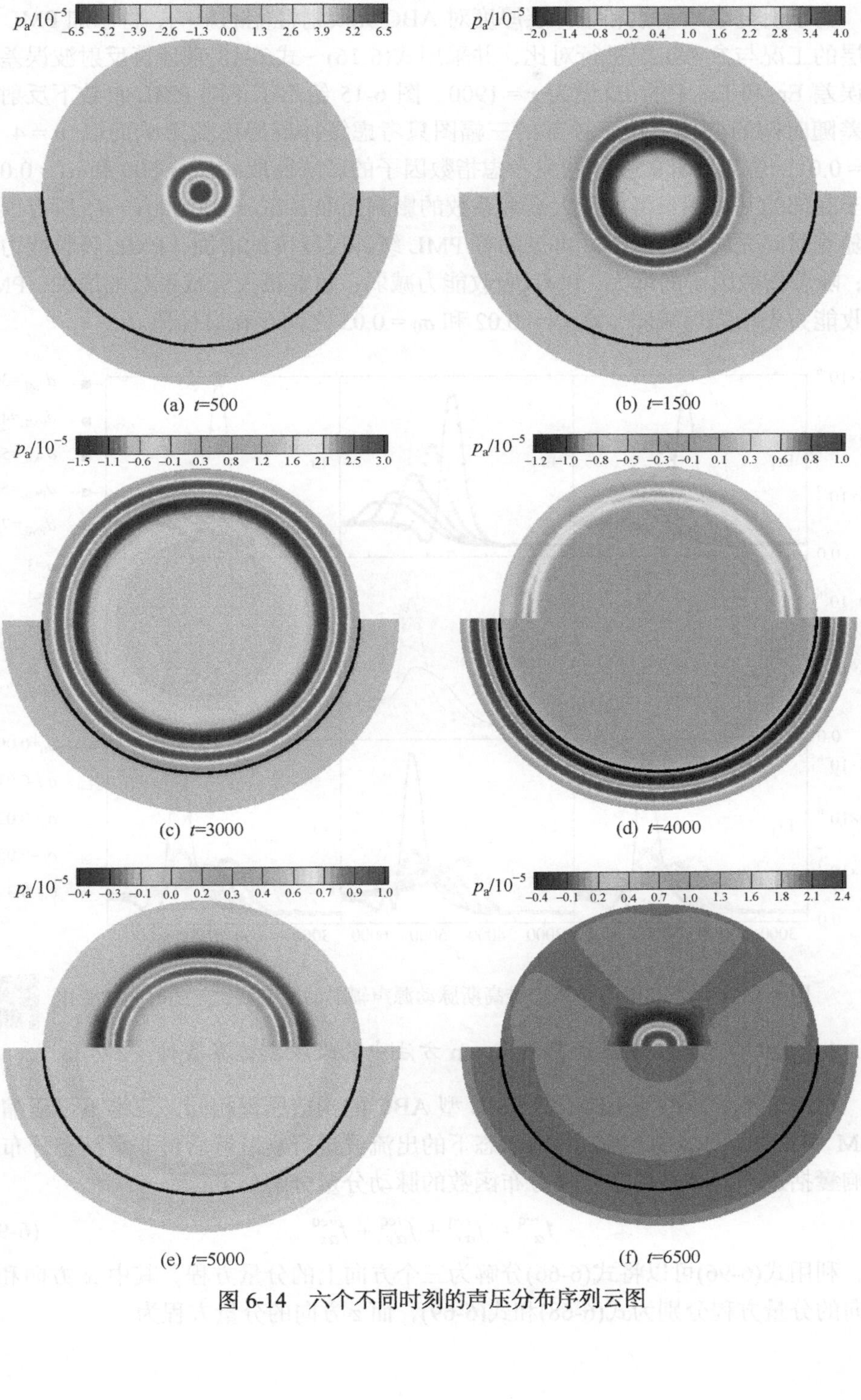

(a) t=500　(b) t=1500

(c) t=3000　(d) t=4000

(e) t=5000　(f) t=6500

图 6-14　六个不同时刻的声压分布序列云图

为了研究衰减系数和缓冲层厚度对 ABC 无反射性能的影响，将添加 PML 缓冲层的工况与参考工况进行对比，并采用式(6-16)～式(6-18)来计算反射波误差，将误差 Er_2 和 Er_3 中的 ∂D 设为 $r=1900$。图 6-15 给出了不同 PML 参数下反射波误差随时间的变化，位于顶部的三幅图只考虑缓冲层厚度的影响而取 $n=4$ 和 $\sigma_0=0.01$，位于中部的三幅图只考虑指数因子的影响而取 $d_{\text{PML}}=500$ 和 $\sigma_0=0.01$；位于底部的三幅图只考虑最大衰减系数的影响而取 $d_{\text{PML}}=500$ 和 $n=4$，所有误差均随着时间先增大后减小。可见随着 PML 缓冲层厚度的增加，PML 吸收能力增强；随着指数因子的增大，PML 吸收能力减弱；随着最大衰减系数的增加，PML 吸收能力先增强后减弱，在 $\sigma_0=0.02$ 和 $\sigma_0=0.05$ 之间存在最佳值。

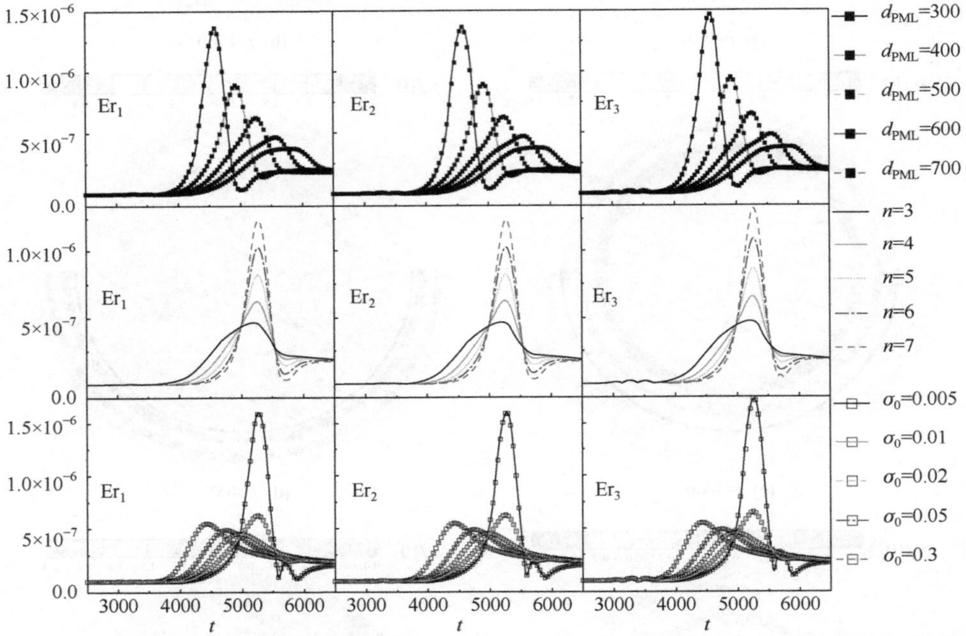

图 6-15　不同 PML 参数下二维高斯脉动源声辐射的反射波误差随时间的变化

4. 三维不可压缩流格子 Boltzmann 方法中的吸收类边界条件

与二维不可压缩流 LBM 中 PML 型 ABC 的构造原理相同，三维不可压缩流 LBM 中 PML 型 ABC 仍先对平衡态下的出流波进行衰减然后将非平衡态分布的影响囊括进来。将平衡态速度分布函数的脉动分量分解如下：

$$f_\alpha'^{\text{eq}} = f_{\alpha x}'^{\text{eq}} + f_{\alpha y}'^{\text{eq}} + f_{\alpha z}'^{\text{eq}} \tag{6-96}$$

利用式(6-96)可以将式(6-66)分解为三个方向上的分量方程，其中 x 方向和 y 方向的分量方程分别为式(6-68)和式(6-69)，而 z 方向的分量方程为

$$\frac{\partial f_{\alpha z}'^{\mathrm{eq}}}{\partial t}+\sigma_z f_{\alpha z}'^{\mathrm{eq}}+e_{\alpha z}\frac{\partial f_{\alpha}'^{\mathrm{eq}}}{\partial z}=0 \tag{6-97}$$

显然，式(6-97)也可以从交界面处以指数形式衰减 z 方向的脉动分量，利用离散傅里叶变换(1-6)将其表示为频域内的形式：

$$-\mathrm{i}\omega\hat{f}_{\alpha z}^{\mathrm{eq}}+\sigma_z\hat{f}_{\alpha z}^{\mathrm{eq}}+e_{\alpha z}\frac{\partial\hat{f}_{\alpha}^{\mathrm{eq}}}{\partial z}=0 \tag{6-98}$$

首先将式(6-70)两边同时除以 $\omega+\mathrm{i}\sigma_x$，再将式(6-71)两边同时除以 $\omega+\mathrm{i}\sigma_y$，然后将式(6-98)两边同时除以 $\omega+\mathrm{i}\sigma_z$，最后将所得方程相加可得

$$-\mathrm{i}\hat{f}_{\alpha}^{\mathrm{eq}}+\frac{e_{\alpha x}}{\omega+\mathrm{i}\sigma_x}\frac{\partial\hat{f}_{\alpha}^{\mathrm{eq}}}{\partial x}+\frac{e_{\alpha y}}{\omega+\mathrm{i}\sigma_y}\frac{\partial\hat{f}_{\alpha}^{\mathrm{eq}}}{\partial y}+\frac{e_{\alpha z}}{\omega+\mathrm{i}\sigma_z}\frac{\partial\hat{f}_{\alpha}^{\mathrm{eq}}}{\partial z}=0 \tag{6-99}$$

将式(6-99)重新展开可得

$$\begin{aligned}-\mathrm{i}\omega\hat{f}_{\alpha}^{\mathrm{eq}}+\boldsymbol{e}_{\alpha}\cdot\nabla\hat{f}_{\alpha}^{\mathrm{eq}}=&-\left(\sigma_x+\sigma_y+\sigma_z\right)\hat{f}_{\alpha}^{\mathrm{eq}}-\left(\sigma_x\sigma_y+\sigma_x\sigma_z+\sigma_y\sigma_z\right)\hat{P}_{\alpha}\\&-e_{\alpha x}\left(\sigma_y+\sigma_z\right)\frac{\partial\hat{P}_{\alpha}}{\partial x}-e_{\alpha y}\left(\sigma_x+\sigma_z\right)\frac{\partial\hat{P}_{\alpha}}{\partial y}-e_{\alpha z}\left(\sigma_x+\sigma_y\right)\frac{\partial\hat{P}_{\alpha}}{\partial z}\\&-e_{\alpha x}\sigma_y\sigma_z\frac{\partial\hat{Q}_{\alpha}}{\partial x}-e_{\alpha y}\sigma_x\sigma_z\frac{\partial\hat{Q}_{\alpha}}{\partial y}-e_{\alpha z}\sigma_x\sigma_y\frac{\partial\hat{Q}_{\alpha}}{\partial z}-\sigma_x\sigma_y\sigma_z\hat{Q}_{\alpha}\end{aligned} \tag{6-100}$$

$$\hat{P}_{\alpha}=\frac{\mathrm{i}}{\omega}\hat{f}_{\alpha}^{\mathrm{eq}} \tag{6-101}$$

$$\hat{Q}_{\alpha}=\frac{\mathrm{i}}{\omega}\hat{P}_{\alpha} \tag{6-102}$$

借助傅里叶逆变换可将式(6-100)～式(6-102)写成时域内的形式：

$$\begin{aligned}\frac{\partial f_{\alpha}'^{\mathrm{eq}}}{\partial t}+\boldsymbol{e}_{\alpha}\cdot\nabla f_{\alpha}'^{\mathrm{eq}}=&-\left(\sigma_x+\sigma_y+\sigma_z\right)f_{\alpha}'^{\mathrm{eq}}-\left(\sigma_x\sigma_y+\sigma_x\sigma_z+\sigma_y\sigma_z\right)P_{\alpha}\\&-e_{\alpha x}\left(\sigma_y+\sigma_z\right)\frac{\partial P_{\alpha}}{\partial x}-e_{\alpha y}\left(\sigma_x+\sigma_z\right)\frac{\partial P_{\alpha}}{\partial y}-e_{\alpha z}\left(\sigma_x+\sigma_y\right)\frac{\partial P_{\alpha}}{\partial z}\\&-e_{\alpha x}\sigma_y\sigma_z\frac{\partial Q_{\alpha}}{\partial x}-e_{\alpha y}\sigma_x\sigma_z\frac{\partial Q_{\alpha}}{\partial y}-e_{\alpha z}\sigma_x\sigma_y\frac{\partial Q_{\alpha}}{\partial z}-\sigma_x\sigma_y\sigma_z Q_{\alpha}\end{aligned} \tag{6-103}$$

$$\frac{\partial P_{\alpha}}{\partial t}=f_{\alpha}'^{\mathrm{eq}} \tag{6-104}$$

$$\frac{\partial Q_{\alpha}}{\partial t}=P_{\alpha} \tag{6-105}$$

最后将方程(6-62)、方程(6-64)和方程(6-103)相加可得

$$\begin{aligned}\frac{\partial f_\alpha}{\partial t}+\boldsymbol{e}_\alpha\cdot\nabla f_\alpha=&-\left(\sigma_x+\sigma_y+\sigma_z\right)f_\alpha^{\prime\mathrm{eq}}-\left(\sigma_x\sigma_y+\sigma_x\sigma_z+\sigma_y\sigma_z\right)P_\alpha\\&+\frac{f_\alpha^{\mathrm{eq}}-f_\alpha}{\tau_{\mathrm{f}}}-e_{\alpha x}\left(\sigma_y+\sigma_z\right)\frac{\partial P_\alpha}{\partial x}-e_{\alpha y}\left(\sigma_x+\sigma_z\right)\frac{\partial P_\alpha}{\partial y}-e_{\alpha z}\left(\sigma_x+\sigma_y\right)\frac{\partial P_\alpha}{\partial z}\\&-e_{\alpha x}\sigma_y\sigma_z\frac{\partial Q_\alpha}{\partial x}-e_{\alpha y}\sigma_x\sigma_z\frac{\partial Q_\alpha}{\partial y}-e_{\alpha z}\sigma_x\sigma_y\frac{\partial Q_\alpha}{\partial z}-\sigma_x\sigma_y\sigma_z Q_\alpha\end{aligned} \tag{6-106}$$

因此，三维不可压缩流 LBM 中 PML 型 ABC 的控制方程由方程(6-65)、方程(6-104)、方程(6-105)和方程(6-106)共同组成。

由于二维和三维情形下的 PML 型 ABC 均基于方程(6-66)，这两者的高频稳定性条件也一致，即 $G_{\alpha\beta}S_{\alpha\beta}\geqslant 0$，其中 β 表示 x、y 或者 z；对于 D3Q19 型格子空间，12 个格子速度(从 $\boldsymbol{e}_7$ 到 $\boldsymbol{e}_{18}$)下的 PML 型 ABC 不稳定。为解决该问题借鉴二维情形的处理方法，即采用坐标变换法获得位于计算稳定区域的格子速度，三维情形下的坐标变换为

$$\widehat{x}=\frac{e_{\alpha x}x+e_{\alpha y}y+e_{\alpha z}z}{\boldsymbol{e}_\alpha^2}\widehat{e}_{\alpha x} \tag{6-107}$$

$$\widehat{y}=\frac{e_{\alpha x}x+e_{\alpha y}y+e_{\alpha z}z}{\boldsymbol{e}_\alpha^2}\widehat{e}_{\alpha y} \tag{6-108}$$

$$\widehat{z}=\frac{e_{\alpha x}x+e_{\alpha y}y+e_{\alpha z}z}{\boldsymbol{e}_\alpha^2}\widehat{e}_{\alpha z} \tag{6-109}$$

为了避免在变换后的 ABC 方程(6-106)中出现两类格子速度，需令

$$\sigma_x=\sigma_y=\sigma_z=\sigma \tag{6-110}$$

将式(6-110)代入方程(6-106)可得

$$\begin{aligned}\frac{\partial f_\alpha}{\partial t}+\boldsymbol{e}_\alpha\cdot\nabla f_\alpha=&-3\sigma f_\alpha^{\prime\mathrm{eq}}-3\sigma^2P_\alpha-2\sigma\boldsymbol{e}_\alpha\cdot\nabla P_\alpha\\&+\frac{f_\alpha^{\mathrm{eq}}-f_\alpha}{\tau_{\mathrm{f}}}-\sigma^2\boldsymbol{e}_\alpha\cdot\nabla Q_\alpha-\sigma^3Q_\alpha\end{aligned} \tag{6-111}$$

对于式(6-111)的求解，采用 5.2.2 节中的解耦法。首先考虑单松弛 BGK 模型，在区间$[t, t+\Delta t]$上将式(6-111)沿着特征线积分可得

$$\begin{aligned}&f_\alpha\left(\boldsymbol{x}+\boldsymbol{e}_\alpha\Delta t,t+\Delta t\right)-f_\alpha\left(\boldsymbol{x},t\right)+2\sigma\left[P_\alpha\left(\boldsymbol{x}+\boldsymbol{e}_\alpha\Delta t,t+\Delta t\right)-P_\alpha\left(\boldsymbol{x},t\right)\right]\\&+\sigma^2\left[Q_\alpha\left(\boldsymbol{x}+\boldsymbol{e}_\alpha\Delta t,t+\Delta t\right)-Q_\alpha\left(\boldsymbol{x},t\right)\right]\\&=\int_t^{t+\Delta t}\left[\frac{f_\alpha^{\mathrm{eq}}-f_\alpha}{\tau_{\mathrm{f}}}-\sigma f_\alpha^{\prime\mathrm{eq}}+\sigma^3Q_\alpha+2\left(\boldsymbol{e}_\alpha\cdot\nabla\sigma-\sigma^2\right)\left(P_\alpha+\sigma Q_\alpha\right)\right]\mathrm{d}t'\end{aligned} \tag{6-112}$$

对式(6-112)的右端项采用梯形积分法可得如下二阶精度的近似式：

$$\begin{aligned}&f_\alpha\left(\boldsymbol{x}+\boldsymbol{e}_\alpha\Delta t,t+\Delta t\right)-f_\alpha\left(\boldsymbol{x},t\right)+2\sigma\left[P_\alpha\left(\boldsymbol{x}+\boldsymbol{e}_\alpha\Delta t,t+\Delta t\right)-P_\alpha\left(\boldsymbol{x},t\right)\right]\\&+\sigma^2\left[Q_\alpha\left(\boldsymbol{x}+\boldsymbol{e}_\alpha\Delta t,t+\Delta t\right)-Q_\alpha\left(\boldsymbol{x},t\right)\right]=\frac{f_\alpha^{\mathrm{eq}}\left(\boldsymbol{x},t\right)-f_\alpha\left(\boldsymbol{x},t\right)}{2\hat{\tau}_{\mathrm{f}}}\\&+\frac{f_\alpha^{\mathrm{eq}}\left(\boldsymbol{x}+\boldsymbol{e}_\alpha\Delta t,t+\Delta t\right)-f_\alpha\left(\boldsymbol{x}+\boldsymbol{e}_\alpha\Delta t,t+\Delta t\right)}{2\hat{\tau}_{\mathrm{f}}}-\frac{\Delta t}{2}\sigma f_\alpha^{\prime\mathrm{eq}}\left(\boldsymbol{x},t\right)\\&-\frac{\Delta t}{2}\sigma f_\alpha^{\prime\mathrm{eq}}\left(\boldsymbol{x}+\boldsymbol{e}_\alpha\Delta t,t+\Delta t\right)+\frac{\Delta t}{2}\sigma^3\left[Q_\alpha\left(\boldsymbol{x}+\boldsymbol{e}_\alpha\Delta t,t+\Delta t\right)+Q_\alpha\left(\boldsymbol{x},t\right)\right]\\&+\Delta t\left(\boldsymbol{e}_\alpha\cdot\nabla\sigma-\sigma^2\right)\left[P_\alpha\left(\boldsymbol{x}+\boldsymbol{e}_\alpha\Delta t,t+\Delta t\right)+P_\alpha\left(\boldsymbol{x},t\right)\right]\\&+\Delta t\sigma\left(\boldsymbol{e}_\alpha\cdot\nabla\sigma-\sigma^2\right)\left[Q_\alpha\left(\boldsymbol{x}+\boldsymbol{e}_\alpha\Delta t,t+\Delta t\right)+Q_\alpha\left(\boldsymbol{x},t\right)\right]\end{aligned}\tag{6-113}$$

为了将隐式方程(6-113)转化为显式方程，引入如下的新速度分布函数和相应的新平衡态速度分布函数：

$$\begin{aligned}g_\alpha=f_\alpha-\frac{f_\alpha^{\mathrm{eq}}-f_\alpha}{2\hat{\tau}_{\mathrm{f}}}+2\sigma P_\alpha+\sigma^2Q_\alpha+\frac{\Delta t}{2}\sigma f_\alpha^{\prime\mathrm{eq}}\\-\frac{\Delta t}{2}\sigma^3Q_\alpha-\Delta t\left(\boldsymbol{e}_\alpha\cdot\nabla\sigma-\sigma^2\right)\left(P_\alpha+\sigma Q_\alpha\right)\end{aligned}\tag{6-114}$$

$$g_\alpha^{\mathrm{eq}}=f_\alpha^{\mathrm{eq}}\tag{6-115}$$

则式(6-113)可重写为

$$\begin{aligned}g_\alpha\left(\boldsymbol{x}+\boldsymbol{e}_\alpha\Delta t,t+\Delta t\right)-g_\alpha\left(\boldsymbol{x},t\right)=\frac{1}{\tau_{\mathrm{g}}}\Big[g_\alpha^{\mathrm{eq}}\left(\boldsymbol{x},t\right)-g_\alpha\left(\boldsymbol{x},t\right)\\+2\sigma P_\alpha\left(\boldsymbol{x},t\right)+\sigma^2Q_\alpha\left(\boldsymbol{x},t\right)\Big]+\frac{\hat{\tau}_{\mathrm{f}}}{\tau_{\mathrm{g}}}\Delta t\Big\{-\sigma g_\alpha^{\prime\mathrm{eq}}\left(\boldsymbol{x},t\right)\\+\sigma^3Q_\alpha\left(\boldsymbol{x},t\right)+2\left(\boldsymbol{e}_\alpha\cdot\nabla\sigma-\sigma^2\right)\left[P_\alpha\left(\boldsymbol{x},t\right)+\sigma Q_\alpha\left(\boldsymbol{x},t\right)\right]\Big\}\end{aligned}\tag{6-116}$$

$$g_\alpha^{\prime\mathrm{eq}}=g_\alpha^{\mathrm{eq}}-\overline{g}_\alpha^{\mathrm{eq}}\left(\overline{\rho},\overline{\boldsymbol{u}}\right)\tag{6-117}$$

对于式(6-116)的求解，采用标准 LBM 的做法将其分解为碰撞步和对流步。首先，碰撞步为

$$\begin{aligned}g_\alpha^*=g_\alpha+\frac{1}{\tau_{\mathrm{g}}}\left(g_\alpha^{\mathrm{eq}}-g_\alpha+2\sigma P_\alpha+\sigma^2Q_\alpha\right)+\frac{\hat{\tau}_{\mathrm{f}}}{\tau_{\mathrm{g}}}\Delta t\Big[-\sigma g_\alpha^{\prime\mathrm{eq}}\\+\sigma^3Q_\alpha+2\left(\boldsymbol{e}_\alpha\cdot\nabla\sigma-\sigma^2\right)\left(P_\alpha+\sigma Q_\alpha\right)\Big]\end{aligned}\tag{6-118}$$

然后将碰撞后的速度分布函数固定于原位置，则对流步为

$$g_\alpha\left(\boldsymbol{x}+\boldsymbol{e}_\alpha\Delta t,t+\Delta t\right)=g_\alpha^*\left(\boldsymbol{x},t\right) \tag{6-119}$$

对于 MRT 模型，无量纲弛豫时间 $\hat{\tau}_f$ 与格子速度空间有关，故将式(6-113)中的速度分布函数和附加变量写成矢量形式，并在所得方程的两端同时左乘 2.2.3 节中的变换矩阵 $\boldsymbol{M}$，可得

$$\begin{aligned}
&\boldsymbol{m}\left(\boldsymbol{x}+\boldsymbol{e}_\alpha\Delta t,t+\Delta t\right)-\boldsymbol{m}\left(\boldsymbol{x},t\right)+2\sigma\left[\boldsymbol{V}\left(\boldsymbol{x}+\boldsymbol{e}_\alpha\Delta t,t+\Delta t\right)-\boldsymbol{V}\left(\boldsymbol{x},t\right)\right]\\
&+\sigma^2\left[\boldsymbol{W}\left(\boldsymbol{x}+\boldsymbol{e}_\alpha\Delta t,t+\Delta t\right)-\boldsymbol{W}\left(\boldsymbol{x},t\right)\right]=\frac{1}{2}\bar{\boldsymbol{R}}\left[\boldsymbol{m}^{\mathrm{eq}}\left(\boldsymbol{x},t\right)-\boldsymbol{m}\left(\boldsymbol{x},t\right)\right]\\
&+\frac{1}{2}\bar{\boldsymbol{R}}\left[\boldsymbol{m}^{\mathrm{eq}}\left(\boldsymbol{x}+\boldsymbol{e}_\alpha\Delta t,t+\Delta t\right)-\boldsymbol{m}\left(\boldsymbol{x}+\boldsymbol{e}_\alpha\Delta t,t+\Delta t\right)\right]-\frac{\Delta t}{2}\sigma\boldsymbol{m}'^{\mathrm{eq}}\left(\boldsymbol{x},t\right)\\
&-\frac{\Delta t}{2}\sigma\boldsymbol{m}'^{\mathrm{eq}}\left(\boldsymbol{x}+\boldsymbol{e}_\alpha\Delta t,t+\Delta t\right)+\frac{\Delta t}{2}\sigma^3\left[\boldsymbol{W}\left(\boldsymbol{x}+\boldsymbol{e}_\alpha\Delta t,t+\Delta t\right)+\boldsymbol{W}\left(\boldsymbol{x},t\right)\right]\\
&+\Delta t\left(\boldsymbol{e}_\alpha\cdot\nabla\sigma-\sigma^2\right)\left[\boldsymbol{V}\left(\boldsymbol{x}+\boldsymbol{e}_\alpha\Delta t,t+\Delta t\right)+\boldsymbol{V}\left(\boldsymbol{x},t\right)\right]\\
&+\Delta t\sigma\left(\boldsymbol{e}_\alpha\cdot\nabla\sigma-\sigma^2\right)\left[\boldsymbol{W}\left(\boldsymbol{x}+\boldsymbol{e}_\alpha\Delta t,t+\Delta t\right)+\boldsymbol{W}\left(\boldsymbol{x},t\right)\right]
\end{aligned} \tag{6-120}$$

$$\boldsymbol{m}'^{\mathrm{eq}}=\boldsymbol{m}^{\mathrm{eq}}-\bar{\boldsymbol{m}}^{\mathrm{eq}}\left(\bar{\rho},\bar{\boldsymbol{u}}\right) \tag{6-121}$$

式中，$\boldsymbol{V}$、$\boldsymbol{W}$ 为附加变量的矢量形式，其定义分别为 $\boldsymbol{V}=\boldsymbol{MP}$ 和 $\boldsymbol{W}=\boldsymbol{MQ}$；$\bar{\boldsymbol{R}}$ 为无量纲弛豫时间组成的对角矩阵。

为了将隐式(式(6-120))转化为显式方程，引入如下的新矩分布函数和相应的新平衡态矩分布函数：

$$\begin{aligned}
\boldsymbol{g}=\boldsymbol{m}-\frac{1}{2}\bar{\boldsymbol{R}}\left(\boldsymbol{m}^{\mathrm{eq}}-\boldsymbol{m}\right)+2\sigma\boldsymbol{V}+\sigma^2\boldsymbol{W}+\frac{\Delta t}{2}\sigma\boldsymbol{m}'^{\mathrm{eq}}\\
-\frac{\Delta t}{2}\sigma^3\boldsymbol{W}-\Delta t\left(\boldsymbol{e}_\alpha\cdot\nabla\sigma-\sigma^2\right)\left(\boldsymbol{V}+\sigma\boldsymbol{W}\right)
\end{aligned} \tag{6-122}$$

$$\boldsymbol{g}^{\mathrm{eq}}=\boldsymbol{m}^{\mathrm{eq}} \tag{6-123}$$

则式(6-120)和式(6-121)可重写为

$$\begin{aligned}
\boldsymbol{g}\left(\boldsymbol{x}+\boldsymbol{e}_\alpha\Delta t,t+\Delta t\right)-\boldsymbol{g}\left(\boldsymbol{x},t\right)=\bar{\boldsymbol{S}}\Big[&\boldsymbol{g}^{\mathrm{eq}}\left(\boldsymbol{x},t\right)-\boldsymbol{g}\left(\boldsymbol{x},t\right)+2\sigma\boldsymbol{V}\left(\boldsymbol{x},t\right)\\
&+\sigma^2\boldsymbol{W}\left(\boldsymbol{x},t\right)\Big]+\left(\bar{\boldsymbol{S}}-2\boldsymbol{I}\right)\Big\{\frac{\Delta t}{2}\sigma\boldsymbol{g}'^{\mathrm{eq}}\left(\boldsymbol{x},t\right)-\frac{\Delta t}{2}\sigma^3\boldsymbol{W}\left(\boldsymbol{x},t\right)\\
&-\Delta t\left(\boldsymbol{e}_\alpha\cdot\nabla\sigma-\sigma^2\right)\left[\boldsymbol{V}\left(\boldsymbol{x},t\right)+\sigma\boldsymbol{W}\left(\boldsymbol{x},t\right)\right]\Big\}
\end{aligned} \tag{6-124}$$

$$\boldsymbol{g}'^{\mathrm{eq}}=\boldsymbol{g}^{\mathrm{eq}}-\bar{\boldsymbol{g}}^{\mathrm{eq}}\left(\bar{\rho},\bar{\boldsymbol{u}}\right) \tag{6-125}$$

式中，$\bar{\boldsymbol{S}}$ 表示碰撞矩阵，$\bar{\boldsymbol{S}}$ 与 $\bar{\boldsymbol{R}}$ 的函数关系为 $\bar{\boldsymbol{S}}=\bar{\boldsymbol{R}}\left(\boldsymbol{I}+\bar{\boldsymbol{R}}/2\right)^{-1}$，$\bar{\boldsymbol{S}}$ 的物理意义及取值与式(2-87)一致，这里不再赘述。

对于式(6-124)的求解，仍采用标准 LBM 的做法将其分解为碰撞步和对流步。首先，碰撞步为

$$\boldsymbol{g}^{**}=\boldsymbol{g}+\overline{\boldsymbol{S}}\left(\boldsymbol{g}^{\mathrm{eq}}-\boldsymbol{g}+2\sigma\boldsymbol{V}+\sigma^2\boldsymbol{W}\right)+\left(\overline{\boldsymbol{S}}-2\boldsymbol{I}\right)\cdot\left[\frac{\Delta t}{2}\sigma\boldsymbol{g}'^{\mathrm{eq}}-\frac{\Delta t}{2}\sigma^3\boldsymbol{W}-\Delta t\left(\boldsymbol{e}_\alpha\cdot\nabla\sigma-\sigma^2\right)\left(\boldsymbol{V}+\sigma\boldsymbol{W}\right)\right] \tag{6-126}$$

然后将碰撞后的矩分布函数转换为速度分布函数，即 $\boldsymbol{g}^*=\boldsymbol{M}^{-1}\boldsymbol{g}^{**}$，则对流步为

$$g_\alpha^*\left(\boldsymbol{x}+\boldsymbol{e}_\alpha\Delta t,t+\Delta t\right)=g_\alpha^*\left(\boldsymbol{x},t\right) \tag{6-127}$$

将式(6-122)两边同时左乘逆变换矩阵 $\boldsymbol{M}^{-1}$可得

$$\boldsymbol{g}^*=\boldsymbol{f}-\frac{1}{2}\boldsymbol{M}^{-1}\overline{\boldsymbol{R}}\boldsymbol{M}\left(\boldsymbol{f}^{\mathrm{eq}}-\boldsymbol{f}\right)+2\sigma\boldsymbol{P}+\sigma^2\boldsymbol{Q}+\frac{\Delta t}{2}\sigma\boldsymbol{f}'^{\mathrm{eq}}-\frac{\Delta t}{2}\sigma^3\boldsymbol{Q}-\Delta t\left(\boldsymbol{e}_\alpha\cdot\nabla\sigma-\sigma^2\right)\left(\boldsymbol{P}+\sigma\boldsymbol{Q}\right) \tag{6-128}$$

显然，式(6-128)是式(6-114)的矢量形式，利用变换矩阵 $\boldsymbol{M}$ 易证

$$\sum_{i=0}^{18}\sum_{k=0}^{18}\sum_{n=0}^{18}\left(\boldsymbol{M}^{-1}\right)_{ik}\left(\overline{\boldsymbol{R}}\right)_{kn}\left(\boldsymbol{M}\right)_{nj}=\left(\overline{\boldsymbol{R}}\right)_{00} \tag{6-129}$$

可见，式(6-129)中的列和与下标 j 无关，则式(6-128)右端第二项关于碰撞不变量求和的值为零；由于式(6-114)等号右侧第二项关于碰撞不变量求和的值也为零，式(6-122)与式(6-114)关于碰撞不变量的和相等；对式(6-114)分别求零阶速度矩和一阶速度矩，并结合式(2-14)、式(2-15)、式(2-19)和式(2-20)进行化简可得

$$\rho-(1-\varpi)\bar{\rho}=\sum_\alpha\left[\varpi g_\alpha^*+\sigma^2Q_\alpha+\left(\varpi\Delta t\boldsymbol{e}_\alpha\cdot\nabla\sigma-2\sigma\right)\left(P_\alpha+\sigma Q_\alpha\right)\right] \tag{6-130}$$

$$\boldsymbol{j}-(1-\varpi)\bar{\boldsymbol{j}}=\sum_\alpha\boldsymbol{e}_\alpha\left[\varpi g_\alpha^*+\sigma^2Q_\alpha+\left(\varpi\Delta t\boldsymbol{e}_\alpha\cdot\nabla\sigma-2\sigma\right)\left(P_\alpha+\sigma Q_\alpha\right)\right] \tag{6-131}$$

式中，$\boldsymbol{j}$ 表示动量，定义为 $\boldsymbol{j}=\rho\boldsymbol{u}$；$\varpi$ 为常系数，与方程(6-93)中 ϖ 的定义一致。

对于对流步(式(6-119)或式(6-127))，采用第 3 章中的 DGLBM 求解。

5. 三维不可压缩流格子 Boltzmann 方法中的吸收类边界条件数值算例

下面仅对三维不可压缩流 LBM 中 PML 型 ABC 的有效性和准确性进行考察。由于 PML 参数对三维 PML 型 ABC 的无反射性能的影响与二维情形一致，本节对其不再讨论。选取的数值算例为 6.2.1 节中三维高斯脉动源在静止流场中的声辐射，这里将脉动源的初始半径设置为 $b=5$；将内部计算域取成一个边长恒定为 100 的正方体，在交界面外围添加厚度为 10 的 PML 缓冲层，如图 6-16 所示。图中近边界实线代表内部计算域和缓冲层的交界面，过中间实线代表对称轴；计算网格的单元数为 303918，其均由四面体构成，在每个单元内将插值多项式的阶数取为 $N=3$。

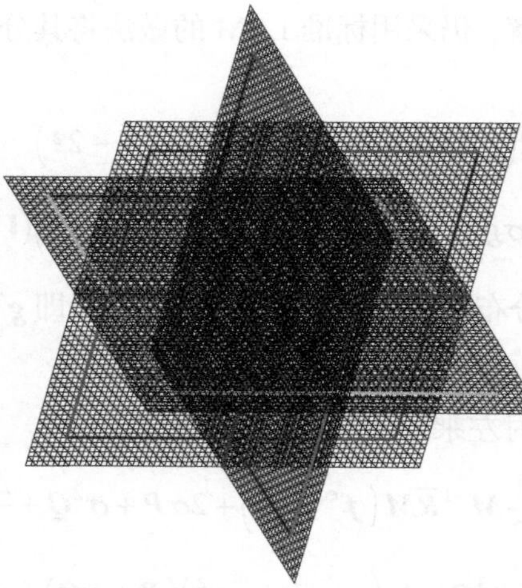

图 6-16 三维高斯脉动源声辐射的几何模型及计算网格

由于流场的平均流速度为零，高斯脉动源的声辐射仍然以同心球的方式进行，这也与 6.2.1 节的结果一致；如果不添加缓冲层，那么波前到达均匀压力边界时将被部分或者全部反射进计算域内部，从而影响声场的计算准确性；当添加了 PML 型吸收边界时，波前达到交界面后将逐渐被吸收，如图 6-17 所示，图中白色实线代表内部计算域和缓冲层的交界面。尽管缓冲层已经很好地吸收了出流波，但计算域内部仍然可见微弱的伪反射波，这是本算例设置中缓冲层的厚度没有取得足够大造成的结果。

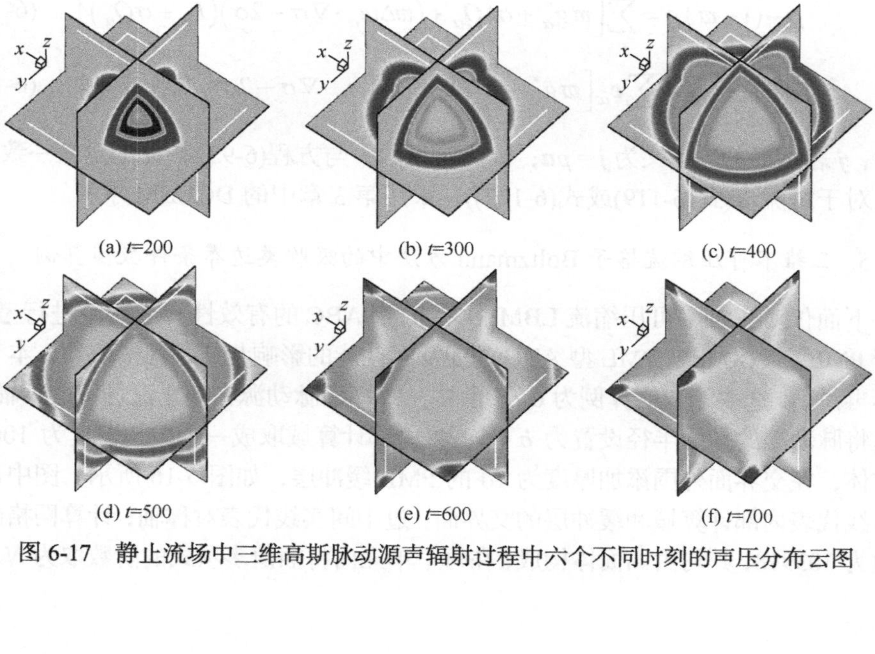

(a) t=200　(b) t=300　(c) t=400

(d) t=500　(e) t=600　(f) t=700

图 6-17 静止流场中三维高斯脉动源声辐射过程中六个不同时刻的声压分布云图

6.3.2　可压缩流格子 Boltzmann 方法中的吸收类边界条件

对于可压缩流气动噪声，构造 ABC 的基础为 2.3.1 节或者 2.3.2 节中的可压缩流 LBM；相对于不可压缩流 LBM 构造的 ABC，可压缩流 LBM 构造的 ABC 能够考虑能量的变化，从而当地声速不再为常数。尽管二维和三维情形下 ABC 均基于 PML 缓冲层来吸收出流波的原理，但具体的构造过程仍有区别，故这里仍将其分为两部分进行论述并通过数值算例进行验证。

1. 二维可压缩流格子 Boltzmann 方法中的吸收类边界条件

与二维不可压缩流 LBM 中 PML 型 ABC 的构造原理相同，二维可压缩流 LBM 中 PML 型 ABC 仍先对平衡态下的出流波进行衰减，然后将非平衡态分布的影响囊括进来。将方程(2-88)中的速度分布函数和总能分布函数替换为相应的平衡态分布函数，可得

$$\frac{\partial h_\alpha^{\text{eq}}}{\partial t}+\boldsymbol{e}_\alpha\cdot\nabla h_\alpha^{\text{eq}}=0 \tag{6-132}$$

再从方程(2-88)中减去式(6-132)，可得

$$\frac{\partial h_\alpha^{\text{neq}}}{\partial t}+\boldsymbol{e}_\alpha\cdot\nabla h_\alpha^{\text{neq}}-\frac{h_\alpha^{\text{neq}}}{\tau_{\text{h}}}+\frac{\boldsymbol{e}_\alpha\cdot\boldsymbol{u}}{\tau_{\text{fh}}}f_\alpha^{\text{neq}}=0 \tag{6-133}$$

假设式(6-132)的解包含一个与时间无关的平均流分量和一个与时间相关的脉动分量，仿照 6.3.1 节中对速度分布函数脉动分量的做法，同样可在 PML 域中直接将总能分布函数脉动分量趋近于零。

利用伪平均流可将平衡态总能分布函数分解如下：

$$h_\alpha^{\text{eq}}=\overline{h}_\alpha^{\text{eq}}\left(\overline{\rho},\overline{\boldsymbol{u}},\overline{E}\right)+h_\alpha^{\prime\text{eq}} \tag{6-134}$$

对于与时间无关的平均流总能分布函数分量，仅要求其满足如下方程：

$$\boldsymbol{e}_\alpha\cdot\nabla\overline{h}_\alpha^{\text{eq}}=0 \tag{6-135}$$

对式(6-135)求一阶速度矩并结合式(2-92)可得

$$\nabla\cdot\left[\left(\overline{\rho}\overline{E}+\overline{p}\right)\overline{\boldsymbol{u}}\right]=0 \tag{6-136}$$

结合方程(6-65)和方程(6-136)，可获得具有多重解的伪平均流，故在选取伪平均流的时候要尽可能地使其逼近真实平均流，这样需要衰减的脉动分量也会逼近真实出流波。

将式(6-134)代入式(6-132)，再用所得方程减去式(6-135)可得

$$\frac{\partial h_\alpha'^{\text{eq}}}{\partial t} + \boldsymbol{e}_\alpha \cdot \nabla h_\alpha'^{\text{eq}} = 0 \tag{6-137}$$

这里将平衡态总能分布函数的脉动分量进行如下分解：

$$h_\alpha'^{\text{eq}} = h_{\alpha x}'^{\text{eq}} + h_{\alpha y}'^{\text{eq}} \tag{6-138}$$

利用式(6-138)可将式(6-137)分解为 x 方向和 y 方向上的分量方程：

$$\frac{\partial h_{\alpha x}'^{\text{eq}}}{\partial t} + \sigma_x h_{\alpha x}'^{\text{eq}} + e_{\alpha x}\frac{\partial h_\alpha'^{\text{eq}}}{\partial x} = 0 \tag{6-139}$$

$$\frac{\partial h_{\alpha y}'^{\text{eq}}}{\partial t} + \sigma_y h_{\alpha y}'^{\text{eq}} + e_{\alpha y}\frac{\partial h_\alpha'^{\text{eq}}}{\partial y} = 0 \tag{6-140}$$

显然这两个分量方程也可以从交界面处以指数形式衰减 x 方向和 y 方向的总能分布函数脉动分量，利用离散傅里叶变换(式(1-6))将式(6-139)和式(6-140)分别表示为频域内的形式：

$$-\mathrm{i}\omega\hat{h}_{\alpha x}^{\text{eq}} + \sigma_x\hat{h}_{\alpha x}^{\text{eq}} + e_{\alpha x}\frac{\partial \hat{h}_\alpha^{\text{eq}}}{\partial x} = 0 \tag{6-141}$$

$$-\mathrm{i}\omega\hat{h}_{\alpha y}^{\text{eq}} + \sigma_y\hat{h}_{\alpha y}^{\text{eq}} + e_{\alpha y}\frac{\partial \hat{h}_\alpha^{\text{eq}}}{\partial y} = 0 \tag{6-142}$$

将式(6-141)两边同时除以 $\omega + \mathrm{i}\sigma_x$，再将式(6-142)两边同时除以 $\omega + \mathrm{i}\sigma_y$，然后将所得方程相加可得

$$-\mathrm{i}\hat{h}_\alpha^{\text{eq}} + \frac{e_{\alpha x}}{\omega + \mathrm{i}\sigma_x}\frac{\partial \hat{h}_\alpha^{\text{eq}}}{\partial x} + \frac{e_{\alpha y}}{\omega + \mathrm{i}\sigma_y}\frac{\partial \hat{h}_\alpha^{\text{eq}}}{\partial y} = 0 \tag{6-143}$$

将式(6-143)重新整理可得

$$-\mathrm{i}\omega\hat{h}_\alpha^{\text{eq}} + \boldsymbol{e}_\alpha \cdot \nabla\hat{h}_\alpha^{\text{eq}} = -\left(\sigma_x + \sigma_y\right)\hat{h}_\alpha^{\text{eq}} - \sigma_x\sigma_y\hat{R}_\alpha - \sigma_y e_{\alpha x}\frac{\partial \hat{R}_\alpha}{\partial x} - \sigma_x e_{\alpha y}\frac{\partial \hat{R}_\alpha}{\partial y} \tag{6-144}$$

$$\hat{R}_\alpha = \frac{\mathrm{i}}{\omega}\hat{h}_\alpha^{\text{eq}} \tag{6-145}$$

借助傅里叶逆变换可将式(6-144)和式(6-145)写成时域内的形式：

$$\frac{\partial h_\alpha'^{\text{eq}}}{\partial t} + \boldsymbol{e}_\alpha \cdot \nabla h_\alpha'^{\text{eq}} = -\left(\sigma_x + \sigma_y\right)h_\alpha'^{\text{eq}} - \sigma_x\sigma_y R_\alpha - \sigma_y e_{\alpha x}\frac{\partial R_\alpha}{\partial x} - \sigma_x e_{\alpha y}\frac{\partial R_\alpha}{\partial y} \tag{6-146}$$

$$\frac{\partial R_\alpha}{\partial t} = h_\alpha'^{\text{eq}} \tag{6-147}$$

最后，将式(6-133)、式(6-135)和式(6-146)相加可得

$$\frac{\partial h_\alpha}{\partial t}+\boldsymbol{e}_\alpha\cdot\nabla h_\alpha=\frac{h_\alpha^{\mathrm{eq}}-h_\alpha}{\tau_{\mathrm{h}}}-\frac{\boldsymbol{e}_\alpha\cdot\boldsymbol{u}}{\tau_{\mathrm{fh}}}\left(f_\alpha^{\mathrm{eq}}-f_\alpha\right)-\left(\sigma_x+\sigma_y\right)h_\alpha^{\prime\mathrm{eq}}$$
$$-\sigma_x\sigma_y R_\alpha-\sigma_y e_{\alpha x}\frac{\partial R_\alpha}{\partial x}-\sigma_x e_{\alpha y}\frac{\partial R_\alpha}{\partial y} \tag{6-148}$$

因此，二维可压缩流 LBM 中 PML 型 ABC 方程由方程(6-65)、方程(6-136)、方程(6-76)、方程(6-147)、方程(6-77)和方程(6-148)共同组成。

由 6.3.1 节中的稳定性分析法可知，对于格子速度空间 D2Q13，该 PML 型 ABC 方程依然存在高频不稳定性，且不稳定的格子速度为 $\boldsymbol{e}_5$、$\boldsymbol{e}_6$、$\boldsymbol{e}_7$ 和 $\boldsymbol{e}_8$；利用坐标变换式(6-81)可获得计算稳定的格子速度，为了避免两类格子速度同时出现在方程中需将式(6-83)代入方程(6-148)化简可得

$$\frac{\partial h_\alpha}{\partial t}+\boldsymbol{e}_\alpha\cdot\nabla h_\alpha=\frac{h_\alpha^{\mathrm{eq}}-h_\alpha}{\tau_{\mathrm{h}}}-\frac{\boldsymbol{e}_\alpha\cdot\boldsymbol{u}}{\tau_{\mathrm{fh}}}\left(f_\alpha^{\mathrm{eq}}-f_\alpha\right)-2\sigma h_\alpha^{\prime\mathrm{eq}}-\sigma^2 R_\alpha-\sigma\boldsymbol{e}_\alpha\cdot\nabla R_\alpha \tag{6-149}$$

对于方程(6-84)和方程(6-149)，直接采用第 4 章中的高分辨率空间离散和 IMEX 格式的时间离散进行求解。

2. 二维可压缩流格子 Boltzmann 方法中的吸收类边界条件数值算例

为验证二维可压缩流 LBM 中 ABC 方程的有效性和准确性，选取数值算例为均匀流中等熵涡对的迁移，与 6.2.2 节中特征边界条件的数值算例一致，这里不再重复给出其初始条件。下面首先将模拟结果与解析解进行对比，然后研究最大衰减系数 σ_0、指数因子 n 和缓冲层厚度 d_{PML} 对 ABC 的边界无反射性能的影响。

由于涡对迁移过程具有轴对称性，为减少计算资源将 x 轴取为轴对称边界条件。图 6-18 给出了等熵涡对迁移过程中速度 u_y 的变化，在每一个时刻，白色线条代表解析解，其中白色实线表示正速度而白色虚线表示负速度，黑色粗实线代表内部计算域和缓冲层的交界面。将模拟结果与解析解进行对比发现，当 $t<700$ 时两者吻合良好，当 $t>700$ 时两者只在缓冲层内出现了偏差，而该偏差正是缓冲层将涡对衰减为平均流造成的结果；从整体上看二维可压缩流 LBM 中 ABC 方程对于强非线性流动问题具有较好的吸收效果。

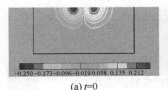

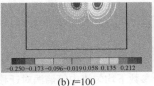

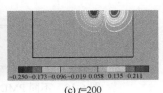

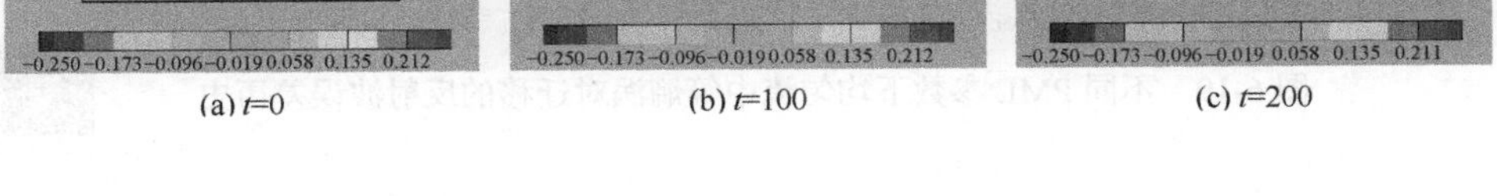

(a) t=0　(b) t=100　(c) t=200

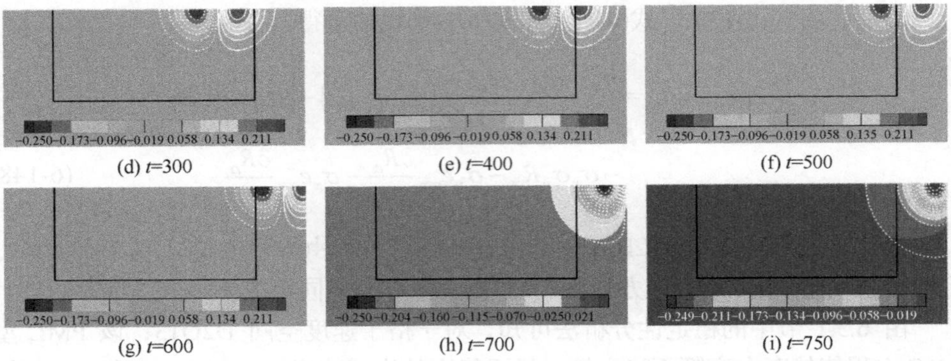

图 6-18　等熵涡对迁移过程中九个不同时刻速度 u_y 的分布云图及模拟结果与解析解的对比

在图 6-18 中取缓冲层的厚度为 $d_{\mathrm{PML}}=20$，最大衰减系数为 $\sigma_0=0.1$，且指数因子为 $n=4$；当这三个 PML 参数变化时，图 6-19 展示了它们对边界无反射性能的影响，其中反射误差的定义为式(6-16)～式(6-18)并将声压采用初始脉动幅值进行无量纲化。从图 6-19(a)可以看出，PML 吸收能力随着缓冲层厚度的增大而增强，在实际应用过程中还需要考虑缓冲层所引入的额外计算量而不能任意选取；尽管

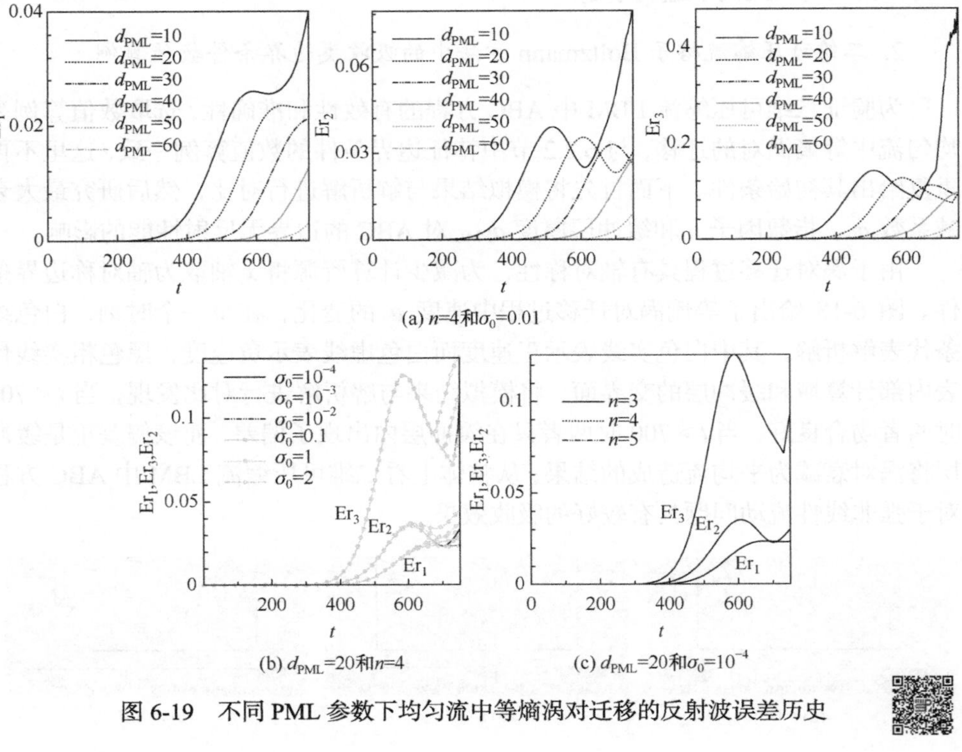

图 6-19　不同 PML 参数下均匀流中等熵涡对迁移的反射波误差历史

最大衰减系数对吸收能力的影响并不显著，但边界的反射误差随着最大衰减系数的增大先减小后增大，在 $\sigma_0 = 0.1$ 时达到最小值；对于指数型衰减函数，指数因子的大小对边界无反射性能并无影响，也就是说缓冲层衰减系数的分布不会影响 PML 的吸收能力，这与不可压缩流 LBM 中 PML 型 ABC 的情形略有不同。对于其他形式的衰减系数分布函数，这里不做讨论。

3. 三维可压缩流格子 Boltzmann 方法中的吸收类边界条件

类似于二维可压缩流 LBM 中 PML 型 ABC，三维可压缩流 LBM 中 PML 型 ABC 先衰减平衡态下的出流波，然后计及非平衡态分布的影响。将平衡态总能分布函数的脉动分量分解如下：

$$h_\alpha'^{\text{eq}} = h_{\alpha x}'^{\text{eq}} + h_{\alpha y}'^{\text{eq}} + h_{\alpha z}'^{\text{eq}} \tag{6-150}$$

利用式(6-150)可将式(6-137)分解为三个方向上的分量方程，其中 x 方向和 y 方向的分量方程分别为式(6-139)和式(6-140)，而 z 方向的分量方程为

$$\frac{\partial h_{\alpha z}'^{\text{eq}}}{\partial t} + \sigma_z h_{\alpha z}'^{\text{eq}} + e_{\alpha z}\frac{\partial h_\alpha'^{\text{eq}}}{\partial z} = 0 \tag{6-151}$$

显然式(6-151)也可以从交界面处以指数形式衰减 z 方向的脉动分量，利用离散傅里叶变换(式(1-6))将其表示为频域内的形式：

$$-\mathrm{i}\omega\hat{h}_{\alpha z}^{\text{eq}} + \sigma_z\hat{h}_{\alpha z}^{\text{eq}} + e_{\alpha z}\frac{\partial \hat{h}_\alpha^{\text{eq}}}{\partial z} = 0 \tag{6-152}$$

首先将式(6-141)两边同时除以 $\omega + \mathrm{i}\sigma_x$，再将式(6-142)两边同时除以 $\omega + \mathrm{i}\sigma_y$，然后将式(6-152)两边同时除以 $\omega + \mathrm{i}\sigma_z$，最后将所得方程相加可得

$$-\mathrm{i}\hat{h}_\alpha^{\text{eq}} + \frac{e_{\alpha x}}{\omega+\mathrm{i}\sigma_x}\frac{\partial \hat{h}_\alpha^{\text{eq}}}{\partial x} + \frac{e_{\alpha y}}{\omega+\mathrm{i}\sigma_y}\frac{\partial \hat{h}_\alpha^{\text{eq}}}{\partial y} + \frac{e_{\alpha z}}{\omega+\mathrm{i}\sigma_z}\frac{\partial \hat{h}_\alpha^{\text{eq}}}{\partial z} = 0 \tag{6-153}$$

将式(6-153)重新整理可得

$$\begin{aligned}
-\mathrm{i}\omega\hat{h}_\alpha^{\text{eq}} + \boldsymbol{e}_\alpha\cdot\nabla\hat{h}_\alpha^{\text{eq}} = &-\left(\sigma_x+\sigma_y+\sigma_z\right)\hat{h}_\alpha^{\text{eq}} - \left(\sigma_x\sigma_y+\sigma_x\sigma_z+\sigma_y\sigma_z\right)\hat{R}_\alpha \\
&- e_{\alpha x}\left(\sigma_y+\sigma_z\right)\frac{\partial \hat{R}_\alpha}{\partial x} - e_{\alpha y}\left(\sigma_x+\sigma_z\right)\frac{\partial \hat{R}_\alpha}{\partial y} - e_{\alpha z}\left(\sigma_x+\sigma_y\right)\frac{\partial \hat{R}_\alpha}{\partial z} \\
&- e_{\alpha x}\sigma_y\sigma_z\frac{\partial \hat{S}_\alpha}{\partial x} - e_{\alpha y}\sigma_x\sigma_z\frac{\partial \hat{S}_\alpha}{\partial y} - e_{\alpha z}\sigma_x\sigma_y\frac{\partial \hat{S}_\alpha}{\partial z} - \sigma_x\sigma_y\sigma_z\hat{S}_\alpha
\end{aligned} \tag{6-154}$$

$$\hat{R}_\alpha = \frac{\mathrm{i}}{\omega}\hat{h}_\alpha^{\text{eq}} \tag{6-155}$$

$$\hat{S}_\alpha = \frac{\mathrm{i}}{\omega}\hat{R}_\alpha \tag{6-156}$$

借助傅里叶逆变换可将式(6-154)～式(6-156)写成时域内的形式：

$$\begin{aligned}\frac{\partial h_\alpha'^{\mathrm{eq}}}{\partial t} + \boldsymbol{e}_\alpha \cdot \nabla h_\alpha'^{\mathrm{eq}} = & -\left(\sigma_x+\sigma_y+\sigma_z\right)h_\alpha'^{\mathrm{eq}} - \left(\sigma_x\sigma_y+\sigma_x\sigma_z+\sigma_y\sigma_z\right)R_\alpha \\ & - e_{\alpha x}\left(\sigma_y+\sigma_z\right)\frac{\partial R_\alpha}{\partial x} - e_{\alpha y}\left(\sigma_x+\sigma_z\right)\frac{\partial R_\alpha}{\partial y} - e_{\alpha z}\left(\sigma_x+\sigma_y\right)\frac{\partial R_\alpha}{\partial z} \\ & - e_{\alpha x}\sigma_y\sigma_z\frac{\partial S_\alpha}{\partial x} - e_{\alpha y}\sigma_x\sigma_z\frac{\partial S_\alpha}{\partial y} - e_{\alpha z}\sigma_x\sigma_y\frac{\partial S_\alpha}{\partial z} - \sigma_x\sigma_y\sigma_z S_\alpha\end{aligned} \tag{6-157}$$

$$\frac{\partial R_\alpha}{\partial t} = h_\alpha'^{\mathrm{eq}} \tag{6-158}$$

$$\frac{\partial S_\alpha}{\partial t} = R_\alpha \tag{6-159}$$

最后将式(6-133)、式(6-135)和式(6-157)相加可得

$$\begin{aligned}\frac{\partial h_\alpha}{\partial t} + \boldsymbol{e}_\alpha \cdot \nabla h_\alpha = & -\left(\sigma_x+\sigma_y+\sigma_z\right)h_\alpha'^{\mathrm{eq}} - \left(\sigma_x\sigma_y+\sigma_x\sigma_z+\sigma_y\sigma_z\right)R_\alpha \\ & - e_{\alpha x}\left(\sigma_y+\sigma_z\right)\frac{\partial R_\alpha}{\partial x} - e_{\alpha y}\left(\sigma_x+\sigma_z\right)\frac{\partial R_\alpha}{\partial y} - e_{\alpha z}\left(\sigma_x+\sigma_y\right)\frac{\partial R_\alpha}{\partial z} \\ & - e_{\alpha x}\sigma_y\sigma_z\frac{\partial S_\alpha}{\partial x} - e_{\alpha y}\sigma_x\sigma_z\frac{\partial S_\alpha}{\partial y} - e_{\alpha z}\sigma_x\sigma_y\frac{\partial S_\alpha}{\partial z} - \sigma_x\sigma_y\sigma_z S_\alpha \\ & + \frac{h_\alpha^{\mathrm{eq}} - h_\alpha}{\tau_{\mathrm{h}}} - \frac{\boldsymbol{e}_\alpha\cdot\boldsymbol{u}}{\tau_{\mathrm{fh}}}\left(f_\alpha^{\mathrm{eq}} - f_\alpha\right)\end{aligned} \tag{6-160}$$

因此，三维可压缩流 LBM 中 PML 型 ABC 由方程(6-65)、方程(6-136)、方程(6-104)、方程(6-105)、式(6-158)、式(6-159)、方程(6-106)和方程(6-160)共同组成。

由 6.3.1 节中的稳定性分析可知，对于格子速度空间 D3Q25，稳定的格子速度为 $\boldsymbol{e}_0$～$\boldsymbol{e}_6$ 和 $\boldsymbol{e}_{19}$～$\boldsymbol{e}_{24}$，而其余格子速度下的三维 PML 型 ABC 均存在高频不稳定性；利用坐标变换式(6-107)～式(6-109)可以获得计算稳定的格子速度，为避免两类格子速度同时出现，可将式(6-110)代入方程(6-160)并化简可得

$$\begin{aligned}\frac{\partial h_\alpha}{\partial t} + \boldsymbol{e}_\alpha \cdot \nabla h_\alpha = & -3\sigma h_\alpha'^{\mathrm{eq}} - 3\sigma^2 R_\alpha - 2\sigma \boldsymbol{e}_\alpha \cdot \nabla R_\alpha \\ & + \frac{h_\alpha^{\mathrm{eq}} - h_\alpha}{\tau_{\mathrm{h}}} - \frac{\boldsymbol{e}_\alpha\cdot\boldsymbol{u}}{\tau_{\mathrm{fh}}}\left(f_\alpha^{\mathrm{eq}} - f_\alpha\right) - \sigma^2 \boldsymbol{e}_\alpha \cdot \nabla S_\alpha - \sigma^3 S_\alpha\end{aligned} \tag{6-161}$$

对于方程(6-111)和方程(6-149)，直接采用第 4 章中的高精度 FDLBM 方法进

行离散求解。

4. 三维可压缩流格子 Boltzmann 方法中的吸收类边界条件数值算例

本节选取的数值算例与 6.3.1 节中三维高斯脉动源在静止流场中的声辐射相同，故这里不再赘述其初始条件和内部计算域，在交界面外围添加的缓冲层厚度可以自由调节；将内部域的计算网格数设置为 80×80×80。由于声压的三维空间分布与图 6-17 基本一致，为同心球的辐射方式，这里不再重复展示；考虑缓冲层厚度对边界无反射性能的影响，如图 6-20 所示，其中最大衰减系数取为 $\sigma_0 = 0.1$ 而指数因子取为 $n = 3$。随着缓冲层厚度的增大，伪反射波的压力幅值显著降低，特别当缓冲层较薄时(如 $d_{PML} = 5$)，边界引起的伪反射波已经贯穿整个计算域，其对声场产生了很大的污染，故在选择缓冲层厚度时需慎重。

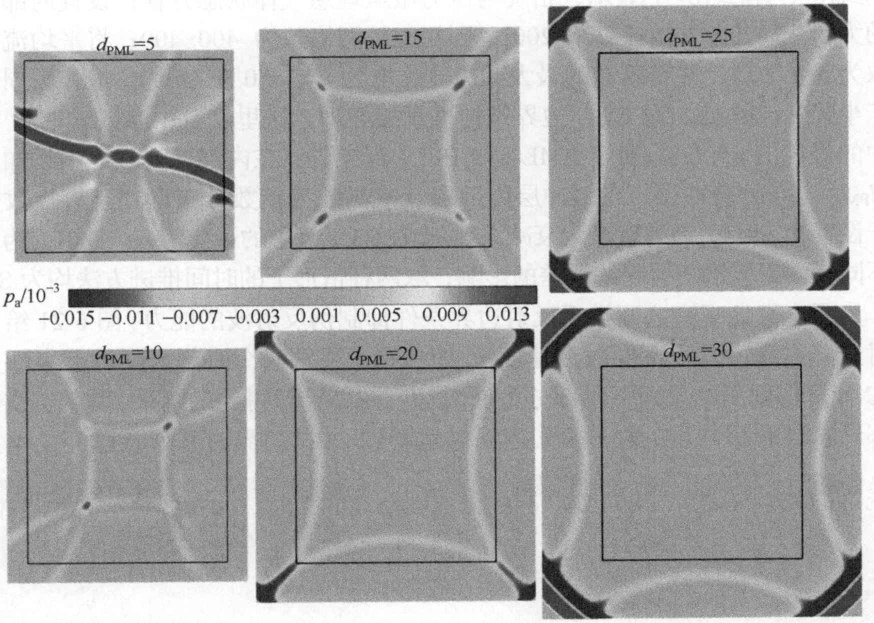

图 6-20　不同缓冲层厚度下边界处引起的伪反射声波在 xy 平面上的瞬时压力分布(其对应的时刻为 $t = 400$，图中黑实线代表内部计算域和缓冲层的交界面)

6.4　两类无反射边界条件的比较

6.2 节和 6.3 节分别讨论了 CBC 和 ABC 在不可压缩流 LBM 和可压缩流 LBM 中的构造过程、边界条件的性质和边界控制方程中自由参数对边界无反射性能的影响，这两类无反射边界条件孰优孰劣仍未知，故本节将对其进行讨论。由于二维与三维情形下的结论相仿，下面着重进行二维情形下这两类无反射边界条件的比较；根据流动可压缩性的不同，下面仍分两部分进行讨论。

6.4.1　不可压缩流格子 Boltzmann 方法中两类无反射边界条件的比较

由于 PML 型 ABC 需要在内部计算域外围添加缓冲层，而 CBC 只需根据特征值理论在边界处判断特征波的方向来计算边界上的宏观物理量，所以在内部计算域大小和计算时间步长均相同的情况下，后者的计算速度显然比前者更快；该结论不仅对于不可压缩流情形成立，对 6.4.2 节讨论的可压缩流情形也是如此。那么，对这两类边界条件进行比较的重点将放在边界的无反射性能上。

对于不可压缩流 LBM，选取的算例为均匀流中涡对的迁移，与 6.2.2 节略有不同，该处的涡对并非等熵过程而是等温过程；初始时刻的密度和速度分布也可采用式(6-49)和式(6-51)表示，密度与压力服从理想气体状态方程；设置内部计算域的大小为[−200, 200]×[−200, 200]，则相应的网格数为 400×400；将平均流马赫数取为 $Ma = 0.1$，并将涡对的最大圆周速度取为 $u_{\max} = 0.5c_sMa$，且最大圆周速度位于半径 $r = 15$ 处。对 CBC 边界条件可直接处理，这里将自由参数 η 取为 6.2.1 节中的最优值 $\eta = 6/8$；对于 PML 型 ABC 边界条件，在内部计算域外围添加厚度为 $d_{\text{PML}} = 50$ 的缓冲层，在缓冲层内部取衰减函数为指数分布形式且将指数分布因子设置为 $n = 4$，另外取最大衰减系数 σ_0 为 6.3.1 节中的最优值 $\sigma_0 = 0.01$。为了排除不同时空离散格式引起的误差的影响，取两种情形下的时间推进方法均为 SLB。

为了定性地观察这两类无反射边界条件抑制伪反射波的能力，图 6-21 给出了涡对迁移过程中六个不同时刻速度 u_y 的分布。在每一个时刻云图的上半部分为 CBC 计算得到的结果而下半部分为 PML 型 ABC 计算得到的结果，黑色实线代表内部计算域和缓冲层的交界面，当涡对运动到 CBC 边界时其形状已经发生扭曲

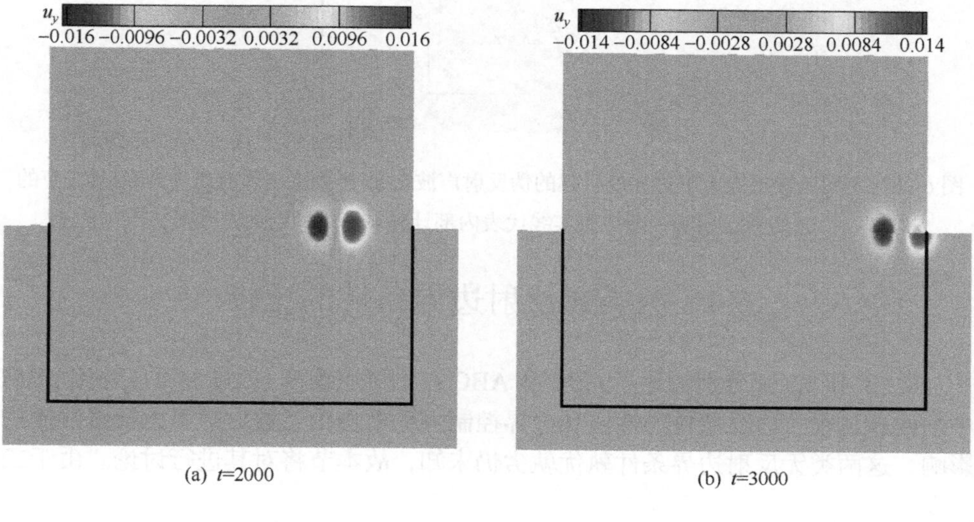

(a) t=2000　　(b) t=3000

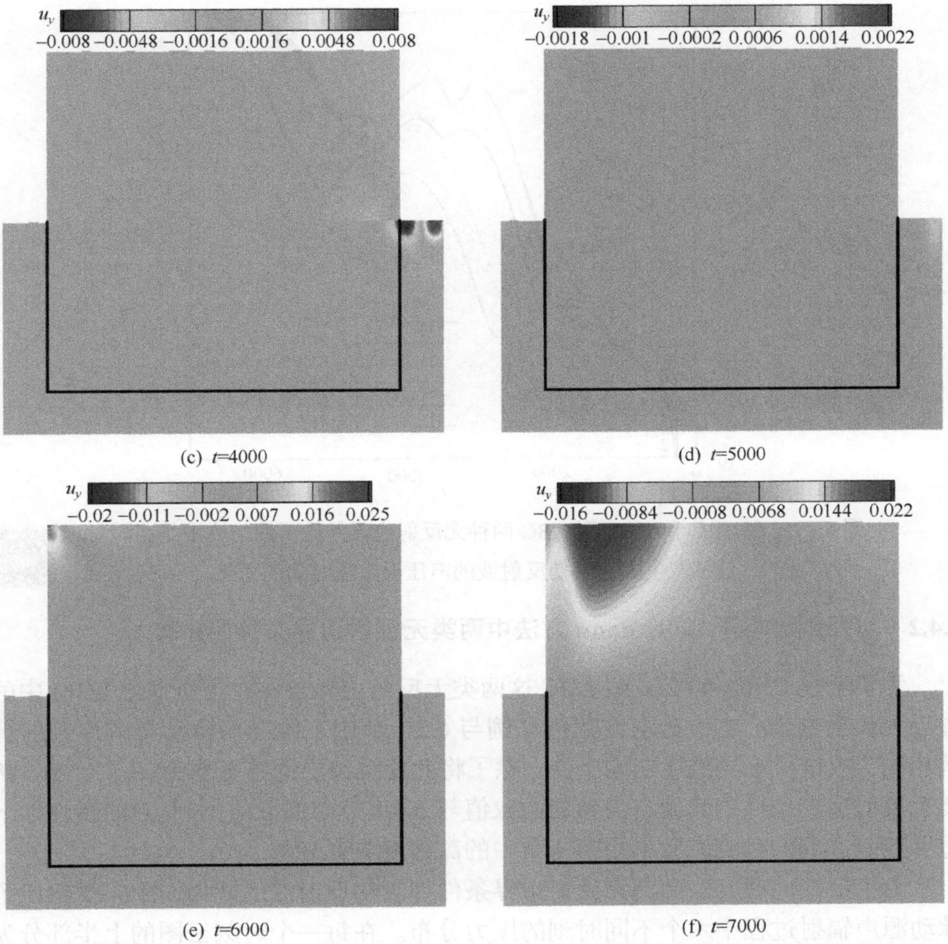

图 6-21　在 CBC 和 PML 型 ABC 两种无反射边界条件下均匀流中等温涡对迁移的速度 u_y 分布对比

且速度值减小；对于 PML 型 ABC 边界条件，涡对可以光滑地通过交界面且形状几乎不发生变形；随着时间推移，CBC 边界角区处产生严重的伪反射波且伪反射波污染到大部分流体域，可见 CBC 在流动方向很强的问题上表现不理想。为了定量地描述这两类无反射边界条件抑制伪反射波的能力，图 6-22 给出了三种伪反射波声压误差变化过程。在涡对到达边界之前这两种无反射边界条件产生的误差基本相等且误差值很小以至于可以忽略；在涡对穿越边界的过程中三种误差均随着时间逐渐增大，但当涡对穿出边界时 CBC 边界条件下的误差继续增大，而 PML 型 ABC 边界条件下的误差减小到可以忽略的程度；CBC 边界条件下的高误差值正是角区导致，这也是 CBC 的弊病，在指向性较强的涡对流问题上 PML 型 ABC 更有优势。

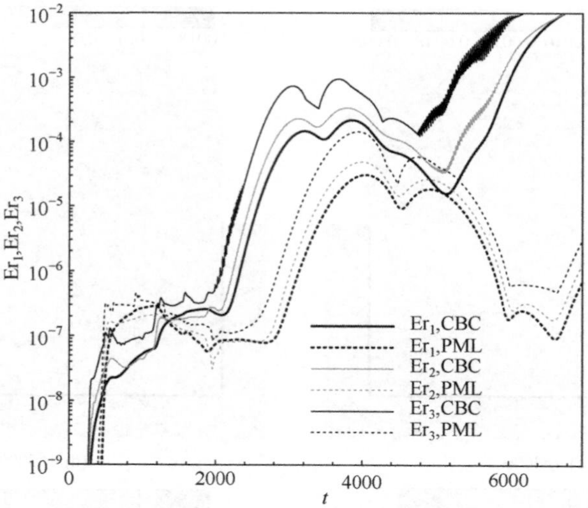

图 6-22 在 CBC 和 PML 型 ABC 两种无反射边界条件下均匀流中等温涡对迁移产生的边界伪反射波的声压误差随时间的变化

6.4.2 可压缩流格子 Boltzmann 方法中两类无反射边界条件的比较

为了考察 CBC 和 PML 型 ABC 这两类无反射边界条件在可压缩流 LBM 中的边界无反射性能，本节选取的数值算例与 6.2.1 节中二维高斯脉动源的声辐射算例相同，故这里不再赘述初始条件；除了将此处缓冲层的厚度取为 $d_{\mathrm{PML}} = 80$，两类无反射边界条件中其他自由参数的取值与 6.4.1 节中的取值相同。对两种情形下边界控制方程的时空离散采用第 4 章中的高精度 FDLBM。

为了定性地观察这两类无反射边界条件抑制伪反射波的能力，图 6-23 给出了脉动源声辐射过程中六个不同时刻的压力分布。在每一个时刻云图的上半部分为 CBC 计算得到的结果而下半部分为 PML 型 ABC 计算得到的结果，黑色实线代表内部计算域和缓冲层的交界面，在波前到达边界之前两种无反射边界条件下内部计算域的结果一致；在波穿过 CBC 边界或者缓冲层的期间，两者仍吻合良好；当出流波已经离开计算域时，PML 型 ABC 边界产生的伪反射声压分布清晰可见。与 6.4.1 节不同的是，CBC 边界在各向同性的波传播问题方面表现较好，为了进一步定量地证明该结论，图 6-24 给出了三种伪反射波声压误差的变化过程值得注意的是，该误差采用初始脉动声压幅值进行无量纲化处理；当波前到达边界时误差随时间逐渐增大、波穿出边界后误差随时间逐渐减小，而 CBC 边界引起的误差值更小，故在此类问题中倾向于选择 CBC 边界条件。

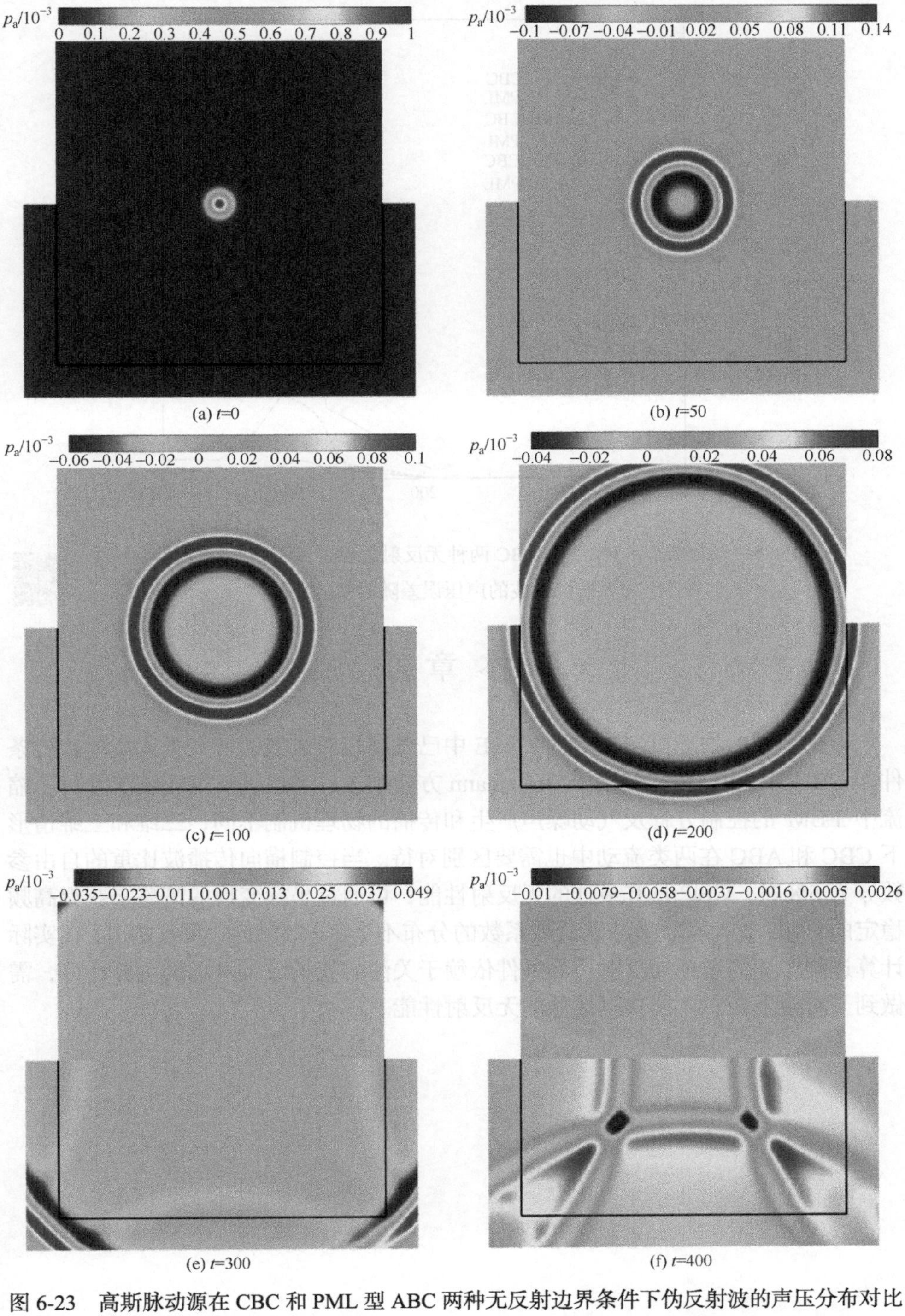

(a) t=0　(b) t=50　(c) t=100　(d) t=200　(e) t=300　(f) t=400

图 6-23　高斯脉动源在 CBC 和 PML 型 ABC 两种无反射边界条件下伪反射波的声压分布对比

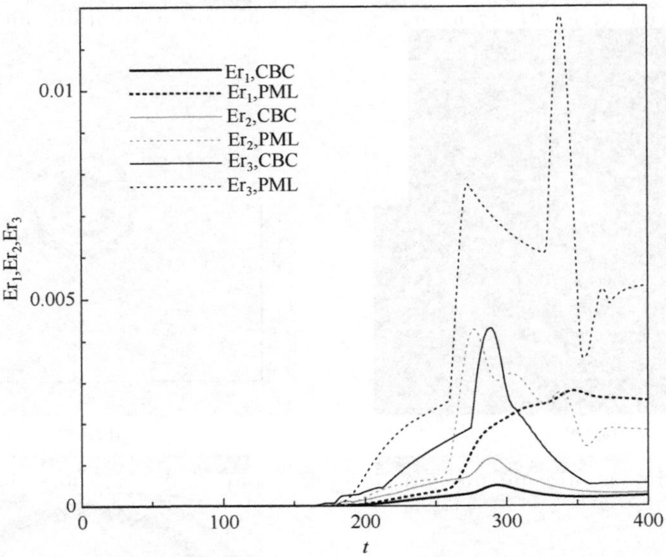

图 6-24　在 CBC 和 PML 型 ABC 两种无反射边界条件下高斯脉动源产生的边界伪反射波的声压误差随时间的变化

6.5　本 章 小 结

根据不同的物理机制，本章将 NSE 中已发展相对成熟的两大类无反射边界条件即 CBC 和 ABC 拓展到格子 Boltzmann 方法中去；考虑到不可压缩流和可压缩流中 LBM 的控制方程及气动噪声产生和传播的物理机制不同，二维和三维情形下 CBC 和 ABC 在两类流动中也需要区别对待。当控制横向传播波比重的自由参数 η 为 6/8 时，CBC 具有最佳的无反射性能；可通过坐标变换的策略来获得高频稳定的 PML 型 ABC，缓冲层衰减系数的分布不会影响 PML 的吸收能力；在实际计算过程中如何选择无反射边界条件依赖于关注的流场或者声场的主要特征，需做到“对症下药”才能获得最佳的无反射性能。

第7章 基于格子Boltzmann方法的直接数值模拟

7.1 引 言

由于URANS基于时间平均法处理湍流问题，所以严格来说其只适用于定常湍流场，只有在各态遍历假设的前提下，URANS解得的流场平均值等价于系综平均法的结果。采用URANS计算气动噪声问题时，能够捕捉到的最小正周期为时间平均法设定的周期，一般要求该周期远大于湍流脉动的时间尺度，而又远小于流场非定常变化的特征时间，从而湍流脉动的时间发展历程被抹去，显然URANS也不能正确地反映四极子源对噪声辐射的贡献。如果只对特征频率的噪声感兴趣而不在乎湍流细节，如透平级中势流干涉噪声，那么采用URANS能够满足这一特殊需求。

一般情形下，准确地求解气动噪声问题要求数值方法能够相对精确地模拟湍流，如透平级中动叶湍流尾迹干涉噪声和尾喷管湍流剪切层噪声等，而URANS中的雷诺应力模型通常无法胜任，尽可能地减少对湍流的人工模化是精确求解湍流的唯一途径。由于计算机技术的迅猛发展，采用DNS分辨中低雷诺数湍流中所有尺度涡并理解涡声之间的相互作用已并不鲜见，采用LES捕捉高雷诺数湍流中亚格子模型对应的空间尺度涡及其噪声辐射也有不少研究案例，如第1章绪论所述，这些研究中的DNS或者LES大多基于NSE的求解且取得了很大的成功，而基于LBM的DNS求解器或者LES求解器仍相对较少，这是因为LBM的发展史相对较短；由于LBM自身存在巨大的并行优势和易实现编程的特点，本章发展基于LBM的DNS求解器或者LES求解器可以极大地减少CAA研究者在前期的数值软件开发阶段所消耗的人力和时间成本；由于LES一般采用亚格子涡黏模型，发展基于LBM的LES求解器通常只需在基于LBM的DNS求解器的基础上对黏性系数进行“修正”，所以本章只研究基于LBM的DNS求解器。

除了介绍求解器的基本算法，还采用DNS对双腔流中的自激振荡现象进行研究，并对其中涉及的声源产生机理和噪声辐射机制进行讨论。一方面该算例必须利用第6章发展的NRBC，从而可以体现PML型ABC在工程问题中的重要应用价值；另一方面双腔流自激振荡引起的振动和噪声问题广泛存在于生物力学和工业生产中，如图 3-12 所示的声道系统中喉部位置、血管的突扩与渐缩段和约束射流的出口等。对该现象进行 DNS 研究有助于理解其中的动力学机理，并能为存在类双腔结构部件的优化设计或者医学诊断提供参考。

7.2　单腔流和双腔流的非线性动力学反馈原理

将两个如图 2-5 所示的单腔面对面地布置在一起形成的结构称为双腔，图 7-1 给出了其二维截面示意图，图中黑色阴影区代表 PML 缓冲层。虽然对单腔流的自激振荡机制的研究已经相对成熟[29,361-363]，但双腔流的动力学机理并不等于两个单腔流的自激振荡机制的线性叠加，当双腔之间的距离 h 满足一定的条件时，双腔流将产生额外的耦合作用，双腔流表现为一个独立的系统；只有当双腔之间的距离足够大时，双腔流才会部分地表现出单腔流的特征，故在研究双腔流的非线性动力学机理之前，先解释单腔流的自激振荡性质。

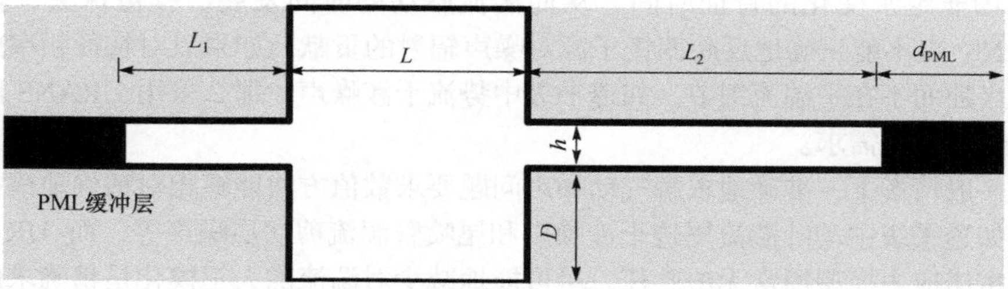

图 7-1　双腔的几何结构示意图

众多试验表明，当腔室的厚度足够大时，单腔流的三维效应可忽略不计；为简化分析考虑二维剪切层中涡声相互作用下涡流的发展，如图 7-2 所示，腔内的平均流速相对于腔外的平均流速很低，无限薄剪切层分布在腔内和腔外的平行流之间；假设无限薄剪切层在空腔尾缘附近上下摆动，从而引起尾缘附近流体质量的变化。

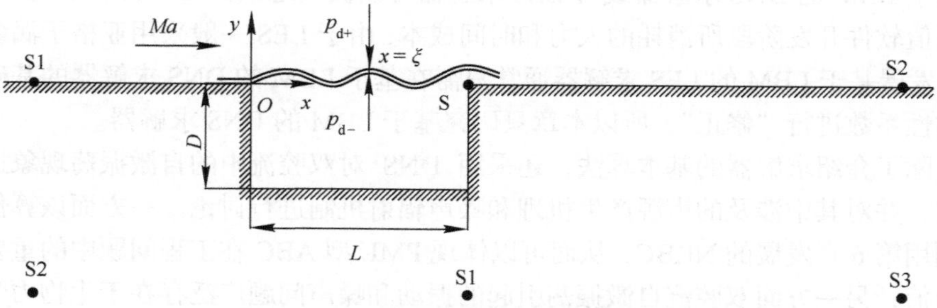

图 7-2　单腔的几何结构及单腔流的虚拟声源分布示意图

当剪切层在空腔尾缘处偏斜向上时，即图 7-2 所示的剪切层状态，腔内流体流出则质量减少而产生稀疏波，腔外平行流光滑地经过尾缘上方，不会撞击尾缘而产生显著的压力脉动；当剪切层偏斜向下时，如图 7-3 所示，腔外流体流入则质量增加，部分流体撞击尾缘则流速降低而形成高压区域，瞬时的高压区域向周围辐射压缩波。因此，可用周期变化的线声源 S 代替空腔尾缘处交替的质量变化和压力脉动。

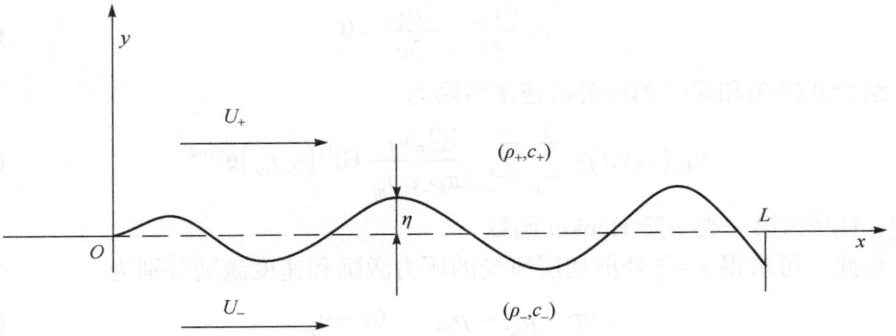

图 7-3　空腔内外的平行流中的无限薄剪切层

声源辐射的声波与涡流的相互作用改变了剪切层的动力学行为。在 $x=\xi$ 处，剪切层上方受线声源 S 在腔外的辐射声压 $p_{\mathrm{d}+}$ 的作用，且剪切层下方受线声源在腔内的辐射声压 $p_{\mathrm{d}-}$ 作用。对于腔外辐射声压需要考虑平行流引起的多普勒效应，而对于腔内辐射声压可以忽略平行流的影响，但需要考虑空腔壁面的反射作用。采用虚拟声源叠加的方法替代空腔前后壁面和底部的反射作用，如图 7-2 所示，一次反射由线声源 S 关于前壁面和底部壁面镜像的虚拟声源 S1 进行模拟，二次反射由虚拟声源 S1 关于空腔后壁面和底部壁面镜像的虚拟声源 S2 进行模拟，其他反射依次类推。

单独考察空腔开口处的剪切层并定义占据上半空间和下半空间的两种流体物理量的下标为 + 和−，也就是说平均流密度、速度和声速分别为 $\rho_\pm$、$U_\pm$和 $c_\pm$，如图 7-3 所示。利用无限大平面上单极子源在均匀流中辐射声压的解析解[8]，这里直接给出腔外的辐射声压 $p_{\mathrm{d}+}$：

$$p_{\mathrm{d}+}(x,y,t)=\frac{Q_{\mathrm{m}}}{2\pi}\mathrm{H}_0^{(1)}\left[k_+\sqrt{b^2(x-L)^2+by^2}\right]\mathrm{e}^{\mathrm{i}\left[k_+bMa(x-L)-\omega t\right]} \tag{7-1}$$

式中，Q_{m} 表示线单极子源的强度；$\mathrm{H}_0^{(1)}$为第一类零阶 Hankel 函数；k_+表示腔外辐射声波数，其定义为 $k_+=\omega_+/c_+$；Ma 为腔外平均流马赫数，其定义为 $Ma=U_+/c_+$；b 为常系数，其定义为 $b=1/(1-Ma^2)$。

再次利用单极子源辐射声压的解析解可求出虚拟声源叠加的辐射声压 $p_{\mathrm{d}-}$：

$$p_{\mathrm{d}-}(x,y,t)=\sum_{j=0}^{1}\sum_{n=-\infty}^{\infty}\frac{Q_{\mathrm{m}}}{2\pi}\mathrm{H}_0^{(1)}\left(k_-r_{nj}\right)\mathrm{e}^{-\mathrm{i}\omega t} \tag{7-2}$$

式中，r_{nj} 表示任意一点(x, y)到虚拟声源$(x_n, -y_j)$的距离，其定义为$(r_{nj})^2=(x-x_n)^2+(y+y_j)^2$，其中虚拟声源的坐标值分别为 $x_n=(2n+1)L$ 和 $y_j=2jD$。

空腔内声波经过底部壁面反射而在剪切层处产生垂直于 x 轴方向的速度激励，则欧拉方程可简化为

$$\rho_-\frac{\partial v_{\mathrm{d}-}}{\partial t}+\frac{\partial p_{\mathrm{d}-}}{\partial y}=0 \tag{7-3}$$

结合式(7-3)和式(7-2)可解得速度激励为

$$v_{\mathrm{d}-}(x,y,t)=\sum_{j=0}^{1}\sum_{n=-\infty}^{\infty}\frac{\mathrm{i}Q_{\mathrm{m}}y_j}{2\pi\rho_-c_-r_{nj}}\mathrm{H}_1^{(1)}\left(k_-r_{nj}\right)\mathrm{e}^{-\mathrm{i}\omega t} \tag{7-4}$$

式中，$\mathrm{H}_1^{(1)}$为第一类一阶 Hankel 函数。

至此，可求得 $x=\xi$ 处剪切层所受的压力激励和速度激励分别为

$$\Diamond p=p_{\mathrm{d}-}-p_{\mathrm{d}+},\quad \Diamond v=v_{\mathrm{d}-} \tag{7-5}$$

假设无限薄剪切层的流动无黏，则下面直接给出剪切层上方和下方的控制方程：

$$\frac{1}{c_+^2}\frac{\mathrm{D}^2p_+}{\mathrm{D}t^2}-\nabla^2p_+=0,\quad \rho_+\frac{\mathrm{D}v_+}{\mathrm{D}t}+\frac{\partial p_+}{\partial y}=0 \tag{7-6}$$

$$\frac{1}{c_-^2}\frac{\partial^2p_-}{\partial t^2}-\nabla^2p_-=0,\quad \rho_-\frac{\partial v_+}{\partial t}+\frac{\partial p_-}{\partial y}=0 \tag{7-7}$$

式中，D/Dt 表示均匀流中的物质导数，其定义为 $\mathrm{D}/\mathrm{D}t=\partial/\partial t+U_+\partial/\partial x$。

在 $x=\xi$ 处剪切层的压力 $p_\pm$和位移 ϕ 需满足衔接条件：

$$\frac{\mathrm{D}\phi}{\mathrm{D}t}=v_+,\quad p_+-p_-=a_{\mathrm{p}}\mathrm{e}^{-\mathrm{i}\omega t},\quad \frac{\partial\phi}{\partial t}=v_-+a_{\mathrm{v}}\mathrm{e}^{-\mathrm{i}\omega t} \tag{7-8}$$

式中，a_{p}、a_{v} 为压力激励和速度激励在$(\xi, 0)$处和 $t=0$ 时的常系数，其值分别为 $a_{\mathrm{p}}=\Diamond p\delta(x-\xi)\delta(y)$和 $a_{\mathrm{v}}=\Diamond v\delta(x-\xi)\delta(y)$，其中 $\delta(x-\xi)$为 Dirac 函数。

由于无穷远处的剪切层压力有界，有

$$\lim_{x\to\infty}\left|p_\pm\right|<\infty,\quad \lim_{y\to\infty}\left|p_\pm\right|<\infty \tag{7-9}$$

初始时刻的压力和位移 ϕ 需满足

$$p_\pm^0=\frac{\partial p_\pm^0}{\partial t}=0,\quad \phi=\frac{\partial\phi}{\partial t}=0 \tag{7-10}$$

式中，上标 0 表示初始时刻。

引入正向和逆向的傅里叶-拉普拉斯变换对：

$$F(k,y,s)=\int_0^\infty\int_{-\infty}^\infty f(x,y,t)\mathrm{e}^{-\mathrm{i}kx-st}\mathrm{d}x\mathrm{d}t \tag{7-11}$$

$$f(x,y,t)=\frac{1}{4\mathrm{i}\pi^2}\int_{\sigma-\mathrm{i}\infty}^{\sigma+\mathrm{i}\infty}\int_{-\infty}^\infty F(k,y,s)\mathrm{e}^{\mathrm{i}kx+st}\mathrm{d}k\mathrm{d}s \tag{7-12}$$

式中，σ 为实常数点，位于收敛横坐标右侧。

对方程(7-6)和方程(7-7)采用正向 FL 变换，并令 $S_\pm = s + \mathrm{i}kU_\pm$，则

$$\frac{\partial^2 P_+}{\partial y^2}=\mu_+^2 P_+,\quad \frac{\partial P_+}{\partial y}=-\rho_+ S_+^2 \varPhi \tag{7-13}$$

$$\frac{\partial^2 P_-}{\partial y^2}=\mu_-^2 P_-,\quad \frac{\partial P_-}{\partial y}=-\rho_- S_-^2 \varPhi+\frac{\rho_- S_- a_{\mathrm{v}}}{s+\mathrm{i}\omega}\mathrm{e}^{-\mathrm{i}k\xi} \tag{7-14}$$

式中，$P_\pm$、$\varPhi$ 表示压力 $p_\pm$和位移 ϕ 对应的 FL 变换象函数；$\mu_\pm$为复数波数，其值满足$(\mu_\pm)^2 = (S_\pm/c_\pm)^2 + k^2$。

由于压力 $p_\pm$满足限制条件(7-9)，所以复数波数的实部需大于零。对式(7-8)中的压力激励也采用正向 FL 变换，可得

$$P_+ - P_- = \frac{a_{\mathrm{p}}}{s+\mathrm{i}\omega}\mathrm{e}^{-\mathrm{i}k\xi} \tag{7-15}$$

联立式(7-13)～式(7-15)可解得

$$\varPhi=\frac{1}{s+\mathrm{i}\omega}\frac{\rho_- S_-\mu_+ a_{\mathrm{v}}+\mu_+\mu_- a_{\mathrm{p}}}{\rho_+ S_+^2\mu_- + \rho_- S_-^2\mu_+}\mathrm{e}^{-\mathrm{i}k\xi} \tag{7-16}$$

对式(7-16)进行逆向 FL 变换即可得位移 ϕ 为

$$\phi=\frac{1}{4\mathrm{i}\pi^2}\int_{\sigma-\mathrm{i}\infty}^{\sigma+\mathrm{i}\infty}\int_{-\infty}^\infty \frac{\rho_- S_-\mu_+ a_{\mathrm{v}}+\mu_+\mu_- a_{\mathrm{p}}}{(s+\mathrm{i}\omega)\varGamma(k,s)}\mathrm{e}^{\mathrm{i}k(x-\xi)+st}\mathrm{d}k\mathrm{d}s \tag{7-17}$$

式中，$\varGamma(k, s)$为复函数，其表达式可化简为 $\varGamma(k,s)=\rho_+(c_+)^2(\mu_+ + \mu_-)(k^2-\mu_+\mu_-)$。

在点$(x, 0)$左侧剪切层整体的位移为

$$\eta(x,t)=\int_0^L \phi(x,0,t)H(x-\xi)\mathrm{d}\xi \tag{7-18}$$

式中，$H(x-\xi)$为 Heaviside 广义函数。

式(7-17)中被积分项的极点为 $\varGamma(k, s)$的根，由于无穷远处压力有界条件要求 $\mathrm{Re}(\mu_\pm)\geqslant 0$ 且 $\mathrm{Re}(s) > 0$，$\varGamma(k, s)$的根只能满足 $k^2-\mu_+\mu_-=0$。为方便求解再引入方程 $k^2+\mu_+\mu_-=0$ 的两个实根，两个方程共同组成的解方程为

$$h(g)\equiv g^4-2Mag^3-\left(\frac{1}{b}+\frac{c_-^2}{c_+^2}\right)g^2+2Ma\frac{c_-^2}{c_+^2}g-Ma^2\frac{c_-^2}{c_+^2}=0 \tag{7-19}$$

因此，方程(7-19)的根 g 与 Ma 和 c_-/c_+有关，定义两个共轭复数根为 $g_\pm =$

$g_r \pm ig_i (g_i > 0)$，将图 7-4(a)所示的复数 g 平面右半部分中的积分路径 $XOYZ$ 投影到图 7-4(b)所示的复数 h 平面；由于曲线逆时针包围原点三次，所以在右半平面三个根的实数部分均为正，也就是说 $g_r > 0$。由式(7-17)可知，ω 为图 7-4(c)所示的复数 is 平面上的实数极点，可将积分路径由虚轴的正无穷远处逐渐移至实轴；复数 k 平面上的极点为

$$k_{\pm} = \frac{\mathrm{i}s}{c_+ g_{\pm}} = \frac{-s_i g_r \pm s_r g_i + \mathrm{i}\left(s_r g_r \pm s_i g_i\right)}{a_+\left(g_r^2 + g_i^2\right)} \tag{7-20}$$

式中，s_r、s_i、g_r、g_i 表示复数 s 与 g 的实数部分和虚数部分。

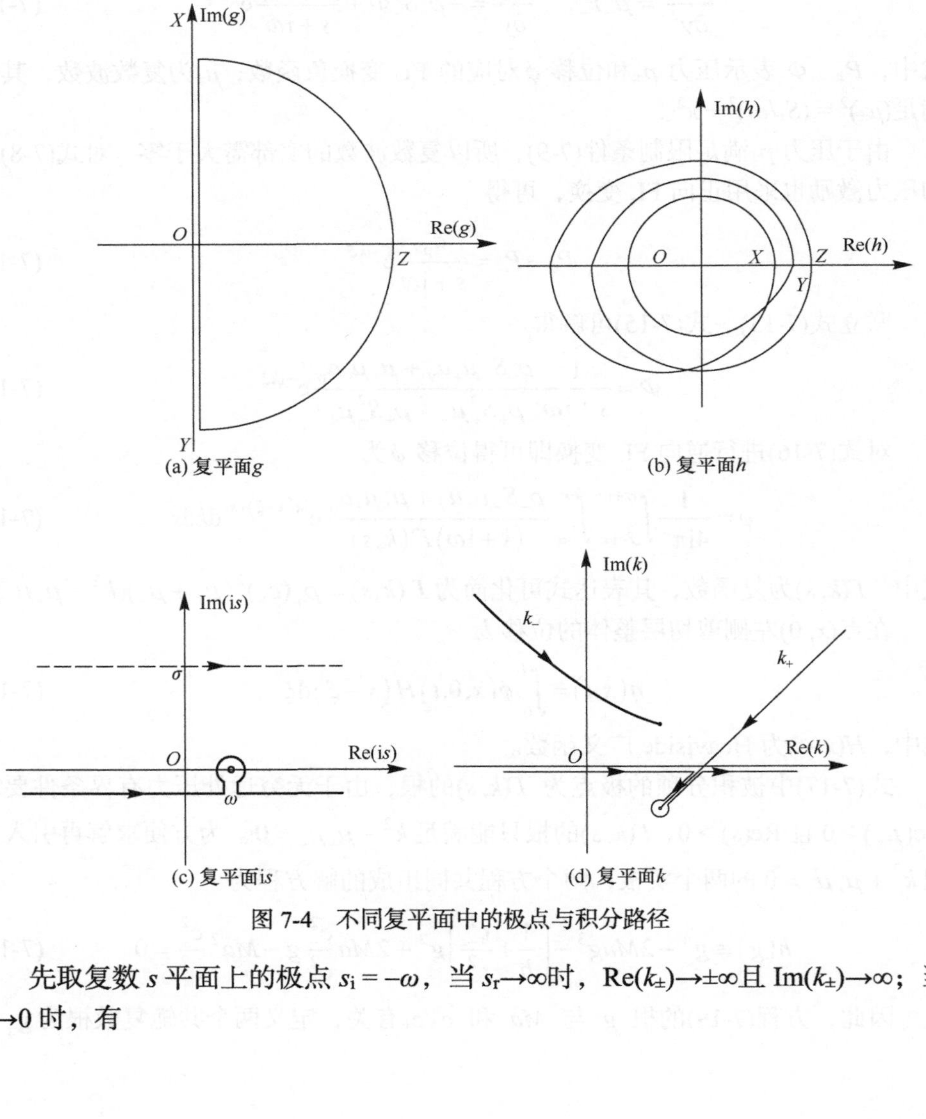

图 7-4　不同复平面中的极点与积分路径

先取复数 s 平面上的极点 $s_i = -\omega$，当 $s_r \to \infty$ 时，$\mathrm{Re}(k_{\pm}) \to \pm\infty$ 且 $\mathrm{Im}(k_{\pm}) \to \infty$；当 $s_r \to 0$ 时，有

$$\operatorname{Re}(k_{\pm}) \to \frac{\omega g_{\mathrm{r}}}{a_{+}\left(g_{\mathrm{r}}^{2}+g_{\mathrm{i}}^{2}\right)}, \quad \operatorname{Im}(k_{\pm}) \to \frac{\mp\omega g_{\mathrm{i}}}{a_{+}\left(g_{\mathrm{r}}^{2}+g_{\mathrm{i}}^{2}\right)} \tag{7-21}$$

故复数 k 平面上的极点和积分路径如图 7-4(d)所示。在复数 k 平面上半部分的极点对 x 轴正方向的波无放大作用，则只需考虑包含 k_{+}的积分路径。对式(7-17)采用上述的积分路径并结合留数定理可得

$$\phi = \left(\rho_{-}\mu_{+}\omega a_{\mathrm{v}} + \mathrm{i}\mu_{+}\mu_{-}a_{\mathrm{p}}\right)\left(\frac{\partial \Gamma}{\partial k}\right)^{-1} \mathrm{e}^{\mathrm{i}k(x-\xi)-\mathrm{i}\omega t}\Bigg|_{\substack{k=k_{+}\\ s=-\mathrm{i}\omega}} \tag{7-22}$$

将式(7-22)代入式(7-18)，并令 $x = L$，可得

$$\begin{aligned}\eta(L,t) = {} & \mathrm{i}\mu_{+}\mu_{-}\left(\frac{\partial \Gamma}{\partial k}\right)^{-1} \mathrm{e}^{-\mathrm{i}\omega t}\int_{0}^{L} a_{\mathrm{p}}\mathrm{e}^{\mathrm{i}k_{+}(x-\xi)}H(x-\xi)\mathrm{d}\xi \\ & + \rho_{-}\mu_{+}\omega\left(\frac{\partial \Gamma}{\partial k}\right)^{-1} \mathrm{e}^{-\mathrm{i}\omega t}\int_{0}^{L} a_{\mathrm{v}}\mathrm{e}^{\mathrm{i}k_{+}(x-\xi)}H(x-\xi)\mathrm{d}\xi\end{aligned} \tag{7-23}$$

线单极子源的强度 Q_{m} 与剪切层在空腔尾缘处的位移呈负相关，当尾缘最大限度地暴露于外流中时，剪切层在腔内的偏斜达到最大值，线声源附近的压力也最大；当 x 趋近于 L 时，将腔外辐射声压(式(7-1))中的 Hankel 函数渐进展开可得

$$p_{\mathrm{d}+}(L,0,t) \to -\frac{\mathrm{i}Q_{\mathrm{m}}}{2\pi}\left|\ln\left(k_{+}b\varepsilon\right)\right|\mathrm{e}^{-\mathrm{i}\omega t}, \quad \varepsilon \to 0 \tag{7-24}$$

空腔尾缘处的位移和辐射声压在时间上具有一致性，由式(7-23)可知位移 $\eta(L, t)$也可采用分离变量法写成 $\eta(L, t) = \eta(L)\mathrm{e}^{-\mathrm{i}\omega t}$，那么空腔尾缘处位移 $\eta(L)$与单极子源强度 Q_{m}的相位关系可表示为$\eta(L) = \mathrm{i}\varphi Q_{\mathrm{m}}$，其中 φ 为正实数。

由上述分析可知，建立反馈循环要求：复函数 $\mathrm{i}\mathrm{e}^{\mathrm{i}\omega t}\eta(L, t)/Q_{\mathrm{m}}$的相位为 2π 的整数倍，在给定马赫数和空腔几何的情况下，可以求解出空腔流自激振荡的离散频率。上述数学模型采用了无限薄剪切层的假设，实际上壁面附近流体受黏性的作用产生具有形似正切曲线分布的边界层；空腔前缘处声波与涡流的相互作用导致边界层脱离壁面的黏性束缚，故在空腔前后缘之间的剪切层也具有一定的厚度，这会影响剪切层的动力学行为。由于压力扰动、波数 k_{+}和平均流速度满足线性动力学稳定性方程，所以剪切层厚度的影响可以纳入平均流速度中；利用无穷远处压力有界的限制条件，可以解得波数与剪切层动量厚度的关系。最后利用反馈循环的相位关系即可求得空腔流自激振荡的离散频率。

当两个腔室之间的流动相互耦合时，两个腔室的尾缘处均形成线声源，并且声源的辐射声波具有干涉作用，那么上述单腔流的性质不再适用。因此，采用基于 LBM 的 DNS 研究双腔流中非线性的频率选择机理，更侧重关注旋涡区域回流结构所扮演的角色。将图 7-1 所示的几何关系设置为 $L_1 = L/2 = L_2/3 = d_{\mathrm{PML}} = D$，

两腔室之间的法向距离 h 可自由调节，本节计算中取 $h=0.25L$，而坐标原点位于双腔的对称中心处；在缓冲层内将非均匀速度取为 Poiseuille 流动的层流速度分布，中心线上速度 U 最大，这里以及下面的计算均取其对应的马赫数 $Ma=U/c_s$ 为 $Ma=0.1$；基于腔室长度 L 的雷诺数为 $Re=\rho UL/\mu$，雷诺数也可自由调节，本节计算中取 $Re=7500$。用于无量纲化的参考物理量与 3.4.2 节相同，划分双腔结构的总单元数为 5×10^5，初始时刻密度给定为单位密度，中间通道中速度给定为 Poiseuille 流动的速度形式而腔室内流动静止；固体壁面采用等温无滑移速度边界条件。采用标准的碰撞步(式(6-91))和对流步(式(6-92))进行时间推进，当监测点的流动参数出现如图 7-5 所示的周期性变化或者后面的拟周期性变化时，认为双腔流收敛。

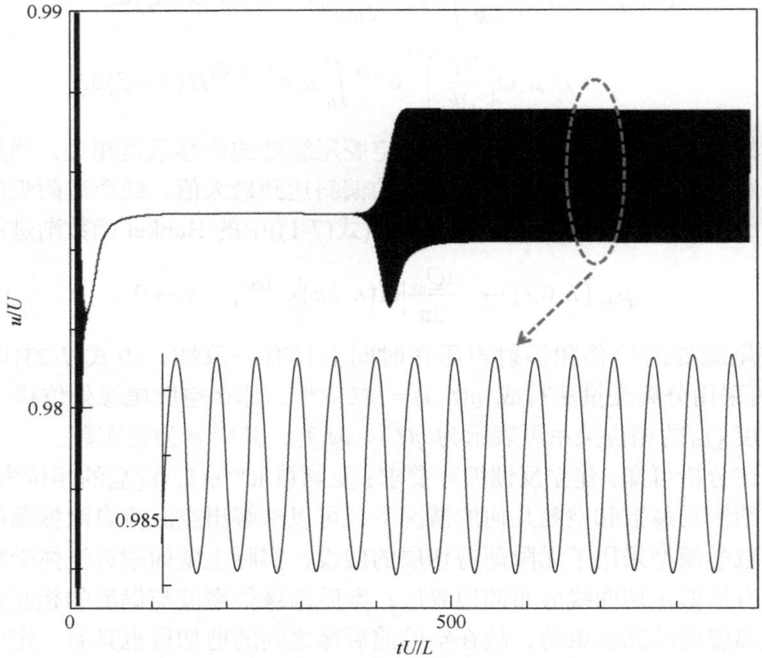

图 7-5　监测点$(L/2, 0)$处流向速度 u 的变化过程

由于双腔流在时间序列上的流动特征并不显著，可以从频谱上对其进行分析，对图 7-6 中布置的探针 1～7 进行采样，最小采样时间步长取为 LBM 时间推进步长的两倍；为了避免时间序列初始阶段瞬时效应的影响，舍弃时间序列中前 60%的数据，则总样本点数约为 2×10^6，从而 Strouhal 数 $St=fL/U$ 的分辨率为 $\Delta St=2.165\times10^{-3}$；采用加 Bartlett-Priestley 窗函数的周期图法计算功率谱密度(power spectral density，PSD)，并将图 7-6 中所有速度功率谱均采用 $2\mathrm{PSD}\Delta f$ 的形

式进行描述。频谱中出现了功率谱密度幅值最显著的基频波和谐波，其中基频波($St \approx 0.75$)反映了腔室内回流区域的速度脉动，而谐波($St \approx 1.5$)反映了剪切层撞击空腔尾缘引起的速度脉动；除探针 1 外，其余的探针均能感受到基频波，可见基频波代表了全局的动力学特性，由于探针 1 布置在两个腔室的中心对称线上，两个腔室内旋涡变化的幅值相同而相位相反，流向速度脉动在此抵消，这一特征也可从下面的瞬时流场分析中看出；由于剪切层处及靠近空腔尾缘的旋涡变化更剧烈，所以基频波的功率谱密度呈现从空腔尾缘到前缘且从空腔开口到底部逐渐衰减的趋势；只有探针 1、2 和 4 能够感受到谐波，因为这三个位置处于剪切层内且靠近空腔尾缘，可见谐波代表了局部的声学特性，三者中探针 2 离空腔尾缘最近而探针 4 离空腔尾缘最远，功率谱密度幅值递减的排列为探针 2、探针 1 和探针 4；尽管探针 6 也位于剪切层中，其感受到尾缘处的声学脉动已经不显著，在功率谱分布上并不能体现出来。

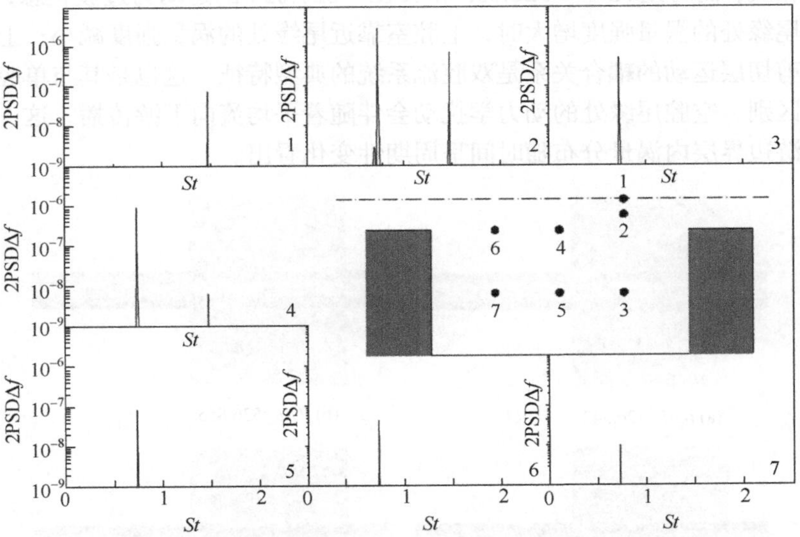

图 7-6　不同探针位置流向速度 u_x/U 的功率谱密度估计 2PSDΔf 随 St 的变化

双腔流动力系统通常与流动拓扑结构的显著特征相关。图 7-7 给出了一个周期内四个不同时刻的双腔内部流场分布，其总体特征非常接近；上下腔室内部各形成两个旋向相反的大涡，连接两个旋涡中心的线平行于自由流，但这两个旋涡使得腔室内部流速低于自由流速；靠近腔室前缘剪切层处形成一个二次涡而腔室角落形成一个三次涡，这两个位置的旋涡伴随着内部大涡同时演化；仔细观察剪切层处的流线分布可以发现剪切层的非定常变化引起其附近旋涡大小的变化，且两个腔室内旋涡演化呈配合关系即若下腔室的流体膨胀则上腔室的流体压缩，反之亦然。

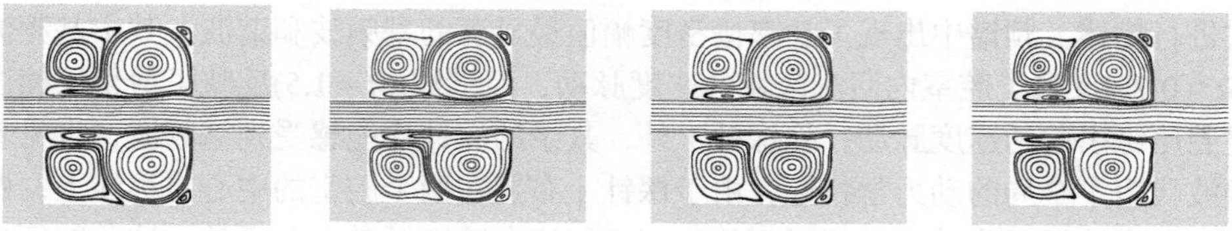

(a) tU/L=526.543 (b) tU/L=526.855 (c) tU/L=527.034 (d) tU/L=527.236

图 7-7 一个周期内四个不同时刻的双腔内部流线分布

利用涡量的定义式 $\varpi = \partial u_y / \partial x - \partial u_x / \partial y$，从图 7-8 所示的双腔内部无量纲涡量分布可以看出，靠近空腔尾缘的大涡是诱因，在空腔尾缘分割流体后，剪切层中的一部分流体继续沿着壁面向下游运动，另一部分流体的流动方向依赖于其在一个周期内的时刻；当 $tU/L = 526.543$ 时，下腔室的流体向中间通道流出而上腔室的流体从中间通道吸入部分流体，且该运动状态与 $tU/L = 527.236$ 这一时刻的运动状态相反；而时刻 $tU/L = 526.855$ 和 $tU/L = 527.034$ 的运动为过渡状态，当下腔室靠近尾缘处的涡量强度增大时，上腔室靠近尾缘处的涡量强度减小；上述上下腔室的剪切层运动的耦合关系是双腔流系统的典型特征，这也是其与单腔流系统的本质区别。空腔尾缘处的动力学扰动会伴随着平均流向下游传播，这一点也可以从下游边界层内涡量分布随时间呈周期性变化看出。

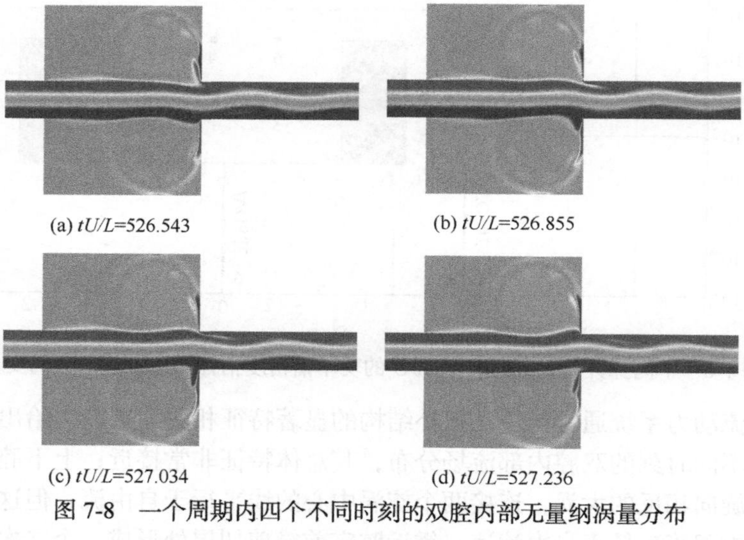

(a) tU/L=526.543 (b) tU/L=526.855

(c) tU/L=527.034 (d) tU/L=527.236

图 7-8 一个周期内四个不同时刻的双腔内部无量纲涡量分布

声波的产生与流体的可压缩性相关，利用胀量的定义式 $\chi = \partial u_x / \partial x + \partial u_y / \partial y$，图 7-9 给出了双腔内部无量纲胀量的变化过程。声源主要位于空腔尾缘，撞击产生的一部分压缩波与膨胀波沿着剪切层传播到前缘并产生二次激励，造成空腔前缘处的声波辐射；不同时刻上下空腔剪切层处波传播的不同步再一次证明了双腔之间的耦合特性。

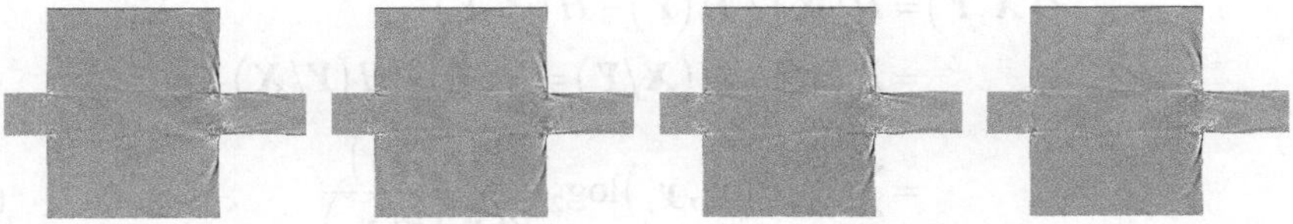

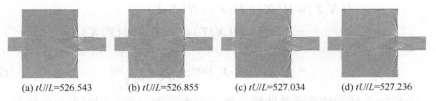

(a) tU/L=526.543 (b) tU/L=526.855 (c) tU/L=527.034 (d) tU/L=527.236

图 7-9 一个周期内的四个不同时刻双腔内部无量纲胀量分布

7.3 雷诺数对双腔流噪声自激振荡的影响

对于 7.2 节中给定的双腔结构，设定基于腔室长度的雷诺数为 $Re = 7500$，流动会呈现周期性特征而声传播表现为线性；当雷诺数变化时，双腔流系统的特性如何变化将在本节被回答，另选取雷诺数为 $Re = 8\times10^3$、10^4、1.2×10^4 和 1.4×10^4；由于双腔流可能出现非线性非平稳过程，采用经典的线性方法无法准确地建立其数学模型或者分析其时间序列，所以借助如下介绍的坐标延迟相空间重构技术。

根据 Takens 定理，可以重构一个与一维时间序列对应的动力系统在拓扑意义上等价的相空间，从而获得随机过程的性质与规律；坐标延迟法[364]是重构相空间的一种技术，其基本思想是利用延迟时间 τ 将一维时间序列 $\boldsymbol{x}(t) = (x_1, x_2, \cdots, x_N)$ 映射到高维相空间矢量 $\boldsymbol{X} = [\boldsymbol{x}(t), \boldsymbol{x}(t+\tau), \cdots, \boldsymbol{x}(t+(m-2)\tau), \boldsymbol{x}(t+(m-1)\tau)]^{\mathrm{T}}$，其中 m 为一维时间序列的嵌入维度；为了保证准确计算动力系统中隐含的混沌不变量，如何选取延迟时间和嵌入维度至关重要。如果选取的延迟时间太小，相空间矢量中相邻两分量 X_i 和 X_j 非常接近，所有的点会集中在对角线上，关联性太强以至于不能形成独立的分量；如果选取的延迟时间太长，相空间中分量在统计意义上完全独立以至于失去了混沌吸引子在两个方向上投影的相关性。由 Takens 定理可知，嵌入维数存在下限而没有上限，但如果选取的嵌入维数太小，相空间矢量不完备使得重构质量变差；如果选取的嵌入维数太大，相空间重构过程中关联积分的计算量呈指数增加，从而大幅地增加分析的时间成本；理论上延迟时间和嵌入维度的选取必须相互独立，也就是说给定延迟时间时计算得到的相空间与嵌入维度无关。

确定随机过程时间序列中延迟时间的方法通常有自相关函数法、平均位移法或者互信息法。本节采用具有非线性属性的第三种方法，其基于描述动力系统复杂度和不确定度的信息熵 $H(\boldsymbol{X})$为

$$H(\boldsymbol{X}) = -\sum_{i=1}^{N} P(\boldsymbol{x}_i)\log_2\left[P(\boldsymbol{x}_i)\right] \tag{7-25}$$

式中，$P(\boldsymbol{x}_i)$为事件 $\boldsymbol{x}_i$ 发生的概率。

显然随机变量的时间序列中随机性越高，其熵值越大。互信息函数正是描述

两个随机变量 $\boldsymbol{X}$ 和 $\boldsymbol{Y}$ 之间的相关熵，其定义为

$$
\begin{aligned}
I(\boldsymbol{X},\boldsymbol{Y}) &= H(\boldsymbol{X}) + H(\boldsymbol{Y}) - H(\boldsymbol{X},\boldsymbol{Y}) \\
&= H(\boldsymbol{X}) - H(\boldsymbol{X}/\boldsymbol{Y}) = H(\boldsymbol{Y}) - H(\boldsymbol{Y}/\boldsymbol{X}) \\
&= \sum_{i=1}^{N}\sum_{j=1}^{N} P(\boldsymbol{x}_i,\boldsymbol{y}_j)\log_2 \frac{P(\boldsymbol{x}_i,\boldsymbol{y}_j)}{P(\boldsymbol{x}_i)P(\boldsymbol{y}_j)}
\end{aligned}
\tag{7-26}
$$

式中，$H(\boldsymbol{X}/\boldsymbol{Y})$ 或 $H(\boldsymbol{Y}/\boldsymbol{X})$ 表示条件熵；$P(\boldsymbol{x}_i, \boldsymbol{y}_j)$ 为事件 $\boldsymbol{x}_i$ 和 $\boldsymbol{y}_j$ 同时发生的概率。

由于互信息函数具有对称性，所以 $I(\boldsymbol{X}, \boldsymbol{Y})$ 既可以表示随机变量 $\boldsymbol{X}$ 包含 $\boldsymbol{Y}$ 的总量，也可以表示随机变量 $\boldsymbol{Y}$ 包含 $\boldsymbol{X}$ 的总量。互信息法正是利用互信息函数第一次达到局部极小值时的延迟时间作为最佳 τ 值。计算互信息函数的方法一般有两种：等概率分格子法[365]和等间隔分格子法[366]。等概率分格子法基于边缘分布等概率划分网格，而等间隔分格子法基于等间隔划分网格，关于两者具体的算法实现，感兴趣的读者可参考相关文献，这里不再赘述。

首先采用等间隔分格子法计算五种雷诺数工况下的延迟时间，如图 7-10 所示。其中，最大等间距格子数为 25600×25600，并将连续合并相邻格子的次数设

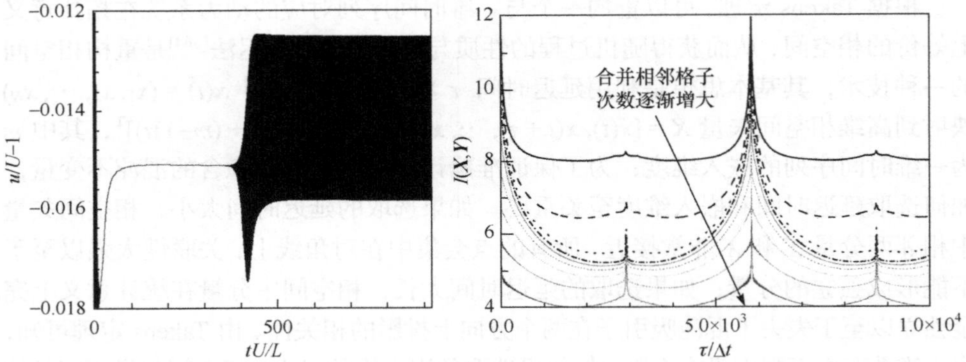

(a) *Re*=7500

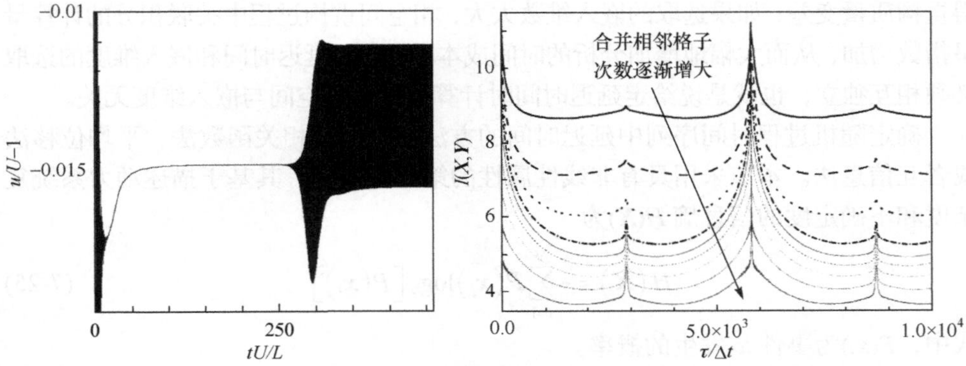

(b) *Re*=8000

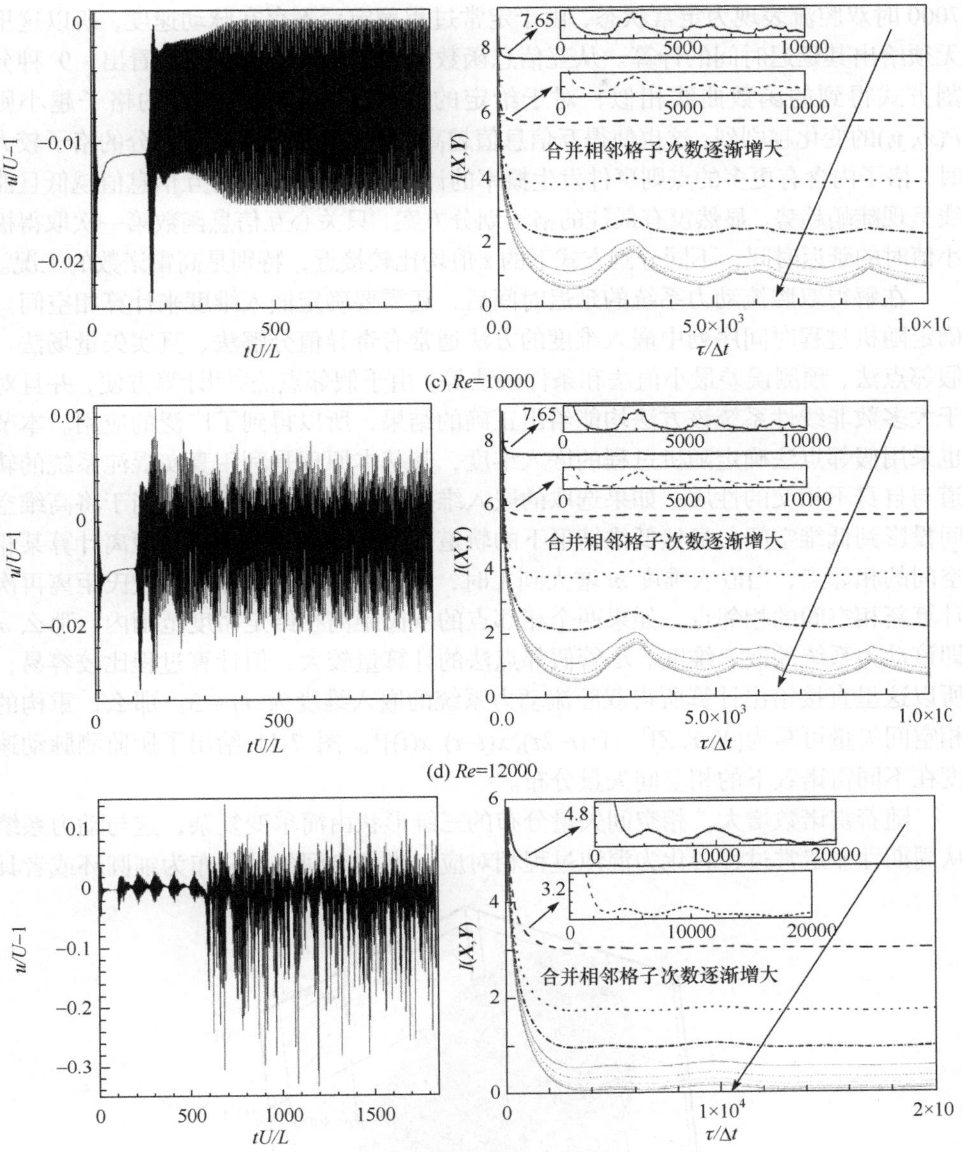

(e) *Re*=14000

图 7-10　五种雷诺数情形下双腔内监测点 1 处无量纲脉动速度的变化过程及九种分割方式下的互信息函数随延迟时间的变化

定为 8，一共可获得 9 种不同分割方式下的互信息函数。从监测点 1 处脉动速度的时间序列分布可以看出，脉动速度的幅值随着雷诺数的增大而逐渐增大，这也促使双腔流经历了周期性非定常过程、中间过渡态和混沌过程；当雷诺数约小于

7000 时双腔流表现为定常状态，由于定常过程稳定后不存在脉动速度，所以这里无须给出其延迟时间的计算。从互信息函数随延迟时间的变化可以看出，9 种分割方式得到的函数曲线相似，对于给定的脉动速度样本，划分的格子越小则 $P(\boldsymbol{x}_i, \boldsymbol{y}_j)$ 的变化越剧烈，这也使得互信息值越高且曲线较为平坦；当划分的格子较大时，格子内含有更多的点则事件发生概率的计算越精确，这使得互信息值越低且曲线呈现陡峭趋势。显然没有最佳的格子划分方案，只关心互信息函数第一次取得极小值时的延迟时间，不同分割方式下的 τ 值均比较接近，特别是高雷诺数的工况。

在解得双腔流动力系统的延迟时间后，还需要确定嵌入维度来计算相空间。确定随机过程时间序列中嵌入维度的方法通常有奇异值分解法、真实矢量场法、假邻点法、预测误差最小值法和条件熵法等；由于假邻点法[364]计算方便，并且对于大多数非线性系统该方法均能给出正确的结果，所以得到了广泛的应用。本节也采用假邻点法确定随机过程的嵌入维度，其基本原理是利用真实混沌系统的轨道与自身不相交的性质；如果选取的嵌入维数太小，相空间重构相当于将高维空间投影到低维空间，显然低维情形下的轨道会相交。首先采用欧氏距离计算某相空间的相邻点，当嵌入维度 m 增大到 1 时，计算新的相空间并利用欧氏距离再次计算新相空间的相邻点，如果两个相邻点的欧氏距离在给定裕度范围内，那么 m 即该动力系统的嵌入维度。尽管假邻点法的计算量较大，但计算过程比较容易，所以这里直接给出计算所得双腔流动力系统的嵌入维度为 $m = 3$。那么，重构的相空间矢量可写为 $[X, Y, Z]^{\mathrm{T}} = [x(t-2\tau), x(t-\tau), x(t)]^{\mathrm{T}}$。图 7-11 给出了所监测脉动速度在不同雷诺数下的相空间矢量分布。

随着雷诺数增大，相空间矢量分布的三维形状由简单变复杂，这与动力系统从周期性非定常过程转化为混沌过程相对应；当相空间矢量分布为细圆环或者具

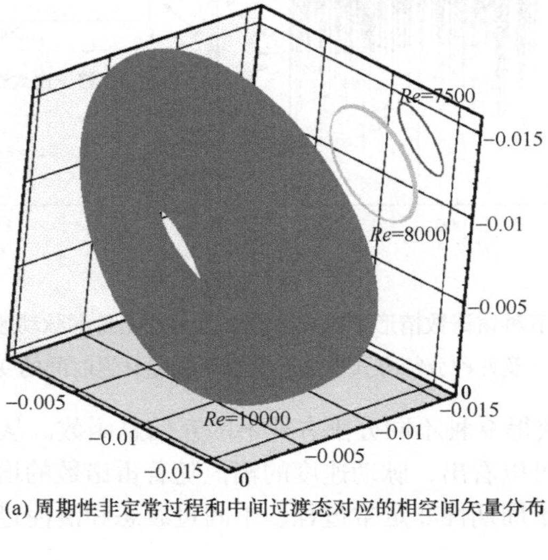

(a) 周期性非定常过程和中间过渡态对应的相空间矢量分布

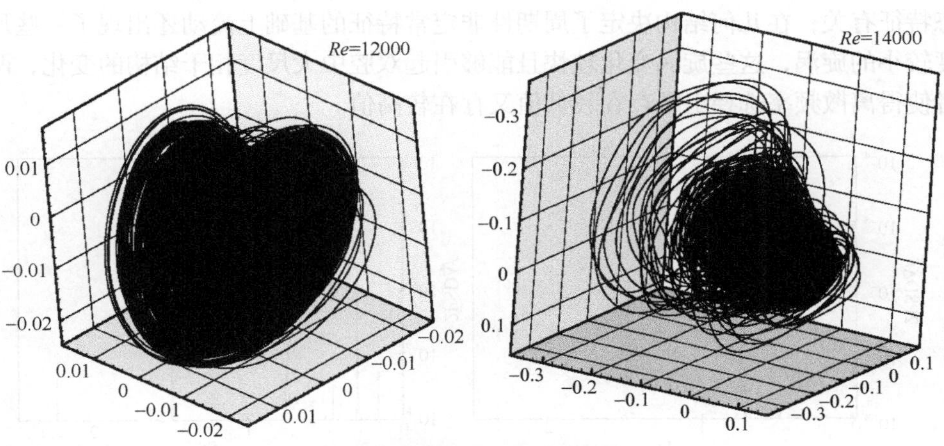

(b) 混沌过程对应的相空间矢量分布

图 7-11　五种雷诺数情形下双腔内监测点 1 处脉动速度的相空间矢量分布

有较小厚度的带状环时，双腔流呈现周期性非定常特征；当相空间矢量分布为莫比乌斯带时，双腔流呈现中间过渡态特征；当相空间矢量分布为表面上看起来杂乱无序的状态时，双腔流呈现混沌特征。采用庞加莱割面法易得到二维子空间下的相拓扑结构，显然周期性非定常状态为一个点或者直线，中间过渡态为简单曲线而混沌过程为重叠交错的复杂曲线；由于没有必要计算给定几何结构下双腔流发生特征转变的临界雷诺数的精确值，所以只关心临界雷诺数的大致范围，如图 7-12 所示。对于不同的双腔几何结构，流动转变的临界雷诺数也迥异，这将在 7.4 节讨论。

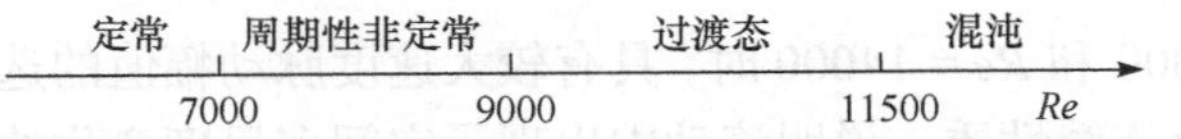

图 7-12　给定几何结构下双腔流发生特征转变的临界雷诺数

在通过上述相空间重构技术获得双腔流的拓扑划分后，仍需采用频谱技术来分析双腔流辐射声波的频率选择性和强度，以及声波辐射随雷诺数变化的过程。利用双腔中监测点 2，图 7-13 给出了除 $Re = 7500$ 以外的其他四种雷诺数下的功率谱密度估计分布。当 $Re = 8000$ 时，速度脉动仍然只有两个频率且这两个频率满足基频与倍频的关系，原因在于监测点 2 既能感受到剪切层内的气体动力学变化又能感受到空腔尾缘的声波辐射；该工况与图 7-6 所示的 $Re = 7500$ 时的频率选择一致，因为这两种工况均呈现周期性非定常特征，但 $Re = 8000$ 下自激振荡的功率谱密度幅值大于 $Re = 7500$ 下自激振荡的功率谱密度幅值，这是雷诺数增大使得双腔内速度脉动增强所致。当 $Re = 10000$ 时，双腔流除了出现两个谐频 $St \approx 0.75$ 和 $St \approx 1.5$ 外还出现了若干非协调频率，这与该工况下流动呈现中间过渡态特征有关；在几何结构决定了周期性非定常特征的基础上流动还出现了一些尺度较小的旋涡，这些旋涡变化较快且能够引起双腔中大尺度相干结构的变化，两者使得离散频率选择上既存在较低值又存在较高值。

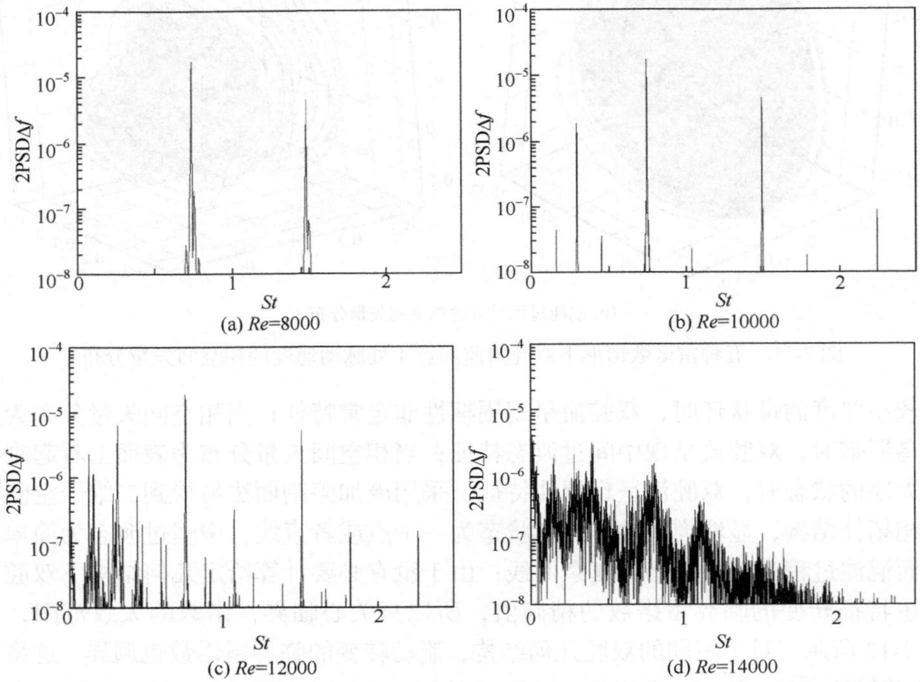

图 7-13　间距满足 $h/L = 0.25$ 的双腔内流向速度 u_x/U 的功率谱密度估计 2PSDΔf 随 St 的变化

当 $Re = 12000$ 和 $Re = 14000$ 时，具有较大速度脉动幅值的选择性频率不再呈离散分布而具有连续性质，说明流动中出现了空间多尺度变化的相干结构；功率谱密度估计在上述离散频率处也具有高峰值特征，说明双腔流中依然存在自激振荡的负反馈循环；相对于 $Re = 12000$ 的工况，$Re = 14000$ 的工况使得频谱带宽增大，这进一步说明雷诺数的增大促使流动复杂化，时间上的关联性更强也使得历史效应更显著；后者在离散频率处的功率谱密度估计幅值却减小，这是由流场中的脉动能被分配到较宽的谱分布中所致。对比图 7-11 和图 7-13，可以发现相空间的分布与频谱分布具有共性，相空间矢量分布越杂乱，谱空间分布呈连续性而流动呈混沌状态，也就是说流动进入湍流模式。

双腔流发生特征转变、自激振荡和耦合振荡的现象均与双腔内时间尺度的多样性有关，双腔流中存在的主要时间尺度有三种：第一种是剪切层振荡的特征时间 T_{sl}，由 7.2 节的单腔流分析可知 T_{sl} 与剪切层在空腔开口处的对流时间 L/U 处于相同数量级；第二种是大回流区域旋涡的准周期 T_{to}，如果认为回流的旋转只由剪切层驱动，那么 T_{to} 与双腔内最大对流速度 U 和空腔深度 D 相关；第三种是小尺度涡结构的生命周期 T_{sv}，由于 T_{sv} 是流体黏性 μ、小尺度涡的强度和相邻涡之间的干涉作用的函数，所以确定该时间尺度并不容易，但可以近似认为其与 ς^2/μ 相当，这里 ς 为小尺度涡的平均半径。直观上看 T_{to}/T_{sl} 只与几何结构相关，实际上它是雷诺数的函数，因为它依赖于来流边界层的动量厚度；T_{to}/T_{sv} 也是雷诺数的函数，因为 ς 既与剪切层振荡的幅值相关又与雷诺数相关，T_{to}/T_{sv} 是决定小尺度旋涡发展的关键参数。

对于周期性非定常单腔流，当 $T_{to}/T_{sv}>1$ 时小尺度涡在主旋涡回流区域完成一个近似圆周的运动之前已经耗散殆尽，这些涡并不能参与尾缘处的涡注射过程；对于图 7-8 所示的周期性非定常双腔流和图 7-14 中 $Re = 8000$ 的情形，在主旋涡回流区域均有 7 个沿着圆周均匀分布的局部涡量区，并且上下两个腔室内回流的螺旋结构呈反相位；一旦小尺度涡返回到空腔尾缘的涡注射区，剪切层在尾缘处产生一个新的高涡量区从而启动下一个循环。由于不同的小尺度涡以剪切层振荡的频率通过监测点 2 的正下方，图 7-6 所示的功率谱也显示出这一结果，也就是 $St \approx 0.75$ 的基频波；上下腔室的耦合作用使得监测点 2 在经历一次下腔室的涡注射过程后再经历一次上腔室的涡注射过程，从而功率谱上出现了 $St\approx1.5$ 的谐频波。

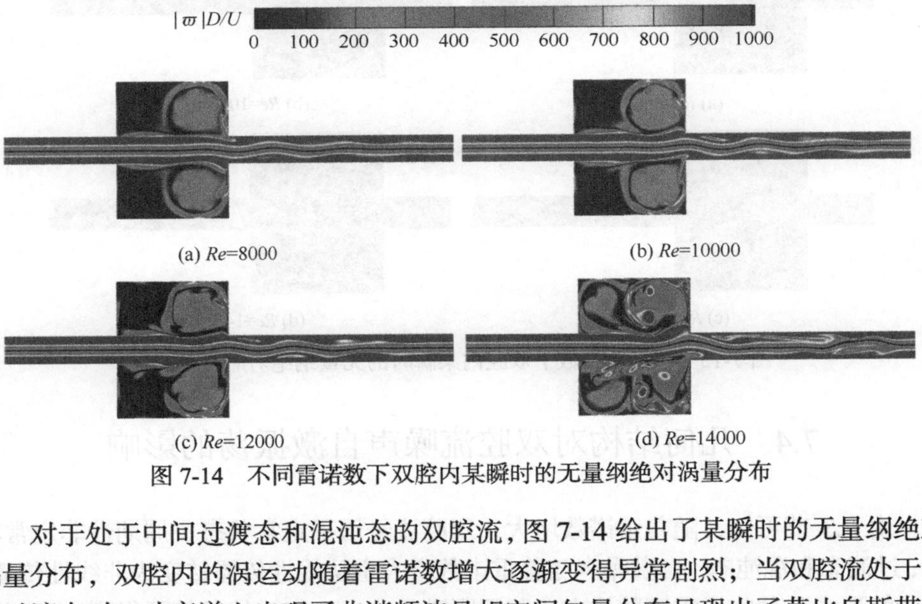

(a) Re=8000　(b) Re=10000　(c) Re=12000　(d) Re=14000

图 7-14　不同雷诺数下双腔内某瞬时的无量纲绝对涡量分布

对于处于中间过渡态和混沌态的双腔流，图 7-14 给出了某瞬时的无量纲绝对涡量分布，双腔内的涡运动随着雷诺数增大逐渐变得异常剧烈；当双腔流处于中间过渡态时，功率谱上出现了非谐频波且相空间矢量分布呈现出了莫比乌斯带结构，这表明动力系统可能存在新的自激振机制；在小尺度涡消失之前其生命周期满足 $T_{to} < T_{sv} < 2T_{to}$，回流区的螺旋结构存在 3 个或者 4 个局部涡量区，也就是说剪切层振荡的特征时间和回流区旋涡的准周期近似满足 $3 < T_{to}/T_{sl} < 4$；这些涡量

区并没有沿着近似的圆周均匀分布，这是因为准周期在上述区间中连续变化。当双腔流处于混沌态且 $Re = 12000$ 时，不存在准周期且局部涡量区也呈不规则分布，但回流的螺旋结构仍然存在；当雷诺数继续增大到 $Re = 14000$ 时，回流区域严重变形且螺旋结构紊乱到难以识别；由剪切层射入空间的涡经过一个循环后对来流剪切层产生很大的扰动，此时自激振负反馈机制不再适用，从相空间矢量分布也可以看出带状环面的破裂。

胀量一方面描述了流体可压缩性的强弱，另一方面也揭示了声源的大小和位置。由图 7-9 可知，双腔流处于周期性非定常状态时声源主要位于空腔的尾缘和前缘，而当双腔流处于中间过渡态和混沌态时该结论依然成立，如图 7-15 所示。空腔尾缘处声源的强度随着雷诺数的增大而增大，特别是当 $Re = 14000$ 时尾缘处表现出多极子形态，并且沿着回流区域螺旋结构的近似圆周也存在着微弱可压缩性；上下腔室间的耦合作用也使得噪声的辐射呈现出不对称性。

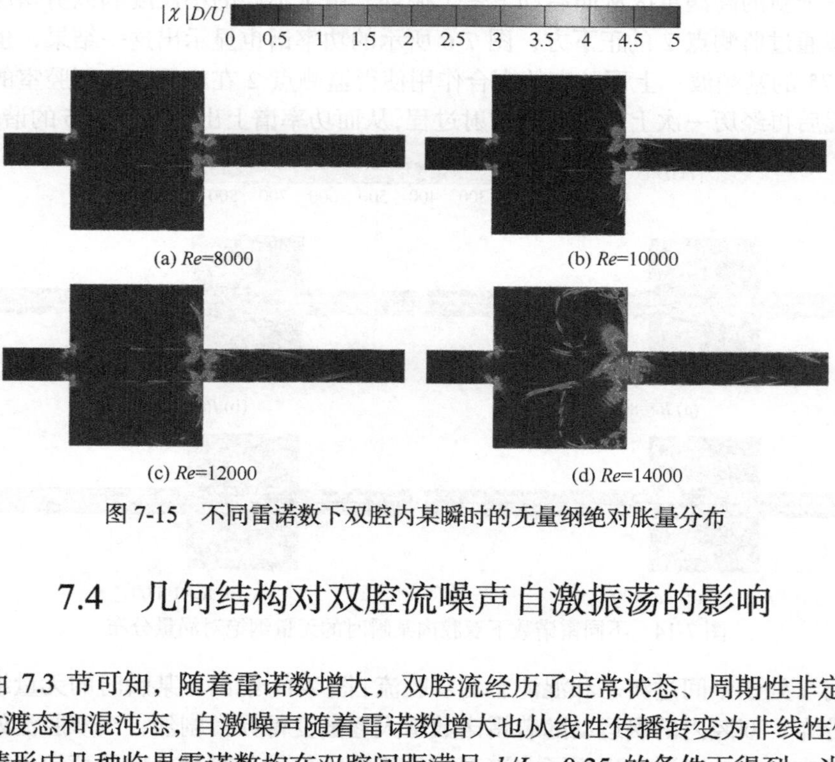

图 7-15 不同雷诺数下双腔内某瞬时的无量纲绝对胀量分布

7.4 几何结构对双腔流噪声自激振荡的影响

由 7.3 节可知，随着雷诺数增大，双腔流经历了定常状态、周期性非定常状态、过渡态和混沌态，自激噪声随着雷诺数增大也从线性传播转变为非线性传播。上述情形中几种临界雷诺数均在双腔间距满足 $h/L = 0.25$ 的条件下得到，当双腔间距变化时这些临界雷诺数是否也发生变化及如何变化将在本节被回答。由于并不期望得到每一种双腔间距下的临界雷诺数，故下面仅计算不同间距下的双腔流从定常状态转变为周期性非定常状态的临界雷诺数，另外选取的双腔间距分别为

$h/L = 0.3$、0.35 和 0.4。

由 7.2 节可知，在 $h/L = 0.25$ 的条件下双腔流发生周期性非定常过程时，脉动速度呈规则的正弦曲线变化；所考察的另外三种双腔间距下监测点 1 处的脉动速度变化与 $h/L = 0.25$ 的情形一致，如图 7-16 所示。此时，双腔内形成了自激振荡的负反馈循环；随着双腔间距的增大，中心线上的流场干涉作用减弱也使得速度脉动幅值逐渐降低。

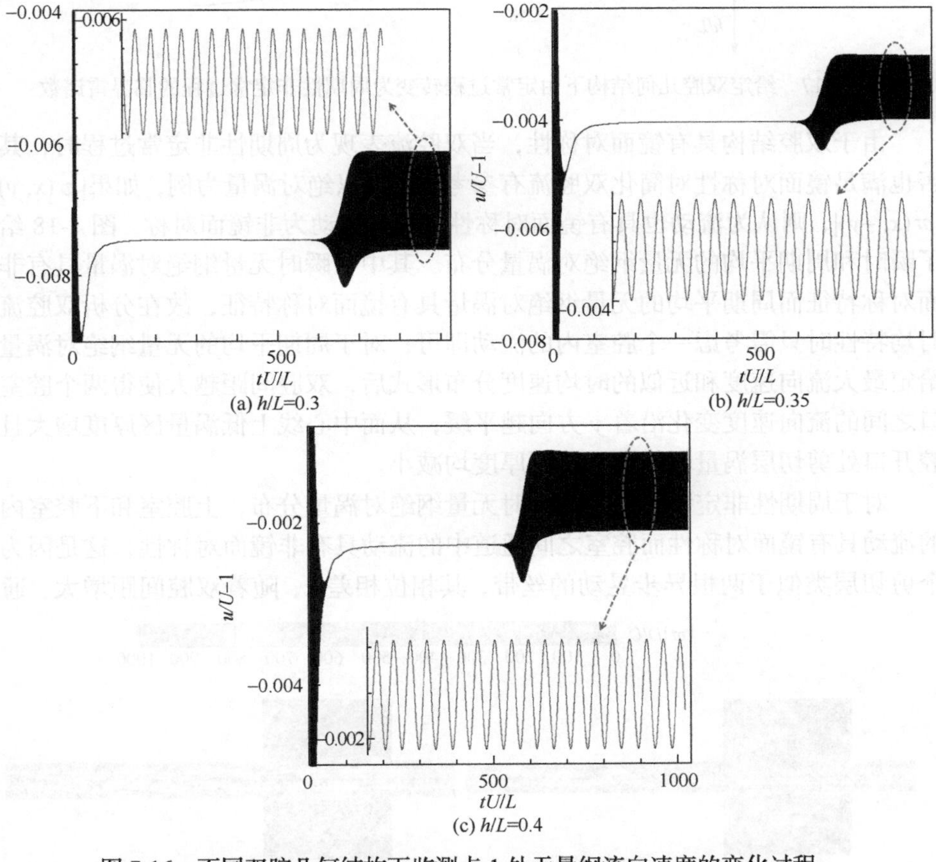

(a) h/L=0.3　(b) h/L=0.35　(c) h/L=0.4

图 7-16　不同双腔几何结构下监测点 1 处无量纲流向速度的变化过程

双腔间距增大一方面减弱了上下腔室之间的耦合作用，另一方面也使得双腔流从定常过程转变为周期性非定常过程的临界雷诺数增大，如图 7-17 所示。值得注意的是，这里的临界雷诺数并不精确，即使可以试算出精确值，在不同扰动条件下临界雷诺数也不同；不仅试算的过程烦琐、耗时，获得的精确值也无太大意义，因其背离了只关心流态发生转变的临界雷诺数范围的初衷。对于不同双腔几何结构下流动由周期性非定常转变为中间过渡态的临界雷诺数和流动由中间过渡态转变为混沌态的临界雷诺数，由于其雷诺数值较大且观察到流动发生转变的时间较长，总花费超过了目前实验室的计算资源，所以将其作为后续工作。

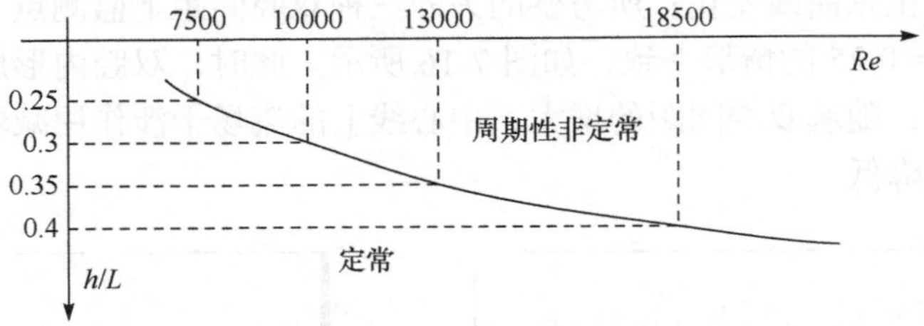

图 7-17　给定双腔几何结构下由定常过程转变为周期性非定常过程的临界雷诺数

由于双腔结构具有镜面对称性，当双腔流表现为周期性非定常过程时，其是否也满足镜面对称性对简化双腔流有参考意义。以绝对涡量为例，如果$|\varpi(x,y)|=|\varpi(x,-y)|$，则认为流动也具有镜面对称性，否则流动为非镜面对称。图 7-18 给出了瞬时和周期平均的无量纲绝对涡量分布。其中，瞬时无量纲绝对涡量具有非镜面对称特征而周期平均的无量纲绝对涡量具有镜面对称特征，故在分析双腔流的时均特性时只需考虑一个腔室内的流动即可；对于周期平均的无量纲绝对涡量，给定最大流向速度和近似的时均速度分布形式后，双腔间距越大使得两个腔室开口之间的流向速度变化沿着 y 方向越平缓，从而中心线上低涡量区厚度增大且空腔开口处剪切层涡量幅值和涡量层厚度均减小。

对于周期性非定常过程中的瞬时无量纲绝对涡量分布，上腔室和下腔室内部的流动具有镜面对称性而腔室之间通道中的流动具有非镜面对称性，这是因为两个剪切层类似于两根异步晃动的丝带，其相位相差 π；随着双腔间距增大，通道

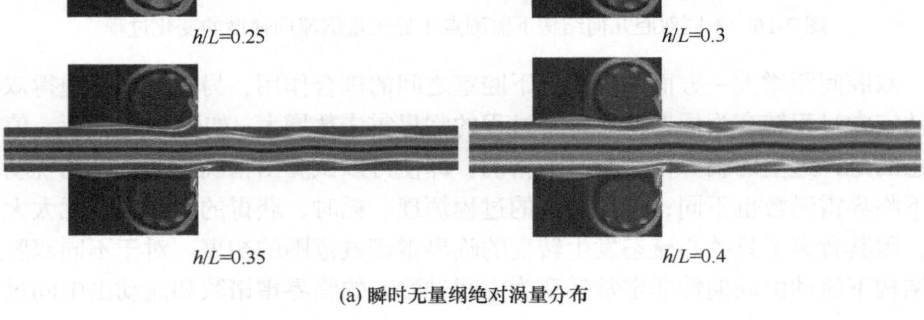

(a) 瞬时无量纲绝对涡量分布

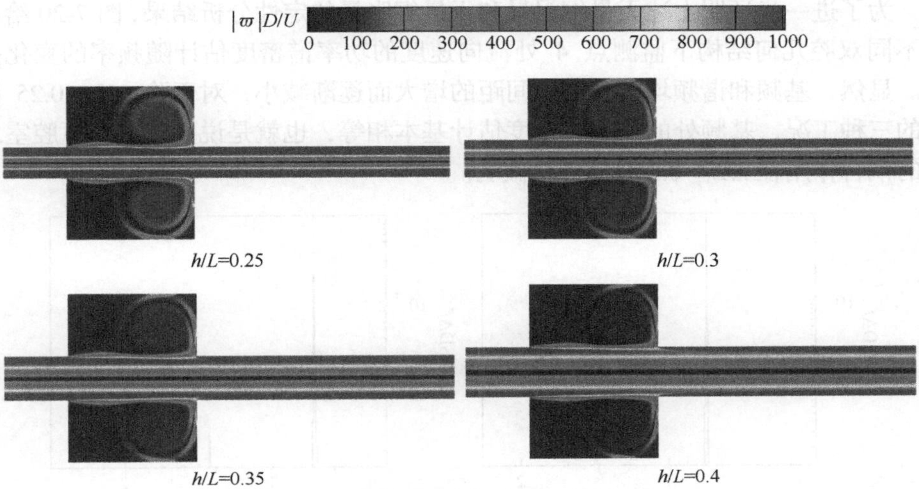

(b) 一个周期内平均无量纲绝对涡量分布

图 7-18　不同几何结构下双腔内无量纲绝对涡量分布

壁面上的涡量沿着流向具有较大的起伏，但中心线上的涡量沿着流向起伏较小，这也使得中心线上的速度脉动随着间距增大而减小，该结论与图 7-16 相吻合。仔细观察瞬时无量纲绝对涡量分布可以发现，随着双腔间距增大，腔室内部局部涡量区的个数增多，也就是说 T_{to}/T_{sl} 变大；当双腔间距较大时，空腔尾缘处剪切层的摆动空间更大，剪切层完成一次完整的摆动所需的时间也就更长，从而回流的螺旋结构中局部涡量区的数量更多。

虽然双腔间距显著地改变了流场结构和周期性非定常过程的频率，但声源的主要位置并不随空腔间距变化且声源的强度变化较小，如图 7-19 所示。空腔开口沿线上靠近空腔尾缘位置同样存在着声辐射轨迹，并且尾缘处的声源表现出四极子特性和多极子特性；在空腔底部和中间通道壁面上的流体也存在着可压缩性，这是涡声作用的结果，壁面上的声源通常表现出单极子特性和偶极子特性。

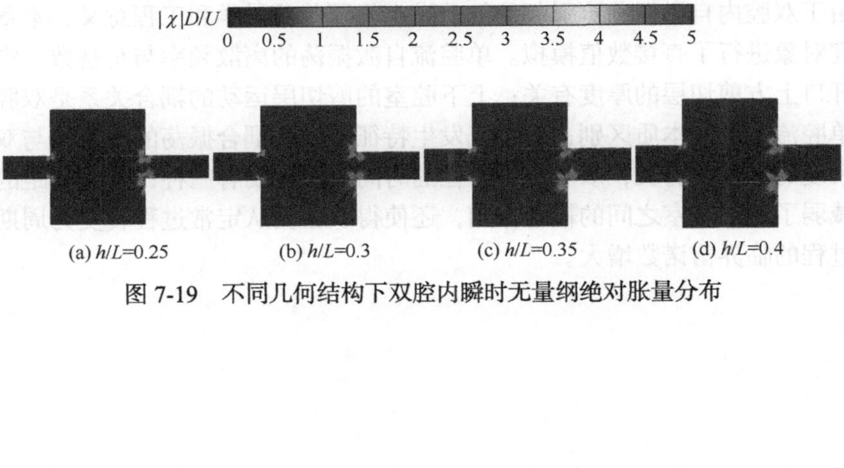

(a) h/L=0.25　(b) h/L=0.3　(c) h/L=0.35　(d) h/L=0.4

图 7-19　不同几何结构下双腔内瞬时无量纲绝对胀量分布

为了进一步证明上述无量纲涡量和无量纲胀量的定性分析结果，图 7-20 给出了不同双腔几何结构下监测点 4 处流向速度的功率谱密度估计随频率的变化关系。显然，基频和谐频均随着空腔间距的增大而逐渐减小；对于除 $h/L = 0.25$ 以外的三种工况，基频处的功率谱密度估计基本相等，也就是说上腔室和下腔室之间的耦合作用在 $h/L > 0.3$ 时已经很微弱。

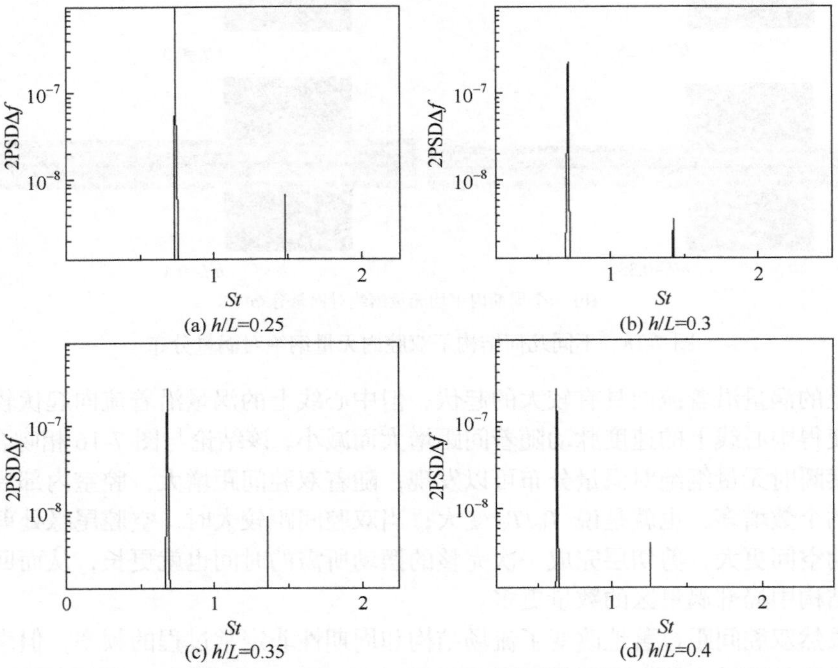

图 7-20　不同双腔间距下监测点 4 处的流向速度 u_x/U 的功率谱密度估计 2PSDΔf 随 St 的变化

7.5　本 章 小 结

由于双腔内自激振荡流引起的气动噪声问题兼具科学和工程意义，本章以其为研究对象进行了直接数值模拟。单腔流自激振荡的离散频率与马赫数、空腔几何和开口上方剪切层的厚度有关；上下腔室的剪切层运动的耦合关系是双腔流系统与单腔流系统的本质区别；双腔流发生特征转变和耦合振荡的现象均与双腔内时间尺度的多样性有关，双腔流中存在的时间尺度主要有三种；双腔间距的增大不仅减弱了上下腔室之间的耦合作用，还使得双腔流从定常过程转变为周期性非定常过程的临界雷诺数增大。

参 考 文 献

[1] 戴念祖. 中国物理学史大系：声学史[M]. 长沙：湖南教育出版社, 2001.

[2] 许肖梅. 声学基础[M]. 北京：科学出版社, 2003.

[3] Maldovan M. Sound and heat revolutions in phononics[J]. Nature, 2013, 503(7475): 209-217.

[4] Lighthill M J. On sound generated aerodynamically. Ⅰ. General theory[J]. Proceedings of the Royal Society of London Series A: Mathematical and Physical Sciences, 1952, 211(1107): 564-587.

[5] Curle N. The influence of solid boundaries upon aerodynamic sound[J]. Proceedings of the Royal Society of London Series A: Mathematical and Physical Sciences, 1955, 231(1187): 505-514.

[6] Ffowcs-Williams J E, Hawkings D L. Sound generation by turbulence and surfaces in arbitrary motion[J]. Philosophical Transactions of the Royal Society of London Series A: Mathematical and Physical Sciences, 1969, 264(1151): 321-342.

[7] Farassat F. Linear acoustic formulas for calculation of rotating blade noise[J]. AIAA Journal, 1981, 19(9): 1122-1130.

[8] 戈德斯坦. 气动声学[M]. 闫再友, 译. 北京：国防工业出版社, 2014.

[9] Goldstein M E. A generalized acoustic analogy[J]. Journal of Fluid Mechanics, 2003, 488: 315-333.

[10] Howe M S. Contributions to the theory of aerodynamic sound, with application to excess jet noise and the theory of the flute[J]. Journal of Fluid Mechanics, 1975, 71(4): 625-673.

[11] Powell A. Theory of vortex sound[J]. The Journal of the Acoustical Society of America, 1964, 36(1): 177-195.

[12] 乔渭阳. 航空发动机气动声学[M]. 北京：北京航空航天大学出版社, 2010.

[13] 孙晓峰, 周盛. 气动声学[M]. 北京：国防工业出版社, 1994.

[14] 孙晓峰，黄立锡，杨海，等. 大型客机主要气动噪声机理及先进控制方法研究立项报告[J]. 科技资讯, 2016, 1(16): 178-179.

[15] 张强. 气动声学基础[M]. 北京：国防工业出版社, 2012.

[16] Filippone A. Aircraft noise prediction[J]. Progress in Aerospace Sciences, 2014, 68: 27-63.

[17] 孙晓峰，胡宗安，周盛. 风扇/压气机转子、静子干涉噪声的预测方法[J]. 航空学报, 1989, 10(1): 41-47.

[18] 孙晓峰，胡宗安，周盛. 反旋桨扇非定常负荷噪声的研究[J]. 航空动力学报, 1988, 3(3): 227-230, 283.

[19] 张伟光，王晓宇，孙晓峰. 叶片弯掠组合设计对风扇气动噪声的被动控制[J]. 航空学报, 2017, 38(2): 167-175.

[20] Hultgren L. A comparison of combustor-noise models[C]. 18th AIAA/CEAS Aeroacoustics Conference, Colorado Springs, 2012: 2087-1-2087-27.

[21] Jiříček O. Aeroacoustics research in Europe: The CEAS-ASC report on 2015 highlights[J]. Journal of Sound and Vibration, 2016, 381: 101-120.

[22] Detandt Y. Aeroacoustics research in Europe: The CEAS-ASC report on 2014 highlights[J]. Journal of Sound and Vibration, 2015, 357: 107-127.
[23] Bernardini G, Serafini J, Lanniello S, et al. Assessment of computational models for the effect of aeroelasticity on BVI noise prediction[J]. International Journal of Aeroacoustics, 2007, 6(3): 199-222.
[24] Hartmann M, Ocker J, Lemke T, et al. Wind noise caused by the side-mirror and a-pillar of a generic vehicle model[C]. 18th AIAA/CEAS Aeroacoustics Conference, Colorado Springs, 2012: 2205-1-2205-26.
[25] 毛义军, 祁大同. 叶轮机械气动噪声的研究进展[J]. 力学进展, 2009, 39(2): 189-202.
[26] 李磊, 孙晓峰. 推进动力系统燃烧不稳定性产生的机理、预测及控制方法[J]. 推进技术, 2010, 31(6): 710-720.
[27] 张澄宇, 李磊, 孙晓峰. 加力燃烧室热声振荡纵向传播特性及控制[J]. 航空动力学报, 2010, 25(2): 278-283.
[28] Xie H, Li H, Kang J. The characteristics and control strategies of aircraft noise in China[J]. Applied Acoustics, 2014, 84: 47-57.
[29] Lawson S J, Barakos G N. Review of numerical simulations for high-speed, turbulent cavity flows[J]. Progress in Aerospace Sciences, 2011, 47(3): 186-216.
[30] Anderson J D. 计算流体力学基础及其应用[M]. 吴颂平, 刘赵淼, 译. 北京: 机械工业出版社, 2007.
[31] Tam C K W, Parrish S A. Noise of high-performance aircraft at afterburner[J]. Journal of Sound and Vibration, 2015, 352: 103-128.
[32] Ryu J, Lele S K, Viswanathan K. Study of supersonic wave components in high-speed turbulent jets using an LES database[J]. Journal of Sound and Vibration, 2014, 333(25): 6900-6923.
[33] Tam C K W, Auriault L. Jet mixing noise from fine-scale turbulence[J]. AIAA Journal, 1999, 37: 145-153.
[34] Bodony D J, Lele S K. Current status of jet noise predictions using large-eddy simulation[J]. AIAA Journal, 2008, 46(2): 364-380.
[35] Tam C K W. Computational aeroacoustics-issues and methods[J]. AIAA Journal, 1995, 33(10): 1788-1796.
[36] Tam C K W. Computational aeroacoustics: An overview of computational challenges and applications[J]. International Journal of Computational Fluid Dynamics, 2004, 18(6): 547-567.
[37] Wang M, Freund J B, Lele S K. Computational prediction of flow-generated sound[J]. Annual Review of Fluid Mechanics, 2006, 38(1): 483-512.
[38] Bauer F, Tardu S, Doche O. Efficiency of high accuracy DRP schemes in direct numerical simulations of incompressible turbulent flows[J]. Computers & Fluids, 2015, 107: 123-140.
[39] Larcheveque L, Sagaut P, Lê T H, et al. Large-eddy simulation of a compressible flow in a three-dimensional open cavity at high Reynolds number[J]. Journal of Fluid Mechanics, 2004, 516: 265-301.
[40] Pond I, Ebadi A, Dubief Y, et al. An integral validation technique of RANS turbulence models[J]. Computers & Fluids, 2017, 149: 150-159.

[41] 毛义军, 徐辰, 赵忖. 振动噪声和气动噪声统一分析方法的理论研究[J]. 科学技术与工程, 2013, 13(16): 4506-4511, 4517.
[42] 毛义军, 徐辰. 矢量气动声学的理论研究进展及应用[J]. 气体物理, 2017, 2(3): 1-4.
[43] 陈江, 任汝根, 孙晓峰, 等. 风扇/压气机转子叶片定常力气动噪声数值研究[J]. 航空动力学报, 1993, 8(3): 294-296, 312.
[44] 乔渭阳, 唐狄毅, 李文兰. 旋翼 BVI 噪声的理论模拟与分析[J]. 航空学报, 1994, 15(6): 725-730.
[45] 乔渭阳, 李文兰. 飞机螺旋桨噪声的数值计算[J]. 推进技术, 1992, 1(5): 44-49.
[46] 毛义军, 祁大同, 刘晓良, 等. 离心风机气动噪声的数值预测[J]. 西安交通大学学报, 2009, 43(3): 65-69.
[47] 徐希海, 李晓东. 远场假设对喷流噪声预测中格林函数求解的影响[J]. 航空学报, 2016, 37(9): 2699-2710.
[48] Hardin J C, Pope D S. An acoustic/viscous splitting technique for computational aeroacoustics[J]. Theoretical and Computational Fluid Dynamics, 1994, 6(5-6): 323-340.
[49] 蔡建程, 毛义军, 温选锋. 震荡小球在不可压缩流体介质中产生扰动场的理论分析[J]. 力学与实践, 2014, 36(3): 298-302.
[50] Bailly C, Juvé D. Numerical solution of acoustic propagation problems using linearized Euler equations[J]. AIAA Journal, 2000, 38(1): 22-29.
[51] 李晓东, 高军辉. 基于全欧拉方程的二维平行剪切层声波产生和辐射的数值模拟[J]. 航空动力学报, 2003, 18(2): 274-278.
[52] 毛义军, 祁大同. 非紧凑低马赫数运动边界散射流动噪声的预测[J]. 工程热物理学报, 2012, 33(7): 1151-1154.
[53] 毛义军, 祁大同. 开口/封闭薄壳体声辐射和散射的统一边界积分方程解法[J]. 物理学报, 2009, 58(10): 6764-6769.
[54] Colonius T, Lele S K. Computational aeroacoustics: Progress on nonlinear problems of sound generation[J]. Progress in Aerospace Sciences, 2004, 40(6): 345-416.
[55] 傅德薰, 马延文, 李新亮, 等. 可压缩湍流直接数值模拟[M]. 北京: 科学出版社, 2010.
[56] 陶文铨. 数值传热学[M]. 2 版. 西安: 西安交通大学出版社, 2001.
[57] Voller V R. Basic Control Volume Finite Element Methods for Fluids and Solids[M]. Signapore: World Scientific Publishing Company, 2009.
[58] Cancès C, Omnes P. Finite Volumes for Complex Applications Ⅷ—Hyperbolic, Elliptic and Parabolic Problems[M]. New York: Springer International Publishing, 2017.
[59] Hesthaven J S, Warburton T. Nodal Discontinuous Galerkin Methods: Algorithms, Analysis, and Applications[M]. New York: Springer-Verlag, 2008.
[60] Hesthaven J S, Gottlieb S, Gottlieb D. Spectral Methods for Time-dependent Problems[M]. Cambridge: Cambridge University Press, 2007.
[61] Deville M O, Fischer P F, Mund E H. High-order Methods for Incompressible Fluid Flow[M]. Cambridge: Cambridge University Press, 2002.
[62] Tam C K W, Webb J C. Dispersion-relation-preserving finite difference schemes for computational acoustics[J]. Journal of Computational Physics, 1993, 107(2): 262-281.

[63] Lui C, Lele S K. Direct numerical simulation of spatially developing, compressible, turbulent mixing layers[C]. 39th AIAA Aerospace Sciences Meeting and Exhibit, Reno, 2001: 291-1-291-16.
[64] Hixon R, Turkel E. Compact implicit MacCormack-type schemes with high accuracy[J]. Journal of Computational Physics, 2000, 158(1): 51-70.
[65] Zhuang M, Chen R F. Optimized upwind dispersion-relation-preserving finite difference scheme for computational aeroacoustics[J]. AIAA Journal, 1998, 36: 2146-2148.
[66] Vichnevetsky R. Propagation through numerical mesh refinement for hyperbolic equations[J]. Mathematics and Computers in Simulation, 1981, 23(4): 344-353.
[67] Vichnevetsky R. Invariance theorems concerning reflection at numerical boundaries[J]. Journal of Computational Physics, 1986, 63(2): 268-282.
[68] Harten A, Osher S. Uniformly high-order accurate nonoscillatory schemes. I [J]. SIAM Journal on Numerical Analysis, 1987, 24(2): 279-309.
[69] Liu X D, Osher S, Chan T. Weighted essentially non-oscillatory schemes[J]. Journal of Computational Physics, 1994, 115(1): 200-212.
[70] Balsara D S, Shu C W. Monotonicity preserving weighted essentially non-oscillatory schemes with increasingly high order of accuracy[J]. Journal of Computational Physics, 2000, 160(2): 405-452.
[71] Ghosal S. An analysis of numerical errors in large-eddy simulations of turbulence[J]. Journal of Computational Physics, 1996, 125(1): 187-206.
[72] Tam C K W, Webb J C, Dong Z. A study of the short wave components in computational acoustics[J]. Journal of Computational Acoustics, 1993, 1(1): 1-30.
[73] Barone M, Lele S K. A numerical technique for trailing edge acoustic scattering problems[C]. 40th AIAA Aerospace Sciences Meeting and Exhibit, Reno, 2002: 226-1-226-13.
[74] Barone M F, Lele S K. Receptivity of the compressible mixing layer[J]. Journal of Fluid Mechanics, 2005, 540: 301-335.
[75] Bogey C, Bailly C. A family of low dispersive and low dissipative explicit schemes for flow and noise computations[J]. Journal of Computational Physics, 2004, 194(1): 194-214.
[76] Berland J, Bogey C, Marsden O, et al. High-order, low dispersive and low dissipative explicit schemes for multiple-scale and boundary problems[J]. Journal of Computational Physics, 2007, 224(2): 637-662.
[77] Alpert P. Implicit filtering in conjunction with explicit filtering[J]. Journal of Computational Physics, 1981, 44(1): 212-219.
[78] Lele S K. Compact finite difference schemes with spectral-like resolution[J]. Journal of Computational Physics, 1992, 103(1): 16-42.
[79] Gaitonde D, Visbal M. Further development of a Navier-Stokes solution procedure based on higher-order formulas[C]. 37th AIAA Aerospace Sciences Meeting and Exhibit, Reno, 1999: 557-1-557-18.
[80] Ashcroft G, Zhang X. Optimized prefactored compact schemes[J]. Journal of Computational Physics, 2003, 190(2): 459-477.

[81] Nance D V, Viswanathan K, Sankar L N. Low-dispersion finite volume scheme for aeroacoustic applications[J]. AIAA Journal, 1997, 35(2): 255-262.

[82] Wang G, Sankar L N, Tadghighi H. Prediction of rotorcraft noise with a low-dispersion finite volume scheme[J]. AIAA Journal, 2000, 38(3): 395-401.

[83] Dyson R W. Demonstration of ultra Hi-Fi(UHF) methods[J]. International Journal of Computational Fluid Dynamics, 2005, 19(4): 321-327.

[84] Popescu M, Shyy W, Garbey M. Finite volume treatment of dispersion-relation-preserving and optimized prefactored compact schemes for wave propagation[J]. Journal of Computational Physics, 2005, 210(2): 705-729.

[85] Popescu M, Vedder R, Shyy W. A finite volume-based high-order, Cartesian cut-cell method for wave propagation[J]. International Journal for Numerical Methods in Fluids, 2008, 56(10): 1787-1818.

[86] Murman S M. Compact upwind schemes on adaptive octrees[J]. Journal of Computational Physics, 2010, 229(4): 1167-1180.

[87] Fosso P A, Deniau H, Sicot F, et al. Curvilinear finite-volume schemes using high-order compact interpolation[J]. Journal of Computational Physics, 2010, 229(13): 5090-5122.

[88] Vanharen J, Puigt G, Montagnac M. Theoretical and numerical analysis of nonconforming grid interface for unsteady flows[J]. Journal of Computational Physics, 2015, 285: 111-132.

[89] Li Y G. Wavenumber-extended high-order upwind-biased finite-difference schemes for convective scalar transport[J]. Journal of Computational Physics, 1997, 133(2): 235-255.

[90] Shu C W. TVB uniformly high-order schemes for conservation laws[J]. Mathematics of Computation, 1987, 49(179): 105-121.

[91] Harten A, Engquist B, Osher S, et al. Uniformly high order accurate essentially non-oscillatory schemes, Ⅲ[J]. Journal of Computational Physics, 1987, 71(2): 231-303.

[92] Kim S, Lee S, Kim K H. Wavenumber-extended high-order oscillation control finite volume schemes for multi-dimensional aeroacoustic computations[J]. Journal of Computational Physics, 2008, 227(8): 4089-4122.

[93] Kravchenko A G, Moin P. On the effect of numerical errors in large eddy simulations of turbulent flows[J]. Journal of Computational Physics, 1997, 131(2): 310-322.

[94] Blaisdell G A, Spyropoulos E T, Qin J H. The effect of the formulation of nonlinear terms on aliasing errors in spectral methods[J]. Applied Numerical Mathematics, 1996, 21(3): 207-219.

[95] Morinishi Y, Lund T S, Vasilyev O V, et al. Fully conservative higher order finite difference schemes for incompressible flow[J]. Journal of Computational Physics, 1998, 143(1): 90-124.

[96] Verstappen R W C P, Veldman A E P. Symmetry-preserving discretization of turbulent flow[J]. Journal of Computational Physics, 2003, 187(1): 343-368.

[97] Kok J C. A high-order low-dispersion symmetry-preserving finite-volume method for compressible flow on curvilinear grids[J]. Journal of Computational Physics, 2009, 228(18): 6811-6832.

[98] Watson R A, Tucker P G, Wang Z N, et al. Towards robust unstructured turbomachinery large eddy simulation[J]. Computers & Fluids, 2015, 118(1): 245-254.

[99] Avila M, Codina R, Principe J. Large eddy simulation of low Mach number flows using dynamic and orthogonal subgrid scales[J]. Computers & Fluids, 2014, 99(1): 44-66.

[100] Nagarajan S, Lele S K, Ferziger J H. A robust high-order compact method for large eddy simulation[J]. Journal of Computational Physics, 2003, 191(2): 392-419.

[101] Kennedy C A, Gruber A. Reduced aliasing formulations of the convective terms within the Navier-Stokes equations for a compressible fluid[J]. Journal of Computational Physics, 2008, 227(3): 1676-1700.

[102] Capuano F, Coppola G, Balarac G, et al. Energy preserving turbulent simulations at a reduced computational cost[J]. Journal of Computational Physics, 2015, 298(1): 480-494.

[103] Löwe J, Probst A, Knopp T, et al. Low-dissipation low-dispersion second-order scheme for unstructured finite volume flow solvers[J]. AIAA Journal, 2016, 54(10): 2961-2971.

[104] Xu D, Deng X G, Chen Y M, et al. On the freestream preservation of finite volume method in curvilinear coordinates[J]. Computers & Fluids, 2016, 129(1): 20-32.

[105] Cevheri M, McSherry R, Stoesser T. A local mesh refinement approach for large-eddy simulations of turbulent flows[J]. International Journal for Numerical Methods in Fluids, 2016, 82(5): 261-285.

[106] Kang S. An improved near-wall modeling for large-eddy simulation using immersed boundary methods[J]. International Journal for Numerical Methods in Fluids, 2015, 78(2): 76-88.

[107] Patera A T. A spectral element method for fluid dynamics: Laminar flow in a channel expansion[J]. Journal of Computational Physics, 1984, 54(3): 468-488.

[108] 徐进，葛满初. 用谱方法数值模拟槽道内的气固两相流动[J]. 工程热物理学报，1999, 20(2): 233-237.

[109] Kondaxakis D, Tsangaris S. Pseudospectral solution of linear evolution equations of second order in space and time on unstructured quadrilateral subdomain topologies[J]. Journal of Computational Physics, 2005, 202(2): 533-576.

[110] Dragna D, Bogey C, Hornikx M, et al. Analysis of the dissipation and dispersion properties of the multi-domain Chebyshev pseudospectral method[J]. Journal of Computational Physics, 2013, 255(1): 31-47.

[111] Chapelier J B, Lodato G, Jameson A. A study on the numerical dissipation of the spectral difference method for freely decaying and wall-bounded turbulence[J]. Computers & Fluids, 2016, 139(1): 261-280.

[112] Vanharen J, Puigt G, Vasseur X, et al. Revisiting the spectral analysis for high-order spectral discontinuous methods[J]. Journal of Computational Physics, 2017, 337(1): 379-402.

[113] Sun Y Z, Wang Z J, Liu Y. High-order multidomain spectral difference method for the Navier-Stokes equations[C]. 44th AIAA Aerospace Sciences Meeting and Exhibit, Reno, 2006: 301-1-301-12.

[114] Wang Z J. Spectral(finite) volume method for conservation laws on unstructured grids. Basic formulation[J]. Journal of Computational Physics, 2002, 178(1): 210-251.

[115] Liu Y, Vinokur M, Wang Z J. Spectral (finite) volume method for conservation laws on unstructured grids Ⅴ: Extension to three-dimensional systems[J]. Journal of Computational

Physics, 2006, 212(2): 454-472.

[116] Sun Y Z, Wang Z J, Liu Y. Spectral (finite) volume method for conservation laws on unstructured grids Ⅵ: Extension to viscous flow[J]. Journal of Computational Physics, 2006, 215(1): 41-58.

[117] Gabard G, Astley R J, Ben-Tahar M. Stability and accuracy of finite element methods for flow acoustics. Ⅰ: General theory and application to one-dimensional propagation[J]. International Journal for Numerical Methods in Engineering, 2005, 63(7): 947-973.

[118] Moura R C, Sherwin S J, Peiró J. Eigensolution analysis of spectral/hp continuous Galerkin approximations to advection-diffusion problems: Insights into spectral vanishing viscosity[J]. Journal of Computational Physics, 2016, 307(1): 401-422.

[119] Reed W H, Hill T R. Triangular mesh methods for the neutron transport equation[R]. New Mexico: Los Alamos Scientific Lab, 1973.

[120] Bey K S, Tinsley Oden J. Hp-version discontinuous Galerkin methods for hyperbolic conservation laws[J]. Computer Methods in Applied Mechanics and Engineering, 1996, 133(3-4): 259-286.

[121] Cockburn B, Shu C W. TVB Runge-Kutta local projection discontinuous Galerkin finite element method for conservation laws Ⅱ: General framework[J]. Mathematics of Computation, 1989, 52(186): 411-435.

[122] Atkins H L, Shu C W. Quadrature-free implementation of discontinuous Galerkin method for hyperbolic equations[J]. AIAA Journal, 1998, 36(5): 775-782.

[123] Bassi F, Rebay S. A high-order accurate discontinuous finite element method for the numerical solution of the compressible Navier-Stokes equations[J]. Journal of Computational Physics, 1997, 131(2): 267-279.

[124] Biswas R, Devine K D, Flaherty J E. Parallel, adaptive finite element methods for conservation laws[J]. Applied Numerical Mathematics, 1994, 14(1-3): 255-283.

[125] Hu F Q, Hussaini M Y, Rasetarinera P. An analysis of the discontinuous Galerkin method for wave propagation problems[J]. Journal of Computational Physics, 1999, 151(2): 921-946.

[126] Stanescu D, Kopriva D A, Hussaini M Y. Dispersion analysis for discontinuous spectral element methods[J]. Journal of Scientific Computing, 2000, 15(2): 149-171.

[127] Kent J, Whitehead J P, Jablonowski C, et al. Determining the effective resolution of advection schemes. Part Ⅰ: Dispersion analysis[J]. Journal of Computational Physics, 2014, 278(1): 485-496.

[128] Lähivaara T, Huttunen T. A non-uniform basis order for the discontinuous Galerkin method of the 3D dissipative wave equation with perfectly matched layer[J]. Journal of Computational Physics, 2010, 229(13): 5144-5160.

[129] Lähivaara T, Huttunen T. A non-uniform basis order for the discontinuous Galerkin method of the acoustic and elastic wave equations[J]. Applied Numerical Mathematics, 2011, 61(4): 473-486.

[130] Qiu J X, Khoo B C, Shu C W. A numerical study for the performance of the Runge-Kutta discontinuous Galerkin method based on different numerical fluxes[J]. Journal of Computational

Physics, 2006, 212(2): 540-565.

[131] Toro E F. Riemann Solvers and Numerical Methods for Fluid Dynamics: A Practical Introduction[M]. Berlin: Springer, 1997

[132] Engquist B, Osher S. One-sided difference approximations for nonlinear conservation laws[J]. Mathematics of Computation, 1981, 36(154): 321-351.

[133] Harten A, Lax P D, Van-Leer B. On upstream differencing and Godunov-type schemes for hyperbolic conservation laws [J]. SIAM Review, 1983, 25(1): 35-61.

[134] Titarev V A, Toro E F. Finite-volume WENO schemes for three-dimensional conservation laws[J]. Journal of Computational Physics, 2004, 201(1): 238-260.

[135] Dumbser M, Zanotti O, Loubère R, et al. A posteriori subcell limiting of the discontinuous Galerkin finite element method for hyperbolic conservation laws[J]. Journal of Computational Physics, 2014, 278(1): 47-75.

[136] Zanotti O, Fambri F, Dumbser M, et al. Space-time adaptive ADER discontinuous Galerkin finite element schemes with a posteriori sub-cell finite volume limiting[J]. Computers & Fluids, 2015, 118(1): 204-224.

[137] Diot S, Clain S, Loubère R. Improved detection criteria for the multi-dimensional optimal order detection (MOOD) on unstructured meshes with very high-order polynomials[J]. Computers & Fluids, 2012, 64(8): 43-63.

[138] Aizinger V, Kosík A, Kuzmin D, et al. Anisotropic slope limiting for discontinuous Galerkin methods[J]. International Journal for Numerical Methods in Fluids, 2017, 84(9): 543-565.

[139] Xu Z Q, Zhao Q J, Lin Q Z, et al. A hybrid hermite-WENO/slope limiter for reconstructed discontinuous Galerkin methods on unstructured grids[J]. Computers & Fluids, 2017, 145(1): 85-98.

[140] Zhang X X. On positivity-preserving high order discontinuous Galerkin schemes for compressible Navier-Stokes equations[J]. Journal of Computational Physics, 2017, 328(1): 301-343.

[141] Lv Y, Ihme M. Entropy-bounded discontinuous Galerkin scheme for Euler equations[J]. Journal of Computational Physics, 2015, 295(1): 715-739.

[142] Chen T H, Shu C W. Entropy stable high order discontinuous Galerkin methods with suitable quadrature rules for hyperbolic conservation laws[J]. Journal of Computational Physics, 2017, 345(1): 427-461.

[143] Lv Y, See Y C, Ihme M. An entropy-residual shock detector for solving conservation laws using high-order discontinuous Galerkin methods[J]. Journal of Computational Physics, 2016, 322(1): 448-472.

[144] Gassner G, Kopriva D A. A comparison of the dispersion and dissipation errors of Gauss and Gauss-Lobatto discontinuous Galerkin spectral element methods[J]. SIAM Journal on Scientific Computing, 2011, 33(5): 2560-2579.

[145] Guo W, Zhong X H, Qiu J M. Superconvergence of discontinuous Galerkin and local discontinuous Galerkin methods: Eigen-structure analysis based on Fourier approach[J]. Journal of Computational Physics, 2013, 235(1): 458-485.

[146] Yang Y, Shu C W. Analysis of optimal superconvergence of discontinuous Galerkin method for linear hyperbolic equations[J]. SIAM Journal on Numerical Analysis, 2012, 50(6): 3110-3133.

[147] Roe P. A simple explanation of superconvergence for discontinuous Galerkin solutions to ut + ux = 0[J]. Communications in Computational Physics, 2017, 21(4): 905-912.

[148] Chou C S, Shu C W, Xing Y L. Optimal energy conserving local discontinuous Galerkin methods for second-order wave equation in heterogeneous media[J]. Journal of Computational Physics, 2014, 272(1): 88-107.

[149] Flad D, Beck A, Munz C D. Simulation of underresolved turbulent flows by adaptive filtering using the high order discontinuous Galerkin spectral element method[J]. Journal of Computational Physics, 2016, 313(1): 1-12.

[150] Tadmor E. Convergence of spectral methods for nonlinear conservation laws[J]. SIAM Journal on Numerical Analysis, 1989, 26(1): 30-44.

[151] Gassner G J. A kinetic energy preserving nodal discontinuous Galerkin spectral element method[J]. International Journal for Numerical Methods in Fluids, 2014, 76(1): 28-50.

[152] Gassner G J, Beck A D. On the accuracy of high-order discretizations for underresolved turbulence simulations[J]. Theoretical and Computational Fluid Dynamics, 2013, 27(3-4): 221-237.

[153] Toulopoulos I, Ekaterinaris J A. High-order discontinuous Galerkin discretizations for computational aeroacoustics in complex domains[J]. AIAA Journal, 2006, 44(3): 502-511.

[154] Wolkov A V, Petrovskaya N B. Higher order discontinuous Galerkin method for acoustic pulse problem[J]. Computer Physics Communications, 2010, 181(7): 1186-1194.

[155] Simonaho S P, Lähivaara T, Huttunen T. Modeling of acoustic wave propagation in time-domain using the discontinuous Galerkin method—A comparison with measurements[J]. Applied Acoustics, 2012, 73(2): 173-183.

[156] Seo J H, Mittal R. A high-order immersed boundary method for acoustic wave scattering and low-mach number flow-induced sound in complex geometries[J]. Journal of Computational Physics, 2011, 230(4): 1000-1019.

[157] Brandstetter G, Govindjee S. A high-order immersed boundary discontinuous-Galerkin method for Poisson's equation with discontinuous coefficients and singular sources[J]. International Journal for Numerical Methods in Engineering, 2015, 101(11): 847-869.

[158] Kopriva D A. Metric identities and the discontinuous spectral element method on curvilinear meshes[J]. Journal of Scientific Computing, 2006, 26(3): 301-327.

[159] Toulorge T, Desmet W. Curved boundary treatments for the discontinuous Galerkin method applied to aeroacoustic propagation[J]. AIAA Journal, 2010, 48(2): 479-489.

[160] Galbraith M C, Benek J A, Orkwis P D, et al. A discontinuous Galerkin scheme for chimera overset viscous meshes on curved geometries[J]. Computers & Fluids, 2015, 119(1): 176-196.

[161] Wurst M, Kebler M, Krämer E. A high-order discontinuous Galerkin chimera method for laminar and turbulent flows[J]. Computers & Fluids, 2015, 121(1): 102-113.

[162] Kopera M A, Giraldo F X. Analysis of adaptive mesh refinement for IMEX discontinuous Galerkin solutions of the compressible Euler equations with application to atmospheric

simulations[J]. Journal of Computational Physics, 2014, 275(1): 92-117.
[163] Woopen M, May G, Schütz J. Adjoint-based error estimation and mesh adaptation for hybridized discontinuous Galerkin methods[J]. International Journal for Numerical Methods in Fluids, 2014, 76(11): 811-834.
[164] Ferrero A, Larocca F, Puppo G. A robust and adaptive recovery-based discontinuous Galerkin method for the numerical solution of convection-diffusion equations[J]. International Journal for Numerical Methods in Fluids, 2015, 77(2): 63-91.
[165] Nguyen N C, Peraire J, Cockburn B. A class of embedded discontinuous Galerkin methods for computational fluid dynamics[J]. Journal of Computational Physics, 2015, 302(1): 674-692.
[166] Lomtev I, Kirby R M, Karniadakis G E. A discontinuous Galerkin ALE method for compressible viscous flows in moving domains[J]. Journal of Computational Physics, 1999, 155(1): 128-159.
[167] Boscheri W, Dumbser M. Arbitrary-Lagrangian-Eulerian discontinuous Galerkin schemes with a posteriori subcell finite volume limiting on moving unstructured meshes[J]. Journal of Computational Physics, 2017, 346(1): 449-479.
[168] Fechter S, Hindenlang F, Frank H, et al. Discontinuous Galerkin schemes for the direct numerical simulation of fluid flow and acoustics[C]. 18th AIAA/CEAS Aeroacoustics Conference (33rd AIAA Aeroacoustics Conference), Colorado Springs, 2012: 2187-1-2187-13.
[169] Kraus T, Hindenlang F, Harlacher D, et al. Direct noise simulation of near field noise during a gas injection process with a discontinuous Galerkin approach[C]. 18th AIAA/CEAS Aeroacoustics Conference (33rd AIAA Aeroacoustics Conference), Colorado Springs, 2012: 2165-1-2165-12.
[170] Liu X D, Xuan L J, Xia Y D, et al. A reconstructed discontinuous Galerkin method for the compressible Navier-Stokes equations on three-dimensional hybrid grids[J]. Computers & Fluids, 2017, 152(1): 217-230.
[171] Beck A D, Bolemann T, Flad D, et al. High-order discontinuous Galerkin spectral element methods for transitional and turbulent flow simulations[J]. International Journal for Numerical Methods in Fluids, 2014, 76(8): 522-548.
[172] Fernandez P, Nguyen N C, Peraire J. The hybridized discontinuous Galerkin method for implicit large-eddy simulation of transitional turbulent flows[J]. Journal of Computational Physics, 2017, 336(1): 308-329.
[173] Marek M, Tyliszczak A, Bogusławski A. Large eddy simulation of incompressible free round jet with discontinuous Galerkin method[J]. International Journal for Numerical Methods in Fluids, 2015, 79(4): 164-182.
[174] Moura R C, Mengaldo G, Peiró J, et al. On the eddy-resolving capability of high-order discontinuous Galerkin approaches to implicit LES/under-resolved DNS of Euler turbulence[J]. Journal of Computational Physics, 2017, 330(1): 615-623.
[175] de Wiart C C, Hillewaert K, Bricteux L, et al. Implicit LES of free and wall-bounded turbulent flows based on the discontinuous Galerkin/symmetric interior penalty method[J]. International Journal for Numerical Methods in Fluids, 2015, 78(6): 335-354.

[176] Stanescu D, Hussaini M Y, Farassat F. Aircraft engine noise scattering by fuselage and wings: A computational approach[J]. Journal of Sound & Vibration, 2003, 263(2): 319-333.

[177] Chen G, Collis S S. Discontinuous Galerkin multimodel methods for optimal control of aeroacoustics[J]. AIAA Journal, 2008, 46(8): 1890-1899.

[178] Williamschen M, Gabard G, Beriot H. A study of aliasing error in DGM solutions to turbofan exhaust noise problems[C]. 22nd International Congress on Sound and Vibration, Florence, 2015: 381473-1-381473-8.

[179] Demirel A, Niegemann J, Busch K, et al. Efficient multiple time-stepping algorithms of higher order[J]. Journal of Computational Physics, 2015, 285(1): 133-148.

[180] Ascher U M, Ruuth S J, Wetton B T R. Implicit-explicit methods for time-dependent partial differential equations[J]. SIAM Journal on Numerical Analysis, 1995, 32(3): 797-823.

[181] Hu F Q, Hussaini M Y, Manthey J L. Low-dissipation and low-dispersion Runge-Kutta schemes for computational acoustics[J]. Journal of Computational Physics, 1996, 124(1): 177-191.

[182] Stanescu D, Habashi W G. 2N-storage low dissipation and dispersion Runge-Kutta schemes for computational acoustics[J]. Journal of Computational Physics, 1998, 143(2): 674-681.

[183] Gottlieb S, Shu C W. Total variation diminishing Runge-Kutta schemes[J]. Mathematics of Computation of the American Mathematical Society, 1998, 67(221): 73-85.

[184] Gottlieb S, Shu C W, Tadmor E. Strong stability-preserving high-order time discretization methods[J]. SIAM Review, 2001, 43(1): 89-112.

[185] Spiteri R J, Ruuth S J. A new class of optimal high-order strong-stability-preserving time discretization methods[J]. SIAM Journal on Numerical Analysis, 2002, 40(2): 469-491.

[186] Hochbruck M, Ostermann A. Exponential integrators[J]. Acta Numerica, 2010, 19(1): 209-286.

[187] Liu L, Li X D, Hu F Q. Nonuniform time-step Runge-Kutta discontinuous Galerkin method for computational aeroacoustics[J]. Journal of Computational Physics, 2010, 229(19): 6874-6897.

[188] Chalmers N, Krivodonova L, Qin R. Relaxing the CFL number of the discontinuous Galerkin method[J]. SIAM Journal on Scientific Computing, 2014, 36(4): A2047-A2075.

[189] Xu Z L, Chen X Y, Liu Y J. A new Runge-Kutta discontinuous Galerkin method with conservation constraint to improve CFL condition for solving conservation laws[J]. Journal of Computational Physics, 2014, 278(1): 348-377.

[190] Yang H, Li F Y, Qiu J X. Dispersion and dissipation errors of two fully discrete discontinuous Galerkin methods[J]. Journal of Scientific Computing, 2013, 55(3): 552-574.

[191] Guo W, Qiu J M, Qiu J X. A new Lax-Wendroff discontinuous Galerkin method with superconvergence[J]. Journal of Scientific Computing, 2015, 65(1): 299-326.

[192] Bassi F, Rebay S. GMRES discontinuous Galerkin solution of the compressible Navier-Stokes equations[M]//Cockburn B, Karniadakis G E, Shu C W. Discontinuous Galerkin Methods: Theory, Computation and Applications. Heidelberg: Springer, 2000.

[193] Rasetarinera P, Hussaini M Y. An efficient implicit discontinuous spectral Galerkin method[J]. Journal of Computational Physics, 2001, 172(2): 718-738.

[194] Persson P O, Peraire J. Newton-GMRES preconditioning for discontinuous Galerkin

discretizations of the Navier-Stokes equations[J]. SIAM Journal on Scientific Computing, 2008, 30(6): 2709-2733.

[195] Sawada K, Yasue K. A linear stability analysis of the cell-wise relaxation implicit discontinuous Galerkin method for wave propagation[J]. Fluid Dynamics Research, 2011, 43(4): 041402.

[196] Meister A, Ortleb S. On unconditionally positive implicit time integration for the DG scheme applied to shallow water flows[J]. International Journal for Numerical Methods in Fluids, 2014, 76(2): 69-94.

[197] Nigro A, Ghidoni A, Rebay S, et al. Modified extended BDF scheme for the discontinuous Galerkin solution of unsteady compressible flows[J]. International Journal for Numerical Methods in Fluids, 2014, 76(9): 549-574.

[198] Kronbichler M, Schoeder S, Müller C, et al. Comparison of implicit and explicit hybridizable discontinuous Galerkin methods for the acoustic wave equation[J]. International Journal for Numerical Methods in Engineering, 2016, 106(9): 712-739.

[199] Nazari F, Mohammadian A, Charron M. High-order low-dissipation low-dispersion diagonally implicit Runge-Kutta schemes[J]. Journal of Computational Physics, 2015, 286: 38-48.

[200] Bassi F, Botti L, Colombo A, et al. Linearly implicit rosenbrock-type Runge-Kutta schemes applied to the discontinuous Galerkin solution of compressible and incompressible unsteady flows[J]. Computers & Fluids, 2015, 118: 305-320.

[201] Noventa G, Massa F, Bassi F, et al. A high-order discontinuous Galerkin solver for unsteady incompressible turbulent flows[J]. Computers & Fluids, 2016, 139: 248-260.

[202] Pareschi L, Russo G. Implicit-explicit Runge-Kutta schemes and applications to hyperbolic systems with relaxation[J]. Journal of Scientific Computing, 2005, 25(1): 129-155.

[203] Froehle B, Persson P O. A high-order discontinuous Galerkin method for fluid-structure interaction with efficient implicit-explicit time stepping[J]. Journal of Computational Physics, 2014, 272: 455-470.

[204] Dumbser M, Munz C D. ADER discontinuous Galerkin schemes for aeroacoustics[J]. Comptes Rendus Mécanique, 2005, 333(9): 683-687.

[205] Lilienthal M, Schnepp S M, Weiland T. Non-dissipative space-time hp-discontinuous Galerkin method for the time-dependent Maxwell equations[J]. Journal of Computational Physics, 2014, 275: 589-607.

[206] Wang D L, Tezaur R, Farhat C. A hybrid discontinuous in space and time Galerkin method for wave propagation problems[J]. International Journal for Numerical Methods in Engineering, 2014, 99(4): 263-289.

[207] Dolejší V, Roskovec F, Vlasák M. Residual based error estimates for the space-time discontinuous Galerkin method applied to the compressible flows[J]. Computers & Fluids, 2015, 117: 304-324.

[208] Gassner G, Staudenmaier M, Hindenlang F, et al. A space-time adaptive discontinuous Galerkin scheme[J]. Computers & Fluids, 2015, 117: 247-261.

[209] Tavelli M, Dumbser M. A staggered space-time discontinuous Galerkin method for the incompressible Navier-Stokes equations on two-dimensional triangular meshes[J]. Computers

& Fluids, 2015, 119: 235-249.

[210] Diosady L T, Murman S M. Tensor-product preconditioners for higher-order space-time discontinuous Galerkin methods[J]. Journal of Computational Physics, 2017, 330: 296-318.

[211] Thompson K W. Time dependent boundary conditions for hyperbolic systems[J]. Journal of Computational Physics, 1987, 68(1): 1-24.

[212] Thompson K W. Time-dependent boundary conditions for hyperbolic systems, Ⅱ [J]. Journal of Computational Physics, 1990, 89(2): 439-461.

[213] Poinsot T J, Lelef S K. Boundary conditions for direct simulations of compressible viscous flows[J]. Journal of Computational Physics, 1992, 101(1): 104-129.

[214] Kim J W, Lee D J. Generalized characteristic boundary conditions for computational aeroacoustics, part 2[J]. AIAA Journal, 2004, 42(1): 47-55.

[215] Tam C K W, Dong Z. Wall boundary conditions for high-order finite-difference schemes in computational aeroacoustics[J]. Theoretical and Computational Fluid Dynamics, 1994, 6(5-6): 303-322.

[216] Hixon R. High-accuracy moving wall boundary conditions for computational aeroacoustics[C]. 46th AIAA Aerospace Sciences Meeting and Exhibit, Reno, 2008: 30-1-30-10.

[217] Hixon R. Radiation and wall boundary conditions for computational aeroacoustics: A review[J]. International Journal of Computational Fluid Dynamics, 2004, 18(6): 523-531.

[218] Laik O A, Morris P J. Direct simulation of acoustic scattering by two- and three-dimensional bodies[J]. Journal of Aircraft, 2000, 37(1): 68-75.

[219] Fung K Y, Ju H B. Time-domain impedance boundary conditions for computational acoustics and aeroacoustics[J]. International Journal of Computational Fluid Dynamics, 2004, 18(6): 503-511.

[220] Tam C K W, Auriault L. Time-domain impedance boundary conditions for computational aeroacoustics[J]. AIAA Journal, 1996, 34(5): 917-923.

[221] Özyörük Y, Long L N, Jones M G. Time-domain numerical simulation of a flow-impedance tube[J]. Journal of Computational Physics, 1998, 146(1): 29-57.

[222] Rienstra S. Impedance models in time domain, including the extended Helmholtz resonator model[C]. 12th AIAA/CEAS Aeroacoustics Conference, Cambridge, 2006: 2686-1-2686-20.

[223] Reymen Y, Baelmans M, Desmet W. Efficient implementation of Tam and Auriault's time-domain impedance boundary condition[J]. AIAA Journal, 2008, 46(9): 2368-2376.

[224] Zhou J, Bhaskar A, Zhang X. Sound transmission through double cylindrical shells lined with porous material under turbulent boundary layer excitation[J]. Journal of Sound and Vibration, 2015, 357(1): 253-268.

[225] Jing X D, Peng S, Wang L X, et al. Investigation of straightforward impedance eduction in the presence of shear flow[J]. Journal of Sound and Vibration, 2015, 335: 89-104.

[226] Ju H B, Fung K Y. Time-domain impedance boundary conditions with mean flow effects[J]. AIAA Journal, 2001, 39(9): 1683-1690.

[227] Zhao D, An G L, Ji C Z. Numerical and experimental investigation of the acoustic damping effect of single-layer perforated liners with joint bias-grazing flow[J]. Journal of Sound and

Vibration, 2015, 342: 152-167.

[228] Givoli D. Non-reflecting boundary conditions[J]. Journal of Computational Physics, 1991, 94(1): 1-29.

[229] Bayliss A, Turkel E. Radiation boundary conditions for wave-like equations[J]. Communications on Pure and Applied Mathematics, 1980, 33(6): 707-725.

[230] Higdon R L. Numerical absorbing boundary conditions for the wave equation[J]. Mathematics of Computation, 1987, 49(179): 65-90.

[231] Hagstrom T, Hariharan S I. A formulation of asymptotic and exact boundary conditions using local operators[J]. Applied Numerical Mathematics, 1998, 27(4): 403-416.

[232] Hagstrom T, Hariharan S I, Thompson D. High-order radiation boundary conditions for the convective wave equation in exterior domains[J]. SIAM Journal on Scientific Computing, 2003, 25(3): 1088-1101.

[233] Giles M B. Nonreflecting boundary conditions for Euler equation calculations[J]. AIAA Journal, 1990, 28(12): 2050-2058.

[234] Yoo C S, Im H G. Characteristic boundary conditions for simulations of compressible reacting flows with multi-dimensional, viscous and reaction effects[J]. Combustion Theory and Modelling, 2007, 11(2): 259-286.

[235] Lodato G, Domingo P, Vervisch L. Three-dimensional boundary conditions for direct and large-eddy simulation of compressible viscous flows[J]. Journal of Computational Physics, 2008, 227(10): 5105-5143.

[236] 李德波, 樊建人, 易富兴, 等. 耦合边处理的特征无反射边界条件研究[J]. 计算物理, 2012, 29(5): 661-666.

[237] Kim J W, Lau A S H, Sandham N D. CAA boundary conditions for airfoil noise due to high-frequency gusts[J]. Procedia Engineering, 2010, 6: 244-253.

[238] Sandberg R D, Sandham N D. Nonreflecting zonal characteristic boundary condition for direct numerical simulation of aerodynamic sound[J]. AIAA Journal, 2006, 44(2): 402-405.

[239] Gill J, Fattah R, Zhang X. Towards an effective non-reflective boundary condition for computational aeroacoustics[J]. Journal of Sound and Vibration, 2017, 392: 217-231.

[240] Hejranfar K, Parseh K. Preconditioned characteristic boundary conditions based on artificial compressibility method for solution of incompressible flows[J]. Journal of Computational Physics, 2017, 345: 543-564.

[241] Richards S K, Zhang X, Chen X X, et al. The evaluation of non-reflecting boundary conditions for duct acoustic computation[J]. Journal of Sound and Vibration, 2004, 270(3): 539-557.

[242] Colonius T, Lele S K, Moin P. Boundary conditions for direct computation of aerodynamic sound generation[J]. AIAA Journal, 1993, 31(9): 1574-1582.

[243] Freund J B. Proposed inflow/outflow boundary condition for direct computation of aerodynamic sound[J]. AIAA Journal, 1997, 35(4): 740-742.

[244] Berenger J P. A perfectly matched layer for the absorption of electromagnetic waves[J]. Journal of Computational Physics, 1994, 114(2): 185-200.

[245] Hu F Q. Development of PML absorbing boundary conditions for computational aeroacoustics:

A progress review[J]. Computers & Fluids, 2008, 37(4): 336-348.

[246] Hu F Q, Li X D, Lin D K. Absorbing boundary conditions for nonlinear Euler and Navier-Stokes equations based on the perfectly matched layer technique[J]. Journal of Computational Physics, 2008, 227(9): 4398-4424.

[247] Najafi-Yazdi A, Mongeau L. An absorbing boundary condition for the lattice Boltzmann method based on the perfectly matched layer[J]. Computers & Fluids, 2012, 68: 203-218.

[248] 林大楷，李晓东，胡方强. 完全耦合层边界条件在圆柱绕流DNS中的应用[J]. 工程热物理学报, 2010, 31(5): 757-760.

[249] Matuszyk P J. Modeling of guided circumferential SH and Lamb-type waves in open waveguides with semi-analytical finite element and perfectly matched layer method[J]. Journal of Sound and Vibration, 2017, 386: 295-310.

[250] Chen S Y, Doolen G D. Lattice Boltzmann method for fluid flows[J]. Annual Review of Fluid Mechanics, 1998, 30(1): 329-364.

[251] Chen H D, Kandasamy S, Orszag S, et al. Extended Boltzmann kinetic equation for turbulent flows[J]. Science, 2003, 301(5633): 633-636.

[252] Aidun C K, Clausen J R. Lattice-Boltzmann method for complex flows[J]. Annual Review of Fluid Mechanics, 2009, 42(1): 439-472.

[253] 何雅玲，王勇，李庆. 格子Boltzmann方法的理论及应用[M]. 北京：科学出版社, 2009.

[254] Succi S. The Lattice Boltzmann Equation for Fluid Dynamics and Beyond[M]. Oxford: Oxford University Press, 2013.

[255] 郭照立，郑楚光. 格子Boltzmann方法的原理及应用[M]. 北京：科学出版社, 2009.

[256] Wolfram S. Cellular automaton fluids 1: Basic theory[J]. Journal of Statistical Physics, 1986, 45(3-4): 471-526.

[257] Bhatnagar P L, Gross E P, Krook M. A model for collision processes in gases. I. Small amplitude processes in charged and neutral one-component systems[J]. Physical Review, 1954, 94(3): 511-525.

[258] He X Y, Luo L S. Theory of the lattice Boltzmann method: From the Boltzmann equation to the lattice Boltzmann equation[J]. Physical Review E, 1997, 56(6): 6811-6817.

[259] Qian Y H, D'Humières D, Lallemand P. Lattice BGK models for Navier-Stokes equation[J]. Europhysics Letters, 1992, 17(6): 479-484.

[260] He X Y, Luo L S. Lattice Boltzmann model for the incompressible Navier-Stokes equation[J]. Journal of Statistical Physics, 1997, 88(3-4): 927-944.

[261] Guo Z L, Shi B C, Wang N C. Lattice BGK model for incompressible Navier-Stokes equation[J]. Journal of Computational Physics, 2000, 165(1): 288-306.

[262] Alexander F J, Chen S, Sterling J D. Lattice Boltzmann thermohydrodynamics[J]. Physical Review E, 1993, 47(4): R2249-R2252.

[263] Chen Y, Ohashi H, Akiyama M. Thermal lattice Bhatnagar-Gross-Krook model without nonlinear deviations in macrodynamic equations[J]. Physical Review E, 1994, 50(4): 2776-2783.

[264] He X Y, Chen S Y, Doolen G D. A novel thermal model for the lattice Boltzmann method in

incompressible limit[J]. Journal of Computational Physics, 1998, 146(1): 282-300.
[265] Shi Y, Zhao T S, Guo Z L. Finite difference-based lattice Boltzmann simulation of natural convection heat transfer in a horizontal concentric annulus[J]. Computers & Fluids, 2006, 35(1): 1-15.
[266] Dixit H N, Babu V. Simulation of high Rayleigh number natural convection in a square cavity using the lattice Boltzmann method[J]. International Journal of Heat and Mass Transfer, 2006, 49(3-4): 727-739.
[267] Peng Y, Shu C, Chew Y T. Simplified thermal lattice Boltzmann model for incompressible thermal flows[J]. Physical Review E, 2003, 68(2): 026701.
[268] Guo Z L, Shi B C, Zheng C G. A coupled lattice BGK model for the Boussinesq equations[J]. International Journal for Numerical Methods in Fluids, 2002, 39(4): 325-342.
[269] Shan X W. Simulation of Rayleigh-Bénard convection using a lattice Boltzmann method[J]. Physical Review E, 1997, 55(3): 2780-2788.
[270] Guo Z L, Zheng C G, Shi B C, et al. Thermal lattice Boltzmann equation for low Mach number flows: Decoupling model[J]. Physical Review E, 2007, 75(3): 036704.
[271] Lallemand P, Luo L S. Theory of the lattice Boltzmann method: Acoustic and thermal properties in two and three dimensions[J]. Physical Review E, 2003, 68(3): 036706.
[272] Chen Y, Ohashi H, Akiyama M. Two-parameter thermal lattice BGK model with a controllable Prandtl number[J]. Journal of Scientific Computing, 1997, 12(2): 169-185.
[273] Watari M, Tsutahara M. Possibility of constructing a multispeed Bhatnagar-Gross-Krook thermal model of the lattice Boltzmann method[J]. Physical Review E, 2004, 70(1): 016703.
[274] Yan G W, Zhang J Y, Liu Y H, et al. A multi-energy-level lattice Boltzmann model for the compressible Navier-Stokes equations[J]. International Journal for Numerical Methods in Fluids, 2007, 55(1): 41-56.
[275] Kataoka T, Tsutahara M. Lattice Boltzmann model for the compressible Navier-Stokes equations with flexible specific-heat ratio[J]. Physical Review E, 2004, 69(3): 035701.
[276] Shi W P, Shyy W, Mei R W. Finite-difference-based lattice Boltzmann method for inviscid compressible flows[J]. Numerical Heat Transfer, Part B: Fundamentals, 2001, 40(1): 1-21.
[277] Wang Y, He Y L, Huang J, et al. Implicit-explicit finite-difference lattice Boltzmann method with viscid compressible model for gas oscillating patterns in a resonator[J]. International Journal for Numerical Methods in Fluids, 2009, 59(8): 853-872.
[278] Li Q, He Y L, Wang Y, et al. Coupled double-distribution-function lattice Boltzmann method for the compressible Navier-Stokes equations[J]. Physical Review E, 2007, 76(5): 056705.
[279] Zheng L, Shi B C, Guo Z L. Multiple-relaxation-time model for the correct thermohydrodynamic equations[J]. Physical Review E, 2008, 78(2): 026705.
[280] Guo Z L, Wang R J, Xu K. Discrete unified gas kinetic scheme for all Knudsen number flows. Ⅱ. Thermal compressible case[J]. Physical Review E, 2015, 91(3): 033313.
[281] Li Q, Luo K H, He Y L, et al. Coupling lattice Boltzmann model for simulation of thermal flows on standard lattices[J]. Physical Review E, 2012, 85(1): 016710.
[282] Feng Y L, Sagaut P, Tao W Q. A three dimensional lattice model for thermal compressible flow

on standard lattices[J]. Journal of Computational Physics, 2015, 303: 514-529.

[283] Feng Y L, Sagaut P, Tao W Q. A compressible lattice Boltzmann finite volume model for high subsonic and transonic flows on regular lattices[J]. Computers & Fluids, 2016, 131(1): 45-55.

[284] Lallemand P, Luo L S. Theory of the lattice Boltzmann method: Dispersion, dissipation, isotropy, Galilean invariance, and stability[J]. Physical Review E, 2000, 61(6): 6546.

[285] D'Humières D, Ginzburg I, Krafczyk M, et al. Multiple-relaxation-time lattice Boltzmann models in three dimensions[J]. Philosophical Transactions Series A, Mathematical, Physical and Engineering Sciences, 2002, 360(1792): 437-451.

[286] McCracken M E, Abraham J. Multiple-relaxation-time lattice-Boltzmann model for multiphase flow[J]. Physical Review E, 2005, 71(3): 036701.

[287] Geier M, Greiner A, Korvink J G. Cascaded digital lattice Boltzmann automata for high Reynolds number flow[J]. Physical Review E, 2006, 73(6): 066705.

[288] De-Rosis A. Nonorthogonal central-moments-based lattice Boltzmann scheme in three dimensions[J]. Physical Review E, 2017, 95(1): 013310.

[289] Ning Y, Premnath K N, Patil D V. Numerical study of the properties of the central moment lattice Boltzmann method[J]. International Journal for Numerical Methods in Fluids, 2016, 82(2): 59-90.

[290] Geller S, Uphoff S, Krafczyk M. Turbulent jet computations based on MRT and cascaded lattice Boltzmann models[J]. Computers & Mathematics with Applications, 2013, 65(12): 1956-1966.

[291] Tosi F, Ubertini S, Succi S, et al. Optimization strategies for the entropic lattice Boltzmann method[J]. Journal of Scientific Computing, 2006, 30(3): 369-387.

[292] Frapolli N, Chikatamarla S S, Karlin I V. Multispeed entropic lattice Boltzmann model for thermal flows[J]. Physical Review E, 2014, 90(4): 043306.

[293] Dorschner B, Frapolli N, Chikatamarla S S, et al. Grid refinement for entropic lattice Boltzmann models[J]. Physical Review E, 2016, 94(5): 053311.

[294] Frapolli N, Chikatamarla S S, Karlin I V. Lattice kinetic theory in a comoving Galilean reference frame[J]. Physical Review Letters, 2016, 117(1): 010604.

[295] Chen H D, Gopalakrishnan P, Zhang R Y. Recovery of Galilean invariance in thermal lattice Boltzmann models for arbitrary Prandtl number[J]. International Journal of Modern Physics C, 2014, 25(10): 1450046.

[296] Geier M, Schönherr M, Pasquali A, et al. The cumulant lattice Boltzmann equation in three dimensions: Theory and validation[J]. Computers & Mathematics with Applications, 2015, 70(4): 507-547.

[297] Latt J, Chopard B. Lattice Boltzmann method with regularized pre-collision distribution functions[J]. Mathematics and Computers in Simulation, 2006, 72(2-6): 165-168.

[298] Lallemand P, Dubois F. Some results on energy-conserving lattice Boltzmann models[J]. Computers & Mathematics with Applications, 2013, 65(6): 831-844.

[299] Gillissen J J J. Stabilizing the thermal lattice Boltzmann method by spatial filtering[J]. Physical Review E, 2016, 94(4): 043302.

[300] Marié S, Gloerfelt X. Adaptive filtering for the lattice Boltzmann method[J]. Journal of Computational Physics, 2017, 333: 212-226.

[301] Sudo Y, Sparrow V W. Sound propagation simulations using lattice gas methods[J]. AIAA Journal, 1995, 33(9): 1582-1589.

[302] Buick J M, Greated C A, Campbell D M. Lattice BGK simulation of sound waves[J]. Europhysics Letters, 1998, 43(3): 235-240.

[303] Buick J M, Buckley C L, Greated C A, et al. Lattice Boltzmann BGK simulation of nonlinear sound waves: The development of a shock front[J]. Journal of Physics A, 2000, 33(21): 3917-3928.

[304] Haydock D, Yeomans J M. Lattice Boltzmann simulations of acoustic streaming[J]. Journal of Physics A, 2001, 34(25): 5201-5213.

[305] Haydock D, Yeomans J M. Lattice Boltzmann simulations of attenuation-driven acoustic streaming[J]. Journal of Physics A, 2003, 36(20): 5683-5694.

[306] 王勇，何雅玲，刘迎文，等. 声波衰减的格子-Boltzmann 方法模拟[J]. 西安交通大学学报, 2007, 41(1): 5-8.

[307] Haydock D. Lattice Boltzmann simulations of the time-averaged forces on a cylinder in a sound field[J]. Journal of Physics A, 2005, 38(15): 3265.

[308] Crouse B, Freed D, Balasubramanian G, et al. Fundamental aeroacoustics capabilities of the lattice-Boltzmann method[C]. 12th AIAA/CEAS Aeroacoustics Conference, Cambridge, 2006: 2571-1-2571-17.

[309] Brès G, Pérot F, Freed D. Properties of the lattice Boltzmann method for acoustics[C]. 15th AIAA/CEAS Aeroacoustics Conference, Miami, 2009: 3395-1-3395-11.

[310] Lafitte A, Perot F. Investigation of the noise generated by cylinder flows using a direct lattice-Boltzmann approach[C]. 15th AIAA/CEAS Aeroacoustics Conference, Miami, 2009: 3268-1-3268-12.

[311] Satti R, Li Y B, Shock R, et al. Aeroacoustic analysis of a high lift trapezoidal wing using lattice Boltzmann method[C]. 14th AIAA/CEAS Aeroacoustics Conference, Vancouver, 2008: 3048-1-3048-16.

[312] Chen X P, Ren H. Acoustic flows in viscous fluid: A lattice Boltzmann study[J]. International Journal for Numerical Methods in Fluids, 2015, 79(4): 183-198.

[313] Stadler M, Schmitz M B, Laufer W, et al. Inverse aeroacoustic design of axial fans using genetic optimization and the lattice-Boltzmann method[J]. Journal of Turbomachinery, 2013, 136(4): 041011-041020.

[314] Ji C Z, Zhao D. Lattice Boltzmann investigation of acoustic damping mechanism and performance of an in-duct circular orifice[J]. The Journal of the Acoustical Society of America, 2014, 135(6): 3243-3251.

[315] Habibi K, Mongeau L. Prediction of sound absorption by a circular orifice termination in a turbulent pipe flow using the lattice-Boltzmann method[J]. Applied Acoustics, 2015, 87: 153-161.

[316] Wang Y, He Y L, Li Q, et al. Numerical simulations of gas resonant oscillations in a closed tube

using lattice Boltzmann method[J]. International Journal of Heat and Mass Transfer, 2008, 51(11-12): 3082-3090.

[317] Li X M, So R M C, Leung R C K. Propagation speed, internal energy, and direct aeroacoustics simulation using lattice Boltzmann method[J]. AIAA Journal, 2006, 44(12): 2896-2903.

[318] Li X M, Leung R C K, So R M C. One-step aeroacoustics simulation using lattice Boltzmann method[J]. AIAA Journal, 2006, 44(1): 78-89.

[319] Tsutahara M, Kataoka T, Shikata K, et al. New model and scheme for compressible fluids of the finite difference lattice Boltzmann method and direct simulations of aerodynamic sound[J]. Computers & Fluids, 2008, 37(1): 79-89.

[320] Leung R C K, Kam E W S, So R M C. Recovery of transport coefficients in Navier-Stokes equations from modeled Boltzmann equation[J]. AIAA Journal, 2007, 45(4): 737-739.

[321] Kam E W S, So R M C, Leung R C K. Acoustic scattering by a localized thermal disturbance[J]. AIAA Journal, 2009, 47(9): 2039-2052.

[322] Kam E W S, So R M C, Fu S C. One-step simulation of thermoacoustic waves in two-dimensional enclosures[J]. Computers & Fluids, 2016, 140: 270-288.

[323] Brebbia C A, Carlomagno G M. Computational methods and experimental measurements Ⅷ[M]. Southampton: WIT Press, 2007.

[324] Michihisa M. The finite-difference lattice Boltzmann method and its application in computational aero-acoustics[J]. Fluid Dynamics Research, 2012, 44(4): 045507.

[325] Fu S C, So R M C, Leung R C K. Modeled Boltzmann equation and its application to direct aeroacoustic simulation[J]. AIAA Journal, 2008, 46(7): 1651-1662.

[326] Zhang J Y, Yan G W, Yan B, et al. A lattice Boltzmann model for two-dimensional sound wave in the small perturbation compressible flows[J]. International Journal for Numerical Methods in Fluids, 2011, 67(2): 214-231.

[327] da-Silva A R, Scavone G P, Lefebvre A. Sound reflection at the open end of axisymmetric ducts issuing a subsonic mean flow: A numerical study[J]. Journal of Sound and Vibration, 2009, 327(3-5): 507-528.

[328] Viggen E M. Acoustic multipole sources for the lattice Boltzmann method[J]. Physical Review E, 2013, 87(2): 023306.

[329] Zhuo C S, Sagaut P. Acoustic multipole sources for the regularized lattice Boltzmann method: Comparison with multiple-relaxation-time models in the inviscid limit[J]. Physical Review E, 2017, 95(6): 063301.

[330] Dhuri D B, Hanasoge S M, Perlekar P, et al. Numerical analysis of the lattice Boltzmann method for simulation of linear acoustic waves[J]. Physical Review E, 2017, 95(4): 043306.

[331] Marié S, Ricot D, Sagaut P. Comparison between lattice Boltzmann method and Navier-Stokes high order schemes for computational aeroacoustics[J]. Journal of Computational Physics, 2009, 228(4): 1056-1070.

[332] Xu H, Sagaut P. Optimal low-dispersion low-dissipation LBM schemes for computational aeroacoustics[J]. Journal of Computational Physics, 2011, 230(13): 5353-5382.

[333] Shan X W, Yuan X F, Chen H D. Kinetic theory representation of hydrodynamics: A way

beyond the Navier-Stokes equation[J]. Journal of Fluid Mechanics, 2006, 550: 413-441.

[334] Qu K, Shu C, Chew Y T. Alternative method to construct equilibrium distribution functions in lattice-Boltzmann method simulation of inviscid compressible flows at high Mach number[J]. Physical Review E, 2007, 75(3): 036706.

[335] Shao W D, Li J. Subsonic flow over open cavities: Part 1—Analytical models and numerical investigations[C]. ASME Turbo Expo: Turbine Technical Conference and Exposition, Seoul, 2016: 56414-1-56414-15.

[336] Shao W D, Li J. Subsonic flow over open cavities: Part 2—Passive control methods[C]. ASME Turbo Expo: Turbine Technical Conference and Exposition, Seoul, 2016: 56415-1-56415-13.

[337] Inamuro T, Yoshino M, Ogino F. A non-slip boundary condition for lattice Boltzmann simulations[J]. Physics of Fluids, 1995, 7(12): 2928-2930.

[338] Guo Z L, Zhao T S. Explicit finite-difference lattice Boltzmann method for curvilinear coordinates[J]. Physical Review E, 2003, 67(6): 066709.

[339] Ladd A J C. Numerical simulations of particulate suspensions via a discretized Boltzmann equation. Part 1. Theoretical foundation[J]. Journal of Fluid Mechanics, 1994, 271(1): 285-309.

[340] Tam C K W, Hardin J C. Second computational aeroacoustics (CAA) workshop on benchmark problems[R]. Virginia: NASA Langley Research Center, 1997.

[341] Coutanceau M, Bouard R. Experimental determination of the main features of the viscous flow in the wake of a circular cylinder in uniform translation. Part 1. Steady flow[J]. Journal of Fluid Mechanics, 1977, 79(2): 231-256.

[342] He X, Doolen G. Lattice Boltzmann method on curvilinear coordinates system: Flow around a circular cylinder[J]. Journal of Computational Physics, 1997, 134(2): 306-315.

[343] Nieuwstadt F, Keller H B. Viscous flow past circular cylinders[J]. Computers & Fluids, 1973, 1(1): 59-71.

[344] Braza M, Chassaing P, Minh H H. Numerical study and physical analysis of the pressure and velocity fields in the near wake of a circular cylinder[J]. Journal of Fluid Mechanics, 1986, 165: 79-130.

[345] Shi X, Lin J Z, Yu Z S. Discontinuous Galerkin spectral element lattice Boltzmann method on triangular element[J]. International Journal for Numerical Methods in Fluids, 2003, 42(11): 1249-1261.

[346] Li Y B, Shock R, Zhang R Y, et al. Numerical study of flow past an impulsively started cylinder by the lattice-Boltzmann method[J]. Journal of Fluid Mechanics, 2004, 519: 273-300.

[347] Inoue O, Hatakeyama N. Sound generation by a two-dimensional circular cylinder in a uniform flow[J]. Journal of Fluid Mechanics, 2002, 471: 285-314.

[348] 孙国正. 优化设计及应用[M]. 2 版. 北京：人民交通出版社, 2000.

[349] Jiang G S, Shu C W. Efficient implementation of weighted ENO schemes[J]. Journal of Computational Physics, 1996, 126(1): 202-228.

[350] Lax P D, Liu X D. Solution of two-dimensional Riemann problems of gas dynamics by positive schemes[J]. SIAM Journal on Scientific Computing, 1998, 19(2): 319-340.

[351] Strang G. Accurate partial difference methods[J]. Numerische Mathematik, 1964, 6(1): 37-46.

[352] 罗秋明, 明仲, 刘刚, 等. OpenMP 编译原理及实现技术[M]. 北京: 清华大学出版社, 2012.

[353] Ghia U, Ghia K N, Shin C T. High-Re solutions for incompressible flow using the Navier-Stokes equations and a multigrid method[J]. Journal of Computational Physics, 1982, 48(3): 387-411.

[354] Vanka S P. Block-implicit multigrid solution of Navier-Stokes equations in primitive variables[J]. Journal of Computational Physics, 1986, 65(1): 138-158.

[355] Hou S L, Zou Q S, Chen S Y, et al. Simulation of cavity flow by the lattice Boltzmann method[J]. Journal of Computational Physics, 1995, 118(2): 329-347.

[356] Koumoutsakos P, Leonard A. High-resolution simulations of the flow around an impulsively started cylinder using vortex methods[J]. Journal of Fluid Mechanics, 1995, 296: 1-38.

[357] Loc T P. Numerical analysis of unsteady secondary vortices generated by an impulsively started circular cylinder[J]. Journal of Fluid Mechanics, 2006, 100(1): 111-128.

[358] Ploumhans P, Winckelmans G S. Vortex methods for high-resolution simulations of viscous flow past bluff bodies of general geometry[J]. Journal of Computational Physics, 2000, 165(2): 354-406.

[359] Bar-Lev M, Yang H T. Initial flow field over an impulsively started circular cylinder[J]. Journal of Fluid Mechanics, 1975, 72(4): 625-647.

[360] Bécache E, Fauqueux S, Joly P. Stability of perfectly matched layers, group velocities and anisotropic waves[J]. Journal of Computational Physics, 2003, 188(2): 399-433.

[361] Rowley C W, Williams D R. Dynamics and control of high-Reynolds-number flow over open cavities[J]. Annual Review of Fluid Mechanics, 2005, 38(1): 251-276.

[362] Cattafesta L N, Song Q, Williams D R, et al. Active control of flow-induced cavity oscillations[J]. Progress in Aerospace Sciences, 2008, 44(7-8): 479-502.

[363] Barnes F W, Segal C. Cavity-based flameholding for chemically-reacting supersonic flows[J]. Progress in Aerospace Sciences, 2015, 76: 24-41.

[364] Cao L Y. Practical method for determining the minimum embedding dimension of a scalar time series[J]. Physica D, 1997, 110(1-2): 43-50.

[365] Fraser A M, Swinney H L. Independent coordinates for strange attractors from mutual information[J]. Physical Review A, 1986, 33(2): 1134-1140.

[366] 杨志安, 王光瑞, 陈式刚. 用等间距分格子法计算互信息函数确定延迟时间[J]. 计算物理, 1995, 12(4): 442-448.

附　录

1. 格子Boltzmann模型的变换矩阵

二维 MRT 格子 Boltzmann 模型中的 D2Q9 格子变换矩阵 $\boldsymbol{M}$:

$$
\begin{bmatrix}
1 & 1 & 1 & 1 & 1 & 1 & 1 & 1 & 1 \\
-4 & -1 & -1 & -1 & -1 & 2 & 2 & 2 & 2 \\
4 & -2 & -2 & -2 & -2 & 1 & 1 & 1 & 1 \\
0 & 1 & 0 & -1 & 0 & 1 & -1 & -1 & 1 \\
0 & -2 & 0 & 2 & 0 & 1 & -1 & -1 & 1 \\
0 & 0 & 1 & 0 & -1 & 1 & 1 & -1 & -1 \\
0 & 0 & -2 & 0 & 2 & 1 & 1 & -1 & -1 \\
0 & 1 & -1 & 1 & -1 & 0 & 0 & 0 & 0 \\
0 & 0 & 0 & 0 & 0 & 1 & -1 & 1 & -1
\end{bmatrix}
$$

三维 MRT 格子 Boltzmann 模型中的 D3Q19 格子变换矩阵 $\boldsymbol{M}$:

$$
\begin{bmatrix}
1 & 1 & 1 & 1 & 1 & 1 & 1 & 1 & 1 & 1 & 1 & 1 & 1 & 1 & 1 & 1 & 1 & 1 & 1 \\
-30 & -11 & -11 & -11 & -11 & -11 & -11 & 8 & 8 & 8 & 8 & 8 & 8 & 8 & 8 & 8 & 8 & 8 & 8 \\
12 & -4 & -4 & -4 & -4 & -4 & -4 & 1 & 1 & 1 & 1 & 1 & 1 & 1 & 1 & 1 & 1 & 1 & 1 \\
0 & 1 & -1 & 0 & 0 & 0 & 0 & 1 & -1 & 1 & -1 & 1 & -1 & 1 & -1 & 0 & 0 & 0 & 0 \\
0 & -4 & 4 & 0 & 0 & 0 & 0 & 1 & -1 & 1 & -1 & 1 & -1 & 1 & -1 & 0 & 0 & 0 & 0 \\
0 & 0 & 0 & 1 & -1 & 0 & 0 & 1 & 1 & -1 & -1 & 0 & 0 & 0 & 0 & 1 & -1 & 1 & -1 \\
0 & 0 & 0 & -4 & 4 & 0 & 0 & 1 & 1 & -1 & -1 & 0 & 0 & 0 & 0 & 1 & -1 & 1 & -1 \\
0 & 0 & 0 & 0 & 0 & 1 & -1 & 0 & 0 & 0 & 0 & 1 & 1 & -1 & -1 & 1 & 1 & -1 & -1 \\
0 & 0 & 0 & 0 & 0 & -4 & 4 & 0 & 0 & 0 & 0 & 1 & 1 & -1 & -1 & 1 & 1 & -1 & -1 \\
0 & 2 & 2 & -1 & -1 & -1 & -1 & 1 & 1 & 1 & 1 & 1 & 1 & 1 & 1 & -2 & -2 & -2 & -2 \\
0 & -4 & -4 & 2 & 2 & 2 & 2 & 1 & 1 & 1 & 1 & 1 & 1 & 1 & 1 & -2 & -2 & -2 & -2 \\
0 & 0 & 0 & 1 & 1 & -1 & -1 & 1 & 1 & 1 & 1 & -1 & -1 & -1 & -1 & 0 & 0 & 0 & 0 \\
0 & 0 & 0 & -2 & -2 & 2 & 2 & 1 & 1 & 1 & 1 & -1 & -1 & -1 & -1 & 0 & 0 & 0 & 0 \\
0 & 0 & 0 & 0 & 0 & 0 & 0 & 1 & -1 & -1 & 1 & 0 & 0 & 0 & 0 & 0 & 0 & 0 & 0 \\
0 & 0 & 0 & 0 & 0 & 0 & 0 & 0 & 0 & 0 & 0 & 0 & 0 & 0 & 0 & 1 & -1 & -1 & 1 \\
0 & 0 & 0 & 0 & 0 & 0 & 0 & 0 & 0 & 0 & 0 & 1 & -1 & -1 & 1 & 0 & 0 & 0 & 0 \\
0 & 0 & 0 & 0 & 0 & 0 & 0 & 1 & -1 & 1 & -1 & -1 & 1 & -1 & 1 & 0 & 0 & 0 & 0 \\
0 & 0 & 0 & 0 & 0 & 0 & 0 & -1 & -1 & 1 & 1 & 0 & 0 & 0 & 0 & 1 & -1 & 1 & -1 \\
0 & 0 & 0 & 0 & 0 & 0 & 0 & 0 & 0 & 0 & 0 & 1 & 1 & -1 & -1 & -1 & -1 & 1 & 1
\end{bmatrix}
$$

三维单松弛 BGK 格子 Boltzmann 模型中的 D3Q19 格子速度 $\boldsymbol{e}_\alpha$:

$$\begin{bmatrix} 0 & 1 & -1 & 0 & 0 & 0 & 0 & 1 & -1 & 1 & -1 & 1 & -1 & 1 & -1 & 0 & 0 & 0 & 0 \\ 0 & 0 & 0 & 1 & -1 & 0 & 0 & 1 & 1 & -1 & -1 & 0 & 0 & 0 & 0 & 1 & -1 & 1 & -1 \\ 0 & 0 & 0 & 0 & 0 & 1 & -1 & 0 & 0 & 0 & 0 & 1 & 1 & -1 & -1 & 1 & 1 & -1 & -1 \end{bmatrix}$$

2. 二维可压缩流格子 Boltzmann 模型分布函数

二维可压缩流格子 Boltzmann 模型中的平衡态速度分布函数和平衡态总能分布函数:

$$f_0^{\text{eq}} = \frac{\rho}{4}\left[4 - 10\tilde{p} + 5\tilde{p}^2 + \left(10\tilde{p} - 5\right)\left(\tilde{u}_x^2 + \tilde{u}_y^2\right) + \tilde{u}_x^4 + 4\tilde{u}_x^2\tilde{u}_y^2 + \tilde{u}_y^4\right]$$

$$f_1^{\text{eq}} = -\frac{\rho}{6}\left(-4\tilde{p} + 3\tilde{p}^2 - 4\tilde{u}_x + 6\tilde{p}\tilde{u}_x - 4\tilde{u}_x^2 + 9\tilde{p}\tilde{u}_x^2 + 3\tilde{p}\tilde{u}_y^2 + \tilde{u}_x^3 + 3\tilde{u}_x\tilde{u}_y^2 + 3\tilde{u}_x^2\tilde{u}_y^2 + \tilde{u}_x^4\right)$$

$$f_2^{\text{eq}} = -\frac{\rho}{6}\left(-4\tilde{p} + 3\tilde{p}^2 - 4\tilde{u}_y + 6\tilde{p}\tilde{u}_y - 4\tilde{u}_y^2 + 9\tilde{p}\tilde{u}_y^2 + 3\tilde{p}\tilde{u}_x^2 + \tilde{u}_y^3 + 3\tilde{u}_y\tilde{u}_x^2 + 3\tilde{u}_x^2\tilde{u}_y^2 + \tilde{u}_y^4\right)$$

$$f_3^{\text{eq}} = -\frac{\rho}{6}\left(-4\tilde{p} + 3\tilde{p}^2 + 4\tilde{u}_x - 6\tilde{p}\tilde{u}_x - 4\tilde{u}_x^2 + 9\tilde{p}\tilde{u}_x^2 + 3\tilde{p}\tilde{u}_y^2 - \tilde{u}_x^3 - 3\tilde{u}_x\tilde{u}_y^2 + 3\tilde{u}_x^2\tilde{u}_y^2 + \tilde{u}_x^4\right)$$

$$f_4^{\text{eq}} = -\frac{\rho}{6}\left(-4\tilde{p} + 3\tilde{p}^2 + 4\tilde{u}_y - 6\tilde{p}\tilde{u}_y - 4\tilde{u}_y^2 + 9\tilde{p}\tilde{u}_y^2 + 3\tilde{p}\tilde{u}_x^2 - \tilde{u}_y^3 - 3\tilde{u}_y\tilde{u}_x^2 + 3\tilde{u}_x^2\tilde{u}_y^2 + \tilde{u}_y^4\right)$$

$$f_5^{\text{eq}} = \frac{\rho}{4}\left(\frac{1}{2}\tilde{p}^2 + \tilde{p}\tilde{u}_x + \tilde{p}\tilde{u}_y + \tilde{p}\tilde{u}_x^2 + \tilde{u}_x\tilde{u}_y + \tilde{p}\tilde{u}_y^2 + \tilde{u}_x\tilde{u}_y^2 + \tilde{u}_x^2\tilde{u}_y + \tilde{u}_x^2\tilde{u}_y^2\right)$$

$$f_6^{\text{eq}} = \frac{\rho}{4}\left(\frac{1}{2}\tilde{p}^2 - \tilde{p}\tilde{u}_x + \tilde{p}\tilde{u}_y + \tilde{p}\tilde{u}_x^2 - \tilde{u}_x\tilde{u}_y + \tilde{p}\tilde{u}_y^2 - \tilde{u}_x\tilde{u}_y^2 + \tilde{u}_x^2\tilde{u}_y + \tilde{u}_x^2\tilde{u}_y^2\right)$$

$$f_7^{\text{eq}} = \frac{\rho}{4}\left(\frac{1}{2}\tilde{p}^2 - \tilde{p}\tilde{u}_x - \tilde{p}\tilde{u}_y + \tilde{p}\tilde{u}_x^2 + \tilde{u}_x\tilde{u}_y + \tilde{p}\tilde{u}_y^2 - \tilde{u}_x\tilde{u}_y^2 - \tilde{u}_x^2\tilde{u}_y + \tilde{u}_x^2\tilde{u}_y^2\right)$$

$$f_8^{\text{eq}} = \frac{\rho}{4}\left(\frac{1}{2}\tilde{p}^2 + \tilde{p}\tilde{u}_x - \tilde{p}\tilde{u}_y + \tilde{p}\tilde{u}_x^2 - \tilde{u}_x\tilde{u}_y + \tilde{p}\tilde{u}_y^2 + \tilde{u}_x\tilde{u}_y^2 - \tilde{u}_x^2\tilde{u}_y + \tilde{u}_x^2\tilde{u}_y^2\right)$$

$$f_9^{\text{eq}} = \frac{\rho}{24}\left(-\tilde{p} + \frac{3}{2}\tilde{p}^2 - 2\tilde{u}_x + 6\tilde{p}\tilde{u}_x - \tilde{u}_x^2 + 6\tilde{p}\tilde{u}_x^2 + 2\tilde{u}_x^3 + \tilde{u}_x^4\right)$$

$$f_{10}^{\text{eq}} = \frac{\rho}{24}\left(-\tilde{p} + \frac{3}{2}\tilde{p}^2 - 2\tilde{u}_y + 6\tilde{p}\tilde{u}_y - \tilde{u}_y^2 + 6\tilde{p}\tilde{u}_y^2 + 2\tilde{u}_y^3 + \tilde{u}_y^4\right)$$

$$f_{11}^{\text{eq}} = \frac{\rho}{24}\left(-\tilde{p} + \frac{3}{2}\tilde{p}^2 + 2\tilde{u}_x - 6\tilde{p}\tilde{u}_x - \tilde{u}_x^2 + 6\tilde{p}\tilde{u}_x^2 - 2\tilde{u}_x^3 + \tilde{u}_x^4\right)$$

$$f_{12}^{\text{eq}} = \frac{\rho}{24}\left(-\tilde{p} + \frac{3}{2}\tilde{p}^2 + 2\tilde{u}_y - 6\tilde{p}\tilde{u}_y - \tilde{u}_y^2 + 6\tilde{p}\tilde{u}_y^2 - 2\tilde{u}_y^3 + \tilde{u}_y^4\right)$$

$$h_\alpha^{\text{eq}} = \left[E + (\boldsymbol{e}_\alpha - \boldsymbol{u})\cdot\boldsymbol{u}\right]f_\alpha^{\text{eq}} + \varpi_\alpha p\tilde{p}, \quad \alpha = 0,1,\cdots,12$$

式中，$\tilde{p}=p/(\rho c^2)$；$\tilde{u}_x=u_x/c$；$\tilde{u}_y=u_y/c$；$\varpi_\alpha=0(\alpha=0)$；$\varpi_\alpha=-1/3(\alpha=1,2,3,4)$；$\varpi_\alpha=1/4(\alpha=5,6,7,8)$；$\varpi_\alpha=1/12(\alpha=9,10,11,12)$。

3. 三维可压缩流格子 Boltzmann 模型分布函数

三维可压缩流格子 Boltzmann 模型中的 D3Q25 格子速度 $\boldsymbol{e}_\alpha$:

$$\left[\begin{matrix} 0 & 1 & 0 & 0 & -1 & 0 & 0 & 1 & 1 & 0 & -1 & -1 & 0 \\ 0 & 0 & 1 & 0 & 0 & -1 & 0 & 1 & 0 & 1 & 1 & 0 & -1 \\ 0 & 0 & 0 & 1 & 0 & 0 & -1 & 0 & 1 & 1 & 0 & 1 & 1 \end{matrix}\right.$$
$$\left.\begin{matrix} -1 & -1 & 0 & 1 & 1 & 0 & 2 & 0 & 0 & -2 & 0 & 0 \\ -1 & 0 & -1 & -1 & 0 & 1 & 0 & 2 & 0 & 0 & -2 & 0 \\ 0 & -1 & -1 & 0 & -1 & -1 & 0 & 0 & 2 & 0 & 0 & -2 \end{matrix}\right]$$

三维可压缩流格子 Boltzmann 模型中的平衡态速度分布函数:

$$f_0^{\mathrm{eq}}=\frac{\rho}{4}\left[4-15\tilde{p}+\frac{63}{5}\tilde{p}^2+(14\tilde{p}-5)\left(\tilde{u}_x^2+\tilde{u}_y^2+\tilde{u}_z^2\right)+4\tilde{u}_x^2\tilde{u}_y^2+4\tilde{u}_x^2\tilde{u}_z^2+4\tilde{u}_y^2\tilde{u}_z^2+\tilde{u}_x^4+\tilde{u}_y^4+\tilde{u}_z^4\right]$$

$$\begin{aligned}f_1^{\mathrm{eq}}=\frac{\rho}{6}\bigg(&4\tilde{p}-\frac{27}{5}\tilde{p}^2+4\tilde{u}_x-9\tilde{p}\tilde{u}_x+4\tilde{u}_x^2-12\tilde{p}\tilde{u}_x^2-3\tilde{p}\tilde{u}_y^2\\&-3\tilde{p}\tilde{u}_z^2-\tilde{u}_x^3-3\tilde{u}_x\tilde{u}_y^2-3\tilde{u}_x\tilde{u}_z^2-3\tilde{u}_x^2\tilde{u}_y^2-3\tilde{u}_x^2\tilde{u}_z^2-\tilde{u}_x^4\bigg)\end{aligned}$$

$$\begin{aligned}f_2^{\mathrm{eq}}=\frac{\rho}{6}\bigg(&4\tilde{p}-\frac{27}{5}\tilde{p}^2+4\tilde{u}_y-9\tilde{p}\tilde{u}_y+4\tilde{u}_y^2-12\tilde{p}\tilde{u}_y^2-3\tilde{p}\tilde{u}_x^2\\&-3\tilde{p}\tilde{u}_z^2-\tilde{u}_y^3-3\tilde{u}_y\tilde{u}_x^2-3\tilde{u}_y\tilde{u}_z^2-3\tilde{u}_x^2\tilde{u}_y^2-3\tilde{u}_y^2\tilde{u}_z^2-\tilde{u}_y^4\bigg)\end{aligned}$$

$$\begin{aligned}f_3^{\mathrm{eq}}=\frac{\rho}{6}\bigg(&4\tilde{p}-\frac{27}{5}\tilde{p}^2+4\tilde{u}_z-9\tilde{p}\tilde{u}_z+4\tilde{u}_z^2-12\tilde{p}\tilde{u}_z^2-3\tilde{p}\tilde{u}_y^2\\&-3\tilde{p}\tilde{u}_x^2-\tilde{u}_z^3-3\tilde{u}_z\tilde{u}_y^2-3\tilde{u}_z\tilde{u}_x^2-3\tilde{u}_z^2\tilde{u}_y^2-3\tilde{u}_x^2\tilde{u}_z^2-\tilde{u}_z^4\bigg)\end{aligned}$$

$$\begin{aligned}f_4^{\mathrm{eq}}=\frac{\rho}{6}\bigg(&4\tilde{p}-\frac{27}{5}\tilde{p}^2-4\tilde{u}_x+9\tilde{p}\tilde{u}_x+4\tilde{u}_x^2-12\tilde{p}\tilde{u}_x^2-3\tilde{p}\tilde{u}_y^2\\&-3\tilde{p}\tilde{u}_z^2+\tilde{u}_x^3+3\tilde{u}_x\tilde{u}_y^2+3\tilde{u}_x\tilde{u}_z^2-3\tilde{u}_x^2\tilde{u}_y^2-3\tilde{u}_x^2\tilde{u}_z^2-\tilde{u}_x^4\bigg)\end{aligned}$$

$$\begin{aligned}f_5^{\mathrm{eq}}=\frac{\rho}{6}\bigg(&4\tilde{p}-\frac{27}{5}\tilde{p}^2-4\tilde{u}_y+9\tilde{p}\tilde{u}_y+4\tilde{u}_y^2-12\tilde{p}\tilde{u}_y^2-3\tilde{p}\tilde{u}_x^2\\&-3\tilde{p}\tilde{u}_z^2+\tilde{u}_y^3+3\tilde{u}_y\tilde{u}_x^2+3\tilde{u}_y\tilde{u}_z^2-3\tilde{u}_x^2\tilde{u}_y^2-3\tilde{u}_y^2\tilde{u}_z^2-\tilde{u}_y^4\bigg)\end{aligned}$$

$$f_6^{\mathrm{eq}}=\frac{\rho}{6}\left(4\tilde{p}-\frac{27}{5}\tilde{p}^2-4\tilde{u}_z+9\tilde{p}\tilde{u}_z+4\tilde{u}_z^2-12\tilde{p}\tilde{u}_z^2-3\tilde{p}\tilde{u}_y^2\right.$$
$$\left.-3\tilde{p}\tilde{u}_x^2+\tilde{u}_z^3+3\tilde{u}_z\tilde{u}_y^2+3\tilde{u}_z\tilde{u}_x^2-3\tilde{u}_z^2\tilde{u}_y^2-3\tilde{u}_x^2\tilde{u}_z^2-\tilde{u}_z^4\right)$$

$$f_7^{\mathrm{eq}}=\frac{\rho}{4}\left(\frac{3}{5}\tilde{p}^2+\tilde{p}\tilde{u}_x+\tilde{p}\tilde{u}_y+\tilde{p}\tilde{u}_x^2+\tilde{p}\tilde{u}_y^2+\tilde{u}_x\tilde{u}_y+\tilde{u}_x^2\tilde{u}_y+\tilde{u}_x\tilde{u}_y^2+\tilde{u}_x^2\tilde{u}_y^2\right)$$

$$f_8^{\mathrm{eq}}=\frac{\rho}{4}\left(\frac{3}{5}\tilde{p}^2+\tilde{p}\tilde{u}_x+\tilde{p}\tilde{u}_z+\tilde{p}\tilde{u}_x^2+\tilde{p}\tilde{u}_z^2+\tilde{u}_x\tilde{u}_z+\tilde{u}_x^2\tilde{u}_z+\tilde{u}_x\tilde{u}_z^2+\tilde{u}_x^2\tilde{u}_z^2\right)$$

$$f_9^{\mathrm{eq}}=\frac{\rho}{4}\left(\frac{3}{5}\tilde{p}^2+\tilde{p}\tilde{u}_z+\tilde{p}\tilde{u}_y+\tilde{p}\tilde{u}_z^2+\tilde{p}\tilde{u}_y^2+\tilde{u}_z\tilde{u}_y+\tilde{u}_z^2\tilde{u}_y+\tilde{u}_z\tilde{u}_y^2+\tilde{u}_z^2\tilde{u}_y^2\right)$$

$$f_{10}^{\mathrm{eq}}=\frac{\rho}{4}\left(\frac{3}{5}\tilde{p}^2-\tilde{p}\tilde{u}_x+\tilde{p}\tilde{u}_y+\tilde{p}\tilde{u}_x^2+\tilde{p}\tilde{u}_y^2-\tilde{u}_x\tilde{u}_y+\tilde{u}_x^2\tilde{u}_y-\tilde{u}_x\tilde{u}_y^2+\tilde{u}_x^2\tilde{u}_y^2\right)$$

$$f_{11}^{\mathrm{eq}}=\frac{\rho}{4}\left(\frac{3}{5}\tilde{p}^2-\tilde{p}\tilde{u}_x+\tilde{p}\tilde{u}_z+\tilde{p}\tilde{u}_x^2+\tilde{p}\tilde{u}_z^2-\tilde{u}_x\tilde{u}_z+\tilde{u}_x^2\tilde{u}_z-\tilde{u}_x\tilde{u}_z^2+\tilde{u}_x^2\tilde{u}_z^2\right)$$

$$f_{12}^{\mathrm{eq}}=\frac{\rho}{4}\left(\frac{3}{5}\tilde{p}^2+\tilde{p}\tilde{u}_z-\tilde{p}\tilde{u}_y+\tilde{p}\tilde{u}_z^2+\tilde{p}\tilde{u}_y^2-\tilde{u}_z\tilde{u}_y-\tilde{u}_z^2\tilde{u}_y+\tilde{u}_z\tilde{u}_y^2+\tilde{u}_z^2\tilde{u}_y^2\right)$$

$$f_{13}^{\mathrm{eq}}=\frac{\rho}{4}\left(\frac{3}{5}\tilde{p}^2-\tilde{p}\tilde{u}_x-\tilde{p}\tilde{u}_y+\tilde{p}\tilde{u}_x^2+\tilde{p}\tilde{u}_y^2+\tilde{u}_x\tilde{u}_y-\tilde{u}_x^2\tilde{u}_y-\tilde{u}_x\tilde{u}_y^2+\tilde{u}_x^2\tilde{u}_y^2\right)$$

$$f_{14}^{\mathrm{eq}}=\frac{\rho}{4}\left(\frac{3}{5}\tilde{p}^2-\tilde{p}\tilde{u}_x-\tilde{p}\tilde{u}_z+\tilde{p}\tilde{u}_x^2+\tilde{p}\tilde{u}_z^2+\tilde{u}_x\tilde{u}_z-\tilde{u}_x^2\tilde{u}_z-\tilde{u}_x\tilde{u}_z^2+\tilde{u}_x^2\tilde{u}_z^2\right)$$

$$f_{15}^{\mathrm{eq}}=\frac{\rho}{4}\left(\frac{3}{5}\tilde{p}^2-\tilde{p}\tilde{u}_z-\tilde{p}\tilde{u}_y+\tilde{p}\tilde{u}_z^2+\tilde{p}\tilde{u}_y^2+\tilde{u}_z\tilde{u}_y-\tilde{u}_z^2\tilde{u}_y-\tilde{u}_z\tilde{u}_y^2+\tilde{u}_z^2\tilde{u}_y^2\right)$$

$$f_{16}^{\mathrm{eq}}=\frac{\rho}{4}\left(\frac{3}{5}\tilde{p}^2+\tilde{p}\tilde{u}_x-\tilde{p}\tilde{u}_y+\tilde{p}\tilde{u}_x^2+\tilde{p}\tilde{u}_y^2-\tilde{u}_x\tilde{u}_y-\tilde{u}_x^2\tilde{u}_y+\tilde{u}_x\tilde{u}_y^2+\tilde{u}_x^2\tilde{u}_y^2\right)$$

$$f_{17}^{\mathrm{eq}}=\frac{\rho}{4}\left(\frac{3}{5}\tilde{p}^2+\tilde{p}\tilde{u}_x-\tilde{p}\tilde{u}_z+\tilde{p}\tilde{u}_x^2+\tilde{p}\tilde{u}_z^2-\tilde{u}_x\tilde{u}_z-\tilde{u}_x^2\tilde{u}_z+\tilde{u}_x\tilde{u}_z^2+\tilde{u}_x^2\tilde{u}_z^2\right)$$

$$f_{18}^{\mathrm{eq}}=\frac{\rho}{4}\left(\frac{3}{5}\tilde{p}^2-\tilde{p}\tilde{u}_z+\tilde{p}\tilde{u}_y+\tilde{p}\tilde{u}_z^2+\tilde{p}\tilde{u}_y^2-\tilde{u}_z\tilde{u}_y+\tilde{u}_z^2\tilde{u}_y-\tilde{u}_z\tilde{u}_y^2+\tilde{u}_z^2\tilde{u}_y^2\right)$$

$$f_{19}^{\mathrm{eq}}=\frac{\rho}{24}\left(-\tilde{p}+\frac{9}{5}\tilde{p}^2-2\tilde{u}_x+6\tilde{p}\tilde{u}_x-\tilde{u}_x^2+6\tilde{p}\tilde{u}_x^2+2\tilde{u}_x^3+\tilde{u}_x^4\right)$$

$$f_{20}^{\mathrm{eq}}=\frac{\rho}{24}\left(-\tilde{p}+\frac{9}{5}\tilde{p}^2-2\tilde{u}_y+6\tilde{p}\tilde{u}_y-\tilde{u}_y^2+6\tilde{p}\tilde{u}_y^2+2\tilde{u}_y^3+\tilde{u}_y^4\right)$$

$$f_{21}^{\mathrm{eq}}=\frac{\rho}{24}\left(-\tilde{p}+\frac{9}{5}\tilde{p}^2-2\tilde{u}_z+6\tilde{p}\tilde{u}_z-\tilde{u}_z^2+6\tilde{p}\tilde{u}_z^2+2\tilde{u}_z^3+\tilde{u}_z^4\right)$$

$$f_{22}^{\mathrm{eq}}=\frac{\rho}{24}\left(-\tilde{p}+\frac{9}{5}\tilde{p}^2+2\tilde{u}_x-6\tilde{p}\tilde{u}_x-\tilde{u}_x^2+6\tilde{p}\tilde{u}_x^2-2\tilde{u}_x^3+\tilde{u}_x^4\right)$$

$$f_{23}^{\mathrm{eq}}=\frac{\rho}{24}\left(-\tilde{p}+\frac{9}{5}\tilde{p}^2+2\tilde{u}_y-6\tilde{p}\tilde{u}_y-\tilde{u}_y^2+6\tilde{p}\tilde{u}_y^2-2\tilde{u}_y^3+\tilde{u}_y^4\right)$$

$$f_{24}^{\mathrm{eq}}=\frac{\rho}{24}\left(-\tilde{p}+\frac{9}{5}\tilde{p}^2+2\tilde{u}_z-6\tilde{p}\tilde{u}_z-\tilde{u}_z^2+6\tilde{p}\tilde{u}_z^2-2\tilde{u}_z^3+\tilde{u}_z^4\right)$$

式中，$\tilde{p}=p/(\rho c^2)$；$\tilde{u}_x=u_x/c$；$\tilde{u}_y=u_y/c$；$\tilde{u}_z=u_z/c$。

三维可压缩流格子 Boltzmann 模型中的平衡态总能分布函数：

$$h_\alpha^{\mathrm{eq}}=\left[E+(\boldsymbol{e}_\alpha-\boldsymbol{u})\cdot\boldsymbol{u}\right]f_\alpha^{\mathrm{eq}}+\varpi_\alpha p\tilde{p},\quad \alpha=0,1,\cdots,24$$

式中，$\varpi_\alpha=0(\alpha=0)$；$\varpi_\alpha=-1/3(\alpha=1,2,\cdots,6)$；$\varpi_\alpha=1/8(\alpha=7,8,\cdots,18)$；$\varpi_\alpha=1/12(\alpha=19,20,\cdots,24)$。

4. 线化可压缩流方程通量差的矩阵表示

欧拉通量与黏性通量的差在 x、y 和 z 三个方向对应的矩阵 $\boldsymbol{M}_{\mathrm{E}}$、$\boldsymbol{M}_{\mathrm{F}}$、$\boldsymbol{M}_{\mathrm{G}}$：

$$\boldsymbol{M}_{\mathrm{E}}=\begin{bmatrix} u_{0x} & 1 & 0 & 0 & 0\\ 0 & u_{0x}-\dfrac{1}{\rho_0}\left(\dfrac{4}{3}\mu+\mu_{\mathrm{B}}\right)\dfrac{\partial}{\partial x} & \dfrac{1}{\rho_0}\left(\dfrac{2}{3}\mu-\mu_{\mathrm{B}}\right)\dfrac{\partial}{\partial y} & \dfrac{1}{\rho_0}\left(\dfrac{2}{3}\mu-\mu_{\mathrm{B}}\right)\dfrac{\partial}{\partial z} & 1\\ 0 & -\dfrac{\mu}{\rho_0}\dfrac{\partial}{\partial y} & u_{0x}-\dfrac{\mu}{\rho_0}\dfrac{\partial}{\partial x} & 0 & 0\\ 0 & -\dfrac{\mu}{\rho_0}\dfrac{\partial}{\partial z} & 0 & u_{0x}-\dfrac{\mu}{\rho_0}\dfrac{\partial}{\partial x} & 0\\ 0 & c_0^2 & 0 & 0 & u_{0x} \end{bmatrix}$$

$$\boldsymbol{M}_{\mathrm{F}}=\begin{bmatrix} u_{0y} & 0 & 1 & 0 & 0\\ 0 & u_{0y}-\dfrac{\mu}{\rho_0}\dfrac{\partial}{\partial y} & -\dfrac{\mu}{\rho_0}\dfrac{\partial}{\partial x} & 0 & 0\\ 0 & \dfrac{1}{\rho_0}\left(\dfrac{2}{3}\mu-\mu_{\mathrm{B}}\right)\dfrac{\partial}{\partial x} & u_{0y}-\dfrac{1}{\rho_0}\left(\dfrac{4}{3}\mu+\mu_{\mathrm{B}}\right)\dfrac{\partial}{\partial y} & \dfrac{1}{\rho_0}\left(\dfrac{2}{3}\mu-\mu_{\mathrm{B}}\right)\dfrac{\partial}{\partial z} & 1\\ 0 & 0 & -\dfrac{\mu}{\rho_0}\dfrac{\partial}{\partial z} & u_{0y}-\dfrac{\mu}{\rho_0}\dfrac{\partial}{\partial y} & 0\\ 0 & 0 & c_0^2 & 0 & u_{0y} \end{bmatrix}$$

$$
\boldsymbol{M}_{\mathrm{G}}=\begin{bmatrix}
u_{0z} & 0 & 0 & 1 & 0\\
0 & u_{0z}-\dfrac{\mu}{\rho_0}\dfrac{\partial}{\partial z} & 0 & -\dfrac{\mu}{\rho_0}\dfrac{\partial}{\partial x} & 0\\
0 & 0 & u_{0z}-\dfrac{\mu}{\rho_0}\dfrac{\partial}{\partial z} & -\dfrac{\mu}{\rho_0}\dfrac{\partial}{\partial y} & 0\\
0 & \dfrac{1}{\rho_0}\left(\dfrac{2}{3}\mu-\mu_{\mathrm{B}}\right)\dfrac{\partial}{\partial x} & \dfrac{1}{\rho_0}\left(\dfrac{2}{3}\mu-\mu_{\mathrm{B}}\right)\dfrac{\partial}{\partial y} & u_{0z}-\dfrac{1}{\rho_0}\left(\dfrac{4}{3}\mu+\mu_{\mathrm{B}}\right)\dfrac{\partial}{\partial z} & 1\\
0 & 0 & 0 & c_0^2 & u_{0z}
\end{bmatrix}
$$

式中，c_0为声速，对于理想气体有 $c_0=(\gamma p_0/\rho_0)^{1/2}$。

5. 三维可压缩流特征波幅值的向量表示

三维可压缩流 NSE 中特征波幅值变化的列向量：

$$
\boldsymbol{W}_x=\begin{bmatrix}W_{x,1}\\W_{x,2}\\W_{x,3}\\W_{x,4}\\W_{x,5}\end{bmatrix}=\begin{bmatrix}
(u_x-c_{\mathrm{s}})\left(\dfrac{1}{2\gamma p}\dfrac{\partial p}{\partial x}-\dfrac{1}{2c_{\mathrm{s}}}\dfrac{\partial u_x}{\partial x}\right)\\
u_x\left(\dfrac{\partial \rho}{\partial x}-\dfrac{1}{c_{\mathrm{s}}^2}\dfrac{\partial p}{\partial x}\right)\\
u_x\dfrac{\partial u_y}{\partial x}\\
u_x\dfrac{\partial u_z}{\partial x}\\
(u_x+c_{\mathrm{s}})\left(\dfrac{1}{2\gamma p}\dfrac{\partial p}{\partial x}+\dfrac{1}{2c_{\mathrm{s}}}\dfrac{\partial u_x}{\partial x}\right)
\end{bmatrix}
$$

$$
\boldsymbol{W}_y=\begin{bmatrix}W_{y,1}\\W_{y,2}\\W_{y,3}\\W_{y,4}\\W_{y,5}\end{bmatrix}=\begin{bmatrix}
(u_y-c_{\mathrm{s}})\left(\dfrac{1}{2\gamma p}\dfrac{\partial p}{\partial y}-\dfrac{1}{2c_{\mathrm{s}}}\dfrac{\partial u_y}{\partial y}\right)\\
u_y\left(\dfrac{\partial \rho}{\partial y}-\dfrac{1}{c_{\mathrm{s}}^2}\dfrac{\partial p}{\partial y}\right)\\
u_y\dfrac{\partial u_x}{\partial y}\\
u_y\dfrac{\partial u_z}{\partial y}\\
(u_y+c_{\mathrm{s}})\left(\dfrac{1}{2\gamma p}\dfrac{\partial p}{\partial y}+\dfrac{1}{2c_{\mathrm{s}}}\dfrac{\partial u_y}{\partial y}\right)
\end{bmatrix}
$$

$$
\boldsymbol{W}_z = \begin{bmatrix} W_{z,1} \\ W_{z,2} \\ W_{z,3} \\ W_{z,4} \\ W_{z,5} \end{bmatrix} = \begin{bmatrix} (u_z - c_{\mathrm{s}})\left(\dfrac{1}{2\gamma p}\dfrac{\partial p}{\partial z} - \dfrac{1}{2c_{\mathrm{s}}}\dfrac{\partial u_z}{\partial z}\right) \\ u_z\left(\dfrac{\partial \rho}{\partial z} - \dfrac{1}{c_{\mathrm{s}}^2}\dfrac{\partial p}{\partial z}\right) \\ u_z\dfrac{\partial u_x}{\partial z} \\ u_z\dfrac{\partial u_y}{\partial z} \\ (u_z + c_{\mathrm{s}})\left(\dfrac{1}{2\gamma p}\dfrac{\partial p}{\partial z} + \dfrac{1}{2c_{\mathrm{s}}}\dfrac{\partial u_z}{\partial z}\right) \end{bmatrix}
$$